火电机组仿真培训指导教材

U0204538

600MW

分册

大唐黑龙江发电有限公司◎组编

中国电力出版社

CHINA ELECTRIC POWER PRESS

内 容 提 要

为确保火电机组的安全、稳定、经济运行，提高生产运行人员的技术素质，适应员工岗位培训工作的需要，大唐黑龙江发电有限公司组织所属各单位结合在役机组运行实际，编写了《火电机组仿真培训指导教材》，共包含 6 个分册。

本书为《火电机组仿真培训指导教材　600MW 分册》，全书详细介绍了 600MW 火电机组的主要技术参数、系统启停、运行控制、事故处理等。共分为九章：第一章主要介绍 600MW 机组的锅炉、汽轮机、发电机概述及主要参数；第二章主要介绍锅炉系统，包括整体布置与工作原理，各辅助系统的启停及运行调整；第三章主要介绍汽轮机系统、汽轮机主要辅助系统的启停及运行调整；第四章主要介绍电气系统，包括电气主接线形式，发电机、变压器、厂用电系统等的投停和正常监控；第五章主要介绍机组保护及试验，包括锅炉、汽轮机、发电机－变压器组的保护配备和试验规定；第六章主要介绍机组冷态启动，包括设备送电、辅助系统投入、锅炉侧启动、汽轮机冲转、机组并网、升负荷；第七章主要介绍机组运行调整，包括机组控制方式，运行监视与调整；第八章主要介绍机组滑参数停机，包括滑参数停机的操作步骤，参数选择、注意事项；第九章主要介绍事故处理，包括事故的现象、原因及事故处理原则。

本书与现场实际运行联系紧密，适用于 600MW 火电机组运行岗位专业实训，也可作为电厂运行人员的培训教材和从事集控运行专业技术人员的参考资料，并可供高等院校相关专业师生参考。

图书在版编目（CIP）数据

火电机组仿真培训指导教材. 600MW 分册/大唐黑龙江发电有限公司组编. —北京：中国电力出版社，2015.12
ISBN 978-7-5123-8568-9

Ⅰ.①火…　Ⅱ.①大…　Ⅲ.①火力发电-发电机组-技术培训-教材　Ⅳ.①TM621.3

中国版本图书馆 CIP 数据核字（2015）第 277084 号

中国电力出版社出版、发行
（北京市东城区北京站西街 19 号　100005　http://www.cepp.sgcc.com.cn）
北京市同江印刷厂印刷
各地新华书店经售

*

2015 年 12 月第一版　　2015 年 12 月北京第一次印刷
787 毫米×1092 毫米　16 开本　25.25 印张　621 千字
印数 0001—2000 册　　定价 **80.00** 元

600MW分册

前　言

本书以哈尔滨汽轮机有限责任公司、哈尔滨锅炉有限责任公司、哈尔滨电机有限责任公司和东北电力设计院提供的技术资料为基础，以现场操作规程为依据，总结现场实际运行经验，是为适合于 600MW 火力发电机组电厂热能动力设备专业人员及同型号机组使用和学习的实训教材。书中详细讲解了机组各主要系统的工作原理，全面详尽阐述了机组的启动、停止、运行维护和事故处理的过程和操作方法，其目的是让学员在有限的实训期间内，最大程度地掌握机组各系统的构成和理论，学会基本的运行操作及主要的事故分析和处理，以提高其专业技能水平和素质修养。

本书依据中国电力企业联合会标准化管理中心编《火力发电厂技术标准汇编第三卷　运行标准》、电力工业部(80)电技字第 26 号《电力工业技术管理法规》、国家标准《电力(业)安全工作规程》、DL 612—1996《电力工业锅炉压力容器监察规程》及国能安全〔2014〕161 号《防止电力生产事故的二十五项重点要求》等相关标准，结合 600MW 机组运行生产实际，在总结其他同型机组的先进经验的基础上加以整编。

本书打破机组容量的局限性，吸收不同容量机组的相同经验，以力求全面、简明、实用，突出整体性、协调性、针对性，便于现场实际操作。

由于编者水平所限，疏漏在所难免，对书中可能存在的错误和不当之处，恳请读者批评指正。

编　者

2015 年 7 月

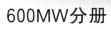

火电机组仿真培训指导教材

600MW分册

目　录

第一章　机　组　概　述

　　本仿真机组的仿真对象为国产 600MW 亚临界火电机组，仿真程度为火电机组运行的全过程。仿真对象的锅炉由哈尔滨锅炉有限责任公司生产，汽轮机、发电机分别由哈尔滨汽轮机有限责任公司和哈尔滨电机有限责任公司制造，控制系统由艾默生公司配套。

第一节　锅炉概述及主要参数

一、锅炉设备概述

　　大唐七台河发电有限责任公司二期扩建工程 2×600MW 锅炉是哈尔滨锅炉有限责任公司根据美国 ABB-CE 燃烧工程公司技术设计、制造的，配 600MW 汽轮发电机组的亚临界压力、一次中间再热、控制循环、汽包锅炉。型号为 HG-2030/17.5-YM9，采用平衡通风、固态排渣方式；采用中速磨煤机正压直吹式制粉系统，煤粉细度为 200 目，通过率为 75%。锅炉以最大连续负荷（BMCR 工况）为设计参数，最大连续蒸发量为 2030t/h，过热器、再热器出口温度为 540℃，给水温度为 281℃。

　　锅炉采用全钢结构构架、高强螺栓连接，连接件接触面采用喷砂工艺处理，提高了连接结合面的摩擦系数。锅炉呈"Π"型单炉膛布置方式，设计固定的膨胀中心，受热面采用全悬吊结构。炉膛上部布置墙式再热器、分隔屏、后屏过热器、后屏再热器。水平烟道中布置末级再热器、末级过热器和立式低温过热器。后烟道竖井布置水平低温过热器和省煤器，水平低温过热器采用水冷吊挂结构。采用大节距的分隔屏，起到切割旋转烟气流以减少进入过热器炉宽方向的烟气温度偏差的作用。过热器和再热器采用较大直径的管子和较大的横向节距可防止结渣、结灰的速度。各级过热器、再热器之间采用单根或数量很少的大直径连接管相连接，使蒸汽能起到良好的混合作用，消除蒸汽温度偏差。

　　锅炉炉膛断面尺寸为 18 542mm×17 448mm，顶棚标高为 73 390mm。强制循环系统选用 3 台低压头式锅炉循环泵，以提高锅炉运行的可靠性。顶部受热面各部分间采用大口径连接管连接。

　　锅炉采用摆动式燃烧器，四角布置切圆燃烧；燃烧器采用大风箱结构，由隔板将大风箱分隔成若干风室，在各个风室的出口处布置数量不等的燃烧器喷嘴，一次风喷嘴可作上、下各 27°摆动，二次风喷嘴可作上、下各 30°摆动，以调节炉膛内各辐射受热面的吸热量，从而调节再热蒸汽温度。燃尽风室可作左、右 10°的摆动，以此来改变反切动量矩，达到最佳平衡动量矩效果。每只燃烧器共有 7 种、18 个风室、17 个喷嘴，其中顶部燃尽风室两个、上端部空气风室 1 个、煤粉风室 6 个、油风室 4 个、中间空气风室两个、下端部空气风室两个、空风室 1 个。根据各风室的高度不同，布置数量不等的喷嘴，顶部燃尽风室，1 个风室布置 1 个喷嘴，上端部风室布置 1 个喷嘴，煤粉风室共布置 6 个一次风喷嘴，油风室中间布置有带稳燃罩的油喷嘴，中间空气风室布置 1 个喷嘴，下端部风室布置 1 个喷嘴，空风室不布置喷嘴。每只燃烧器的 17 个喷嘴，除顶部燃尽风室的 2 个喷嘴手动驱动外，其余喷嘴均由摆动气缸驱动，整体上、下摆动，并且炉膛四角的四只燃烧器按协调控制系统给定的控制信号做同步上、下 30°的摆动。点火油燃烧器与煤粉燃烧器、空气风室和油燃烧器为一体，每只燃烧器共设有四层油点火燃烧器，用于锅炉启动时暖炉、煤粉喷嘴点火和低负荷稳燃。油点火燃烧器的空气喷嘴同时也作为煤燃烧时的二次风喷嘴，为了油火焰的燃烧稳定，在油点火燃烧器主空气喷嘴中设置了专门的稳燃罩，油风室只有 1 个主喷嘴。在 B 层 4 只一次风主煤粉燃烧器安装气化小油枪，每一煤粉燃烧器上安装两只气化小油枪，分级点燃、分级燃烧。这种设计利用少量的燃油消耗就可达到锅炉冷、热态启动和低负荷稳燃的目的。

汽包内部布置有 112 只旋风分离器作为一次分离元件，二次分离元件为波形板分离器，三次分离是在汽包顶部百叶窗分离器，蒸汽进入饱和蒸汽引出管以前完成。汽包下部有 4 个集中下降管分别与水冷壁下联箱相连，其两端配有就地、远方、给水调节水位计。

主蒸汽流程为饱和蒸汽从汽包引出管经顶棚过热器、后烟道各包墙过热器、水平低温过热器、立式低温过热器、一级喷水减温器进入分隔屏过热器，然后经后屏过热器、二级喷水减温器、末级过热器进入主蒸汽管道。

再热蒸汽流程为从汽轮机高压排汽出来的冷端再热蒸汽经再热器减温器、墙式辐射再热器、后屏再热器、末级再热器进入热再热蒸汽管道。

省煤器为非沸腾膜式省煤器，由水平蛇形管组成，在省煤器入口联箱端部和后水冷壁下联箱之间连有省煤器再循环管。在锅炉启动时，该管可将锅水引到省煤器，防止省煤器中的水产生汽化。启动时，再循环管路中的阀门必须打开，直到连续供水时再关上。

空气预热器为三分仓半模式回转式、内置式支承轴承。空气预热器的传动采用中心传动。中心传动装置包括主电动机和辅助电动机各 1 台。

后烟道前、后墙过热器下联箱装有容量为 5%的启动疏水旁路。

锅炉的汽包、过热器出口及再热器进、出口均装有弹簧式安全阀，在过热器出口处装有两个电磁泄放阀，以减少弹簧式安全阀的动作次数。

过热蒸汽主要靠一、二级喷水减温器调温，两级 4 点，第一级在分隔屏入口，设有两个喷水点，分别进行调节，作为粗调，控制分隔屏出口蒸汽温度。第二级喷水在后屏和末级过热器之间，作为细调，控制过热器出口蒸汽温度。第一级喷水量为总喷水量的 2/3，第二级喷水量为总喷水量的 1/3。再热蒸汽主要靠摆动燃烧器调温，辅以过量空气系数进行调节。在再热器进口导管上装有两只喷水减温器，主要作事故喷水用。

每台锅炉配 6 台中速磨煤机，5 台运行、1 台备用。每台中速磨煤机引出的 4 根煤粉管道连接到锅炉同一层燃烧器。6 台磨煤机带 6 层燃烧器，根据锅炉负荷的变化可以停用任何一台磨煤机和对应的一层燃烧器。

引风机采用静叶可调式轴流风机，送风机采用动叶可调式轴流风机，一次风机采用二级动叶可调式轴流风机，送风机、一次风机入口装有暖风器。

锅炉配有炉膛安全监控系统（FSSS）、炉膛火焰电视监视装置、汽包水位电视监视装置及吹灰程序控制装置等，自动化水平较高。

锅炉的除渣装置采用 6 台螺旋式捞渣机连续除渣方式。

二、锅炉主要参数

（一）锅炉主要设计参数

（1）锅炉设备规范见表 1-1。

表 1-1 　　　　　　　　　　锅 炉 设 备 规 范

序号	名　称	单位	设计参数 BMCR（660MW）	ECR（600MW）
1	锅炉型号		HG-2030/17.5-YM9	
2	生产厂家		哈尔滨锅炉有限责任公司	
3	过热蒸汽流量	t/h	2030	1769.78
4	过热蒸汽压力	MPa	17.5	17.28
5	过热蒸汽温度	℃	540	540
6	再热蒸汽流量	t/h	1698.94	1493.36
7	再热蒸汽入口压力	MPa	3.953	3.465
8	再热蒸汽出口压力	MPa	3.763	3.298
9	再热蒸汽进口温度	℃	330.7	316.1
10	再热蒸汽出口温度	℃	540	540
11	汽包压力	MPa	19.95	18.59
12	给水温度	℃	281	272.1
13	给水压力	MPa	19.42	18.81
14	减温水温度	℃	178.5	172.8
15	减温水压力	MPa	20.33	19.49
16	一级减温水量	t/h	—	27.2
17	二级减温水量	t/h	—	14
18	锅炉效率（按低位发热值）	%	93.18	92.92
19	燃煤量	t/h	334.2	298.8
20	炉膛出口温度	℃	1350	1346
21	排烟温度（修正前）	℃	123	120.4
22	排烟温度（修正后）	℃	117.8	114.7
23	炉膛过量空气系数		1.2	1.2
24	煤粉细度（R_{90}）	%	18	18
25	空气预热器出口一次风温	℃	322.7	319.5
26	空气预热器出口二次风温	℃	342.3	335.8
27	炉膛漏风	t/h	114.6	102.5
28	烟气量	t/h	2490.3	2226.9
29	总风量	t/h	2292.9	2050.4

（2）锅炉汽水品质要求见表1-2。

表1-2　　　　　　　　　　　　锅炉汽水品质要求

序号	项 目		单 位	参 数
1	给水	pH 值（25℃时）		9～9.5
		固形物总量	μg/L	≤50
		硬度	μmol/L	0
		溶解氧	μg/L	≤7
		铁	μg/L	≤20
		铜	μg/L	≤5
		油	mg/L	≤0.3
2	锅水	pH 值		9～10
		总含盐量	mg/L	≤20
		二氧化硅	mg/L	≤0.25
		氯离子	mg/L	≤1
		磷酸根	mg/L	0.5～3
3	蒸汽	二氧化硅	μg/kg	≤20
		电导率（25℃时）	μS/cm	0.3
		铁	μg/kg	≤20
		铜	μg/kg	≤5
		钠	μg/kg	≤10

（3）燃煤成分及特性见表1-3。

表1-3　　　　　　　　　　　　燃煤成分及特性

序号	项目		单位	参 数			备注
				设计七台河煤	校核1七台河煤	校核2七台河煤	
1	成分	C_y	%	43.7	47.05	40.2	
		H_y	%	2.42	2.78	2.24	
		O_y	%	2.62	2.83	2.47	
		N_y	%	1.06	0.85	1.21	
		S_y	%	0.25	0.24	0.26	
		A_y	%	40.07	35.37	44.37	
		M_y	%	9.88	10.88	9.25	
		V_r	%	21.64	22.51	20.12	
2	特性	HGI		78	77	79	
		Q_{yd}	MJ/kg	16.720	18.172	15.310	

（4）燃料灰渣特性见表1-4。

表1-4 燃料灰渣特性

项 目	单位	参 数			备 注
		设计	校核1	校核2	
变形温度 DT	℃	>1260	>1270	>1250	
软化温度 ST	℃	>1460	>1540	>1380	
流动温度 FT	℃	>1500	>1540	>1500	
二氧化硅	%	65.31	65.73	65.26	
三氧化二铁	%	4.44	3.99	4.2	
三氧化二铝	%	19.42	19.95	19.24	
氧化钙	%	1.99	0.72	1.86	
氧化镁	%	0.85	0.84	0.86	
三氧化硫	%	0.69	0.82	0.59	
氧化钠	%	0.89	1.06	0.85	
氧化钾	%	4.17	3.21	4.35	
比电阻	$\Omega \cdot mm$	2.8×10^{12}	2.7×10^{12}	2.9×10^{12}	

（5）燃油特性（0号轻柴油）见表1-5。

表1-5 燃 油 特 性

项 目	单 位	平均值
恩氏黏度（20℃）	°E	1.2～1.67
含硫量	%	<0.2
闭口闪点	℃	65
凝固点	℃	≤0
低位发热量	kJ/kg	41 870
灰分	%	<0.025
运动黏度（20℃）	m^2/s	3×10^{-6}～8×10^{-6}

（6）锅炉受热面有关技术规范见表1-6、表1-7。

表1-6 锅炉受热面有关技术规范（1）

名 称	项 目	单位	设计数据
汽包	筒身长度	mm	25 756
	全长	mm	27 940
	内径	mm	$\phi 1778$
	汽包外径	mm	$\phi 2084/\phi 2142$
	材质		SA-299
	旋风分离器数量	只	112
	单只分离器出力	t/h	18.11（设计）/18.6（最高）
	正常水位线在中心线下	mm	229
	中心线标高	mm	74 304
	允许工作压力	MPa	19.1
	工作温度	℃	362

续表

名　称	项　目	单位	设计数据
下降管	管径	mm	φ356（内径）/φ406（外径）
	材质		SA-106C
水冷壁	形式		膜式
	数量	根	1094
	外径×壁厚	mm	φ63.5×12.7、φ51×6.5、φ63.5×7.112
	允许管子外壁温度	℃	454
	材质		SA-210A1，20G
包墙管	管径	mm	φ54×7、φ63×8
	材质		20G
后包墙顶棚管	管径	mm	φ54×7
	材质		20G
顶棚管	管径	mm	φ63×7、φ57×6.5
	材质		20G
省煤器	并联管数	片	120×4
	管径	mm	φ51×6.5
	材质		SA-210C
	工质出口温度	℃	300（BMCR）/297（ECR）

表 1-7　　　　　　　　　　锅炉受热面有关技术规范（2）

管子号数 No.	管子规格（mm）	管子材料	蒸汽温度（℃）	管壁温度（℃）	允许管壁温度（℃）	管子外表面温度（℃）	允许管子外表面温度（℃）
低温过热器（报警 460℃）							
1～6	φ57×7	SA-210C	365	368	424	369	454
	φ57×6.5	SA-210C	388	396	413	397	454
	φ57×7	15CrMoG	407	422	488	425	550
	φ63×7	15CrMoG	426	438	461	441	550
过热器分隔屏（报警 493℃）							
1～2	φ51×6	15CrMoG	416	448	477	456	550
	φ51×6	SA-213TP347H	428	527	595	561	704
	φ51×7	12Cr1MoVG	466	491	524	497	580
3～9	φ51×6	15CrMoG	418	452	477	459	550
	φ51×8	12Cr1MoVG	428	509	541	530	580
	φ51×7	12Cr1MoVG	451	486	524	496	580
10	φ51×6	15CrMoG	415	447	477	455	550
	φ51×6	SA-213TP347H	424	525	595	560	704
	φ51×7	12Cr1MoVG	463	485	524	492	580

管子号数 No.	管子规格（mm）	管子材料	蒸汽温度（℃）	管壁温度（℃）	允许管壁温度（℃）	管子外表面温度（℃）	允许管子外表面温度（℃）
过热器后屏（报警575℃）							
1	$\phi57\times8$	SA-213T91	488	544	591	563	635
	$\phi57\times10$	SA-213TP347H	512	624	648	672	704
	$\phi57\times8$	SA-213T91	541	556	592	561	635
2	$\phi51\times9$	12Cr1MoVG	478	511	558	522	580
	$\phi51\times7.5$	SA-213TP347H	512	584	627	608	704
	$\phi51\times10$	12Cr1MoVG	537	551	572	556	580
	$\phi51\times7.5$	SA-213T91	547	561	597	566	635
3	$\phi51\times9$	12Cr1MoVG	491	532	558	546	580
	$\phi51\times7.5$	SA-213TP347H	512	580	627	603	704
	$\phi51\times10$	12Cr1MoVG	536	551	572	556	580
	$\phi51\times7.5$	SA-213T91	547	562	597	566	635
4～6	$\phi51\times9$	12Cr1MoVG	494	533	558	545	580
	$\phi51\times7.5$	SA-213TP347H	507	571	627	592	704
	$\phi51\times10$	12Cr1MoVG	532	546	572	551	580
	$\phi51\times7.5$	SA-213T91	542	557	597	561	635
7～13	$\phi51\times9$	12Cr1MoVG	493	527	558	538	580
	$\phi51\times7.5$	SA-213T91	502	552	597	566	635
	$\phi51\times10$	12Cr1MoVG	537	552	572	556	580
14～15	$\phi51\times9$	12Cr1MoVG	487	514	558	523	580
	$\phi51\times10$	12Cr1MoVG	524	538	572	543	580
16	$\phi51\times9$	12Cr1MoVG	479	504	558	513	580
	$\phi51\times9$	SA-213TP347H	493	523	665	535	704
	$\phi51\times9$	SA-213T91	516	529	558	534	580
末级过热器（报警581℃）							
1～6	$\phi57\times10$	12Cr1MoVG	531	543	558	546	580
	$\phi57\times9$	SA-213T23	558	568	587	571	590
屏式再热器							
1	$\phi63\times4$	12Cr1MoVG	438	532	580	537	580
	$\phi63\times4$	SA-213TP304H	577	613	651	616	704
2	$\phi63\times4$	12Cr1MoVG	424	494	580	498	580
	$\phi63\times4$	SA-213T91	543	577	631	578	635
3	$\phi63\times4$	12Cr1MoVG	482	520	580	522	580
	$\phi63\times4$	SA-213T91	531	564	631	566	635
4～12	$\phi63\times4$	12Cr1MoVG	520	553	580	555	580
13～17	$\phi63\times4$	12Cr1MoVG	472	506	580	507	580
	$\phi63\times4$	SA-213T91	485	518	631	520	635
18	$\phi63\times4$	12Cr1MoVG	487	523	580	524	580
	$\phi63\times7$	12Cr1MoVG	438	475	580	478	580
	$\phi63\times4$	SA-213T91	501	536	631	538	635

续表

管子号数 No.	管子规格（mm）	管子材料	蒸汽温度（℃）	管壁温度（℃）	允许管壁温度（℃）	管子外表面温度（℃）	允许管子外表面温度（℃）
末级再热器（报警617℃）							
1	φ63×4	SA-213T91	509	564	631	567	635
	φ63×4	SA-213TP304H	586	617	651	622	704
2～3	φ63×4	SA-213T91	546	575	631	577	635
	φ63×4	SA-213TP304H	567	594	651	596	704
4～8	φ63×4	SA-213T91	559	587	631	589	635
9～10	φ63×4	SA-213T91	558	589	631	591	635
	φ63×4	SA-213TP304H	574	604	651	606	704
11～12	φ63×4	SA-213TP304H	590	618	651	620	704

（7）锅炉各部水容积见表1-8。

表 1-8　　　　　　　　　　锅炉各部水容积

名称	省煤器	汽包	水冷壁及连接管	过热器	再热器	合计
水容积（m³）	80	66	176	240	238	800

（二）燃烧设备

燃烧设备规范见表1-9。

表 1-9　　　　　　　　　　燃烧设备规范

项　目		单位	设　计　数　据
炉膛	容积	m³	17 537
	宽度	m	18.542
	深度	m	17.448
	切圆直径	mm	φ5584/φ5998、φ1882/φ1458
	上排煤粉喷嘴中心至屏底高度	m	20
油燃烧器	形式		伸缩式（摆动）、机械雾化
	数量	层/只	4×4
	布置方式		四角布置
	单只枪出力	kg/h	4000
	燃油压力	MPa	1.38
	燃油温度	℃	10～50
	油品		0号、—10号轻柴油
	油枪雾化方式		蒸汽雾化
煤燃烧器	形式		摆动式直流燃烧器
	数量	层/只	6×4
	布置方式		四角布置
	每只容量	MW	77.49
	摆动角度		±30°

项 目		单 位	设 计 数 据
煤燃烧器	一次风速	m/s	26
	二次风速	m/s	47
	一次风温	℃	75
	一次风率	%	23
	二次风率	%	72
少油系统	油压	MPa	0.5～0.7
	单只气化小油枪出力	kg/h	50～80
	压缩空气压力	MPa	0.5
	压缩空气流量（标准状态下）	m^3/min	0.6
	高压助燃风风压	Pa	1000
	高压助燃风流量	m^3/h	900
	火焰中心温度	℃	1500～1800
	高能点火器		
	功率	J	10
	输入电压	V	AC 220
	火花频率	次/s	20

（三）安全门参数

（1）汽包安全门参数见表 1-10。

表 1-10　　　　　　　　　　汽包安全门参数

编号	型号	整定压力（MPa）	回座比（%）	排放量（t/h）
1	HE-96W	19.95	4	279.846
2	HE-96W	20.15	5	284.081
3	HE-96W	20.35	6	288.4
4～6	HE-96W	20.55	7	292.807

（2）过热器安全门参数见表 1-11。

表 1-11　　　　　　　　　　过热器安全门参数

编号	型号	整定压力（MPa）	回座比（%）	排放量（t/h）
1	HCI-88W	18.31	4	178.887
2	HCI-88W	18.34	4	179.284

（3）PCV 门参数见表 1-12。

表 1-12　　　　　　　　　　PCV 门参数

编号	型号	整定压力（MPa）	回座比（%）	排放量（t/h）
1～2	EOL121N7BWRA5P1	18.13	2	163

（4）再热器入口安全门参数见表 1-13。

表 1-13　　　　　　　　　　再热器入口安全门参数

编　号	型　号	整定压力（MPa）	回座比（%）	排放量（t/h）
1	HCI-36W	4.40	4	200.901
2	HCI-36W	4.44	4	202.91
3	HCI-36W	4.49	4	205.145
4~7	HCI-36W	4.53	4	207.16

（5）再热器出口安全门参数见表 1-14。

表 1-14　　　　　　　　　　再热器入口安全门参数

编　号	型　号	整定压力（MPa）	回座比（%）	排放量（t/h）
1	HCI-36W	4.11	4	155.558
2	HCI-36W	4.31	4	163.167

（四）汽水阻力计算数据

（1）过热器系统（MCR 工况）阻力见表 1-15。

表 1-15　　　　　　　　　过热器系统（MCR 工况）阻力

名　称	阻力（MPa）
饱和蒸汽引出管及顶棚包墙系统	0.422
低温过热器	0.123
一级喷水减温器及连接管	0.066
过热器分隔屏	0.169
分隔屏至后屏间的连接管	0.049
过热器后屏	0.278
二级喷水减温及连接管	0.108
末级过热器	0.285
总计（从汽包至末过热器出口联箱）	1.5

（2）再热器系统（MCR 工况）阻力见表 1-16。

表 1-16　　　　　　　　　再热器系统（MCR 工况）阻力

名　称	阻力（MPa）
再热器入口三通	0.010
墙式再热器	0.084
墙式再热器至屏式再热器之间连接管	0.019
屏式再热器及末级再热器	0.077
锅炉本体再热器系统总计（从墙式再热器入口联箱至末再出口联箱）	0.19

（3）省煤器系统（MCR工况）阻力见表1-17。

表 1-17　　　　　　　　省煤器系统（MCR工况）阻力

名　称	阻力（MPa）
阀门	0.015
省煤器蛇形管	0.076
省煤器吊挂管	0.062
省煤器出口连接管（至汽包）	0.067
省煤器进口至汽包静压	0.269
总计（从省煤器入口联箱至汽包）	0.49

（五）烟风阻力计算汇总

（1）烟道阻力（BMCR）见表1-18。

表 1-18　　　　　　　　烟道阻力（BMCR）

名　称	阻力（Pa）
炉膛阻力	38.1
过热器后屏至省煤器出口	571
转向室	63.5
省煤器出口至空气预热器烟道进口	43.2
空气预热器	1200
空气预热器出口烟道	61
烟道自生通风	349
总阻力	2325.8

（2）风道阻力（BMCR）见表1-19。

表 1-19　　　　　　　　风道阻力（BMCR）

名　称	阻力（Pa）
燃烧器阻力	
一次风侧	600
二次风侧	1016
空气预热器空气阻力	
一次风侧	780
二次风侧	950

（3）锅炉计算负荷见表1-20。

表 1-20　　　　　　　　锅炉计算负荷

名　称	单位	计　算　负　荷						
		BMCR	THA	75%THA	50%THA	切高压加热器	校核1 BMCR	校核2 BMCR
主蒸汽流量	t/h	2030	1769.8	1302.1	897.85	1559.6	2030	2030
总煤量	t/h	333.7	298.8	230.4	161.9	311.9	306.9	365.1

续表

名称	单位	计算负荷						
		BMCR	THA	75%THA	50%THA	切高压加热器	校核 1 BMCR	校核 2 BMCR
主蒸汽压力	MPa	17.5	17.28	16.97	16.78	17.13	17.5	17.5
给水压力	MPa	19.49	18.89	18	17.43	18.46	19.49	19.49
给水温度	℃	281	272.1	253.9	233	177.7	281	281
效率（高位）	%	89.21	89.28	89.11	89.58	90.04	89.07	89.15
效率（低位）	%	93.18	93.25	93.08	93.57	94.05	93.5	94.39
过量空气系数		1.2	1.2	1.356	1.324	1.2	1.2	1.2
总热损失	%	10.79	10.72	10.89	10.42	9.96	10.93	10.85
过热器一级喷水量	t/h	0	45.8	73.8	33.9	153	0	0
过热器二级喷水量	t/h	0	23.3	36.2	17.1	61.2	1.292	1.148
再热减温喷水量	t/h	0	0	0	0	0	16.96	2.44
主蒸汽温度	℃	540	540	540	534.4	540	540	540
再热蒸汽流量	t/h	1698.9	1493.4	1117.8	783.79	1535.5	1698.9	1698.9
再热蒸汽出口压力	MPa	3.763	3.298	2.462	1.678	3.474	3.763	3.763
再热蒸汽出口温度	℃	540	540	540	516.9	540	540	540
再热蒸汽进口压力	MPa	3.953	3.465	2.587	1.766	3.646	3.953	3.953
再热蒸汽进口温度	℃	330.7	316.1	300	284.8	327.6	330.7	330.7
减温器喷水温度	℃	179.3	173.5	162.7	149.8	177.7	179.3	179.3
烟气量	t/h	2490.3	2226.9	192.2	1319.6	2324.2	2489.6	2495.7
总风量（到风箱）	t/h	2178.3	1947.9	1697	1163.3	2033	2179.2	2180.9
炉膛漏风	t/h	114.6	102.5	89.3	61.2	107	114.7	114.8
总风量	t/h	2292.9	2050.4	1786.4	1224.5	2140	2293.9	2295.7
分隔屏底烟气温度	℃	1345	1366	1284	1209	1357	1346	1342
干烟气损失	%	4	3.91	3.88	3.18	3.24	3.94	3.99
燃料中水分损失	%	1.49	1.49	1.48	1.48	1.48	1.51	1.52
氢燃烧损失	%	3.24	3.24	3.2	3.14	3.18	3.42	3.28
空气中水分损失	%	0.08	0.08	0.08	0.07	0.07	0.08	0.08
未燃尽碳损失	%	1.5	1.5	1.7	1.9	1.5	1.5	1.5
辐射损失	%	0.18	0.2	0.25	0.35	0.19	0.18	0.18
未计及损失	%	0.3	0.3	0.3	0.3	0.3	0.3	0.3
总热损失	%	10.79	10.72	10.89	10.42	9.96	10.93	10.85
烟气温度								
过热器分隔屏	℃	1120	1108	1040	956	1110	1120	1118
过热器后屏	℃	996	980	923	836	987	996	995
再热器前屏	℃	850	836	788	702	844	856	855

续表

名称	单位	计算负荷						
		BMCR	THA	75%THA	50%THA	切高压加热器	校核1 BMCR	校核2 BMCR
后水冷壁吊挂管	℃	848	828	781	695	836	547	847
末级再热器	℃	772	753	716	640	761	772	772
水冷壁对流管束	℃	757	738	701	625	746	757	757
末级过热器	℃	682	666	640	586	671	681	681
过热器对流管束	℃	675	660	633	580	664	675	675
立式低温过热器	℃	639	625	602	551	632	639	639
转向室内吊挂管	℃	631	617	593	543	622	631	631
尾部转向室	℃	617	602	580	528	607	617	617
水平低温过热器	℃	448	440	430	404	446	448	448
省煤器	℃	371	361	345	315	325	371	371
工质出口温度								
墙式辐射再热器	℃	371	364	383	342	363	371	371
过热器分隔屏	℃	440	443	447	444	442	440	440
过热器后屏	℃	506	518	531	530	533	506	505
过热器二级减温器	℃	506	506	506	502	502	502	502
再热器前屏	℃	483	483	482	469	481	483	483
末级再热器	℃	541	541	541	517	539	541	541
末级过热器	℃	541	541	541	534	540	541	539
过热器一级减温器	℃	392	395	405	392	418	392	392
立式低温过热器	℃	392	395	405	392	418	392	392
水平低温过热器	℃	385	387	394	384	404	385	385
省煤器	℃	301	295	284	266	231	301	301
烟气速度								
过热器后屏	m/s	8.34	7.38	6.06	3.88	7.73	8.34	8.35
再热器前屏	m/s	8.96	7.89	6.51	4.13	8.29	8.96	8.97
末级再热器	m/s	10.18	8.94	7.41	4.68	9.4	10.17	10.2
末级过热器	m/s	10.55	9.27	7.74	4.95	9.73	10.54	10.56
立式低温过热器	m/s	11.14	9.27	8.24	5.32	10.3	11.14	11.16
水平低温过热器	m/s	10.88	9.81	8.11	5.29	10.09	10.88	10.9
省煤器	m/s	8.51	9.6	6.36	4.18	7.67	8.51	8.53
磨煤机数据								
磨煤机型号		ZGM123N						
总耗煤量	t/h	334.2	298.8	230.4	161.9	311.9	306.9	365.1
磨煤机投运台数	台	5	5	5	5	5	6	6

续表

名称	单位	计算负荷						
		BMCR	THA	75%THA	50%THA	切高压加热器	校核 1 BMCR	校核 2 BMCR
磨煤机入口一次风量	kg/s	26.83	25.64	23.33	21.02	26.08	23.94	25.79
磨煤机入口一次风温	℃	286.8	274.2	245.9	211.1	279	274.4	265.2
进燃烧器混合物温度	℃	80	80	80	80	80	8	080
磨煤机出口煤粉水分	%	0.91	0.91	0.91	0.91	0.91	0.88	0.94
煤粉细度（R_{90}）	%	18	18	18	18	18	1	818
空气预热器								
空气预热器入口一次风温度	℃	26	26	26	32	26	26	26
空气预热器入口二次风温度	℃	23	23	34	41	37	23	23
空气预热器入口烟气温度	℃	371	361	346	316	326	371	371
空气预热器出口一次风温度	℃	323	320	308	291	284	324	324
空气预热器出口二次风温度	℃	342	336	322	299	301	342	342
空气预热器入口烟气温度(修正)	℃	123	120	116	109	114	124	124
空气预热器出口烟气温度(修正)	℃	118	115	110	102	109	119	119
一次风混合温度	℃	271	259	255	249	263	260	262
风粉混合物温度	℃	80	80	80	80	80	80	80
空气预热器入口一次风量	kg/h	519 403	488 481	430 337	349 723	560 491	459 808	464 740
空气预热器入口二次风量	kg/h	1 684 460	1 475 023	1 326 584	894 905	1 556 557	1 737 735	1 736 036
空气预热器入口烟气量	kg/h	2 490 332	2 226 905	1 922 310	1 319 635	2 329 445	2 489 618	2 495 739
空气预热器出口一次风量	kg/h	398 106	366 352	306 041	222 565	431 387	338 973	343 862
空气预热器旁通风量	kg/h	84 836	95 174	57 848	43 763	37 680	91 951	90 482
空气预热器出口二次风量	kg/h	1 667 639	1 458 639	1 310 970	880 296	1 540 410	1 720 550	1 718 871
空气预热器出口烟气量	kg/h	2 628 450	2 365 418	2 062 220	1 461 402	2 474 696	2 627 637	2 633 782

第二节　汽轮机概述及主要参数

一、汽轮机概述

汽轮机为哈尔滨汽轮机有限责任公司生产的亚临界、一次中间再热、单轴、三缸、四排汽、冷凝汽式汽轮机，额定功率为 600MW，型号为 N600-16.7/537/537 型。

新蒸汽从下部进入置于该机两侧两个固定支撑的高压主汽调节联合阀，由每侧各两个调节阀流出，经过 4 根高压导汽管进入汽轮机高压缸，高压进汽管位于上半缸两根、下半缸两根。进入汽轮机高压缸的蒸汽通过一个调节级和 9 个压力级后，由外缸下部两侧排出进入再热器。再热后的蒸汽从机组两侧的两个再热主汽联合调节阀，由每侧各两个中压调节阀流出，经过 4 根中压导汽管由中部进入汽轮机中压缸，中压进汽管位于上半缸两根、下半缸两根。进入汽轮机中压缸的蒸汽经过 6 个压力级后，从中压缸上部排汽口排出，经中、低压连通管，分别进入 1 号、2 号低压缸中部。两个低压缸均为双分流结构，蒸汽从通流部分的中部流入，经过正反向 7 级压力级后，流向每端的排汽口，然后向下流入安装在每一个低压缸下部的凝汽器。汽缸下部留有抽汽口，抽汽用于给水加热。回热系统采用 3 台高压加热器、4 台低压加热器、1 台除氧器的方式布置。

高中压缸合缸是双层缸结构，高中压外缸和内缸通过水平中分面形成上、下两半。

该机组具有两个低压缸，低压外缸由钢板焊接而成，为了减少温度梯度设计成 3 层缸。由外缸、1 号内缸、2 号内缸组成，减少了整个缸的绝对膨胀量。汽缸上、下半各由三部分组成：调节级端排汽部分、发电机端排汽部分和中间部分。各部分之间通过垂直法兰面由螺栓连成一体。

排气缸内设计有良好的排汽通道，由钢板压制而成。面积足够大的低压排汽口与凝汽器弹性连接。低压缸四周有框架式撑脚，增加低压缸刚性，撑脚坐落在基架上承担全部低压缸质量，并使得低压缸质量均匀地分布在基础上。为了减小流动损失，在进、排汽处均设计有导流环。每个低压缸两端的汽缸盖上装有两个大气阀，其用途是当低压缸的内压超过其最大设计安全压力时，自动进行危急排汽。大气阀的动作压力为 0.034～0.048MPa（表压）。低压缸排汽区设有喷水装置，空转或低负荷、排气缸温度升高时按要求自动投入，降低低压缸温度，保护末级叶片。

汽轮机整个轴系由 3 根转子加 1 个中间轴组成，高中压转子跨距 6100mm，低压转子跨距 5740mm。高中压、低压转子是无中心孔合金钢整锻转子。带有主油泵叶轮及超速跳闸装置的轴通过法兰螺栓刚性地与高中压转子在调节级端连接在一起，主油泵叶轮轴上还带有推力盘。高中压转子和 1 号低压转子采用刚性法兰联轴器连接，低压转子之间通过中间轴刚性连接。2 号低压转子和发电机转子为刚性连接。转子系统由安装在前轴承箱内的推力轴承定位，并由 8 个支撑轴承支撑。

二、汽轮机主要参数

（1）汽轮机主要规范见表 1-21。

表 1-21   汽轮机主要规范

项　目	单位	设　计　数　据
型号		N600-16.7/537/537 型
形式		亚临界、一次中间再热、单轴、三缸、四排汽、凝汽式汽轮机
额定功率	MW	600
额定主蒸汽压力	MPa	16.7
额定主蒸汽温度	℃	537
额定主蒸汽流量	t/h	1769.8
最大进汽量	t/h	2030
额定背压	kPa	4.9

续表

项　目	单位	设　计　数　据
给水温度	℃	272.1
额定高压缸排汽压力	MPa	3.631
额定高压缸排汽温度	℃	316.1
额定再热蒸汽进口温度	℃	537
配汽方式		喷嘴
设计冷却水温度	℃	20
额定转数	r/min	3000
盘车转速	r/min	3.35
转向		从机头看为顺时针方向旋转
通流级数	级	总级数 44 级 高压缸：1 调节级＋9 压力级 中压缸：6 压力级 低压缸：2×2×7 压力级
末级动片长度	mm	1000
轴系临界转速范围	r/min	700～900、1300～1700、2100～2300、2650～2850
汽轮机总长	mm	27 800
汽轮机最大宽度（包括罩壳）	mm	11 400
热耗	kJ/（kW•h）	7784.3
汽耗	kg/（kW•h）	2.950
给水回热系统	台	3 台高压加热器＋1 台除氧器＋4 台低压加热器
最大允许频率摆动	Hz	48.5～50.5
速度变动率		3%～6%
一次调频死区	r/min	3000±2
空负荷时额定转速波动	r/min	±1
汽封系统		自密封系统
控制方式		采用高压抗燃油数字电液调节系统（DEH）
汽轮机中心距运行层标高	mm	1070
噪声（距离设备外壳 1m）	dB（A）	≤90
各轴承处轴径双振幅值	mm	<0.076
制造厂家		哈尔滨汽轮机有限责任公司

（2）额定工况热力参数汇总表见表 1-22。

表 1-22　　　　　　　　　　额定工况热力参数汇总表

缸号	级号	流量	级后压力	级后总温	级间总温
		t/h	MPa	℃	℃
高压缸	1	1768.6	11.75	—	—
	2	1736.4	10.396 9	467.5	475.8
	3	1736.4	9.300 9	450.0	458.3
	4	1736.4	8.273 8	432.0	440.5

续表

缸号	级号	流量	级后压力	级后总温	级间总温
		t/h	MPa	℃	℃
高压缸	5	1736.4	7.346 5	414.0	422.4
	6	1736.4	6.498 4	395.9	404.1
	7	1736.4	5.714 8	377.7	386.3
	8	1616.6	4.941 1	357.2	366.4
	9	1616.6	4.254 9	336.9	346.0
	10	1616.6	3.631 4	316.1	325.7
中压缸	11	1508.3	2.618 7	505.3	518.7
	12	1508.3	2.147 3	474.0	488.0
	13	1508.3	1.746 1	441.8	456.3
	14	1430.9	1.397 8	408.4	423.3
	15	1430.9	1.097 5	373.7	389.7
	16	1430.9	0.835 2	318.4	353.8
1号低压缸	17	325.6	0.553 5	271.4	292.2
	18	325.6	0.347 8	220.4	245.4
	19	289.8	0.220 8	175.1	196.7
	20	289.8	0.129 0	126.0	150.7
	21	289.8	0.063 4	88.1	96.9
	22	280.2	0.024 5	65.3	76.6
	23	266.9	0.004 7	318.5	51.4
2号低压缸	24	319.4	0.568 1	274.5	293.6
	25	319.4	0.384 8	230.9	251.4
	26	319.4	0.241 2	183.5	206.3
	27	319.4	0.131 8	128.2	157.0
	28	296.7	0.063 6	88.2	97.4
	29	281.0	0.024 3	65.1	76.7
	30	265.2	0.004 9	32.5	51.3

（3）最大工况热力参数汇总表见表 1-23。

表 1-23 　　　　　　　　　　最大工况热力参数汇总表

缸号	级号	流量	级后压力	级后总温	级间总温
		t/h	MPa	℃	℃
高压缸	1	2029.4	13.43	—	—
	2	1992.4	12.051 2	491.4	500.0
	3	1992.4	10.770 8	473.1	481.7
	4	1992.4	9.561 6	454.2	463.1

续表

缸号	级号	流量	级后压力	级后总温	级间总温
		t/h	MPa	℃	℃
高压缸	5	1992.4	8.475 8	435.4	444.1
	6	1992.4	7.482 4	416.4	425.0
	7	1992.4	6.554 9	397.0	406.2
	8	1845.5	5.656 0	375.6	385.2
	9	1845.5	4.856 5	354.3	363.9
	10	1845.5	4.127 8	337.6	342.5
中压缸	11	1715.7	2.975 9	507.0	520.5
	12	1715.7	2.439 5	475.5	489.7
	13	1715.7	1.980 7	443.0	457.7
	14	1625.2	1.584 9	409.4	424.4
	15	1625.2	1.243 3	374.5	390.6
	16	1625.2	0.944 7	323.7	354.5
低压缸调节级端	17	367.2	0.625 4	276.2	297.1
	18	367.2	0.391 7	224.5	249.8
	19	325.4	0.248 7	178.8	200.6
	20	325.4	0.145 4	129.4	154.3
	21	325.4	0.071 4	91.2	100.2
	22	314.2	0.027 4	67.8	79.5
	23	298.0	0.004 8	323.8	53.7
低压缸发电机端	24	360.0	0.642 6	279.4	298.7
	25	360.0	0.435 0	235.4	256.1
	26	360.0	0.272 6	187.6	210.6
	27	360.0	0.148 7	131.6	160.9
	28	333.6	0.071 6	91.3	100.8
	29	315.4	0.027 2	67.6	79.6
	30	295.5	0.004 9	32.5	53.6

第三节　发电机概述及主要参数

一、发电机概述

二期工程 2×600MW 机组，以发电机-变压器组单元接线 F 方式接入厂内 500kV 升压站，负荷送出通过 500kV 和 220kV 开关场四回线路即七民线、七河线、七方甲线、七方乙线。500kV 升压站采用双母线接线。

发电机采用哈尔滨电机有限责任公司生产的 QFSN-600-2YHG 型汽轮发电机，冷却方式为水—氢—氢，定子、转子绕组均采用 F 级绝缘。该发电机采用自并励静态励磁，励磁调节装置采用 SAVR2000 系统。主变压器采用一套 3 台 240MVA 单相强迫油循环强迫风冷变压器，500kV 侧中性点直接接地。1 号启动/备用变压器为三相双分裂油浸自然循环强迫风冷、低铜损 50MVA 的有载调压变压器，高压侧直接接地，低压侧经低电阻接地。发电机出口采用封闭母线与主变压器、厂用高压变压器、脱硫变压器和励磁变压器连接。发电机-变压器组和 500kV 母线、线路以及 220kV 启动/备用变压器等设备均配置双套微机型保护装置。

厂用电系统采用 6kV 和 0.4kV 两级电压，高压厂用变压器采用中性点经低电阻接地系统，低压厂用采用中性点直接接地系统。两台机组设置 1 台容量为 31.5MVA 的分裂变压器即 1 号备用变压器，作为机组启动和高压厂用工作变压器、脱硫变压器的备用电源。当机组的高压厂用工作变压器、脱硫变压器故障退出时，自动投入 1 号备用变压器低压侧备用开关。1 号启动/备用变压器为有载调压。每台机组设置 1 台容量为 31.5MVA 的分裂绕组高压厂用工作变压器和 1 台容量为 16MVA 的双绕组高压脱硫变压器，主厂房每台机组设置 3 段 6kV 工作母线，即 BBA、BBB、BBC 段。汽轮机、锅炉单元及除灰、除尘、输煤、公用、照明、检修等负荷由 6kV 厂用工作母线供电。化学用水、补给水、灰场用水取自 I 期 6kV 公用 OA、OB 段。

主厂房 380V 厂用系统采用动力中心（PC 段）和电动机控制中心（MCC 段）的供电方式。动力中心和电动机控制中心成对设置，建立双路电源通道，采用暗（互为）备用方式，手、自动切换。PC 段采用单母线分段。每台机设置 2 台汽轮机变压器、2 台锅炉变压器、1 台照明变压器，每台机组设置 4 台除尘变压器。两台机组共设置 2 台公用变压器、2 台输煤变压器。成对设置的 2 台低压厂用变压器互为备用，另外两台机组设置一台检修变压器。

每台机组设置一套柴油发电机组，提供机组安全停机所必需的保安电源。柴油发电机直接连接到保安电源段，由保安电源段分别供给汽轮机、锅炉保安 MCC 段。汽轮机和锅炉均设置本机组保安 MCC 段，汽轮机、锅炉保安 MCC 段各设三回进线，一回来自保安动力中心，两回分别来自各自汽轮机、锅炉 PC-A/PC-B 段。

1. 励磁系统

励磁系统采用发电机端自并励静止励磁系统。该系统主要由发电机端励磁变压器，晶闸管整流装置，自动电压调节器，灭磁和过电压保护装置，启励装置，必要的监测、保护、报警辅助装置等组成。当发电机的励磁电压和电流不超过其额定励磁电流和电压的 1.1 倍时，励磁系统保证连续运行。励磁系统具有短时过载能力，励磁系统的短时过负荷能力大于发电机转子绕组的短时过负荷能力。定子电压为额定值时，励磁系统强励倍数大于 2，励磁系统允许强励时间为 20s。励磁系统具备高起始响应特性，在 0.1s 内励磁电压增长值达到顶值电压和额定电压差值的 95％。励磁系统响应比即电压上升速度，大于 3.58 倍/s。自动励磁调节器的调压范围，发电机空载时能在 70％～110％额定电压范围内稳定平滑调节，手动调压范围，下限不高于发电机空载励磁电压的 20％，上限不低于发电机额定励磁电压的 110％。转子回路设有过电压保护，其动作电压的分散性不大于±10％。

2. 整流装置

整流装置的一个柜退出运行时，满足发电机强励和 1.1 倍额定励磁电流运行的要求。当有 1/2 支路退出运行时，仍能保证发电机额定工况运行。整流装置冷却风机有 100％ 的备用容量，在风压或风量不足时，备用风机能自动投入并发出报警信号。整流装置的通风电源设两路，并可自动切换。任一台整流柜故障或冷却电源故障，均发出报警信号。

3. 励磁调节器（AVR）

励磁调节器（AVR）采用数字微机型，其性能可靠，并具有提高发电机暂态稳定的特性。励磁调节器还设有过励磁限制、过励磁保护、低励磁限制、电力系统稳定器 U/f（U 表示发电机出口电压，f 表示发电机频率）限制及保护、转子过电压保护等附加单元。

采用两路完全相同且独立的自动励磁调节器（AC 调节器）并列运行。当一路调节器出现问题时，它将自动退出运行和发出报警，并能自动切换到另一路 AC 调节器。当单路调节器独立运行时，完全能满足发电机各种工况下正常运行。同时还设有独立的手动电路（DC 调节器）作为备用，手动电路能自动跟踪。当自动回路故障时能自动无扰切换到手动。自动励磁调节装置能在 $-10℃\sim+40℃$ 环境温度下连续运行。

励磁变压器采用室内三个单相干式变压器，铜绕组绝缘等级为 F 级，其二次绕组为 D 连接，一次绕组 BIL 为 125kV。励磁变压器高压侧每相提供 3 组套管 TA，用于保护和测量。

二、发动机主要参数

（1）发电机规范见表 1-24。

表 1-24　　　　　　　　　　　　　　发电机规范

项　目	单位	设 计 数 据
形式		三相交流隐极式水-氢-氢冷同步发电机
型号		QFSN-600-2YHG
冷却方式		水-氢-氢
额定容量	MVA	706
额定功率	MW	600
最大连续输出功率	MW	642
无功功率	Mvar	290.6
额定功率因数		0.85（滞后）
额定定子电压	kV	20
额定定子电流	A	20 377
额定励磁电压（90℃计算值）	V	465.6
额定励磁电流（计算值）	A	4557
空载励磁电压	V	138
空载励磁电流	A	1396
额定效率（计算值）	％	98.86
额定频率	Hz	50
短路比		0.48
强励运行时间	s	＞20
发电机负序承载能力	％	I2（最大稳态值）：8

项　目	单位	设计数据
发电机波阻抗 Z	Ω	74.793
发电机临界转速（一阶/二阶/三阶）	r/min	733/2074/3814
定子绕组每相直流电阻（75℃）	Ω	0.001 488
转子绕组直流电阻（75℃）	Ω	0.097 444
额定氢压	MPa	0.4
定冷水温度	℃	45～50
定子绕组出水温度	℃	85
定子绕组上、下层线棒间温度	℃	90
定子铁芯温度	℃	120
定子端部结构件温度	℃	120
绝缘等级	级	F
发电机内气体容积（有/无转子）	m³	110/120
发电机总质量	kg	475 000

（2）主变压器规范见表 1-25。

表 1-25　　　　　　　　　主变压器规范

项　目	数　据	项　目	数　据
型号	DFP-240000/500	中性点	500kV 中性点直接地
额定容量	3×240MVA	调压方式	无载调压
额定电压	（550±2×2.5%/20）kV	额定电流	756/20785A
相数	3	接线方式	YNy11
短路阻抗	14%	频率	50Hz
低压绕组温升限值	<65K	空载电流	0.12A
顶层油温升限值	<55K	高压绕组温升限值	<65K
冷却方式	ODAF（强油导向、强迫风冷）	油箱、铁芯和金属结构件温升限值	<80K

（3）高压厂用工作变压器规范见表 1-26。

表 1-26　　　　　　　　高压厂用工作变压器规范

项　目	数　据	项　目	数　据
型号	SFF10-50000/20	调压方式	无载调压
额定容量	50000/31500-31500kVA	额定电流	1443.2/2886.8-2886.8A
额定电压	20±2×2.5/6.3-6.3kV	接线方式	D，Yn1-Yn1
相数	3 相	频率	50Hz
冷却方式	ONAF（自然循环，强迫风冷）	阻抗电压	16.67%
空载电流	0.25A	空载损耗	35kW
中性点	经低电阻接地		

项　目	数　据	项　目	数　据
冷却风扇电机			
功率	0.4kW	全压	100Pa
额定电压	380V	转速	750r/min
数量	7＋1	风量	6240m³/h

（4）高压厂用脱硫变压器规范见表 1-27。

表 1-27　　　　　　　高压厂用脱硫变压器规范

项　目	数　据	项　目	数　据
型号	SF10-16000/20	调压方式	无载调压
额定容量	16 000kVA	额定电流	461.9A/1466.3A
额定电压	（20±2×2.5％/6.3）kV	接线方式	D，Yn1
相数	3	频率	50Hz
冷却方式	ONAF（自然循环，强迫风冷）	短路阻抗	6％
空载电流	0.29％	空载损耗	15kW
负载损耗	65kW	释放压力	55kPa
顶层油温升	55K	绕组温升	65K
油箱、铁芯温升	80K	风扇全退运行	20℃时 30min
冷却风扇电机			
数量	5＋1	接法	Y
额定电流	2.3A	绝缘等级	B
额定电压	380V	转速	480r/min

（5）1号启动/备用变压器规范见表 1-28。

表 1-28　　　　　　　1号启动/备用变压器规范

项　目	数　据	项　目	数　据
型号	SFFZ10-CY-50000/220	调压方式	有载调压
额定容量	16 667kVA	额定电流	125.5/2886.8-2886.8A
额定电压	（230±8×1.25％/6.3-6.3/10）kV	接线方式	YNyn0-yn0＋d
相数	3	频率	50Hz
冷却方式（ONAN/ONAF）	67％/100％	空载损耗	43kW
短路阻抗	19.04		
空载电流（额定电流）	0.07％	生产厂家	沈阳变压器集团有限公司

（6）励磁系统规范见表1-29。

表 1-29　　　　　　　　　　　　励磁系统规范

设备	名　称	单位	设计值
整流柜	形式		三相全控桥
	整流方式		全波整流
	额定电流（每台柜）	A	2500
	额定正向平均电流	A	3170
	额定反向锋值电压	V	4200
磁场断路器	形号		MM74-6000
	额定电压	V	1000
	额定电流	A	6000
	开断电流	kA	100
	控制电压（直流）	V	110
	电压调整范围	%	70～110
	手动调整范围	%	20～110

（7）励磁变压器规范见表1-30。

表 1-30　　　　　　　　　　　　励磁变压器规范

项　目	数　据	项　目	数　据
型号	ZLS09-6300/20	调压方式	无载调压
额定容量	7200kVA	额定电流	181.86A/4086.86A
额定电压	（20000±2×5%/920）kV	接线方式	Y/d_{11}
相数	3	频率	50Hz
冷却方式	AN	短路阻抗	7%
局部放电水平	4.4PC	线圈最高温升	100K
绝缘等级	H	生产厂家	金曼克集团

第二章 锅 炉 系 统

第一节 整体布置与工作原理

仿真对象机组锅炉为哈尔滨锅炉有限责任公司生产的 HG-2030/17.5-YM9 型 600MW 亚临界参数锅炉。该锅炉为控制循环加内螺纹管单炉膛、一次中间再热，采用平衡通风、固态排渣方式，锅炉房紧身封闭，采用中速磨煤机正压直吹式制粉系统的全钢构架、全悬吊结构 Ⅱ 型汽包锅炉。设计燃用黑龙江省七台河市烟煤。

一、亚临界锅炉的整体布置

锅炉为单炉膛四角布置的直流式摆动燃烧器，切向燃烧，配 6 台中速磨煤机，正压直吹式系统，每角燃烧器为六层一次风喷口，燃烧器可上、下摆动，最大摆角为±30°。在 BMCR 工况，燃用设计煤种时，5 台运行、1 台备用；燃用校核煤种时，6 台磨煤机运行。

炉膛上部布置墙式辐射再热器和大节距的分隔屏过热器及后屏过热器以增加再热器和过热器的辐射特性。墙式辐射再热器布置于上炉膛前墙和两侧墙，分隔屏沿炉宽方向布置六大片，起切割旋转烟气流的作用，以减少进入水平烟道沿炉宽方向的烟气温度偏差。

采用典型的内螺纹管膜式水冷壁的强制循环系统，可以降低锅炉循环倍率至 2 左右，以便采用低压头的循环泵，减少电耗并提高运行可靠性；对每个水冷壁回路的各种工况均用计算机作精确的水循环计算，以确保水循环的可靠性。膜式水冷壁由光管加扁钢焊接而成。

各级过热器和再热器最大限度地采用蒸汽冷却的定位管和吊挂管，以保证运行的可靠性。分隔屏和后屏沿炉膛宽度方向有 6 组汽冷定位夹紧管，并与墙式再热器之间装设导向定位装置以作管屏的定位和夹紧，防止运行中管屏的晃动；过热器后屏和再热器前屏用横穿炉膛的汽冷定位管定位，以保证屏与屏之间的横向间距，防止运行中晃动；布置于后烟道的水平式低温过热器采用自省煤器出口联箱引出的水冷吊挂管悬吊和定位；省煤器采用金属撑架固定；对于高温区的管屏（分隔屏过热器、后屏过热器、后屏再热器）通过延长最里面的管圈做管屏底部管的夹紧用。

各级过热器和再热器采用较大的横向节距，防止受热面结渣、结灰，同时还便于在蛇形管穿过顶棚处装设密封装置，以提高炉顶的密封性。

各级过热器和再热器均采用较大直径的管子。增加管子在制造和安装过程中的刚性，并有利于降低过热器和再热器的阻力；这种较粗管子的顺列布置有利于降低管子的烟气侧磨损，提高抗磨能力。

各级过热器、再热器之间采用单根或数量很少的大直径连接管连接，对蒸汽起到良好的混合作用，以消除偏差。各联箱与大直径连接管相连处均采用大口径三通。

在用计算机精确计算壁温、阻力和流量分配的基础上，选用过热器、再热器蛇形管的材质；所有大口径联箱和连接管在保证性能和强度的基础上采用无缝钢管。

锅炉采用全钢结构构架。

每台锅炉装有两台三分仓容克式空气预热器。

锅炉的汽包、过热器出口及再热器进/出口均装有弹簧式安全阀。在过热器出口处装有两只动力控制阀（PCV）以减少安全阀的动作次数。

蒸汽温度调节方式如下：

过热器采用二级喷水。第一级喷水减温器设在低温过热器与分隔屏过热器间的大直径连接管上，分左、右各一点。第二级喷水减温器设在后屏过热器与末级过热器间的大直径连接管上，分左、右各一点。减温器采用笛管式。再热器的蒸汽温度主要靠燃烧器摆动，在再热器的冷端进口管道上装有两只雾化喷嘴式的喷水减温器，主要作事故喷水用。过量空气系数的改变对过热器和再热器的调节也有一定的作用。

根据燃煤的沾污特点，在炉膛、各级对流受热面和回转式空气预热器处均装设不同形式的吹灰器。其中，炉膛布置100只蒸汽吹灰器，受热面布置42只长伸缩式吹灰器。吹灰器的运行采用程序控制，在2~4h可全部运行一遍。

锅炉设有膨胀中心，可进行精确的热位移计算，作为膨胀补偿、间隙预留和管系应力分析的依据，并便于与设计院所负责的各管道的受力情况相配合。在锅炉本体的刚性梁、密封结构和吊杆的设计中也有相应的考虑。膨胀中心的设置对保证锅炉的可靠运行和密封性改善有着重大的作用。

锅炉刚性梁按炉膛内最大瞬间压力为±9.98kPa设计。此设计压力考虑紧急事故状态下主燃料切断、送风机停运、引风机及脱硫风机出现瞬间最大抽力时，炉墙及支撑件不产生永久变形。此数据符合美国国家防火协会规程（NFPA）的规定。锅炉水平刚性梁的布置先按各部位烟气侧设计压力、跨度和管子应力等条件，通过应力分析以确定各处的最大许可间距，而根据门孔布置等具体条件所确定的刚性梁实际间距均小于此处的最大许可间距。由于锅炉水平烟道部位的两侧墙跨度最大，为减少挠度，每侧设有两根垂直刚性梁与水平刚性梁相连。

在锅炉的尾部竖井下联箱装有容量为5%的启动疏水旁路。锅炉启动时利用此旁路进行疏水以达到加速过热器升温的目的。根据经验，此容量为5%的启动疏水旁路可以满足机组的冷、热态启动。

锅炉装有炉膛监察保护系统（FSSS）。用于锅炉的启停、事故解列以及各种辅机的切投。其主要功能是炉膛火焰检测和灭火保护，对防止炉膛爆炸和"内爆"有重要意义。

机组装有协调控制系统，进行汽轮机和锅炉之间的协调控制。它将锅炉和汽轮机作为一个完整的系统来进行锅炉的自动调节。

机组既可按定压运行，也可按滑压运行。当锅炉低负荷运行及启动时，推荐采用滑压运行，以获得较高的经济性。

二、亚临界锅炉工作原理

1. 锅

锅是指锅炉的水汽系统，由汽包、下降管、炉水循环泵、联箱、水冷壁、过热器、再热器和省煤器等设备组成。锅的作用是使水吸热，最后变化成一定参数的过热蒸汽。其过程是给水由给水泵打入省煤器以后逐渐吸热，温度升高到汽包工作压力的沸点，成为饱和水；饱和水在蒸发设备（炉）中继续吸热，在温度不变的情况下蒸发成饱和蒸汽；饱和蒸汽从汽包引入过热器以后逐渐过热到规定温度，成为合格的过热蒸汽，然后到汽轮机高压缸做功。高压排汽在引入再热器以后逐渐再热到规定温度，成为合格的再热蒸汽，然后到汽轮机中压缸做功。

2. 汽包

蒸汽锅炉的汽包内装的是热水和蒸汽。汽包具有一定的水容积，与下降管、炉水循环泵、水冷壁相连接，组成强制循环系统，同时，汽包又接受省煤器的给水，向过热器输送饱和蒸汽。汽包是加热、蒸发、过热三个过程的分解点。

3. 下降管

下降管的作用是把汽包中的水通过炉水循环泵连续不断地送入下联箱，供给水冷壁，使受热面有足够的循环水量，以保证可靠的运行。为了保证水循环的可靠性，下降管自汽包引出后都布置在炉外。

4. 联箱

联箱又称集箱。一般是直径较大、两端封闭的圆管，用来连接管子。起汇集、混合和分配汽水，保证各受热面可靠地供水或汇集各受热面的水或汽水混合物的作用。位于炉排两侧的下联箱，又称防焦联箱。水冷壁下联箱通常都装有定期排污装置。

5. 水冷壁

水冷壁布置在燃烧室内四周或部分布置在燃烧室中间。它由许多上升管组成，以接受辐射传热为主受热面。其作用是依靠炉膛的高温火焰和烟气对水冷壁进行辐射传热，使水（未饱和水或饱和水）加热蒸发成饱和蒸汽，由于炉墙内表面被水冷壁管遮盖，所以炉墙温度大为降低，使炉墙不致被烧坏。而且又能防止结渣和熔渣对炉墙的侵蚀，简化了炉墙的结构，减轻炉墙质量。水冷壁的形式为光管式、膜式。

6. 过热器

过热器是蒸汽锅炉的受热面，它的作用是在压力不变的情况下，从汽包中引出饱和蒸汽，再经过加热，使饱和蒸汽成为一定温度的过热蒸汽。

7. 再热器

再热器的作用是从高压缸排出冷端再热蒸汽，再经过加热，使其成为一定温度的再热蒸汽。

8. 省煤器

省煤器布置在锅炉尾部烟道内，利用烟气的余热加热锅炉给水，其作用是提高给水温度、降低排烟温度、减少排烟热损失、提高锅炉的热效率。

9. 减温装置

减温装置的作用是保证蒸汽温度在规定的范围内。蒸汽温度调节包括蒸汽侧调节（采用减温器）和烟气侧调节（采用摆动式喷燃器）。

10. 炉

炉就是锅炉的燃烧系统，由炉膛、烟道、喷燃器及空气预热器等组成。工作原理为一次风机、送风机将空气送入空气预热器中吸收烟气的热量并送进热风道，一次风往制粉系统携带煤粉送入喷煤器，二次风直接送往喷煤器。煤粉与一、二次风经喷燃器喷入炉膛联箱燃烧放热，并将热量以辐射方式传给炉膛四周的水冷壁等辐射受热面，燃烧产生的高温烟气则沿烟道流经过热器、再热器、省煤器和空气预热器等设备，热量主要以对流方式传给它们，在传热过程中，烟气温度不断降低，最后由吸风机送入烟囱排入大气。

11. 炉膛

炉膛是由四面炉墙包围起来的，供燃料燃烧、传热的主体空间，其四周布满水冷壁。炉膛底部是排灰渣口，固态排渣炉的炉底是由前、后水冷壁管弯曲而形成的倾斜的冷灰斗。炉膛上部悬挂有屏式过热器，炉膛后上方烟气流出炉膛的通道叫炉膛出口。

12. 空气预热器

空气预热器是利用锅炉排烟的热量来加热空气的热交换设备。它装在锅炉尾部的垂直烟道中。

第二节　汽　水　系　统

锅炉汽水系统由给水系统、水冷壁系统、过热蒸汽系统、再热蒸汽系统、疏水系统、排气系统及充氮系统和超压保护阀等组成。

汽水系统如图 2-1 所示。

一、锅炉给水、水冷壁系统

来自高压加热器出口的给水经给水流量测量装置、给水旁路调节门或给水主路门进入省煤器入口联箱、省煤器蛇形管，水在省煤器蛇形管中与烟气成逆流向上流动，被加热后汇集到省煤器出口联箱，从省煤器出口联箱引出水冷吊挂管来悬吊尾部烟道内低温过热器，水冷吊挂管汇集到吊挂管联箱，在锅炉顶部汽包内，经由大口径连接管引到炉前，并从汽包的底部进入汽包。给水进入汽包后，与汽包中的锅水相混合，然后经由下降管进入循环泵吸入联箱，在锅炉运行时，循环泵将锅水从吸入联箱抽吸过来，经过排放阀和排放管道，将锅水排入水冷壁下联箱中。锅水进入水冷壁下联箱以后，首先通过过滤器，然后经过节流孔板进入到水冷壁管内。在锅炉启动期间，锅水也可以从水冷壁下联箱进入到省煤器再循环管中。

锅水沿着水冷壁管向上流动并不断受到加热。锅水平行流过以下三部分管子：

（1）前水冷壁管。

（2）侧水冷壁。

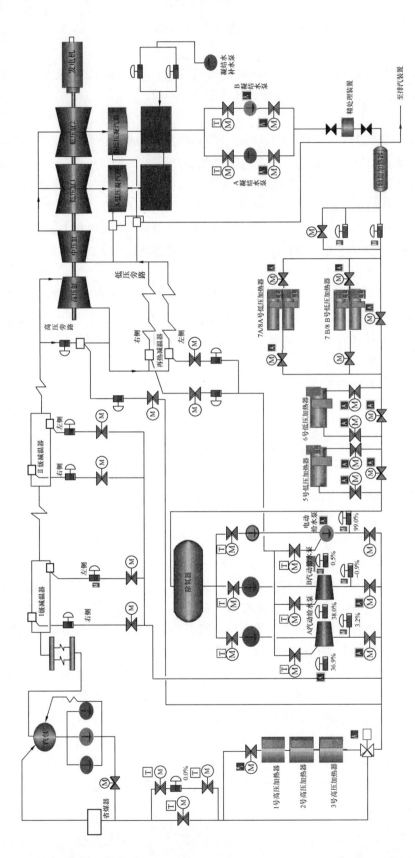

图 2-1　汽水系统

（3）后水冷壁管、后水冷壁悬吊管、后水冷壁折焰角、后水冷壁排管和水冷壁延伸侧墙管。

水冷壁管中产生的汽水混合物在水冷壁各出口联箱中汇合后，经由汽水引出管进入到汽包中。在汽包中，汽水混合物进行分离。分离出的蒸汽进入过热器系统，分离出的水又回到汽包水空间继续进行循环。

二、炉水循环泵

锅炉机组水循环系统是以投运 3 台炉水循环泵中的两台即能带满负荷运行而进行设计的。为了增加运行上的灵活性，锅炉可以 3 台泵运行。如果只投运单台泵，则锅炉负荷必须立刻减低到 60%MCR（最大连续出力），即连续运行负荷在 60%MCR 以下，允许投运单台泵。所有炉水循环泵都停运时，则不允许锅炉运行，此时由与炉水循环泵压差测量仪器连锁的主燃料跳闸（MFT）起保护作用，当启动时，建议至少投入两台炉水循环泵运行。

炉水循环系统如图 2-2 所示。

（一）炉水循环泵

炉水循环泵设备规范见表 2-1。

表 2-1　　　　　　　　　　炉水循环泵设备规范

项　目		单 位	设计参数		备　注
型　号			LUVAc2×350-500/1		
生产厂家			德国 KSB 公司		
数　量		台	3		
设计温度	泵	℃	371		
	电动机	℃	343		
	高压冷却水	℃	175		
工作状态			热态	冷态	
输送液体温度		℃	353.9	20	
密度		kg/m^3	588.2	998.3	
流量		m^3/h	4002	4002	
质量流量		t/h	2354	3995	
引入压力		MPa	19.55		
压差		Pa	185		
需要的净正引入水头（NPSH）		m	20	20	
总扬程		m	31.5	31.5	
引入联箱和泵壳的温差		℃	<55		
低压冷却水					
入口温度		℃	30~37		
出口温度		℃	44.5		
流量		m^3/h	12	每台泵	
压力		MPa	0.2~0.3		
隔热体冷却水流量		m^3/h	2		

续表

项　目	单　位	设计参数		备　注
悬浮物	mg/kg	<5（最大值）		
pH 值		9.5		
高压冲水和清洗冷却器	m³/h	11.35		间断运行
电动机低压冷却水				
冷却水流量	m³/h	10		
额定换热量	kJ/h	271.887		
冷却水入口温度	℃	30～37		
冷却水入口压力	MPa	0.2～0.3		
冷却水压降	MPa	<0.04		
隔热体低压冷却水				
冷却水流量	m³/h	2		
冷却水入口温度	℃	30～37		
冷却水入口压力	MPa	0.2～0.3		
冷却水压降	MPa	<～0.02		
高压充水和清洗水				
水源		除氧冷凝水		
悬浮物	mg/kg	<0.25		最大值
推荐进水温度	℃	21～50		
电动机	形式		KSB 湿式异步电动机	
	型号		LUV5/4FV40-605	
	厂家		德国 KSB 公司	
	额定电压	kV	6	
	额定电流	A	60A+1.15SF	
	启动电流	A	300	
	额定电压下启动时间	s	1	
	90%额定电压启动时间	s	1.2	
	额定功率	kW	400kW+1.15SF	
	转速	r/min	1470	
报警	低压冷却水流量	%	<70	
	电动机腔出口流体温度	℃	≥60	
	泵进/出口压差	MPa	≤0.07	
	泵壳与联箱间温差	℃	≥55	
RUNBACK（辅机故障减负荷）到60%BMCR		当两台泵出入口压差大于0.125MPa时，每台泵两个出、入口压差测量装置是"或"关系		

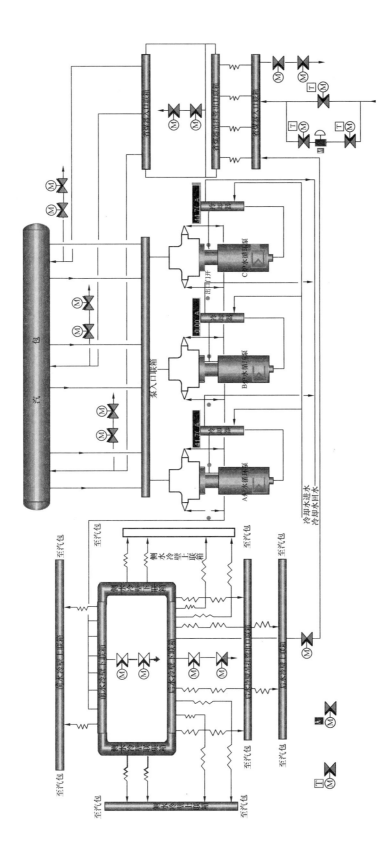

图 2-2 炉水循环系统

（二）联锁与保护

1. 炉水循环泵允许启动条件

（1）无炉水循环泵绝热室流量低报警。

（2）炉水循环泵出口门全开。

（3）炉水循环泵电动机冷却器用冷却水流量低。

（4）泵壳温度与炉水循环泵入口联箱金属温度差小于 45℃。

（5）电动机腔最小启动温度大于或等于 4℃且小于 49℃。

（6）汽包内水位高于最低水位。

2. 炉水循环泵跳闸条件

（1）炉水循环泵 A 电动机腔温度高高跳闸。

（2）炉水循环泵 A 绝热室流量中断延时 300s，停泵。

（3）炉水循环泵 A 电动机冷却器用冷却水流量中断，停泵。

（4）泵壳温度与入口联箱金属温度间温度差大于 56℃。

（三）启动前的准备

（1）炉水循环泵电动机绝缘电阻大于 200MΩ，保护投入，电动机接线完好。

（2）炉水循环泵有关表计齐全、完整并正常投运。

（3）低压冷却水和高、低压清洗水压力、温度满足要求。

（4）冷却水软连接管无打折现象。

（四）炉水循环泵低压冷却水的投入步骤

（1）开启低压冷却水入口总门。

（2）确认隔热体冷却水管道空气门在开启位置。

（3）开启隔热体冷却水流量计出、入口门。

（4）确认隔热体冷却水流量计旁路门在关闭位置。

（5）开启隔热体冷却水入口门。

（6）冷却水管道排净空气后关闭空气门。

（7）开启隔热体冷却水出口门。

（8）开启电动机冷却器低压冷却水入口门。

（9）开启电动机冷却器低压冷却水出口门。

（10）开启清洗水冷却器低压冷却水入口门。

（11）开启清洗水冷却器低压冷却水出口门。

（12）确认隔热体冷却水流量大于或等于 $2m^3/h$，电动机冷却水量大于或等于 $7m^3/h$；低压冷却水系统运行正常。

（五）炉水循环泵的注水和排气

（1）炉水循环泵注水必须在锅炉上水前进行。

（2）检查清洗水冷却器低压冷却水出、入口门开启，清洗水冷却器投入。

（3）确认炉水循环泵出口门在开启位置。

（4）开启泵隔热体放水门。

（5）开启泵壳与隔热体的放水总门。

（6）确认泵出口门前、后放水门关闭。

（7）关闭清洗水总滤网底部放水门。

（8）开启汽轮机侧主给水至炉水循环泵高压清洗水供水门。

（9）开启锅炉侧高压清洗来水门，清洗水滤网出、入口门；关闭 1～3 号炉水循环泵清洗水进水分门。

（10）关闭炉水循环泵底部清洗水放水门，开启炉水循环泵底部清洗水旁路管放水门。

（11）分别开启 1～3 号炉水循环泵清洗水进水分门，对清洗水管路进行冲洗。

（12）炉水循环泵底部清洗水旁路管放水清洁无杂质时，开始对炉水循环泵注水。

1）使用旁路注水时，开启炉水循环泵底部清洗水放水门，关闭炉水循环泵底部清洗水旁路管放水门。

2）使用主路注水时，关闭炉水循环泵底部清洗水放水门及炉水循环泵底部清洗水旁路管放水门。开启注水管道滤网前、后隔绝门，关闭注水管道滤网放水门，开启主路注水门。

（13）注水时，注水温度小于 50℃，注水流量为 5～10L/min。

（14）每次注水前，均应执行（1）～（3）的工作。

（15）泵隔热体疏水管见水，且排净空气约 30min 后，关闭隔热体放水门，并确认泵壳放水门关闭，泵体注水完毕。

（16）炉水循环泵注水完毕后，可向锅炉上水。汽包水位正常后，进行点动排气。

（17）确认炉水循环泵出口门在全开位置，炉水循环泵启动条件满足。

（18）启动炉水循环泵，运行 5s 后停止。炉水循环泵启动后出、入口差压应在 0.4MPa 左右，否则应查清原因，并处理正常后方可重新启动。

（19）15～20min 后，再次启动炉水循环泵，5s 后停止。

（20）各泵分别进行上述注水及点动排气操作。

（21）汽包压力达到 2.1MPa 或汽包压力接近注水压力时，必须停止炉水循环泵注水，关闭炉水循环泵底部清洗水放水门、清洗水旁路管放水门、炉水循环泵清洗水进水分门、汽轮机侧主给水至炉水循环泵高压清洗水供水总门。

（22）使用低压清洗水注水时，关闭锅炉侧高压清洗水门，开启低压清洗水一、二道门。

（六）炉水循环泵的启动

（1）确认炉水循环泵启动条件满足。

（2）炉水循环泵出口门已开启。

（3）炉水循环泵壳体与入口联箱温差小于 55℃。

（4）炉水循环泵电动机腔室温度为 4～49℃。

（5）无炉水循环泵绝热室冷却水流量低报警。

（6）无炉水循环泵电动机冷却器用冷却水流量低报警。

（7）确认炉水循环泵电动机注水合格或处于连续注水状态。

（8）确认炉水循环泵点动排气合格。

（9）将汽包水位调整至＋300mm，启动 1 台炉水循环泵，严密监视汽包水位并及时补水至正常。

（10）对炉水循环泵进行全面检查。

（11）炉水循环泵备用时，应开启出口门前、后放水门，开启暖泵联络门，以确保炉水循环泵随时处于热备用状态。

（七）炉水循环泵的运行与维护

（1）运行中，电动机腔室温度应小于 54℃。

（2）炉水循环泵运行时，暖泵联络门应开启并上锁，高压清洗水旁路管放水门应关闭并上锁。

（3）电动机电流在额定范围内。

（4）电动机及其注水系统无泄漏。

（5）隔热体低压冷却水流量大于或等于 $2m^3/h$，电动机低压冷却水流量大于或等于 $10m^3/h$。

（6）炉水循环泵电动机高压冷却器及滤网工作正常，清洗及注水时水温为 $21\sim50℃$。

（7）炉水循环泵运行中振动、声音正常。

（8）高压冷却水中悬浮物应小于 0.25mg/kg，低压冷却水中悬浮物应小于 5mg/kg。

（9）炉水循环泵停运时间较长且泵内充满水，应按常规进行检查。

（10）备用泵应每月启动一次，运行不少于 10min。

（11）炉水循环泵启动时间不大于 5s，如 5s 之内电动机不能启动，应立即停止，查明原因并处理正常，30min 后才可再次启动。

（12）泵入口联箱与泵壳之间的温差不超过 55℃（包括备用泵）。

（13）运行中炉水循环泵出、入口压差应大于 0.12MPa，否则应降低锅炉负荷。

（14）运行中炉水循环泵清理滤网后，必须重新履行注水程序。

（八）炉水循环泵的停止及备用

（1）停炉后，锅水温度低于 150℃（或带压放水）时，可停止全部炉水循环泵运行，并保持低压冷却水系统运行；锅水温度低于 60℃时，方可停止低压冷却水系统运行。

（2）停止炉水循环泵后，保持炉水循环泵出口门开启。

（3）保持低压冷却水畅通，冷却水流量充足。

（4）炉水循环泵热备用时，电动机高压冷却器出水温度小于 60℃。

（5）停炉后，锅水温度及电动机温度均低于 60℃时，方可进行炉水循环泵电动机放水。

三、汽包

汽包用 DIWA353 材料制成，内径为 $\phi1778$（$70''$），直段全长为 25 756mm，两端采用球形封头。筒身上、下部采用不同壁厚，上半部壁厚为 182mm，下半部的壁厚为153mm。汽包内部采用环形夹层结构作为汽水混合物的通道，使汽包上、下壁温均匀，可加快锅炉的启、停速度。汽包内部布置有 112 只直径为 254mm 的旋风式分离器，每只分离器的最大蒸汽流量为 18.48t/h。

汽包筒身顶部装焊饱和蒸汽引出管座及汽水混合物引入管座、放气阀管座和辅助蒸汽管座；筒身底部装焊大直径下降管座及给水管座；封头上装有人孔、安全阀管座、连续排污管座、高低水位表管座、液面取样器管座及试验接头管座等。在安装现场不能在汽包筒身上进行焊接。

汽包内部设备的作用在于将水从水冷壁内产生的蒸汽中分离出来，同时也将蒸汽中溶解盐分的含量降到规定的标准以下。通常汽水分离过程包括三个阶段，前两次分离在旋风分离器中完成，第三次分离在汽包顶部，蒸汽进入到饱和蒸汽引出管以前完成。

水冷壁内产生的汽水混合物经过汽水引出管进入汽包顶部，然后沿汽包整个长度，通过由挡板形成的狭窄通道从两侧流下，由于挡板与汽包外壳同心，从而使汽水混合物通过时，具有不变的速度和传热率，使整个汽包表面维持在一个相同的温度下。在挡板的下缘，汽水混合物折向上方进入两排旋风分离器中。

在旋风分离器中实现二次分离。

第一次分离产生在两个同心圆筒之间。当汽水混合物向上进入旋风分离器内圆筒时，在转向叶片作用下产生离心旋转运动，使得较重的水沿内筒壁向上流动，在内圆筒顶部遇到转向弯板而折向下方，通过两个圆筒之间的通道流回汽包水空间。分离出的蒸汽继续向上流动进行第二次分离。

第二次分离是在旋风分离器顶部两组紧密布置的波形薄板中进行的。蒸汽在通过薄板之间的曲折通道时，由于惯性作用，使得蒸汽中包含的水分打到波形板上。同时，由于蒸汽的速度不是很高，这些水分不会被再次带起。分离出的水分沿着波纹板向下流动，在蒸汽出口处沿波形板边缘滴下。

在第二次分离结束后，蒸汽向上流动进行第三次也是最后一次分离。在汽包的顶部沿汽包长度方向布置数排百叶窗分离器，排间装有疏水管道，在蒸汽以相当低的速度穿过百叶窗弯板间的曲折通道时，携带的残余水分会沉积在波形板上，水分不会被蒸汽再次带起，而是沿着波形板流向疏水管道，通过这些管道返回到汽包水空间。

四、过热器

过热器由末级过热器、过热器后屏、过热器分隔屏、立式低温过热器和水平低温过热器、顶棚过热器和后烟道包墙系统五个主要部分组成。

末级过热器位于后水冷壁排管后方的水平烟道内，共 96 片，管径为 $\phi57$，以190.5mm 的横向节距沿整个炉宽方向布置。

过热器后屏位于炉膛上方折焰角前，共 32 片，管径为 $\phi57$，以 571.5mm 的横向节距沿整个炉膛宽度方向布置。

过热器分隔屏位于炉膛上方，前墙水冷壁和过热器后屏之间，沿炉宽方向布置 6 大片，每大片又沿炉深方向分为 8 小片。管径为 $\phi51$，从炉膛中心开始，分别以 1397、2857.5、2286mm 的横向节距沿整个炉膛宽度方向布置。

立式低温过热器位于尾部烟道转向室内，水平低温过热器上方，共 120 片，管径为 $\phi63$，以 153mm 的横向节距沿炉宽方向布置。

水平低温过热器位于尾部竖井烟道省煤器上方，共 120 片，管径为 $\phi57$，以 153mm 的横向节距沿炉宽方向布置。

顶棚过热器和后烟道包墙系统部分由顶棚管、侧墙、前墙、后墙、后烟道延伸包墙组成。形成一个垂直下行的烟道；后烟道延伸包墙形成一部分水平烟道。

过热器系统流程如图 2-3 所示。

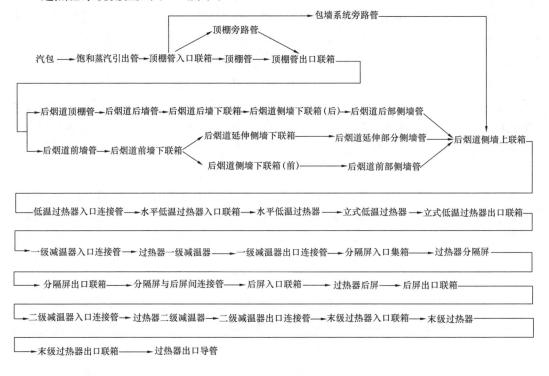

图 2-3　过热器系统流程图

五、再热器

再热器由末级再热器、再热器前屏、墙式辐射再热器三个主要部分组成。

末级再热器位于炉膛折焰角后的水平烟道内，在水冷壁后墙悬吊管和水冷壁排管之间，共 72 片，管径为 $\phi63$，以 254mm 的横向节距沿炉宽方向布置。

再热器前屏（R-10）位于过热器后屏和后水冷壁悬吊管之间，折焰角的上部，共 48 片，管径为 $\phi63$，以 381mm 的横向节距沿炉宽方向布置。

墙式辐射再热器布置在水冷壁前墙和侧墙靠近前墙的部分，高度约占炉膛高度的 1/3 左右。前墙辐射再热器有 256 根 $\phi60$ 的管子，侧墙辐射再热器有 260 根 $\phi60$ 的管子，以 63.5 的节距沿水冷壁表面密排而成。

蒸汽在汽轮机高压缸做功后，经由冷端再热器管道引回锅炉，进入再热器系统。再热器减温器位于冷端再热器管道上。

再热器系统流程如图 2-4 所示。

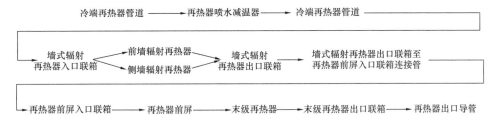

图 2-4　再热器系统流程图

六、疏水、排气及充氮系统和超压保护阀

只要炉膛存在燃烧工况，就要对过热器和再热器组件进行保护。特别是在这些组件内没有蒸汽流量的情况下，例如在启动和停炉的时候，由于没有蒸汽流量通过，就要借助于联箱、连接管道和主蒸汽管道上的疏水、排汽，保证过热器组件内有少量的蒸汽流量通过。在锅炉点火时，采用疏水和排汽的方法可以将再热器组件内的残留水分蒸发排放掉。在锅炉汽水系统的各联箱和管道上，多处设有空气门，其作用是在锅炉上水和升温升压过程中排出各容器和管道内的空气；锅炉放水时须开启，以便放净锅水。

布置在过热器主蒸汽管道上的安全阀动作压力比汽包上安全阀的最小动作压力低，这样可在主蒸汽管道中蒸汽流量突然意外减少时，先打开主蒸汽管道上的安全阀，从而保证有一定蒸汽流量通过过热器，对过热器起保护作用。在再热器冷端和热端管道上也装有安全阀，可在再热蒸汽管道中蒸汽流量突然减少时动作，同样对再热器起到保护作用。在过热器主蒸汽管道上装有动力排放阀，其动作压力要比该管道上的其他安全阀低，这样就可在蒸汽压力超过允许压力时首先动作，起到先期警告的作用。动力排放阀的蒸汽排放量不包括在锅炉安全阀总排放量之内。

锅炉汽水系统中还多处设有充氮门，用于长期停炉时充氮，进行锅水置换和防腐。

第三节　风　烟　系　统

600MW 机组的风烟系统主要包括送风系统、引风系统、一次风系统。其主要设备有两台三分仓回转式空气预热器、两台动叶可调轴流式送风机、两台静叶可调轴流式引风机、两台动叶可调轴流式一次风机。

风烟系统如图 2-5 所示。

上述各风机均为水平对称，垂直进风、水平出风；风烟系统还配备有两台互为备用的离心式火焰检测风机和密封风机，分别用于冷却火焰检测探头和向制粉系统提供密封风。

该风烟系统采用平衡通风方式，即维持系统中某一点的通风压力为零，也就是使此点的静压等于外界的大气压。送风机吸入空气口到燃烧器出口之间的流动阻力由送风机克服，而经由炉膛、各对流受热面、空气预热器、除尘器一直到烟囱的阻力，由引风机克服。

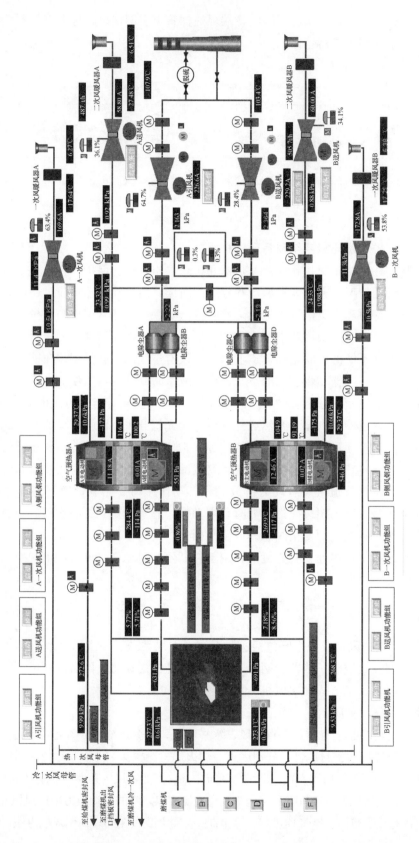

图 2-5　风烟系统

在风烟系统中的送风机出口、一次风机出口、引风机进/出口和空气预热器烟气入口、一次风出口、二次风出口以及密封风机入口均设有电动挡板，以便当设备发生故障时，将该设备从运行的系统中隔离出来。这样既便于检修，又可使风烟系统保持单侧运行。在两台送风机出口风道之间设有电动联络挡板，用以平衡两侧风道压力。

一、送风系统

送风系统由送风机、送风机出口风门、风量测量装置、空气预热器和二次风箱系统等组成。送风系统的作用是向炉膛提供满足燃料燃烧所必需的空气。

锅炉燃烧所需的空气由两台送风机供给，经送风机出口风门送至两台三分仓回转式空气预热器加热，从空气预热器出来的二次风送至二次风箱。从二次风箱引出的风分别为辅助风、燃尽风和周界风。辅助风的作用是为燃料的着火和燃烧提供充足的氧量。燃尽风的作用是为燃料的燃尽阶段提供氧气，并改变火焰中心高度。周界风的作用是为燃料着火初期提供氧气，卷吸高温烟气和使燃料更易着火，并冷却燃烧器喷口，避免烧坏，还可防止火焰偏斜。

燃尽风喷口设在六层燃烧器上方，布置了两层，以实现分阶段按需送风、组织合理的炉内气流结构、防止火焰贴墙、防止高负荷时氮氧化物生成，提供煤粉燃尽所需的风量。在寒冬天气通过暖风器尽快提高送风机入口风温来改善风机运行条件和避免空气预热器的低温腐蚀。送风机设备规范见表2-2。

（一）送风机设备规范

送风机设备规范见表2-2。

表 2-2 送风机设备规范

项 目		单 位	设计参数（BMCR工况）	备 注
形式			动叶可调式轴流风机	
型号			F-AF-25-13.3-1	
厂家			上海鼓风机厂有限公司	
风量		m³/s	244.6～200.2	
风机全压		Pa	4965～3606	
介质温度		℃	33～23	
转速		r/min	985	顺流看逆时针
电动机	制造厂		哈尔滨电机有限责任公司	
	型号		YKK630-6	
	电压	kV	6	
	额定电流	A	177	
	功率	kW	1500	
	转速	r/min	985	
	绝缘等级		F	
控制油站	控制油压	MPa	2.5	
	润滑油压	MPa	0.8	
	总供油量	L/min	25	
	油温	℃	≤45	

续表

项　目		单　位	设计参数（BMCR 工况）	备　注
控制油站	油箱容积	L	250	
	油泵电动机功率	kW	2.2	
	油泵电动机转速	r/min	1450	
	油泵电动机电压	V	380	
	油箱电加热功率	kW	2	
	温度调节门调温范围	℃	29～41	
油站冷却器	型号		GLC3	
	工作压力	MPa	1.6	
	工作温度	℃	≤100	
	冷却面积	m²	4	
报警	风机轴承温度	℃	≥90	
	风机轴承振动	mm/s	＞6.3	
	电动机轴承温度	℃	≥85	
	电动机定子温度	℃	≥110	
	控制油压力	MPa	≤2.8	
	油站滤网差压	MPa	＞0.35	
	润滑油量	L/min	＜3	
	油箱油位	%	＜75	
	油箱油温	℃	≥80	
	风机喘振	kPa	1 号锅炉 2.5，2 号锅炉 2.62	
	润滑油压	MPa	＜0.8	联启备用泵

（二）联锁与保护

1. 允许启动条件

（1）同侧引风机运行。

（2）同侧空气预热器运行。

（3）送风机出口挡板关。

（4）送风机入口动叶关闭。

（5）同侧空气预热器二次风出口挡板已开。

（6）送风机油站运行。

（7）送风机润滑油回油流量不低。

（8）送风机润滑油油位不低。

（9）送风机轴承温度小于 90℃。

（10）送风机电动机绕组温度小于 120℃。

（11）送风机电动机轴承温度小于 90℃。

（12）送风机液压油压力正常大于 2.5MPa。

（13）送风机油温正常。

（14）送风机油过滤器压差不高。

2. 跳闸条件

（1）两台引风机均跳闸。

（2）两台送风机均运行，两台引风机运行，同侧引风机跳闸。

（3）MFT（总燃料跳闸）后炉膛压力高。

（4）炉膛压力高二值（3取2）。

（5）同侧空气预热器主辅电动机均跳闸（延时10s）。

（6）送风机启动后出口门未开（延时60s）。

（7）轴承振动大于$10\mu m/s$（延时3s）。

3. 其他联锁条件

（1）风机启动后联开出口挡板。一台风机停止，联关出口挡板；两台风机全停时，后停的风机出口挡板保持开启位置。

（2）单风机运行时，联络风道挡板联开。

（3）两台送风机全部运行或停止时，联络风道挡板联关。

4. 油站联锁

（1）任一台油泵运行、油温低于30℃时，加热器自动投入。油温高于40℃，加热器自动停止。

（2）运行油泵跳闸，备用油泵自动启动。

（3）1台油泵运行，控制油压力低于2.8MPa，备用油泵自动启动。

（4）两台油泵运行且油压不低或风机停止后延时30min（送风机转速到0），允许停止油泵。

（三）送风机启动前的准备

（1）检修工作票已终结，安全措施恢复，电动机绝缘合格，表计齐全且投入正常，现场整洁，地脚螺栓无松动，无影响风机启动条件。

（2）开关送电且所有电气保护投入正常。

（3）根据进风温度调整暖风器。

（4）油站电源正常。

（5）油箱油位正常，油色合格，风机启动前2h启动1台油泵，油温为30～40℃，油站冷油器投入正常。

（6）1号和2号油泵联锁试验正常，控制油压、流量正常，回油正常。

（7）入口动叶液压调节装置完好。

（8）就地确认风机出口挡板及动叶在关闭位置，风道联络挡板位置正确。

（9）联轴器防护罩牢固完整、电动机接地线良好。

（四）送风机的程序控制启动步骤

（1）在送风机程序控制画面上，点击送风机启动按钮。

（2）启一台油泵，另一台投备用（已手动选择备用泵），确认油压低信号消失。

（3）若另一侧送风机停运，则打开另一侧送风机出口挡板及动叶。

（4）关闭送风机出口挡板，确认关信号返回。

（5）关闭送风机动叶，确认关信号返回。

（6）启动送风机，确认运行信号返回。

（7）联开送风机出口挡板，确认送风机出口挡板开信号返回。

（8）若另一侧送风机未运行，则关闭其出口挡板、动叶。

（9）联开送风机出口联络挡板。

（五）送风机手动启动步骤

（1）启动一台油泵，另一台油泵投联锁备用。

（2）关闭送风机出口挡板。

（3）关闭送风机动叶。

（4）确认送风机启动条件满足。

（5）启动送风机电动机。

（6）检查风机电流从最大到空载电流应按时返回，否则应立即停止送风机，查明原因。

（7）送风机启动后其出口挡板自动开启。

（六）送风机运行与维护

（1）运行中应使两台风机同步调节，使其负荷分配均匀。

（2）油站油箱油位不低于1/2，油色正常。

（3）风机轴承温度小于70℃。

（4）风机轴承振动小于6.3mm/s。

（5）油箱油温为30～40℃。

（6）控制油压大于2.8MPa。

（7）油滤网前后差压大于0.35MPa时，应倒换并清洗滤网。

（8）对清洗后的滤网应及时进行注油。

（9）电动机轴承温度小于80℃。

（10）风机动叶就地指示与远方反馈一致。

（11）油系统管道、阀门无泄漏，各表计指示正确。

（12）风机及油泵运行声音正常。

（13）在风机油站进行油泵倒换操作时，应先启动备用油泵，并且注意监视油压应有一定幅度的升高，然后再停止原运行油泵。否则，应查清原因并处理正常后，方可继续进行倒换工作。

（14）冬季冷却水系统应保持运行，停炉后，冷却水需停止时，必须将管内积水放净。

（15）逐渐将待停风机动叶开度关小，至关闭。操作中应注意总风量变化，并保持炉膛压力平稳。

（七）送风机停运

（1）将风机动叶由"自动"切至"手动"调整。

（2）逐渐将待停风机动叶开度关小，至关闭。操作中应注意总风量变化，并保持炉膛压力平稳。

（3）停止风机运行。

（4）确认风机出口挡板及风道联络挡板联动正确。

（5）风机停运 30min 并确认转子停止转动后，方可停止润滑油泵运行。

二、引风系统

引风系统由引风机、引风机出入口烟气挡板，除尘器，空气预热器和空气预热器入口烟气挡板等组成。引风系统的作用是将炉膛里燃烧所产生的烟气经除尘、脱硫后排出，同时维持炉膛负压运行。

燃烧后的烟气，在引风机的作用下，经墙式再热器、分隔屏、后屏过热器、后屏再热器、末级再热器、末级过热器，进入后烟井中立式低温过热器、水平低温过热器、省煤器和空气预热器。再经由 4 台静电除尘器除尘后被引风机排出，通过烟囱排入大气。为克服烟气流经各受热面、烟道及静电除尘器的阻力，并使炉膛出口处维持微负压，引风机的抽力应足够大。

（一）引风机设备规范

引风机设备规范见表 2-3。

表 2-3 引风机设备规范

项　目	单位	设计参数（BMCR 工况）	备　注
形式		静叶可调式轴流风机	
型号		AN37e6（V19+4°）	
制造厂		成都电力机械厂	
调节方式		入口静叶调节式	
旋转方向		从电动机侧正视逆时针	
风量	m³/s	488.11	
全风压	Pa	4142.7	
风机轴功率	kW	2332	
允许介质温度	℃	118.5	
介质密度	kg/m³	0.891 2	
转速	r/min	585	
风机效率	%	84	
电动机制造厂		哈尔滨电机有限责任公司	
电动机转速	r/min	495	轴端看顺时针
电动机功率	kW	3300	
电压	kV	6	
电流	A	400	
效率	%	96.7	
电动机加热器功率	kW	2.4	停机时用

续表

项　目		单位	设计参数（BMCR工况）	备　注
电动机油站	型号		XYZ-166	
	油箱容积	m³	0.63	
	工作压力	MPa	0.5	
	公称流量	L/min	16	
冷却风机	型号		9-19NO5A	
	制造厂		成都电力机械厂	
	风机出力	m³/h	1640～3938	
	风机全压	Pa	6144～5468	
	电动机功率	kW	7.5	
	电压	V	380	
	电动机电流	A	15	
	转速	r/min	2900	
报警	引风机电动机轴承温度	℃	＞70	
	电动机油站供油压力低	MPa	＜0.2	联启备用泵
	电动机油站供油压力低低	MPa	＜0.05	
	润滑油站滤网压差	MPa	≥0.15	
	引风机轴承水平振动	mm/s	≥6.3	
	引风机垂直振动	mm/s	≥6.3	
	失速	kPa	5	风机喘振
	引风机主轴承1、2、3温度	℃	≥90	≥100跳闸
	电动机油站油箱液位高/低	%	75	
	电动机定子绕组温度高	℃	90	
机壳振动	0.12～0.16			转速在740r/min以下
	0.10～0.12			转速为985r/min
	0.08～0.10			转速为1480r/min

（二）联锁与保护

1. 允许启动条件

（1）润滑油站运行，压力大于或等于0.2MPa，油流正常。

（2）任一冷却风机运行。

（3）同侧空气预热器运行。

（4）引风机入口静叶关闭。

（5）引风机出口挡板全开。

（6）引风机入口烟气挡板全关。

（7）引风机润滑油供油温度正常。

（8）引风机油站允许启动风机。

（9）引风机轴承温度小于 65℃。

（10）引风机电动机绕组温度小于 85℃。

（11）引风机电动机轴承温度小于 65℃。

2. 跳闸条件

（1）同侧空气预热器主、辅电动机均跳闸（延时 10s）。

（2）同侧送风机跳闸（非手停）。

（3）炉膛压力低二值（3 取 2）。

（4）引风机轴承温度高（大于 110℃）。

（5）引风机电动机绕组温度高（大于 145℃）。

（6）引风机电动机轴承温度高（大于 95℃）。

（7）油站重故障。

（8）MFT 后炉膛压力异常。

（9）引风机运行时入口门未开（60s）。

（10）引风机正常振动大（7.1mm/s）。

（11）油泵全停。

3. 其他联锁条件

（1）运行中，引风机主轴承温度大于或等于 90℃时联锁启动另一台冷却风机。

（2）引风机启动后联开出/入口挡板。

（3）引风机停止后联关出/入口挡板。

（4）引风机运行中不允许同时停止两台冷却风机。

4. 油站联锁

（1）1 台润滑油泵运行，油压低于 0.2MPa 时，备用油泵自启。

（2）风机运行时油泵跳闸，备用油泵自启。

（3）电动机润滑油温小于 30℃时，加热器自动投入；润滑油温大于 40℃时，加热器自动停止。

（4）备用油泵运行且油压不低或风机停止后延时 30min，允许停止润滑油泵。

（三）引风机启动前的准备

（1）检修工作票已终结，安全措施恢复，电动机绝缘合格，表计齐全且投入正常，现场整洁，地脚螺栓无松动，无影响风机启动条件。

（2）开关送电且所有电气、热工保护投入正常。

（3）电动机油站电源正常。

（4）各油箱油位正常，油质合格，风机启动前 2h 电动机油站启动 1 台油泵，维持油温为 30～40℃，油站冷油器投入正常，供水压力不低于 0.3MPa，且回水畅通。

（5）各油站油泵联锁试验正常，润滑油压、流量正常，回油正常。

（6）将油站滤网切换手柄置于一侧运行、另一侧备用的位置。

（7）就地确认风机入口挡板及动叶在关闭位置，风道联络挡板位置正确。

（8）联轴器防护罩牢固完整、电动机接地线良好。

（9）启动 1 台冷却风机，确认其运行正常。

（10）风机出口挡板执行机构连杆完整，销子无脱落。

（11）引风机出/入口挡板在远控位置。

（12）确认引风机静叶在远控关闭位置（－75°），反馈正确。

（四）引风机的程序控制启动步骤

（1）打开引风机程序控制画面。

（2）点击引风机启动按钮。

（3）启动一台风机润滑油泵（已手动选择），另一台投备用，确认润滑油压低开关信号消失。

（4）启动一台轴承冷却风机（已手动选择），另一台投备用。

（5）确认另一侧引风机、送风机运行，否则，打开另一侧送风机出口挡板、送风机动叶、空气预热器二次风出口挡板、引风机出口挡板、引风机入口挡板、引风机静叶，确认上述挡板开终端反馈信号返回。

（6）开引风机出口挡板。

（7）关引风机入口挡板。

（8）开空气预热器烟气入口挡板。

（9）置引风机静叶到最小位。

（10）启动引风机电动机，确认运行信号返回。

（11）引风机变频器启动顺序为合 QF1→QF→QF2→启动变频器。

（12）确认引风机电动机转动。

（13）开启引风机入口挡板。

（14）引风机运行 15s 且引风机入口风门已开，静叶投自动。

（15）如另一侧引风机未运行，则关闭另一侧引风机出口及入口挡板。

（五）引风机手动启动步骤

（1）启动一台风机轴承润滑油泵，另一台风机轴承的滑油泵投联锁备用。

（2）启动一台轴承冷却风机，另一台轴承冷却风机投联锁备用。

（3）关闭引风机入口挡板。

（4）关闭引风机入口静叶。

（5）开启引风机出口挡板。

（6）检查引风机不倒转。

（7）开启脱硫旁路挡板或出、入口挡板。

（8）确认启动条件满足。

（9）合入引风机启动按钮，注意电流应在正常时间内返回至空载电流。

（10）引风机入口挡板自动联开。

（11）调整引风机静叶开度，维持炉膛负压为（－100±50）Pa。

（12）启动第二台引风机时，应保证有一台送风机运行，并且引风机不倒转，调整两台引风机静叶开度并保持电流一致。

（六）引风机的运行与维护

（1）引风机正常运行主要控制指标见表 2-4。

表 2-4 引风机正常运行主要控制指标

项 目	正常运行值	报 警 值	跳 闸 值
电动机轴承温度	<65℃	>90℃	两点同时>95℃
引风机轴承温度	<70℃	>100℃（另一台冷却风机自动投入）	>110℃
电动机润滑油压	>0.2MPa	<0.1MPa，联启备用泵	<0.05MPa
电动机轴承供油压力	0.01~0.02MPa		
电动机绕组温度	<75℃	>120℃	>130℃
油箱油温	<30℃，>40℃		
油箱油位	1/2—三取二	<低值，>高值	
供油温度	<40℃	>55℃	
喘振		5kPa	
滤网压差	<0.15MPa	>0.15MPa	
振动	<4.6mm/s	>4.6mm/s	>10mm/s

（2）润滑油箱油位正常，油色合格，运行中润滑油压大于或等于 0.2MPa，润滑油流量正常。油站冷却水畅通，轴承进油温度小于 40℃。

（3）润滑油站滤网压差应小于 0.15MPa，差压大于或等于 0.15MPa 时应及时切换并清洗滤网。

（4）对清洗后的滤网应及时进行充油。

（5）引风机冷却风机运行正常，入口滤网无堵塞。

（6）运行调整时，应缓慢均匀且保证两台风机所带负荷尽量相同。

（7）在风机油站进行油泵倒换操作时，应先启动备用油泵，并且注意监视备用油泵启动后，油压应有一定幅度的升高，然后再停止原运行油泵。否则，应查清原因并处理正常后，方可继续进行倒换工作。

（8）冬季如果冷却水系统停运，必须将管内积水放尽，做好防冻措施。

（七）引风机的停运

（1）将引风机静叶由"自动"切"手动"状态。

（2）逐渐关小待停风机的静叶开度，最终关闭，操作中应注意避免炉膛压力大幅度波动。

（3）停止引风机运行。

（4）确认引风机出/入口挡板联关。

（5）引风机停运 2h 后可停止引风机冷却风机运行。

三、一次风系统

一次风系统由一次风机、一次风机出口风门、总一次风量测量装置、空气预热器、空气预热器出口一次风门、冷一次风门、冷热一次风量测量装置和一次风道系统等组成。其作用是为煤粉的磨制和输送提供足够的风量和风压。

两台一次风机出口的一次风分为两路，一路经空气预热器加热后送至磨煤机；另一路则作为冷一次风也送至磨煤机，用于调节磨煤机的一次风温，并为密封风机提供入口风源。在寒冬天气通过暖风器尽快提高一次风机入口风温来改善风机运行条件和避免空气预热器的低温腐蚀。

（一）一次风机设备

一次风机设备规范见表 2-5。

表 2-5　　　　　　　　　　一次风机设备规范

项　目		单　位	设计参数（BMCR 工况）	备　注
形式			二级动叶可调轴流风机	
型号			PAF19-14-2	
制造厂			上海鼓风机有限公司	
风机入口体积流量		m³/s	122.1～84.16	
风机入口密度		kg/m³	1.133	
风机入口温度		℃	26	
风机入口静压		Pa	−779	
风机全压		Pa	17 010～13 084	
风机轴功率		kW	2390	
风机效率		%	88.04	
风机转速		r/min	1490	逆流看顺时针
叶轮级数			2	
动叶调节范围		(°)	45	
电动机	制造厂		哈尔滨电机有限责任公司	
	型号		YKK7102-4	
	额定电压	kV	6	
	额定电流	A	297	
	功率	kW	2500	
	转速	r/min	1490	
控制油站	制造厂		上海润滑设备厂	
	型号		YXHZB25	
	公称流量	L/min	25	
	液压系统压力	MPa	2.5	
	润滑系统压力	MPa	0.8	
	油箱容积	m³	0.25	
	电动机功率	kW		
	电压	V	220/380	

项　目		单　位	设计参数（BMCR工况）	备　注
电动机稀油站	公称流量	L/min	16	
	公称压力	MPa	0.4	
	油箱容积	m³	0.63	
	电动机功率	kW	1.1	
	电压	V	220/380	
	转速	r/min	1400	
报警	风机轴承温度	℃	≥90	
	风机轴承振动	mm/s	＞6.3	
	电动机轴承温度	℃	≥85	
	电动机定子温度	℃	≥110	
	控制油压力	MPa	≤2.5	
	油站滤网差压	MPa	＞0.35	
润滑油量		L/min	＜3	
油箱油位		%	＜75	
风机喘振		kPa		
风机润滑油压		MPa	＜0.8	联启备用泵
电动机润滑油压低		MPa	0.2	联启备用泵

（二）联锁与保护

1. 允许启动条件

（1）一次风机出口挡板关。

（2）同侧空气预热器运行。

（3）同侧空气预热器热一次风出口挡板全开。

（4）一次风机出口至磨煤机前调温电动门开。

（5）动叶关闭。

（6）任一风机油泵运行。

（7）任一电动机油泵运行。

（8）一次风机所有油泵压力正常。

（9）风机轴承温度小于85℃。

（10）风机电动机轴承温度小于75℃。

（11）风机电动机绕组温度小于115℃。

（12）任意送风机运行。

（13）任意引风机运行。

（14）润滑油泵出口过滤器差压不高。

（15）润滑油回油流量不低。

（16）润滑油箱油位不低。

2. 跳闸条件

（1）MFT 动作。

（2）风机运行时出口门未全开（60s）。

（3）电动机油站重故障。

（4）风机轴承振动大于 10mm/s，二取二发跳闸信号，延时 5s 跳风机。

（5）风机润滑油压低 I 值与低 II 值同时满足，延时 60s。

（6）同侧空气预热器停止。

3. 其他联锁条件

（1）风机启动后联开出口挡板。

（2）风机停止后，联关出口挡板。

（3）风机启动时，联开一次风机出口冷风挡板。

（4）风机停止时，联关一次风机出口冷风挡板。

4. 油站联锁

（1）任一台油泵运行、油温低于 30℃时，加热器自动投入。

（2）油温高于 40℃，加热器自动停止。

（3）运行油泵跳闸，备用油泵自动启动。

（4）一台油泵运行，控制油压力低于 2.8MPa，备用油泵自动启动。

（5）两台油泵运行且油压不低或风机停止后延时 30min（送风机转速到 0），允许停止油泵。

（三）一次风机启动前的准备

（1）检修工作票已终结，安全措施恢复，电动机绝缘合格，表计齐全且投入正常，现场整洁，地脚螺栓无松动，无影响风机启动条件。

（2）开关送电且所有电气、热工保护投入正常。

（3）根据进风温度调整暖风器。

（4）油站电源正常。

（5）油箱油位正常，油质合格，风机启动前 2h 启动一台油泵，油温为 30～40℃，油站冷油器投入正常，供水压力不低于 0.3MPa，且回水畅通。

（6）1 号和 2 号油泵联锁试验正常，控制油压及润滑油压、流量正常，回油正常。

（7）入口动叶液压调节装置完好。

（8）就地确认风机出口挡板及动叶在关闭位置，风道联络挡板位置正确。

（9）风机出口挡板执行机构连杆完整，销子无脱落。

（四）一次风机程序控制启动步骤

（1）在一次风机程序控制画面上，点击一次风机启动按钮。

（2）启动一台风机油泵（已手动选定备用油泵），确认油泵运行正常。

（3）开启风机出口冷一次风挡板，确认挡板开终端信号返回。

（4）开启空气预热器出口一次风挡板，确认挡板开终端信号返回。

（5）检查磨煤机一次风关断挡板、热风调节挡板关闭，冷风调节挡板开 5％。

（6）关闭一次风机出口挡板，确认挡板关终端信号返回。

（7）关闭一次风机动叶，确认动叶关终端信号返回。

（8）确认一次风机启动条件满足。

（9）启动一次风机电动机，确认运行信号返回。

（10）风机启动后其出口挡板自动开启。

（五）一次风机手动启动步骤

（1）启动一台风机液压油泵，另一台油泵投联锁备用。

（2）启动一台电动机轴承润滑油泵，另一台油泵投联锁备用。

（3）开启风机出口冷一次风挡板，确认挡板开终端信号返回。

（4）开启空气预热器出口一次风挡板，确认挡板开终端信号返回。

（5）检查磨煤机一次风关断挡板、热风调节挡板关闭，冷风调节挡板开5%。

（6）关闭一次风机出口挡板，确认挡板关终端信号返回。

（7）关闭一次风机动叶，确认动叶关终端信号返回。

（8）确认一次风机启动条件满足。

（9）启动一次风机电动机。

（10）风机启动后检查其转向是否正确，如果反向立即停止；风机电流到最大返回时间要计时，应按时返回，否则应立即停止送风机，查明原因。

（11）风机启动后其出口挡板自动开启。

（12）手动操作风机动叶，根据炉膛压力和系统情况调整一次风机出力或投入自动。

（六）一次风机的运行与维护

（1）运行中应使两台风机同步调节，使其负荷分配均匀。

（2）油站油箱油位不低于1/2，油色正常。

（3）风机轴承温度小于85℃。

（4）风机轴承振动小于6.3mm/s。

（5）油箱油温为30～40℃。

（6）控制油压大于2.8MPa，润滑油流量正常，润滑油压大于或等于0.2MPa，并检查回油正常。

（7）油滤网前、后差压大于0.15MPa时，应倒换并清洗滤网。

（8）对清洗后的滤网应及时进行注油。

（9）电动机轴承温度小于75℃。

（10）风机动叶就地指示与远方反馈一致。

（11）油系统管道、阀门无泄漏，各表计指示正确。

（12）风机及油泵运行声音正常。

（13）在风机油站进行油泵倒换操作时，应先启动备用油泵，并且注意监视油压应有一定幅度的升高，然后再停止原运行油泵。否则，应查清原因并处理正常后，方可继续进行倒换工作。

（14）冬季冷却水系统应保持运行，停炉后，冷却水需停止时，必须将管内积水放净。

（七）一次风机的停运

（1）将风机动叶由"自动"切至"手动"调整。

（2）逐渐将待停风机动叶开度关小，至关闭，操作中应注意一次总风压及炉膛压力的变化应平稳。

（3）停止风机运行。

（4）确认风机出口挡板联关。

（5）风机停运 30min 并确认转子停止转动后，方可停止润滑油泵运行。

四、密封风机系统

密封风系统由密封风机、密封风机入口门、密封风机出口止回门和流量测量装置等组成。其作用是为直吹式制粉系统的工作提供密封风。

密封风系统如图 2-6 所示。

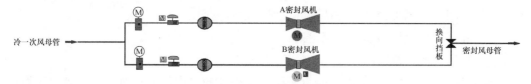

图 2-6　密封风系统

密封风从冷一次风管道引出，再经密封风机提高风压后送至制粉系统作为密封风，其风压高于一次风压，能可靠地防止制粉系统漏粉。

（一）密封风机设备规范

密封风机设备规范见表 2-6。

表 2-6　　　　　　　　　　密封风机设备规范

项　目		单位	设计参数	备　注
制造厂			山东电力设备厂	
型号			CMF9M4.7D125	
风量		m³/s	11.1	$t=35℃$时
全压		kPa	9	
电动机	型号		Y315L$_2$-4B	
	电压	V	380	
	电流	A	334	
	功率	kW	185	
	转速	r/min	1480	
报警	风机入口滤网差压	kPa	≥1.9	
	母管压力低	kPa	<12	

（二）联锁与保护

1. 密封风机允许启动条件

允许启动条件为任一一次风机运行。

2. 密封风机联锁启动条件

（1）另一密封风机运行 30s 后，出口母管压力低 13kPa 延时 3s。

（2）运行密封风机跳闸。

3. 密封风机停止条件

（1）另一密封风机运行且母管压力不低。

（2）所有磨煤机停运。

五、空气预热器

600MW 机组的锅炉设置了两台 50％ 容量、三分仓回转式空预器。目的是提供燃烧所需的热空气以进一步节约燃料，它在相对较小的空间内可装有较大的换热面。当空气预热器换热元件经过烟气侧时，烟气携带的一部分热量就传递给换热元件；而当换热元件经过空气侧时又把热量传递给空气。这样，由于空气预热器回收了烟气的热量，降低了排烟温度，提高了燃料与空气的初始温度，强化了燃料的燃烧，因而进一步提高了锅炉效率。

转子是空气预热器的核心部件，其中装有换热元件。从中心筒向外延伸的主径向隔板将转子分为 24 仓，当空气预器型号大于或等于 24.5VN（T）时，这些分仓又被二次径向隔板分隔成 48 仓。主径向隔板和二次径向隔板之间的环向隔板起加强转子结构和支撑换热元件盒的作用。转子与换热元件等转动件的全部质量由底部的调心球面滚子轴承支撑，底部轴承箱固定在支撑凳板上。转子的全部旋转质量均由推力轴承支撑。而位于顶部的球面滚子导向轴承为 CARB 轴承，安装在一轴套上。轴套装在转子驱动轴上，并用锁紧盘与之固定。导向轴承和轴套的大部分处于顶部轴承箱内，起定位作用，并用来承受径向水平载荷。整个受热面由排列整齐的金属波形板组成。三分仓设计的空气预热器通过有三种不同的气流，即烟气、二次风和一次风。烟气位于转子的一侧，而相对的另一侧则分为二次风侧和一次风侧。上述三种气流之间各由三组扇形板和轴向密封板相互隔开。烟气和空气流向相反，即烟气向下、一次风和二次风向上。通过改变扇形板和轴向密封板的宽度可以实现双密封和三密封，以满足电厂对空气预热器总漏风率和一次风漏风率的要求。

转子外壳用以封闭转子，上、下端均连有过渡烟风道。过渡烟风道一侧与空气预热器转子外壳连接，一侧与用户烟风道的膨胀节连接，其高度和接口法兰尺寸可随用户烟风道布置要求的不同做相应变化。转子外壳上还设有外缘环向密封条，由此控制空气至烟气的直接漏风和烟风的旁路量。转子外壳与空气预热器铰链端柱相连，并焊接成一个整体支撑在底梁结构上。转子外壳烟气侧和空气侧分别由两套铰链侧柱将转子外壳支撑在用户钢架上，该支撑方式可以保证转子外壳在热态时能自由向外膨胀。中心驱动装置直接与转子中心轴相连。驱动装置包括主驱动电动机、备用驱动电动机、减速箱、联轴器、驱动轴套锁紧盘和变频器等。

每台空气预热器配备 2 台电动机，两台电动机均能以正、反两个方向驱动空气预热器，只有在空气预热器不带负荷时才允许改变驱动方向。其中一台电动机作为主电动机，另一台电动机作为备用，当主电动机故障跳闸时，备用电动机自启动。两台驱动电动机与初级减速箱均为法兰连接。终级减速箱通过输出轴套直接套装在驱动轴上并用锁紧盘固定。终级减速箱一侧装有扭矩臂，扭矩臂被固定在顶部结构上的扭矩臂支座内，扭矩臂支座通过扭矩臂给驱动机构一个反作用扭转力矩从而驱动驱动轴和转子旋转，而驱动装置扭矩臂沿垂直方向可以在扭矩臂支座内上、下自由移动，以适应转子与顶部结构的热态胀差。主电动机的非驱动端一侧设有气动盘车装置，以便维护时的低速盘车；另一侧设有键连接的输出轴，在不能正常提供气源或气动盘车装置出现故障时，以利于维护时用盘车手柄进行手动盘车。

空气预热器旋转的转子与静止的壳体之间有间隙，工作和停运状态下的膨胀量以及烟风间的差压将使空气预热器存在较大的漏风。由于分隔仓、分隔板与上、下端板间的间隙以及烟气与空气侧的差压，会使空气通过这一径向间隙进入烟气侧（即所谓的径向漏风），因此，在空气预热器的冷端和热端都设置了径向密封。又由于空气预热器的直径较大并主要依靠转子轴支撑，在冷态情况下，转子外缘也会有一定的挠度；在工作情况下，空气预热器冷端、热端间存在较大的温差，径向的相对膨胀使空气预热器呈"蘑菇"形，且膨胀量随锅炉负荷不同而不同，因此，空气预热器热端的径向密封采用可调式的扇形板。空气预热器的静态密封件由扇形板和轴向密封板组成。扇形板沿转子直径方向布置，轴向密封板位于端柱上与上、下扇形板连为一体组成一个封闭的静态密封面。转子径向隔板上、下及外缘轴向均装有密封片，通过有限元计算和现场的安装调试经验合理设定这些密封片，可将空气预热器在正常运行条件下的漏风率降至最低。转子顶部和底部外缘角钢与外壳之间均装有外缘环向密封条。底部环向密封条安装在底部过渡烟风道上，与底部外缘角钢底面组成密封对；顶部环向密封条焊在转子外壳平板上，与顶部外缘角钢的外缘组成密封对。

空气预热器配有漏风控制系统。每个扇形板配备一套漏风控制系统提升机构，漏风自动控制系统的功能是在工作期间能自动跟踪并控制空气预热器热端扇形板底部和转子径向密封之间的密封间隙。

空气预热器的受热面始终反复流经烟气和空气，当炉内燃烧空气欠佳时，特别是在锅炉启动阶段煤油混烧时，未能燃尽的油渣或油质残碳会沉积在热端的受热面上，待它转入空气侧时与高温空气接触，使受热面上沉积的可燃物可能产生燃烧，导致受热面因超温而烧坏。

为及时发现沉积在空气预热器的未完全燃烧燃料再次燃烧，空气预热器还设有火灾探头。转子隔仓内每一换热元件中心上方均布置一火灾探头，用以监测空气预热器内每一换热元件的瞬时温度和温升。空气预热器还装有吹灰器，以除去传热元件上的沉积物，保持受热面的清洁。每台空气预热器均配有两台吹灰器，一台位于烟气入口，另一台位于烟气出口。每台吹灰器上均配有使用过热蒸汽作为吹灰介质的半伸缩式吹枪。在锅炉启动和低负荷运行阶段，采用油枪升温、升压或煤油混烧，因此应投入空气预热器连续吹灰，以防止空气预热器热端受热面积油。

若空气预热器受热面易积油、积灰而引起二次燃烧，则空气预热器出口二次风温度就会有较大变化或二次风温较高，空气预热器监视系统就会发出报警，两台空气预热器还各设置了一套消防水系统，用于空气预热器灭火。水源来自全厂消防水系统。

实际情况下锅炉燃烧的所有燃料几乎都含有硫。燃烧过程中燃料中的大部分硫都转变为二氧化硫，但仍有 1%～5% 的硫转变为三氧化硫。烟气中三氧化硫的含量取决于许多因素，如燃料中硫的含量、燃烧时的过量空气系数以及是否存在对形成三氧化硫起催化作用的沉积物等。

三氧化硫与烟气中的水蒸气反应，在换热元件表面形成一层硫酸膜从而腐蚀碳钢换热元件。能在换热元件表面上形成一层连续的硫酸膜的最高温度称为烟气的酸露点。当换热元件壁温低于露点温度时，硫酸蒸汽就会凝结在壁面上腐蚀换热元件，并不断黏结飞灰，堵塞通道，降低换热元件换热效率和使用寿命，影响空气预热器的安全经济运行。

当换热元件壁温低于露点温度时，酸液凝结量随壁温的降低而不断增加。显然，换热元件的腐蚀速度也不断加速，通常最大腐蚀率的壁温比露点温度低 20～45℃。

为有效地控制和减缓冷端换热元件的腐蚀，必须避免空气预热器在"冷端综合温度"（烟气出口温度＋空气入口温度）低于建议的最低值下长时间运行。

省煤器或暖风器故障产生的水汽泄入会提高烟气的露点，加上燃料未燃颗粒的带入会进一步加速换热元件的腐蚀。为防止换热元件的快速腐蚀，对发生泄漏的管路应及时进行修复，保证尽可能高的燃烧效率，并且在其热端和冷端都设置了冲洗水管道，水源为全厂的服务水，用于在锅炉停运阶段对空气预热器受热面进行冲洗。

（一）空气预热器设备规范

空气预热器设备规范见表 2-7。

表 2-7　　　　　　　　　　　空气预热器设备规范

项 目		单位	设计参数（BMCR 工况）	备 注
制造厂			北京豪顿华工程有限公司	
型号			32VNT2200	
形式			三分仓回转式	
主电动机	型号		WEG	
	电压	V	380	
	电动机功率	kW	15	
	电动机转速	r/min	1465	
	额定电流	A	16.9～29.1	
辅助电动机	型号		WEG	
	电压	V	400～690	
	电动机功率	kW	15	
	电动机转速	r/min	1460	
	额定电流	A	16.9～29.1	

项　目		单位	设计参数（BMCR工况）	备　注
转子正常转速		r/min	0.75	
冲洗盘车转速		r/min	0.375	
空气预热器转向			先经一次风侧再经二次风侧	
减速机型号			SBWL-RO0 三取二 15-01	
主减速比			123.8	
额定输出扭矩		N·m	30 000	
主传动出轴转速		r/min	11.96	
辅传动出轴转速		r/min	2.87	
支撑轴承型号			SKF294/630EM	球面滚子推力轴承
导向轴承型号			SKFC3172M/W33	双列向心球面滚子轴承
一次风入口风量		kg/h	385 520	
二次风入口风量		kg/h	1 682 426	
一次风出口风量		kg/h	273 482	
二次风出口风量		kg/h	1 660 200	
入口烟气量		kg/h	2 483 000	
出口烟气量		kg/h	2 617 265	
冷端蓄热元件材料			Corten（考登钢）	
烟气入口温度		℃	371	
二次风入口温度		℃	23	
入口一次风温		℃	26	
一次风出口温度		℃	322.5	
二次风出口温度		℃	342.2	
入磨煤机风温		℃	193.9	
烟气出口温度		℃	117.8	
一次风/烟气热端压差		kPa	9.0	
二次风/烟气热端压差		kPa	3.0	
冷端流体平均温度		℃	79.4	
冷端（平均）保护温度		℃	68	
一次风阻力		Pa	495.3	
二次风阻力		Pa	914.4	
烟气阻力		Pa	1168.4	
水洗	水量	t/h	200×4	
	水压	MPa	0.5～0.8	
报警	空气预热器烟气侧压差	kPa	≥110	
	二次风出口温度	℃	≥400	火灾报警
	烟气出口温度	℃	≥500	火灾报警
	空气预热器转速	r/min	＜0.03	停车报警
	支撑轴承油温	℃	＞70	
	油站滤网两侧压差	MPa	0.35	两油站相同
	导向轴承油温	℃	＞80	

（二）联锁与保护

1. 主电动机允许启动条件

（1）灾就地控制系统运行。

（2）辅助电动机运行。

2. 其他联锁条件

（1）空气预热器程序控制启动后联开进口烟气挡板，出口一、二次风空气挡板。

（2）空气预热器主、辅电动机全部停止后，延时 10s 联关空气预热器进口烟气挡板及出口空气挡板。

（3）空气预热器运行中禁止关闭烟气侧进口挡板及出口一、二次风空气挡板。

（4）机组停运后，空气预热器入口烟气温度小于或等于 120℃时，允许停止空气预热器运行。

（三）空气预热器启动前的准备

（1）新安装和大修后的空气预热器要经过不少于 48h 的试运行，小修后的空气预热器应经过不少于 4h 的试运行。

（2）空气预热器及其相关的检修工作已终结，现场整洁，临时设施已拆除；设备标志齐全、正确，人孔、检查孔及烟道防爆门应关闭严密；观察孔玻璃清晰。

（3）各风门、挡板执行机构完好，传动试验合格，远方显示与就地实际开度相符。

（4）减速箱油位在油位计的正常。

（5）导向轴承、支撑轴承箱油位正常。

（6）确认油站及相关设备满足投运条件。

（7）主、辅电动机送电。

（8）确认吹灰、水清洗装置完好，确保吹灰蒸汽、消防水源正常。

（9）火警监控装置投入，转子停转报警系统投入正常。

（10）检修后第一次启动前，应手动盘车使转子旋转两周以上，确认转动正常。

（11）试转空气预热器正常后，将辅助电动机置"自动"位。

（12）空气预热器启动前挡板状态见表 2-8。

表 2-8　　　　空气预热器启动前挡板状态

序 号	阀门名称	开关位置
1	空气预热器烟气入口挡板	关闭
2	空气预热器一次风出口挡板	关闭
3	空气预热器二次风出口挡板	关闭
4	送风机出口挡板	关闭
5	一次风机出口挡板	关闭
6	一次风联络挡板	关闭
7	二次风联络挡板	关闭
8	空气预热器消防水门	关闭
9	空气预热器冲洗水门	关闭
10	空气预热器导向轴承冷却水门	开启

（13）检查吹灰器已完全收回、就位且润滑良好。

（14）检查空气预热器顶部导向轴承箱冷却水管路阀门开启，冷却水温度、压力和流量正常，水循环畅通。

（四）空气预热器的启动

（1）启动空气预热器辅助电动机，正常后启动主电动机，停用辅助电动机。

（2）确认空气预热器一次风及二次风出口空气挡板及烟气侧入口挡板开启。

（五）空气预热器的运行与维护

（1）就地检查空气预热器运转平稳，声音正常；本体、人孔、检查孔处无漏风烟现象。

（2）空气预热器电流波动幅度不大于0.5A，并注意烟气和空气进、出口温度正常。

（3）严格控制空气预热器冷端综合温度不低于70℃，否则应投入暖风器运行。

（4）减速箱及空气预热器导向、支撑轴承箱油位正常、无漏油、无异常振动和声音。

（5）空气预热器导向、支撑轴承油温、减速箱及各轴承温度正常。

（6）火灾监控装置投入正常。

（7）锅炉负荷低于25％额定负荷时应连续吹灰，锅炉负荷大于25％额定负荷时至少每8h吹灰一次，当回转式空气预热器烟气侧压差增加或低负荷煤、油混烧时应增加吹灰次数。

（8）正常运行中进行空气预热器吹灰时，必须使用主蒸汽汽源，并保证其吹灰蒸汽压力为0.93～1.07MPa、蒸汽温度为300～350℃。

（9）注意监视空气预热器烟、风侧出入口差压，空气预热器烟气出/入口差压不大于1.5kPa、一次风/烟气热端压差不大于10kPa、二次风/烟气热端压差不大于3.5kPa，否则，应适当增加吹灰次数，防止空气预热器堵灰。

（10）锅炉升负荷时要密切注意空气预热器入口烟气温度不要升得过快，以防发生异常变形而卡涩，影响空气预热器的安全运行。

（六）空气预热器的停运

（1）机组停机降负荷前对空气预热器进行一次吹灰。

（2）停运引风机、送风机。

（3）关闭空气预热器进、出口风烟挡板。

（4）机组停运后，空气预热器入口烟气温度小于或等于120℃时，可停止空气预热器运行。

（5）关闭转子失速报警装置。

（6）关闭火灾监控装置。

（7）解除主、辅电动机联锁。

（8）关闭顶部导向轴承的冷却水源。

（9）机组运行中因故需要停止一台空气预热器运行时，必须严密关闭其进口烟风道挡板。

（七）空气预热器水洗

（1）空气预热器水洗必须在停炉以后进行。

（2）冲洗前应关闭空气预热器进口烟气及空气出口挡板。

（3）确认风烟道有关放水门开启、放水管道畅通、水洗喷嘴不堵塞。

（4）进行空气预热器水洗时，应以辅助电动机驱动空气预热器运行。

（5）检查空气预热器冲洗水箱水位合格，启动空气预热器冲洗水泵。

（6）开启空气预热器上、下两侧水洗阀门。维持水压为 0.5～0.8MPa，进行空气预热器水洗；水洗合格后，关闭水洗门，停止空气预热器冲洗水泵，停止水洗。

（八）空气预热器水洗后的烘干

（1）启动空气预热器辅助电动机，投入暖风器，尽量提高暖风器出口风温。开启引风机入口挡板、静叶、出口挡板，开启送风机出口挡板及动叶（应注意提前启动各风机油站，防止风机自转损坏轴承），进行空气预热器烘干。

（2）空气预热器出口风温达到 50℃，且空气预热器排净水后，关闭各烟风道放水门，关闭送风机出口挡板及动叶。

（3）启动送风机，以 15％风量通风。

（4）空气预热器出口风温再达到 50℃ 或在保持 15％通风量下烘干 6h 后，烘干结束。

（5）烘干结束后停止送风机，停止空气预热器，恢复设备至正常备用状态。

（九）空气预热器紧急停运

（1）主、辅电动机故障。

（2）空气预热器入口烟气温度达到 386℃。

（3）如两个转子失速报警探头均给出报警信号，现场确认两台电动机均停止工作，关闭空气预热器出入口烟、风挡板。

（4）电源故障。

（5）如主电动机出现故障，应启动辅助电动机，使转子沿着断电前的旋转方向继续旋转。

（6）如系统跳闸，转子驱动电动机电源断电使得转子停转，应立即进行手动盘车。

（7）电源恢复正常后至少应在 30min 后方可重新启动主电动机。

（十）空气预热器卡死的紧急情况处理

（1）严禁用盘车手柄人为强行盘车，以免损坏驱动机构。

（2）应及时关闭空气预热器烟气、空气侧挡板，打开热端烟气侧人孔门，适当开启引风机挡板，对空气预热器进行冷却。

（3）同时应控制空气预热器烟气、空气侧的温差不得过大。

（4）待空气预热器冷却到用手动盘车手柄可以轻松盘动后，方可投入电动机驱动空气预热器。

（5）如果锅炉恢复负荷，应注意负荷不得升得过快，并应监视空气预热器电流缓慢、平稳增加。

（6）在以上过程中，应严密监视空气预热器火灾情况。

（十一）空气预热器吹灰要求

（1）锅炉启动点火后，应投入空气预热器连续吹灰，吹灰汽源为辅助汽源，直至全部油枪撤出，然后将吹灰汽源切换为主汽源。

（2）空气预热器吹灰可用程序控制，也可单独吹灰。

（3）正常运行后一般要求每班吹一次，具体吹灰次数可根据实际情况予以调整。

（4）停炉前和锅炉启动过程中都须加强吹灰。

（5）空气预热器吹灰蒸汽至少应有 130℃ 的过热度，吹灰阀前压力为 0.93～1.07MPa，温度为 300～350℃。

（6）吹灰前须保证吹灰管路彻底疏水，直至蒸汽温度达到规定值。

（7）吹灰器投运时应检查蒸汽和冲洗水管路有无泄漏，发现泄漏后应及时处理，应确保消防装置、水洗阀门、省煤器和暖风器等处没有水或水蒸气侵入空气预热器内。

（8）如蒸汽压力足够高而吹灰效果不佳时，表明系统存在泄漏或喷嘴有腐蚀，应尽早处理并更换受损部件。

（9）空气预热器在以下情况应加强吹灰。

1）空气预热器的阻力超过 0.972kPa。

2）空气预热器排烟温度高。

3）机组启动阶段。

4）燃烧条件差，燃油和飞灰可燃。

5）停炉和停用空气预热器前。

六、火焰检测冷却风机

因为火焰检测探头的工作环境温度高、灰尘大。冷却风的主要作用就是改善火焰检测探头的工作环境，冷却风可使探头得到适当的冷却降温，不使其温度过高；另外，冷却风的吹扫也起到了清洁探头的作用。每台机组有 2 台火焰检测冷却风机，互为备用。形式为离心式。

火焰检测冷却风系统如图 2-7 所示。

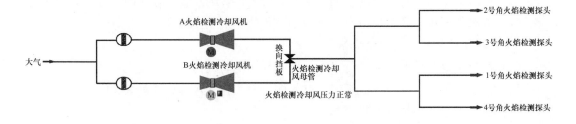

图 2-7　火焰检测冷却风系统

（一）火焰检测冷却风机设备规范

火焰检测冷却风机设备规范见表 2-9。

表 2-9　　　　　　　　　　　　火焰检测冷却风机设备规范

项　目		单　位	设计参数
型号			
数量		台	2
风机容量		m³	10～300
最高风压		kPa	27～46
电压		V	380
电流		A	
功率		kW	
转速		r/min	3000
报警	火焰检测冷却风压低	kPa	5.6
	入口滤网差压大	kPa	≥0.99

（二）联锁与保护

（1）一台冷却风机运行时，母管压力低于 5.6kPa 时备用风机自启动。

（2）运行火焰检测冷却风机跳闸时，备用风机自投。

（3）两台火焰检测冷却风机不能同时运行。

（三）风机启动前的检查

（1）检修工作票已终结，安全措施恢复，电动机绝缘合格，表计齐全且投入正常，现场整洁，地脚螺栓无松动，无影响风机启动条件。

（2）开关送电且所有电气、热工保护投入正常。

（3）联轴器防护罩牢固完整、电动机接地线良好。

（4）风道各处连接良好，风道完整。

（5）火焰检测冷却风机进口滤网完好、清洁。

（6）火焰检测冷却风机出口挡板完好、位置正确。

（7）1、2 号风机就地操作箱选择钮置备用状态（STBY）。

（8）远近控选择钮置远方（REMOTE）位。

（9）DCS 投入备用。

（四）火焰检测冷却风机的启动

1. 就地启动

（1）合上风机电源开关。

（2）将风机控制置"就地"控制方式。

（3）在就地控制箱上按下 1 号（或 2 号）风机启动按钮。

（4）风机启动后，风机运行指示灯亮，风压正常。

（5）另一台风机置备用位置。

2. 远方启动

（1）将风机控制置"远方"控制方式。

（2）启动 1 号（或 2 号）风机。

（3）冷却风母管压力正常后，将另一台风机投入备用。

（4）确认风机运行正常。

（五）火焰检测冷却风机的运行与维护

（1）正常运行时，1 台工作、1 台备用。

（2）入口滤网应保持清洁，入口滤网堵塞时，应切换至备用风机运行并清扫滤网。

（3）火焰检测冷却风机母管风压不低于 6kPa，风机运行正常、无异音，系统无漏风。

（4）当风机出口风压低于 5.6kPa 时，运行风机跳闸，备用风机联启。

（5）当风机出口风压低于 3.3kPa 时，延时 600s 锅炉 MFT 动作。

（6）运行中禁止进行风机远/近控切换，必须进行切换时，应做好安全措施。

（六）火焰检测冷却风机的停止

（1）锅炉停止后且炉膛出口烟气温度低于 80℃时，可以停止火焰检测冷却风机运行。

（2）远方停止。

1）退出备用风机的联锁。

2）停止运行风机运行。

（3）就地停止。

1）将备用风机由"STBY"位置切至"OFF"位置。

2）就地将运行火焰检测冷却风机由"ON"位置切至"OFF"位置。

3）检查火焰检测冷却风机惰走至静止状态。

第四节　制　粉　系　统

制粉系统是锅炉设备的一个重要系统，其任务是将原煤破碎、干燥，并磨制成为具有一定细度和水分的煤粉，送入炉内进行燃烧。每台炉共配有 24 个切向摆动式燃烧器，与之配套的是 6 台 ZGM123G 型中速辊式磨煤机。设计燃用黑龙江省七台河市烟煤。

600MW 机组的锅炉配置了 6 套正压直吹式中速磨煤机制粉系统。每台磨煤机通过一个静态离心式分离器引出的 4 根粉管将磨好的煤粉送至同一层的 4 个煤粉燃烧器。6 套制粉系统对应锅炉的 6 层 24 个煤粉燃烧器。机组满负荷运行时，5 套制粉系统运行、1 套制粉系统备用。

每套制粉系统均由原煤斗、给煤机、磨煤机、磨煤机减速器、静态离心式分离器、一次风管道、粉管、密封风、润滑油站、液压油站及相关驱动设备与连接管道等组成。

制粉系统如图 2-8 所示。

一、工作原理

ZGM123 磨煤机是一种中速辊盘式磨煤机，其碾磨部分由转动的磨环和三个沿磨环滚动的通过各自轴固定且可自转的磨辊组成。需粉磨的原煤从磨煤机的中央落煤管落到磨环上，旋转磨环借助于离心力将原煤运送至碾磨滚道上，通过磨辊进行碾磨。三个磨辊沿圆周方向均布在磨盘滚道上，碾磨力则由液压加载系统产生，通过静定的三点系统，碾磨力均匀作用在三个磨辊上，经磨环、磨辊、压架、拉杆、传动盘、减速机、液

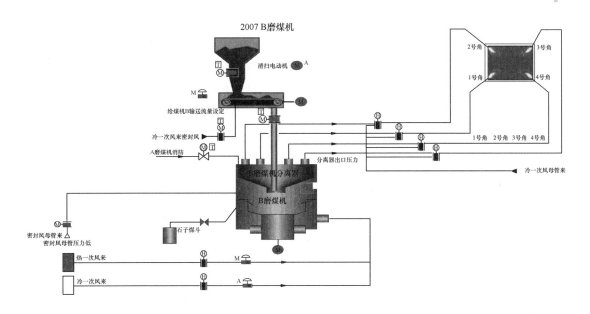

图 2-8　制粉系统

压缸后通过底板传至基础。原煤的碾磨和干燥同时进行，一次风通过喷嘴环均匀进入磨环周围，将经过碾磨从磨环上切向甩出的煤粉混合物烘干并输送至磨煤机上部的分离器，在分离器中进行分离，粗粉被分离出来返回磨环重磨，合格的细粉被热一次风带出分离器。

磨煤机加载传递系统"受力状态图"如图 2-9 所示。

难以粉碎且一次风吹不起的较重石子煤、黄铁矿、铁块等通过喷嘴环

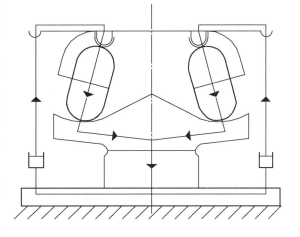

图 2-9　磨煤机加载传递系统"受力状态图"

落到一次风室，被刮板刮进排渣箱，由人工定期进行清理，清除渣料的过程在磨煤机运行期间也能进行。

ZGM123 型磨煤机采用鼠笼型异步电动机驱动，通过立式伞齿轮行星齿轮减速机传递磨盘力矩。减速机还同时承受因上部质量和碾磨加载力所造成的水平与垂直负荷。

为减速机配套的润滑油站用来过滤、冷却减速机内的齿轮油，以确保减速机内部件的良好润滑状态。

配套的高压油泵站在运行时通过加载油缸对磨煤机进行加载和升降磨辊。

通常 1 台锅炉共用两台密封风机，互为备用。密封风用于磨煤机传动盘处、机壳拉杆密封处和磨辊处的密封。如果采用旋转分离器，则旋转分离器处需要密封风。

维修磨煤机时，在电动机的尾部连接盘车装置。

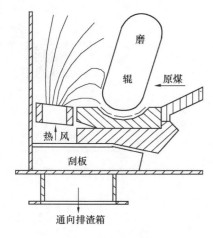

图 2-10　磨煤机"沸腾区"示意图

磨煤机"沸腾区"示意图如图 2-10 所示。

1. 排渣箱系统

排渣箱系统包括液压（气动）滑板落渣门和排渣箱体。液压（气动）滑板落渣门装在机座上，液压（气动）滑板落渣门用于控制一次风室与排渣箱之间石子煤排放口的隔绝。落渣门上的弹簧给门板施加压紧力，保持落渣门的密封性。液压滑板落渣门设有开、关位置指示。如果采用上、下两道液压（气动）滑板落渣门，两道门应该互相联锁。

注意：液压（气动）滑板落渣门与排渣门的开、关必须严格遵循操作规程，液压滑板落渣门关闭后，手动排渣门才能打开；手动排渣门关闭后，液压（气动）滑板落渣门才能打开。防止高温热风喷出，保证运行安全。

2. 磨辊装置

磨辊装置由辊架、辊轴、辊套、辊芯、轴承、油封等组成。磨辊位于磨盘和压架之间，倾斜 15°，由压架定位。使用过程中辊套是单侧磨损，磨损达一定深度后可翻转使用，以合理利用材料。

磨辊在较高温度下运行，其内腔的油温较高（可达 120℃），为保证轴承良好使用，润滑采用高黏度、高黏度指数、高温稳定性良好的合成烃高温轴承齿轮油，每个磨辊注油 36L，油密封由两道油封完成，第一道油封密封外部环境，第二道油封密封内部润滑油，两道油封之间填有耐温较高的润滑脂，用来润滑第一道油封的唇口。

磨辊内有大、小两种轴承，大轴承是圆柱滚子轴承，小轴承是双列向心球面滚子轴承，两个轴承分别承受磨辊的径向力和轴向力。

辊架的作用是把通过铰轴的加载力传给磨辊，它通过磨辊密封风管与密封风系统连接，密封风通过辊架内腔流向磨辊的油封外部和辊架间的空气密封环，在此形成清洁的环形密封，防止煤粉进入而损坏油封，同时又有降低磨辊温度的作用。

在辊架处的辊轴端部装有呼吸器，它使密封风和内部油腔相通，消除不同温度和不同压力下产生的不良影响，以保证油腔内的正常气压和良好环境。辊轴上设有测量油位探测孔，用后拧上丝堵。

3. 压架

压架为等边三角形结构，其上装有导向块。液压加载系统通过拉杆加载装置将加载力加在压架三个角上。压架底部可安装铰轴座。压架上均设有导向定位结构，以便于工作时定位和传递切向力。导向块处间隙的调整应以三根拉杆轴线对正基础上拉杆台板中心为准。

4. 铰轴装置

铰轴装置由铰轴座和铰轴两部分构成。铰轴座安装在压架底部，铰轴穿过铰轴座上的铰轴孔将磨辊辊架与压架连接起来。铰轴的作用是把液压加载力传给磨辊，并可使下面的磨辊绕着铰轴线在一定范围内自由摆动，以实现挤压和碾磨运动，提高碾磨效率；同时，通过液压系统提升压架，可以实现提升磨辊的功能。

5. 分离器

分离器为静态离心式分离器。具有球形封头，磨煤机防爆能力为 0.35MPa。其主要由分离器壳体、折向门、内锥体、回粉挡板、折向门操作器、出粉口、落煤管等组成，作用是将碾磨区送来的气粉混合物中的粗颗粒分离出来，通过回粉挡板返回碾磨区，符合燃烧要求的煤粉通过出粉口送入锅炉。煤粉细度的调整是通过操作折向门操作器联动调整折向门的开度来实现的。折向门的开度一般为 $25°\sim80°$，R_{90} 为 $10\%\sim40\%$ 可调。正常工作角度约为 $50°$，最佳工作角度应经磨煤机性能试验确定。

6. 密封管路系统

密封管路系统由密封风机来的密封风分三路到达磨辊密封、拉杆密封和机座密封部位。通往各处的密封的管路上均设有橡胶伸缩节，以减少磨煤机振动对外的传递。到机座密封和拉杆密封管路上装有蝶阀，用于分配风量；到磨辊的密封风由分离器外部环形风管进入磨煤机，在内部又通过三个垂直的配有关节球轴承的风管或者金属软管进入辊架，以保证磨辊摆动和窜动时输入密封风。

7. 高压油站

高压油站为加载提供操作动力，实施磨辊加载、启停时抬起和下降磨辊或者控制排渣关断门开闭。

8. 稀油润滑站

稀油润滑站是专供减速机循环冷却润滑油用的。

二、制粉系统设备规范及相关内容

（一）磨煤机规范

磨煤机规范见表 2-10。

表 2-10　　　　　　　　　　　　　磨煤机规范

项　目		单位	设计参数	备　注
磨煤机	形式		中速辊式磨煤机	
	型号		ZGM123G 型	
	制造厂		北京电力设备总厂	
	制粉出力	t/h	73.92	铭牌出力
	磨煤机磨盘转速	r/min	24.2	顺时针（俯视）
	通风阻力	Pa	≤6930	
	R_{90}（煤粉细度）可调	%	$2\%\sim35\%$	
	折向门开度	(°)	$25\sim80$	
	磨额定一次风量	t/h	123	
	磨煤单耗	kW·h/t	$6\sim10$	100%出力
	防爆门压力	MPa	0.35	

续表

项 目		单位	设计参数	备 注
电动机	型号		YMPS600-6	
	额定功率	kW	800	
	额定电压	kV	6	
	额定电流	A	84.5	
	额定转速	r/min	990	
减速机	型号		SXJ180	
	额定功率	kW	700	
	输入转速	r/min	990	
	输出转速	r/min	23.2	
	总传动比		42.67	
	容油量	L	～1900	
双速润滑油泵	电动机型号		YD160M-8/4	
	转速	r/min	720/1450	
	额定功率	kW	5.0/7.5	
	电压	V	380	
	油泵形式		立式三螺杆泵	
	油泵型号		SNS280R43U12.1W21	
	公称流量	L/min	245	
	安全门额定压力	MPa	0.63	
	工作油温	℃	28～50	
双室过滤器	型号		SLQ05×25	
	公称压力	MPa	1.0	
	允许压差	MPa	0.1	
	网孔距	mm	0.037	
	过滤精度	mm	0.025	
电加热器	型号		JRQ-10/380	
	额定电压	V	380	
	总功率	kW	10	
	表面负荷	W/cm²	1.2	
加载	加载油压	MPa	4～13	
	加载力	%	25～100	90～290kN
	出力范围	%	25～100	
油冷却器	型号		2LQFL-1/14F	
	冷却面积	m²	14	
	油侧压力	MPa	1.0	
	入口水温	℃	≤33	

项 目		单位	设计参数	备 注
油冷却器	出口水温	℃	≤37	
	入口油温	℃	50	
	出口油温	℃	<45	
	油流量	L/min	250	
	水流量	L/min	250	
	散热功率	kJ/s	57	
报警	推力瓦油温	℃	≥60	
	减速箱油温高	℃	60	
	磨煤机出口温度	℃	≥100，≤60	
	磨煤机入口风压低	kPa	≤2.5	
	密封风与一次风差压低	kPa	≤2	
	减速箱入口油压低	MPa	≤0.13	
	润滑油滤网差压大	MPa	≥0.1	
停减速机	减速机推力瓦油温	℃	≥70	
	减速机进油油压	MPa	≤0.100	
	减速机下箱油温开冷却水	℃	≥50	
	减速机下箱油温关冷却水	℃	≤40	

（二）给煤机规范

给煤机规范见表 2-11。

表 2-11　　　　　　　　　　给煤机规范

项 目		单位	设计参数	备 注
型号			GM-BSC22-26	耐压式计量给煤机
制造厂			上海大和衡器有限公司	
给煤机出力		t/h	10～100	
驱动电动机功率		kW	3.0	
驱动电动机转速		r/min	1400	
驱动电动机电压		V	220/380	
驱动电动机电流		A	11.5/6.7	
输出转速		r/min	16	
清扫链电动机功率		kW	0.37	
清扫链运行速度		m/min	2.1	
报警	给煤机出口堵煤			
	给煤机皮带断煤			
	清扫电动机故障			
	给煤机综合报警			
	给煤机耐压（Max）	MPa（g）	0.35	
	给煤机内部超温	℃	70	壳体内温度不超过室温10℃

（三）联锁与保护

1. 磨煤机运行、联锁保护及报警的技术数据

（1）磨煤机启动的技术数据。

1）密封风与一次风的压差：≥2kPa。

2）磨辊油温：≤100℃。

3）分离器出口温度：70～100℃。

4）减速机油温：≥28℃。

5）减速机平面推力瓦：≤50℃。

6）减速机进口油压：≥0.13MPa。

（2）磨煤机快速停磨技术数据。

1）磨辊油温：≥110℃。

2）给煤机给煤量：≤20％。

3）减速机进口油压：≤0.10MPa。

4）分离器出口温度：≥100℃。

5）分离器出口温度：≤60℃。

6）减速机平面推力瓦：≥70℃。

7）电动机轴承温度：≥90℃。

8）电动机绕组温度：≥130℃。

（3）磨煤机紧急停磨技术数据。

1）分离器出口温度：≥105℃。

2）分离器出口温度：≤55℃。

3）磨辊油温：≥120℃。

4）一次风量：小于最低风量的 85％。

2. 磨煤机允许启动条件

（1）磨煤机点火能量。

（2）煤层点火允许。

（3）火焰检测装置正常。

（4）无磨煤机跳闸条件。

（5）密封风与一次风差压大于 2.0kPa。

（6）稀油站分配器入口油压大于 0.13MPa。

（7）磨辊为投变压器加载状态。

（8）磨煤机出口温度为 60～80℃。

（9）推力瓦温度小于或等于 50℃。

（10）磨煤机出口全开。

（11）稀油站、液压油站运行。

（12）排渣门开。

（13）磨煤机一次风流量正常。

3. 磨煤机跳闸条件

（1）稀油站油分配器入口油压低。

（2）稀油站油泵停止（高速泵与低速泵）。

（3）磨辊轴承润滑油温度高。

（4）减速机推力轴承油槽油温度高。

（5）本层火焰失去。（与条件）

1）磨煤机主电动机运行且给煤机运行延时150s。

2）磨煤机无跳闸条件。

3）本层火焰检测丧失3个。

（6）MFT。

（7）所有一次风机停。

（8）磨煤机运行中出口门关2个（B磨煤机少油模式关3个）。

（9）少油点火跳闸（B磨煤机）。

（10）磨煤机一次风量低。

（11）磨辊加载油泵停。

（12）磨煤机电动机绕组温度高。

（13）磨煤机电动机轴承温度高。

（14）密封风与一次风差压大。

4. 给煤机启动允许条件

（1）给煤机密封风挡板开。

（2）给煤机出口门闸板开。

（3）磨煤机运行。

（4）给煤机设定在最低转速。

5. 给煤机跳闸条件

（1）给煤机运行中，断煤、延时。

（2）给煤机运行中，堵煤、延时。

（3）磨煤机保护停条件。

（4）MFT。

（5）磨煤机停止。

6. 其他联锁

（1）给煤机清扫链就地置"自动"位时，给煤机启动时联启清扫链；给煤机停止时清扫链联停。

（2）给煤机清扫链就地置"手动"位时，清扫链连续运行。

（3）加载油泵启动条件：液压站油箱油温大于或等于10℃时，就地启动或制粉系统启动后联动。

（4）加载油泵停止：磨煤机停运后就地停止或制粉系统停止后联动。

（5）润滑油泵低速运行时，油温低于25℃，三取二联启加热器。

（6）油温高于28℃，三取二润滑油泵倒高速运行，且联停加热器。

（7）液压油温低于20℃，三取二，联启电加热器。

（8）液压油温高于30℃，三取二，联停电加热器。

（9）液压油温高于50℃，三取二，联开冷却水门。

（10）液压油温低于40℃，三取二，联关冷却水门。

（11）磨煤机停止后延时30min，允许停止润滑油泵。

（12）运行中磨煤机润滑油站由远控切换至就地时润滑油站跳闸。

（四）煤层启动条件

煤层启动条件为具备无MFT、一次风条件满足、点火能量满足点火能量条件之一者。

1. 磨煤机A

（1）A、B三支油枪运行。

（2）4只小油枪运行。

（3）功率大于240MW。

（4）B磨煤机运行且煤量大于50t/h，同时蒸汽流量大于500t/h。

2. 磨煤机B

（1）非少油模式。

1）A、B三支油枪运行。

2）B、C三支油枪运行。

3）功率大于240MW。

4）A（C）磨煤机运行且煤量大于50t/h，同时蒸汽流量大于500t/h。

（2）少油模式：4只小油枪运行。

3. 磨煤机C

（1）B、C三支油枪运行。

（2）4只小油枪在运行。

（3）功率大于240MW。

（4）B（D）磨煤机运行且煤量大于50t/h，同时蒸汽流量大于500t/h。

4. 磨煤机D

（1）D、E三支油枪运行。

（2）功率大于240MW。

（3）C（E）磨煤机运行且煤量大于50t/h，同时蒸汽流量大于500t/h。

5. 磨煤机E

（1）D、E三支油枪运行。

（2）E、F三支油枪运行。

（3）功率大于240MW。

（4）D（F）磨煤机运行且煤量大于50t/h，同时蒸汽流量大于500t/h。

6. 磨煤机 F

（1）E、F 三支油枪运行。

（2）功率大于 240MW。

（3）E 磨煤机运行且煤量大于 50t/h，同时蒸汽流量大于 500t/h。

（五）磨煤机启动前的检查和准备

（1）有关检修工作结束。

（2）电动机送电至工作位置。

（3）联锁、保护及仪表、自动装置投入正常。

（4）系统完整，转机地脚螺栓无松动，防护罩完好，电动机接地线完好，人孔关闭，盘车装置已脱开。

（5）磨煤机出口各插板门位置正确。

（6）磨煤机防爆消防蒸汽压力为 0.4～0.6MPa，温度为 150～180℃。消防蒸汽手动门开启，电动门关闭。

（7）密封风机已投运，密封风与一次风的压差值大于或等于 2kPa。

（8）至少 1 台一次风机运行，且一次风母管压力大于或等于 7.5kPa。

（9）磨煤机排渣一次门打开，二次门关闭。

（10）根据油温情况投入磨煤机油站冷却水。

（11）磨煤机油站投入运行。

（六）给煤机启动前的检查

（1）有关检修工作结束。

（2）电动机送电至工作位置。

（3）电气联锁、热工保护及仪表、自动装置正常投入。

（4）检查设备系统外型完整，转机地脚螺栓无松动，防护设施完好，电动机接地线完好。

（5）给煤机密封风门开启。

（6）给煤机就地控制箱上信号正确，控制在"远方"位置。

（7）给煤机检查孔关闭严密，无漏风。

（8）给煤机外观完整，测量、控制接线完整、无松动。

（9）给煤机电动机防护罩牢固。

（10）给煤机内照明完好，机箱内无积煤和杂物。

（11）皮带张力合适，无破损或明显跑偏现象。

（12）清扫链正常（正常位置有 5cm 垂度）。

（13）煤仓疏松机油箱油位正常、外观完好。

（14）煤仓疏松机就地控制箱选择就地位置，定时选线开关选择"0、1"。

（七）磨煤机油站启动前检查

（1）润滑油站、减速箱无漏油现象，油位正常，可启动润滑油泵。

（2）润滑油泵运行时，减速箱下箱油温低于 25℃ 电加热投入，油温大于或等于

30℃停止。

（3）启动润滑油泵时减速箱下箱油温小于 25℃，润滑油泵低速运行，油温大于或等于 25℃时油泵自动切换至高速运行。

（4）磨煤机停运时，润滑油泵运行中减速箱下箱油温小于 25℃时润滑油泵自动切换至低速运行。

（5）减速箱下箱油温低于 28℃时应关闭油站冷却水门；油温大于或等于 45℃时开启冷却水门。

（6）运行中润滑油供油压力应大于或等于 0.13MPa，减速箱油温大于或等于 28℃，推力瓦油温低于 50℃。

（7）加载油站加热器自动位置时，油箱油温小于或等于 20℃时投入、大于或等于 30℃时停止。

（8）加载油站油温小于或等于 50℃时，冷却水电磁阀打开；油箱油温小于或等于 40℃时，冷却水电磁阀关闭。

（八）密封风机启动前应具备的条件

（1）磨煤机进口一次风门关闭。

（2）磨煤机冷风门关闭。

（3）给煤机密封风挡板门打开。

（4）原煤斗闸门打开。

（5）磨煤机出口煤粉隔绝门打开。

（6）一次风机启动并且一次风压建立。

（7）盘车装置脱开。

（8）润滑油站、高压油站准备就绪。

（9）热工保护系统正常。

（九）快速停止磨煤机的条件

（1）给煤机断煤或小于最小给煤量，规定时间内无法恢复。

（2）磨煤机振动大，严重威胁设备安全。

（3）润滑油系统故障，严重威胁设备安全。

（4）密封风与一次风的差压大于或等于 1.5kPa。

（5）一次风量小于最小风量。

（6）分离器出口温度小于或等于 60℃、大于或等于 100℃。

（7）磨辊油温大于或等于 110℃。

（8）减速机进口油压小于或等于 1.0MPa。

（9）平面推力瓦油池温度大于或等于 70℃。

（10）磨煤机的电动机绕组温度大于或等于 130℃。

（十）紧急停止磨煤机的条件

（1）一次风量小于最小风量的 85%。

（2）分离器出口温度小于或等于 55℃大于或等于 100℃。

（3）磨辊油温大于或等于120℃。

（4）电动机停止转动。

（十一）紧急停止磨煤机时须进行的操作

（1）紧急关闭磨煤机进口热风隔离门。

（2）关闭一次热风门和一次冷风门。

（3）停止给煤机。

（4）送入防爆蒸汽。

（5）关闭密封风机、润滑油站、高压油站。

（6）如果紧急停运磨煤机1h后，仍无法排除故障、无法恢复磨煤机运行，则应及时进行以下操作：

1）磨煤机开空车，将磨盘上的大量积煤排尽，避免积煤自燃、着火。

2）可以关闭密封风机、润滑油站、高压油站。

（7）如果紧急停运磨煤机后，故障已经排除，可以再启动磨煤机，应进行以下准备工作：

1）检查一下磨煤机及辅助设备。

2）排渣。

3）按"正常启动"程序启动磨煤机。

（十二）制粉系统启动

1. 程序控制启动

（1）启动润滑油系统。

（2）开磨煤机出口门。

（3）关闭磨煤机入口快关门。

（4）开本磨煤机密封风门。

（5）关闭磨煤机冷、热风挡板。

（6）开磨煤机入口快关门。

（7）开给煤机密封风门。

（8）磨煤机温度、风量投入自动。

（9）二次风挡板置点火位。

（10）开给煤机出口闸门。

（11）启动给煤机清扫链。

（12）开给煤机入口闸板。

（13）启动磨煤机。

（14）启动给煤机且置于最小转速。

（15）煤火焰检测四取三有火。

2. 手动启动

（1）检查磨煤机满足启动允许条件。

（2）润滑油泵运行且润滑油压大于或等于0.13MPa、推力瓦油温小于或等于50℃。

（3）开启磨煤机出口插板门。

（4）开启制粉系统密封风门。

（5）开启磨消防蒸汽电动门（掺烧褐煤和俄罗斯褐煤时有此步骤）。

（6）开启给煤机出、入口电动插板门。

（7）开启磨煤机入口一次风快关门。

（8）调节冷风挡板，以不小于 70t/h 的通风量对制粉系统吹扫 1min。

（9）调节磨煤机冷、热风挡板，控制磨煤机入口一次风温不高于 150℃暖磨，磨煤机出口温度为 60～90℃。

（10）将磨煤机加载力降至最低。

（11）启动磨煤机。

（12）磨煤机启动后立即启动给煤机，并调整给煤量大于 20t/h。

（13）关闭磨煤机消防蒸汽电动门（掺烧褐煤和俄罗斯褐煤时有此步骤）。

（14）磨煤机加载控制系统投自动。

（15）正常后，将磨煤机一次风量、磨煤机出口温度和磨煤机出力控制投自动。

（十三）制粉系统运行与维护

（1）磨煤机振动（振幅＜50μm，正常）、噪声（测点距磨煤机 1m，小于 85dB 为正常）、排渣正常，密封装置严密，无漏风。

（2）保持磨煤机风/煤比适当（一般为 1.8～2），各运行参数正常。

（3）尽量保持磨煤机在 50～65t/h 负荷下运行。

（4）每 2h 定期排渣 1 次，防止渣箱自燃。

（5）电动机、减速箱工作正常，无发热、振动超标等异常现象。

（6）给煤机皮带运行正常，无跑偏、撕裂；清扫链运行正常，无停转、卡涩现象。

（7）给煤机内部照明完好，就地控制盘指示正确。

（8）煤仓疏松机选线开关选择不在"0、0"位置。

（9）磨煤机出口温度为 75～90℃（掺烧褐煤时最高不超 75℃，掺烧俄罗斯褐煤时不超 65℃，分离器最低温度不低于 50℃）。

（10）磨煤机出口温度为 75～95℃。

（11）密封风与一次风差压 Δp 大于或等于 2.0kPa。

（12）磨辊轴承温度小于 90℃。

（13）减速箱油位正常。

（14）减速箱入口润滑油压大于 0.13MPa。

（15）减速箱推力瓦油温小于 60℃。

（16）润滑油站滤网差压小于 0.1MPa。

（17）电动机轴承温度小于 70℃。

（18）磨煤机运行中不得进行磨煤机油站远/近控切换。

（19）运行中磨煤机出口温度大于或等于 120℃或者达到磨煤机保护动作值而保护拒动时应紧急停止磨煤机运行。

（20）磨煤机运行数据见表 2-12。

表 2-12　　　　　　　　　　　　　　　　磨煤机运行数据

名称	单位	设计煤种					校核 1	校核 2	校核 3
		BMCR	THA	75%THA	30%BMCR	切高压加热器	BMCR		
细度（R_{90}）	%	18	18	18	18	18	17	18	20
运行台数	台	5	4	3	2	4	5	6	4
入口风量（$\times 10^3$）	kg/h	97.12	100.9	101.4	91.55	101.99	97.7	97.6	96.7
入口风量（$\times 10^3$）	m³/h	122.6	129.5	130.6	112.4	131.6	121.6	124.1	139.5
总煤量	t/h	349.3	309.7	236	118.2	318.2	351.9	395	246.9
磨负荷率	%	83.2	91.9	93.2	70.5	94.5	84.7	84.3	82.4
出口温度	℃	75	75	75	75	75	75	70	75
煤粉水分	%	1	1	1	1	1	0.8	0.79	2.85
入口风温	℃	213.8	222.1	223.3	200.2	224.4	206.6	217.2	283.1
调温风温	℃	26.1	26.1	26.1	26.1	26.1	26.1	26.1	26.1
出口风量（$\times 10^3$）	kg/h	105.6	109.8	110.4	99.5	111	106	106.7	108
出口风量（$\times 10^3$）	m³/h	103.1	107.3	108	97	108.5	103.4	103	107

（十四）制粉系统正常停止

1. 程序控制停止

（1）点击程序控制停止按钮。

（2）二次风挡板置停止位。

（3）磨煤机风量、温度切手动。

（4）关闭热风挡板。

（5）给煤机置最小转速，停止。

（6）关给煤机出口闸板。

（7）停给煤机清扫链。

（8）停磨煤机。

（9）关闭磨煤机冷风挡板。

（10）关给煤机密封风门。

（11）开磨煤机防爆蒸汽门，延时 5min 关闭。

（12）关闭磨煤机出口门。

（13）停主油泵。

（14）关闭磨煤机密封风门。

2. 手动停止

（1）将磨煤机出力及温度控制切为手动。

（2）逐渐关小热风挡板，调节冷风挡板（注意制粉系统风量不低于最低设定值），降低磨煤机出口温度至 60℃。

（3）减少给煤量至 20t/h。

（4）开启磨消防蒸汽电动门（掺烧褐煤和俄罗斯褐煤时有此步骤）。

（5）停止给煤机。

（6）停止磨煤机。

（7）用冷风挡板控制磨煤机一次风量不小于 75t/h，对系统吹扫 5min。

（8）逐渐关小至关闭冷风调节挡板。

（9）根据需要可关闭磨煤机入口一次风快关门。

（10）打开消防蒸汽门，延时 5min 后关闭。

（11）10min 后可以停止润滑油泵。

（12）关闭磨煤机密封风电动门。

（13）关闭给煤机出口闸板。

（14）关闭给煤机密封风门。

（15）制粉系统停运后，应继续对其出口温度进行监视。

（16）关闭磨消防蒸汽电动门（掺烧褐煤和俄罗斯褐煤时有此步骤）。

（十五）制粉系统紧急停止

（1）停止给煤机和磨煤机。

（2）关闭磨煤机入口冷风挡板及热风挡板。

（3）关闭磨煤机入口一次风快关门和磨煤机出口插板。

（4）开磨煤机消防蒸汽电动门。

（5）待磨煤机出口温度降至 60℃，关闭消防蒸汽电动门，停润滑油站，关闭密封风门。

（6）开磨煤机消防蒸汽电动门。

（7）待磨煤机出口温度降至 60℃，关闭消防蒸汽，停润滑油站，关闭密封风门。

（8）磨煤机紧急停止 1h 后，仍无法恢复运行时，应设法将积煤排尽。

（9）紧急停止后，故障已排除、磨煤机可以重新启动时，启动前应检查磨煤机及附属设备正常，并进行排渣，然后按正常启动程序启动。

（十六）高压油系统的启动

（1）系统发出变压器加载运行信号，确认变压器加载切换电磁阀 54.2 在右位，手动切换阀 55 的阀芯在右位。

（2）启动油泵组。

（十七）磨煤机检修结束后，下降磨辊的操作步骤

（1）确认回油截止阀关闭。

（2）切换电磁换向阀，使其阀芯在右位。

（3）启动油泵组。

（4）操纵加载系统机械限位装置，解除磨辊的机械限位，而此时在油压作用下磨辊处于提升状态。

（5）切换电磁换向阀，磨辊下降，并检查磨辊下降速度是否同步。

（6）磨辊下降到位后，打开回油截止阀。

（7）此后进入正常操作步骤。

（十八）磨煤机排渣系统操作步骤

（1）启动排渣泵。

（2）关闭液动排渣门（排渣一次门）。

（3）开启排渣冲洗水手门。

（4）开启气动排渣插板门（排渣二次门）进行排渣。

（5）（排渣完毕）关闭气动排渣插板门（排渣二次门）。

（6）关闭排渣冲洗水手门。

（7）开启液动排渣门（排渣一次门）。

（8）停止排渣泵。

（9）排出渣坑内积渣，渣量少于渣坑容积1/2，并保证剩余渣量湿润。

注：正常排渣遵循以上操作步骤，与以往排渣没有增加操作量。若在启/停机或正常运行时出现堵磨煤机情况，应及时联系检修开启事故排渣门进行事故排渣。

第五节　燃　烧　系　统

燃烧系统的主要设备是炉膛和燃烧器。600MW机组锅炉采用直流式燃烧器的固态排渣炉膛、摆动燃烧器，可以调整火焰中心位置。

锅炉燃烧过程要组织得好，除了从燃烧机理和热力条件加以保证，使煤粉气流能迅速着火和稳定燃烧外，还要使煤粉与空气均匀地混合，燃料与氧化剂要及时接触，才能使燃烧猛烈、燃烧强度大，并能以最小的过量空气系数达到完全燃烧，提高燃烧效率，保证锅炉的安全经济运行。在煤粉炉中，这一切都与燃烧器的结构、布置及流体动力特性有关。燃烧器的作用就是将燃料与燃烧所需空气按一定的比例、速度和混合方式经燃烧器喷口送入炉膛，保证燃料在进入炉膛后能与空气充分混合、及时着火、稳定燃烧和燃尽。

燃烧煤粉对炉膛的要求是创造良好的着火、稳燃条件，并使燃料在炉内完全燃尽；将烟气冷却至煤灰的熔点温度以下，保证炉膛内所有的受热面不结渣；布置足够的蒸发受热面，并不发生传热恶化；尽可能减少污染物的生成量；对煤质和负荷变化有较宽的适应性能以及连续运行的可靠性。

一、燃烧器

（一）燃烧器的布置

600MW锅炉采用四角布置的切向摆动式燃烧器，按照炉膛尺寸的大小选取适当的燃烧器出口射流中心线同炉膛截面对角线的夹角 $\Delta\alpha$，由此确定的燃烧出口射流中心线和水冷壁中心线的夹角分别为39°和47°。在炉膛中心形成逆时针旋向的两个直径稍有不同的假想切圆。为了削弱炉膛出口烟气的旋转强度，减小四角燃烧引起的炉膛出口烟气温度偏差，燃尽风室被设计成喷嘴出口中心线可以进行水平摆动、同主喷嘴中心线调节成一定的夹角，其目的就是要形成一个反向动量矩来平衡主燃烧器的旋转动量矩，达到减少炉膛出口烟气温度偏差的目的，另外，还选取了较大的燃尽风率来控制 NO_x 的排放量。

在燃烧器高度方向上，根据燃烧器可摆动的特点，考虑到燃烧器向下摆动时，保证火焰充满空间和煤粉燃烧空间，从燃烧器下排一次风口中心线到冷灰斗拐角处留有较大的距离（6394mm），为了保证煤粉的充分燃烧，从燃烧器最上层一次风口中心线到分割屏下沿（即炉膛出口）设计有较大的燃尽高度（20 000mm）。

为防止炉膛结焦，采用了较小的单只喷嘴热功率，煤粉喷嘴的周界风为非对称形式，在喷嘴出口的向火面为小周界风量、背火面为大周界风量，其目的是增加水冷壁附近的氧化性气氛，防止燃烧器区域结焦。同时，在燃烧器上、下各设有50mm高的防焦风。另外，采用燃烧器分组拉开式布置及合理配风形式，可有效控制 NO_x 排放量。

四角布置的切向摆动式燃烧器采用水平浓淡煤粉燃烧技术，以提高锅炉低负荷运行的能力，水平浓淡煤粉燃烧器是利用煤粉进入燃烧器一次风喷嘴体后，经百叶窗的分离作用，将一次风气流分离成浓、淡两部分；两部分之间用垂直隔板分开，燃烧器出口处设有带波纹形的稳燃钝体。浓相气流的煤粉浓度高、着火特性好，即使在低负荷情况下，浓相气流的风煤比仍可保持在较合适的范围内，使着火特性不会明显恶化。钝体形成的高温烟气回流区又充分为煤粉着火提供了热源，这两者的结合为低负荷稳燃提供了保证。

角式煤粉燃烧器平面布置图如图2-11所示。

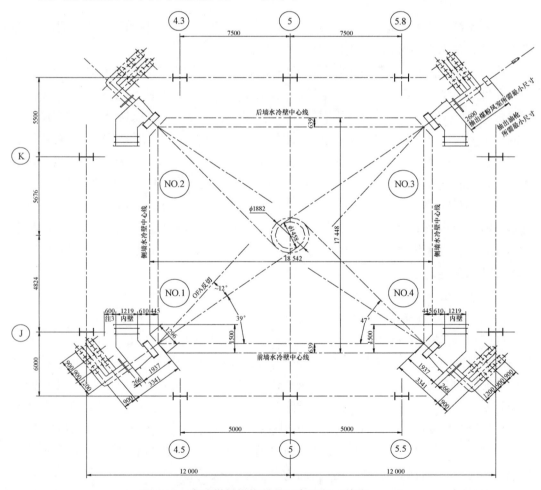

图2-11　角式煤粉燃烧器平面布置图（单位：mm）

（二）燃烧器的设计参数

锅炉最大连续负荷（MCR）时燃烧器的主要设计参数见表 2-13。

表 2-13　　　　　　锅炉最大连续负荷（MCR）时燃烧器的主要设计参数

项　目	单　位	数　值
单个喷嘴热功率（5 台磨煤机运行）	MW	77.49
一次风率	%	23
一次风速	m/s	26
一次风温	℃	75
二次风率	%	72
二次风速度	m/s	47
炉膛漏风	%	5
上、下一次风喷嘴间距	mm	8964

（三）喷嘴布置

四角布置的切向摆动式燃烧器采用大风箱结构，由隔板将大风箱分隔成若干风室，在各个风室的出口处布置数量不等的燃烧器喷嘴，一次风喷嘴可做上、下各 27°摆动，二次风喷嘴可做上、下各 30°摆动，以调节炉膛内各辐射受热面的吸热量，从而调节再热蒸汽温度。燃尽风室可做左、右各 10°的摆动，以此来改变反切动量矩，达到最佳平衡动量矩效果。每只燃烧器共有 7 种 18 个风室、17 个喷嘴。其中顶部燃尽风室两个、上端部空气风室 1 个、煤粉风室 6 个、油风室 4 个、中间空气风室两个、下端部空气风室两个、空风室 1 个。根据各风室的高度不同，布置数量不等的喷嘴，顶部燃尽风室一个风室布置一个喷嘴，上端部风室布置一个喷嘴，煤粉风室共布置 6 个一次风喷嘴，油风室中间布置有带稳燃罩的油喷嘴，中间空气风室布置 1 个喷嘴，下端部风室布置 1 个喷嘴，空风室不布置喷嘴。

（四）空气喷嘴及其摆动机构

每只燃烧器的 17 个喷嘴，除顶部燃尽风室的 2 个喷嘴手动驱动外，其余喷嘴均由摆动气缸驱动，整体上、下摆动，并且炉膛 4 角的四只燃烧器按协调控制系统给定的控制信号做同步上、下摆动，摆动气缸通过外部连杆机构、曲拐式摆动机构、内部连杆和水平连杆驱动空气喷嘴绕固定于燃烧器风箱前端连接角钢上的轴承座做上、下 30°的摆动。为了对通过空气喷嘴的气流进行导向和防止喷嘴变形，在空气喷嘴内装设竖直的导流隔板。

（五）煤粉喷嘴及其摆动机构

装设在煤粉风室内的煤粉喷嘴由两个主要部分构成，一个是由内部衬有耐磨陶瓷制成的煤粉喷嘴体，二是由耐热铸钢制成的煤粉喷嘴头。煤粉喷嘴体成方圆过渡形，圆形一端同煤粉管道的铸铁弯头相连，方形的一端通过一个可以适应煤粉喷嘴摆动的活动密封箱同煤粉喷嘴头相连接。煤粉喷嘴体、活动密封箱和煤粉喷嘴头形成一个密封的煤粉空气混合物的连续通道，将由煤粉管道输送的煤粉空气混合物经此通道送入炉膛。煤粉喷嘴体两侧设有带滚动轮的支架，通过燃烧器风箱前端的开孔，可将煤粉喷嘴组件沿风室隔板推进就位，后部通过煤粉喷嘴体上的法兰同燃烧器风箱后部的端板连接固定并密封。现场停炉需对煤粉喷嘴进行维修、更换时，可将煤粉喷嘴体上的法兰连接螺栓及与煤粉喷嘴体连接的煤粉管道的铸铁弯头卸下，即可将煤粉喷嘴体整个从燃烧器风箱内取出，便于维修和更换。

煤粉喷嘴通过同空气喷嘴相连的摆动连杆机构、驱动煤粉喷嘴头绕固定于煤粉喷嘴体上的轴承做上、下各 27° 的摆动。

煤粉喷嘴及其摆动机构如图 2-12 所示。

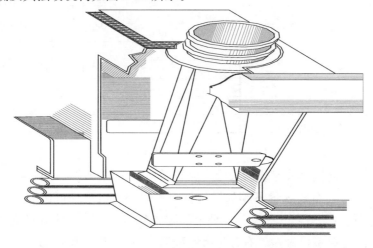

图 2-12　煤粉喷嘴及其摆动机构

水平浓淡燃烧器的特点如下：

（1）在煤粉喷嘴体中按煤粉管道的方向安装百叶窗式分离器，其目的是要把煤粉分成浓、淡两股。

（2）适当的煤粉/空气比正是锅炉负荷在较大范围变化时稳定燃烧的必要条件之一。

（3）波纹钝体使得在煤粉气流下游产生一个负压高温回流区，在此负压区中存在着高温烟气的回流与煤粉/空气混合物间剧烈的扰动和混合，这一点满足了锅炉负荷在较宽范围变化时对煤粉点火和稳定燃烧的要求。

（六）外摆动机构

每只燃烧器沿其高度设置了 4 个带内曲拐的外摆动机构，将除顶部燃尽风室喷嘴以外的所有空气、油和煤粉喷嘴大致均匀地分成 4 组，每 2 个带内曲拐的外摆动机构通过内连杆驱动 1 组喷嘴，2 个带内曲拐的外摆动机构再通过 1 根端部带铰链的外连杆连至每只燃烧器的摆动驱动气缸。带曲拐的外摆动机构除带有 1 套驱动单只喷嘴摆动的内曲拐摆动机构外，还设有摆动驱动杆、止动板、止动销，摆动角度指示装置和 1 套摆动安全保护装置。摆动安全保护装置主要由 1 个带有应力集中凹形环的安全销、传力块、弹簧柱塞组件和行程开关组成，在锅炉运行中，当由于某喷嘴处结焦、喷嘴变形等因素影响喷嘴摆动时，驱动该组喷嘴的外摆动机构会受力增大，当受力增大到一定程度时，安全销就从应力集中凹环处折断，从而保证摆动驱动机构不致损坏。安全销折断的同时，就会使弹簧柱塞组件动作，并驱动行程开关给运行人员发出信号，使运行人员即刻发现并查找影响喷嘴摆动的原因，同时在安全销折断时还会将该外摆动机构驱动的整组喷嘴通过止动销自动插入止动板的止动孔，使其固定于安全销折断时的位置，从而防止喷嘴因重力作用继续下摆而影响相邻一组喷嘴的摆动，安全销折断之后，通过安全销与驱动摆动相连接的传力块自动与驱动摆杆脱离，这样即使一组喷嘴发生故障而停摆，也不会影响其他各组喷嘴的继续正常摆动。

外摆动机构如图 2-13 所示。

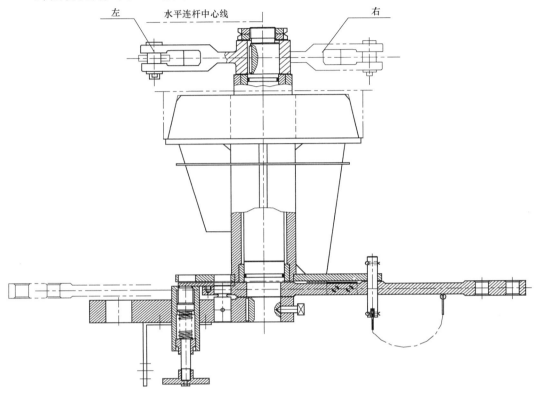

图 2-13　外摆动机构

柱塞组件如图 2-14 所示。

（七）顶部燃尽风喷嘴及其摆动机构

为了减弱炉膛内空气气流的残余旋转，减少炉膛出口两侧烟气温度偏差，燃尽风室被设计成喷嘴出口中心线可以进行水平摆动、同主喷嘴中心线调节成一定的夹角，其目的就是要形成一个反向动量矩，平衡主燃烧器的旋转动量矩，从而达到顶部燃尽风喷嘴设计成与主气流反切一定的角度，顶部燃尽风室喷嘴制造为可做左、右各 10° 的摆动。可视烟气温度偏差的大小调整喷嘴的摆动角度，但调整范围不得超过设计值。可以从指针刻度盘上的指示装置读出喷嘴的摆动角度。

（八）燃烧器风箱

燃烧器风箱是整个切向摆动式燃烧器的主体部分，由二次热风道输送的二次热风和煤粉管道输送的风粉混合物（一次风）均通过燃烧器风箱分配进入各个喷嘴，以实现燃烧工况所要求的合理配风，同时燃烧器风箱又是各喷嘴及相应摆动机构、油枪、点火器及其相应伸缩机构、燃烧器护板等的机座。

为防止通过燃烧器风箱的二次风产生过大的涡流，减少阻力损失，改善由于在燃烧

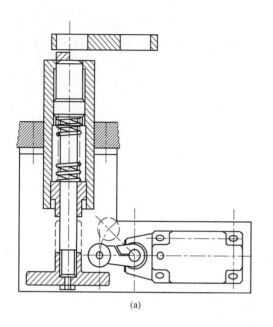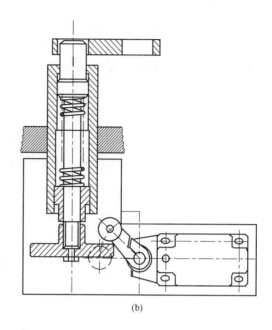

图 2-14　柱塞组件

（a）正常运行状态；（b）安全销被切断后状态

器风箱内气流转向所引起的气流偏斜，在燃烧器各风室内均设置了两块导流板，这些导流板和各个喷嘴内设置的垂直和水平相交的导流板同炉膛四角的水冷壁大切角结构形成了对切向燃烧系统一、二次风各股射流的综合控制，以防止进入炉膛的气流的偏斜，从而保证炉膛内形成良好的空气动力场。

整个燃烧器风箱壳体有内壁钢板、保温层和最外层护板 3 层结构。为使装设于燃烧器风箱内部的各摆动机构、煤粉喷嘴装置等便于维护和更换，在燃烧器风箱的前端和侧面相对于各层风室开设有人孔门，使风箱内的各机构有良好的可接近性，便于风箱内各机构的维护和更换。

因为燃烧器风箱又是各摆动机构的机座，为使摆动机构动作灵活，必须使各摆动连杆机构相互位置正确，这就要求燃烧器风箱在冷、热态下都要保持设计的几何形状，为此燃烧器风箱设计有较大的刚性，风箱前端采用了 $100 \times 200 \times 20$ 的大型角钢，后部及相应的挡板风箱都采用了 No.30a 的槽钢，在风箱内部又设有多段斜拉条，同时对燃烧器风箱的膨胀结构进行了精心的设计。

燃烧器风箱同水冷壁用螺栓连接的方式固接在一起，在热态时，燃烧器风箱同炉膛水冷壁一起向下膨胀，燃烧器风箱同热风道的相对膨胀由装设在燃烧器风箱和热风道之间的大型波纹膨胀节吸收。考虑到水冷壁管和燃烧器风箱本体相对的膨胀差，其螺栓连接结构，采用风箱中间部分用圆形孔固结式连接，除中间部分以外的垂直部分和水平两端都采用腰形孔滑动连接的方式，使热态下风箱本身以其中间固接部分为膨胀中心向上和向下两个方向可相对于水冷壁自由膨胀。风箱前端的密封箱采用了双向波纹的波纹板，以便吸收燃烧器风箱两个方向的膨胀，燃烧器风箱上的外层孔门的支座同时又作为风箱外护板的支持点，这些支座都是生根于风箱内壁板上的。考虑到风箱内壁板和外层孔门及护板的膨胀差，都将这些支座角钢分成若干段，每段中间用一个钢性支点、两端用两个柔性支点同风箱内壁板相连接，用柔性支点来吸收膨胀，外层孔板同支座的连接都采用了腰形孔的结构，使外层温度低的孔门板不因膨胀差而给风箱内壳施加外力。

燃烧器风箱外侧的外护板是用来保护风箱保温层和改善风箱外观而设置的，外护板用专门冲压出来的夹板镶嵌在外护板的辅件上，外护板可在夹板内自由膨胀。风箱中间部分的护板辅件是一些半圆形的柔性支座支承的板条，此处与护板的连接也是采用夹板镶嵌结构，整个外护板同风箱内壁板是可以相对滑动的，在热态情况下，温度较低的外护板不给风箱内壳体施加外力。

所有生根于风箱内壁板上并突出护板外的结构，如摆动气缸支座、外摆动机构支座等，在穿出护板的地方都采用在护板上开大孔、在穿出护板的零件上焊接活动盖板的结构，以保证与风箱内壁板间的相互自由膨胀。

在燃烧器风箱同热风道连接处设计有挡板风箱，相应于风箱各风室在挡板风箱内设计有倾斜的非平衡式挡板结构，以便控制进入燃烧器各风室的二次风量，使之适应燃烧工况的需要。根据各风室的高度不同分别设计为单挡板、双挡板和四挡板结构。

采用非平衡式的挡板结构是为了防止在启、停炉时，可能因产生的炉膛内向爆炸即炉膛负压过低而引起的水冷壁向内弯曲。对于非平衡式的挡板结构，当炉膛负压突然过低时（即内向爆炸），这种挡板结构可借助于挡板两侧压差引起的转矩，使挡板自动打开，缓解炉膛负压的迅速降低。

挡板风箱的全部风室挡板是用带位置反馈器的气动执行机构来驱动的，各气动执行机构的行程即相应挡板的开启位置是根据炉内燃烧工况、锅炉负荷和蒸汽温度控制的要求由机组的协调控制系统来控制的。

在 No.3 燃烧器风箱前部的侧面相应各风室装设有风压测点，以各风室中风压同炉膛负压之差作为控制各风室进风量的控制信号。在出厂时这些测压管是用带螺纹的管堵封死的，现场装设测管时可将管堵拆除，装上相应的元件。

为保证燃烧器切圆位置的正确、简化安装以及燃烧器本身结构上的需要，每只燃烧器都同相应切角的水冷壁管屏组装成一体。燃烧器本身又同燃烧器区域的钢性梁连为一体，燃烧器风箱的部分风室隔板作为燃烧器区域刚性梁的角部连接结构，使燃烧器区域水冷壁的防爆能力大大加强，每只燃烧器通过与水冷壁相连接的螺栓，以及燃烧器前部和挡板风箱处的水平铰链式拉杆与炉膛水冷壁连为一体，整个燃烧器的荷重全部由水冷壁承担，燃烧器本身不设另外的吊挂装置。

二、炉前燃油系统

（一）点火油燃烧器

点火油燃烧器与煤粉燃烧器、空气风室和油燃烧器为一体，每只燃烧器共设有 4 层油点火燃烧器，作为锅炉启动时暖炉、煤粉喷嘴点火和低负荷稳燃用。四角 4 层 16 只油枪的热功率为锅炉最大连续负荷时燃料总放热量的 30%，每层油枪的热功率为锅炉最大连续负荷时燃料总放热量的 7.5%，单只油枪热功率为 29.06MW。油枪采用蒸气雾化喷嘴，设计额定出力为 40 000kg/h，油枪入口油压力为 1.38MPa（14.06kg/cm²），油点火装置中设置有可伸缩的高能点火器，可直接点燃燃油。油点火燃烧器的空气喷嘴同时也作为煤燃烧时的二次风喷嘴，为了油火焰的燃烧稳定，在油点火燃烧器主空气喷嘴中设置了专门的稳燃罩，油风室只有 1 个主喷嘴。

少油点火系统如图 2-15 所示。

（二）伸缩式油枪（蒸气雾化）

1. 概述

伸缩式油枪设备装有四层（16 支）供暖炉用的可伸缩的蒸气雾化式油枪，该油枪可用来点火、暖炉、升压，并可引燃和稳燃相邻煤粉喷嘴。

雾化油枪系统如图 2-16 所示。

油枪装有雾化燃油的喷嘴零件，供暖炉和稳燃用的雾化零件规格是相同的。当装配可拆卸的油枪零件时，要注意所用喷嘴头部零件的正确性。

供各油枪使用的高能电弧点火系统由下列四部分组成：

（1）高能电弧点火器。

（2）在各种负荷工况下，都能产生稳定的、封闭式燃烧火焰的油枪装置。

（3）油火焰检测系统。

（4）上述元件的相互动作相协调，以保证机组运行安全的控制系统。

油枪和点火器的投运是由控制系统中各有关元件联锁控制的，以确保安全可靠的程序操作。

高能电弧点火装置本身包括能够产生高能电火花的电容放电装置。点火棒插入油雾浓度高的区域之后，放电几秒钟，以点燃轻柴油；点燃轻柴油后，点火棒由点火位置退出。

油枪装置包括柔性金属软管和快速拆卸接头，以使油枪拆装方便。

各油枪都装有伸缩机构和行程开关，可由控制系统进行远距离操作和控制。

2. 油枪装置

整个油枪装置由伸缩机构和可拆卸式油枪两个主要组件组成。

（1）油枪伸缩机构如图 2-17 所示。

伸缩机构通过安装板用螺栓固定在燃烧器上，拆卸外部安装板螺栓后，整个伸缩机构就可以从燃烧器本体上拆下来。

当拆装伸缩机构时，应用一个钢棒或带管盖的管子插入伸缩机构的导向管内，以确保密封管、稳焰罩和喷嘴同轴。

伸缩机构由下列元件组成：

1）气动推进机构、行程开关、电磁阀及接线盒。

2）带密封管与稳焰罩的导向管装置。

3）带固定连接体的可伸缩的油枪导向管。

推进机构底座用螺栓紧固在安装底板上，用螺栓连接的安装底板支承外部的伸缩元件，可伸缩的导向管可在一个圆筒形的机座内运动并由密封环支承和密封。借助于油枪

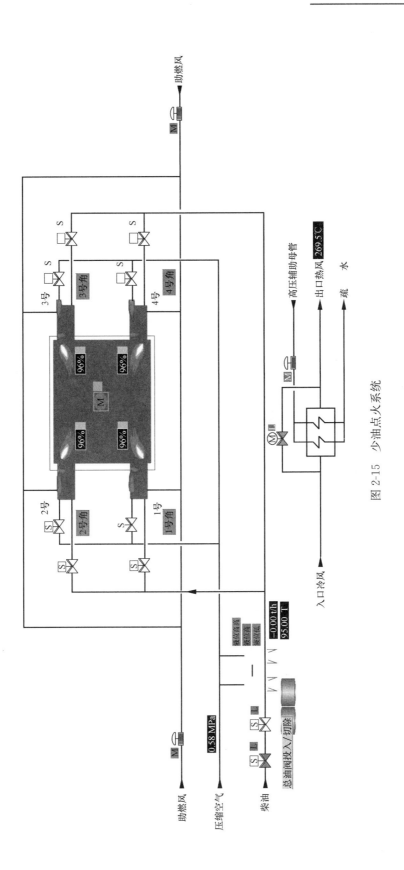

图 2-15 少油点火系统

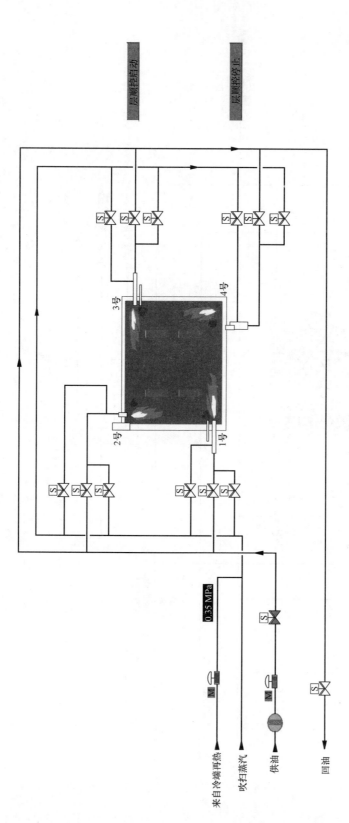

图 2-16　雾化油枪系统

导向管上的导块在固定导向管中的长槽内移动，就可确保在圆筒形机座内滑动的可伸缩导向管同圆筒形机座的同心度。

推进机构经固定在连接体的拉杆带动可伸缩的导向管装置，两个行程开关受活动导管上的夹子推杆所控制，该开关还向炉膛安全监控系统提供油枪位置的指示信号。如有必要，可以改变推杆位置，使"油枪伸进"和"油枪退出"两个行程开关及时动作。各电磁阀上的手动滑杆可将油枪从正常控制程序中脱开，进行手动操作。

导管用螺栓紧固到安装板上，稳焰罩用两根连杆和可转动的接长臂与导管相连，柔性金属软管把稳焰罩与导向管连在一起，采用这种结构的目的是使油枪能适应燃烧器喷嘴摆动的要求。

固定连接体密封地焊于可伸缩的导向管上，该连接体上开设进油孔。

（2）油枪可拆卸部分。油枪属标准设计，能产生封闭式自点燃的火焰，点燃的火焰前沿即油火焰的发光冠状面，距油喷嘴的距离必须小于300mm。

借助于叶轮式的稳燃罩，并调节油风室中的燃烧空气，以在油枪喷嘴处建立和维持一个回流区，就可在油枪处得到稳定的火焰；回流区里产生的炽热光环，给来流区的燃料油提供了连续的点火热源。

油枪导管的柔性软管段用来补偿管子间的胀差，并适应喷嘴在垂直方向上的摆动。油枪的管子长度是按油喷嘴与稳燃罩相对位置预先加以确定的。油枪油喷嘴头部与稳燃罩之间相对位置对油火焰的形状有明显影响，必须在开始投运前进行检查，倘若需要调整，可以通过调整可伸缩导向管上夹子的位置来实现。

将油枪插入导管，绕过油枪的可拆卸连接体安上U形夹，即可将油枪就位。

（3）阀门和压力开关。

1）借助于炉膛安全监控系统中的油枪组合阀对各支油枪的油管路吹扫进行遥控操作。

2）系统中的手动截止阀起隔截作用，正常运行时是打开的。

3）供油管路上燃油调节阀的下游应装有压力开关，

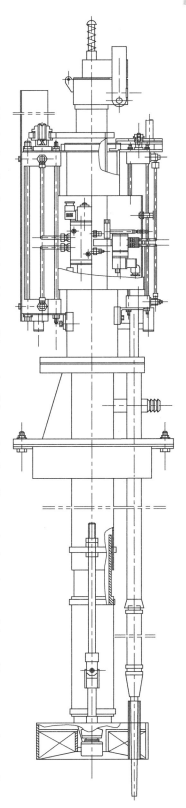

图2-17 油枪伸缩机构

87

当油压低于或超过压力开关的整定值时，控制回路中的开关触点就断开。

（4）为了使高能电弧点火系统顺利的投入运行，必须注意下列几点：

1）供给油枪的燃料油和雾化蒸汽的压力和温度要恰当，为便于电火花点燃油雾，油滴雾化必须要细。

2）必须有适宜的油火焰形状，稳定火焰的主要特征是在油火焰中心附近要有一个回流区，回流区的形成将正在燃烧的高温热烟气卷吸到油枪喷嘴头前面中心区，回流区要有合适的二次风量（风速）、正确的雾化扩展角及良好的火焰稳定器（即稳燃罩、叶轮等）。应当注意到上述的回流区的存在、回流区的二次风流量、适当的油喷嘴雾化角以及适当的稳焰罩结构和油喷嘴前端与稳焰罩的相对位置对形成稳定的油火焰是至关重要的。而且，倘若稳焰罩（或叶轮）烧损、结焦或调整不当都会对火焰形状和燃烧稳定性产生不利的影响；倘若火焰前沿离油枪太远，火焰扫描器就会收不到信号。

（三）高能电弧点火器

高能电弧点火器是为用于直接点燃暖炉或带负荷油枪而设计的一种点火器。

高能电弧点火器是在燃料/空气流中利用高能放电电弧去点燃液体燃料的装置，它是炉膛安全监控系统逻辑控制功能的一部分，炉膛安全监控系统确保燃料的成功点火。

（四）燃烧器

燃烧器设备规范见表 2-14。

表 2-14　　　　　　　　　　　　燃烧器设备规范

项　目		单　位	设计参数	备　注
点火系统				
点火油枪		支	4	
型号			GD-20-3	
油枪出力		kg/h	802×2×4=640	
油枪孔径	孔径 1	mm	1.2	
	孔径 2	mm	1.3	
油枪数量		支	2×4=8	
点火压缩空气系统				
压缩空气耗量（标准状态下）		m³/min	2×4×0.8=6.4	
压缩空气压力要求：最低/最高		MPa	0.4/0.7	
油配风系统				
压力		Pa	1500	
流量（标准状态下）		m³/h	2×4×800=6400	
煤粉燃烧系统				
燃烧器		台	4	
型号			MB-2	
结构尺寸		mm	设计时提供	
接口尺寸		mm	φ630×10	

项 目	单 位	设计参数	备 注
燃烧器阻力：正常/点火瞬间	Pa	与原燃烧器相同/点火瞬间增加 300Pa	
气膜风	套		
气源要求（一次风或二次风）		二次周界风	
风量	t/h	原周界风量	
火焰检测系统			
火焰检测器数量	支	4	
型号		HJ-600	
燃烧器壁温监测系统			
燃烧器壁温计数量	支	3×4＝12	
一次风加热系统（蒸汽加热）	套	1	
蒸汽进口压力	MPa	0.7～0.8	
蒸汽耗量	kg/h	7000 左右	
蒸汽进口温度	℃	250～260	
阻力	Pa	≤350	
进口空气温度	℃	－10	
出口空气温度	℃	180	
空气流量	t/h	100	
布置形式		一次热风母管，悬吊	
燃尽率			
点火 5min	％	60	
点火 30min	％	85	
节油率	％	92.65	
总油耗	kg/h	640	
点火器寿命	万次	10～15	
机械雾化油枪出力	kg/h	0.8	
机械雾化油枪油压	MPa	1.5	
机械雾化油枪数量	只/单炉	10（3 号锅炉 12 只）	

（五）燃油系统投运前的检查和准备

（1）检查各油枪及点火枪在退出位置。

（2）油管路各放油门关闭。

（3）供油手动总门关闭。

（4）供油快关阀及其前/后手动门、旁路阀关闭。

（5）1、2 号滤网前/后手动门关闭。

（6）回油压力调整阀前/后手动门及旁路门关闭。

（7）回油快关阀关闭。

（8）回油手动总门关闭。

（9）供油旁路电动门及手动门开启。

（10）各油枪供油电磁阀及手动阀关闭。

（11）各油枪吹扫蒸汽电磁阀及手动阀关闭。

（12）燃油吹扫蒸汽来汽总门关闭。

（13）燃油吹扫蒸汽供汽管疏水手动门关闭。

（14）供油管吹扫蒸汽手动门关闭。

（15）回油管吹扫蒸汽手动门关闭。

（六）燃油系统投运

（1）将各电动阀、电磁阀电源及气源投入。

（2）将供油、回油流量计电源投入。

（3）开启供油手动总门。

（4）开启供油快关阀前后手动门。

（5）开启 1 号（或 2 号）滤网前后手动门。

（6）开启燃油压力调整阀前/后手动门。

（7）开启各油枪供油手动门及吹扫蒸汽手动门。

（8）开启燃油吹扫蒸汽供汽总门，蒸汽压力不低于 0.4MPa。

（9）开启燃油吹扫蒸汽管疏水门，疏水 1min 后会关闭。

（10）远方开启供油、回油快关阀。

（11）用燃油压力调整阀调整燃油压力为 1.3MPa，然后将该阀投入自动。压力设定值为 1.38MPa。

（12）关闭供油旁路电动阀。

（七）炉前燃油系统的停运

（1）关闭供油、回油快关阀。

（2）开启供油旁路电动阀及手动阀。

（3）关闭供油手动总门。

（4）关闭回油手动总门。

（5）关闭供油快关阀前、后手动门。

（6）关闭燃油压力调整阀前/后手动门。

（7）关闭 1 号及 2 号滤网前/后手动门。

（8）关闭吹扫蒸汽供汽手动总门。

（9）关闭各油枪手动角阀及吹扫蒸汽手动阀。

（八）大油枪系统

1. 油点火条件

以下条件全部满足，产生"启动油点火允许"信号：

（1）MFT 已复位。

（2）OFT（油燃料跳闸）已复位。

（3）火焰检测冷却风系统正常。

（4）进油快关阀开状态。

（5）锅炉风量适当或至少有一层煤粉燃烧器投运。

（6）燃烧器水平位置或有磨运行。

2. 油枪投运

（1）角方式启动。

1）以下条件全部满足，允许油枪点火：

a. 油点火允许；

b. 油阀关到位；

c. 吹扫阀关到位；

d. 初始点火允许；

e. 点火柜电源正常；

f. 火焰检测装置正常；

g. 油角就地控制箱在"遥控"位。

2）油枪程序控制点火的步序：

a. 推进油枪；

b. 油枪推进到位后，推进点火枪；

c. 点火枪均推进到位后，启动打火器；

d. 打火器开始打火时，打开油角阀，雾化蒸汽阀（机械雾化油枪无开雾化蒸汽阀步骤）；

e. 油阀离开关位后 35s 内检测到火焰检测信号则进下一步否则按停止程序控制操作；

f. 退出点火枪，点火结束。

3）以下条件全部满足，认为油角投运：

a. 该角火焰检测器有火；

b. 该角油阀开到位；

c. 该角点火吹扫阀关到位；

d. 该角点火油枪推进器进到位。

（2）层方式启动。

1）层方式启动步序。

2）在燃油系统画面上选择"层方式"。

3）按下"启动"按键。

4）当油层启动时，FSSS 逻辑将按照 1 号角→3 号角→2 号角→4 号角的顺序自动投运该油层。

5）每层燃烧器有 2 支油枪投运，则认为该油层投运。

3. 油枪停运

（1）角方式停止。

1）油枪程序控制停止步序：

a. 关油角阀，关雾化蒸汽阀（机械雾化油枪无关雾化蒸汽阀步骤）；

b. 进点火枪，打火；

c. 开吹扫阀；

d. 油枪吹扫 60s；

e. 关吹扫阀，退点火枪；

f. 退出油枪，程序控制结束。

2）以下任一条件满足都将产生"油枪在切除方式"信号：

a. 油阀离开关位 35s 后仍未检测到火焰；

b. 油阀离开关位 10s 后仍未检测到开反馈；

c. 油阀离开关位后油枪未进到位；

d. MFT 发生；

e. OFT 发生；

f. 程序控制停油枪；

g. 就地切除油枪；

h. 运行人员发出"油枪停止"指令。

（2）层方式停止。层方式程序控制启动步序：

1）在燃油系统画面上选择"层方式"。

2）按下"停止"按键。

3）FSSS 逻辑将按照 4 号角→2 号角→3 号角→1 号角的顺序自动停运油层。

4）在"油枪停止"指令发出后，油枪按下述程序切除：

a. 关油角阀，关雾化蒸汽阀（机械雾化油枪无关雾化蒸汽阀步骤）；

b. 进点火枪，打火；

c. 开吹扫阀；

d. 油枪吹扫 60s；

e. 关吹扫阀，退点火枪；

f. 退出油枪。

4. 油枪吹扫

（1）以下任意条件满足，复位油枪吹扫请求。

1）油枪在点火/运行方式。

2）油枪吹扫完成。

3）油枪已退回。

（2）油枪吹扫步序。

1）推进点火枪。

2）点火枪推进到位后，激励点火器打火。

3）高能打火器开始打火时，打吹扫阀。

4）吹扫持续 60s 后，油枪吹扫完成，复位油枪吹扫请求信号，并退回油枪。

（3）以下任意条件满足，则产生"油枪吹扫受阻"信号。

1）油枪吹扫请求。

2）MFT 且油枪吹扫请求信号发出。

3）吹扫蒸汽压力低且油枪吹扫请求信号发出。

4）油枪未进到位。

5）且油枪吹扫请求信号发出。

6）任一 OFT 条件。

（4）以下任意条件满足，复位"油枪吹扫受阻"信号。

1）油枪已退回。

2）油枪在点火/运行方式。

3）有吹扫请求，且引起吹扫受阻的信号已消失，运行人员停止油枪指令。

（5）油枪的监视与调整。

1）有油枪投入或切除时，及时调整调节阀开度，保持油压为 0.8～1.37MPa。

2）油温在 20～40℃，雾化蒸汽压力为 0.4～1.2MPa、温度为 170～280℃。

3）增、减燃油量首选调整燃油压力，如超出燃油压力调整范围，再投、停油枪。

4）尽量投入同一层的油枪，容易配风。

5）油层二次风挡板开度可以根据燃油压力和油枪大小在 50％～90％范围内调整。

6）油层相邻辅助风挡板开度根据油层投入情况，可以在 20％～50％范围内进行调整。

7）观察燃油压力、流量、油枪数量和着火情况，对比判断油枪是否堵塞，及时处理。

8）定期检查油枪备用情况，防止漏油着火。

9）启、停炉燃油期间，观察未投用油枪漏油情况，及时关闭供油手动门，但每层只能关闭 1 只油枪，以保证油层备用，并做好记录。

10）炉前燃油系统处于备用期间，4 个燃油雾化蒸汽疏水门应微开，禁止关闭。

（九）少油点火系统

1. 少油系统投运条件

下列条件全部满足，少油系统允许投运：

（1）燃油压力大于或等于 0.3MPa。

（2）压缩空气压力大于或等于 0.3MPa。

（3）高压风压力大于或等于 6kPa。

（4）MFT 复位。

（5）有 1 台一次风机运行。

（6）少油点火系统液位正常。

2. 少油系统投入前检查

（1）检查油系统工作票已全部结束，供油系统正常。

（2）检查压缩空气系统正常，压力大于 0.4MPa。

（3）检查喷燃器温度测量系统正常投入。

（4）燃烧器摆角在水平位置。

（5）检查磨煤机具备启动条件。

3. 少油系统投入步骤

（1）油枪控制"就地/远方"选择置"远方"位。

（2）关闭油再循环阀，调节供油压力至 0.6～1.3MPa。

（3）调节油枪高压风压力大于 6kPA。

（4）少油枪投入：

1）在少油系统画面上选择"自动"方式。

2）选择预启动的油角，点击"启动"按键，确认：

a. 开油阀同时开点火器，1s 后开气阀；

b. 开点火器开始 20s 计时后，判断火焰检测器有火焰检测信号则关点火器，点火成功；无火焰检测信号则关油阀，关点火器，30s 后关气阀。

4. 少油枪的停止

（1）在少油启动画面上选择"自动"方式。

（2）选择预停止的油角，点击"停止"按键，确认：

1）关油阀，关点火器。

2）30s 后关气阀。

5. 少油枪的运行监视与调整

（1）油压为 0.5～0.7MPa。

（2）监视油温为 20～40℃。

（3）单角油枪出力为 $2×80kg/h$。

（4）压缩空气压力大于 0.4MPa。

（5）压缩空气流量为 $2×0.8m^3/min$（标准状态下）左右（单角）。

（6）油枪高压风压力为 1500Pa 左右。

（7）油枪高压风流量为 $700～900m^3/h$（标准状态下）左右。

（8）气化油枪燃烧火焰中心温度为 1500℃，火焰颜色为蓝色透明。

（9）送粉及燃烧系统一次风风速为 20～30m/s。

（10）每支小油枪对应煤粉量为 2～15t/h。

（11）燃烧器壁温不超过 500℃。

第三章 汽轮机系统

本章主要介绍采用一次中间再热的600MW汽轮机组的蒸汽系统、水系统、油系统、抽真空系统。蒸汽系统主要介绍了主蒸汽系统、再热蒸汽系统、回热抽汽系统、旁路系统、轴封蒸汽系统、辅助蒸汽系统等,水系统主要介绍了凝结水系统、给水及除氧系统、循环水系统及工业水系统等,油系统主要介绍了汽轮机润滑油系统及高压抗燃油系统,另外,发电机的冷却系统及汽轮机的供热系统,也在最后作了介绍。

第一节 主、再热蒸汽及旁路系统

进入汽轮机高压缸的蒸汽称为主蒸汽,高压缸排汽送到锅炉的再热器重新加热后进入中压缸的蒸汽称为再热蒸汽。主蒸汽系统是指从锅炉过热器联箱出口至汽轮机高压主汽门进口的主蒸汽管道、阀门、疏水管等设备、部件组成的工作系统。再热蒸汽系统是指汽轮机高压缸排汽经锅炉再热器至汽轮机中压缸之间的蒸汽管道和与此管道相连的用汽管路及疏水系统。

主、再热蒸汽及旁路系统如图3-1所示。

一、主蒸汽系统

(一) 系统概述

600MW机组的高压缸设有两个自动主汽门及4个调速汽门,主蒸汽由锅炉过热器出口联箱经两根支管接出,汇流成一根母管送往汽轮机,在汽轮机主汽门前用斜插三通分为两根管道,从下部进入置于汽轮机两侧两个固定支承的高压主汽调节联合阀,由每侧各两个调节阀流出,经过4根高压导汽管进入汽轮机高压缸,高压进汽管位于上半缸两根、下半缸两根。进入汽轮机高压缸的蒸汽通过一个调节级和9个压力级后,由外缸下部两侧排出、进入再热器。主汽门直接与汽轮机调速汽门蒸汽室相连接。主汽门的主要作用是在汽轮机正常停机或事故停机时迅速切断进入汽轮机的主蒸汽,防止水、其他杂物或无用的蒸汽通过主汽门。一个主汽门连接两个调速汽门,用于调节进入汽轮机的蒸汽流量,以适应机组负荷变化的需要。锅炉过热器出口管道上设置水压试验用堵阀,在锅炉水压试验时隔离锅炉和汽轮机。

600MW机组从锅炉出口到汽机房的主蒸汽管道只有1根,在进入汽轮机自动主汽门前才一分为二,这种布置方式有利于减小进入汽轮机两侧的蒸汽温度偏差,减少汽缸

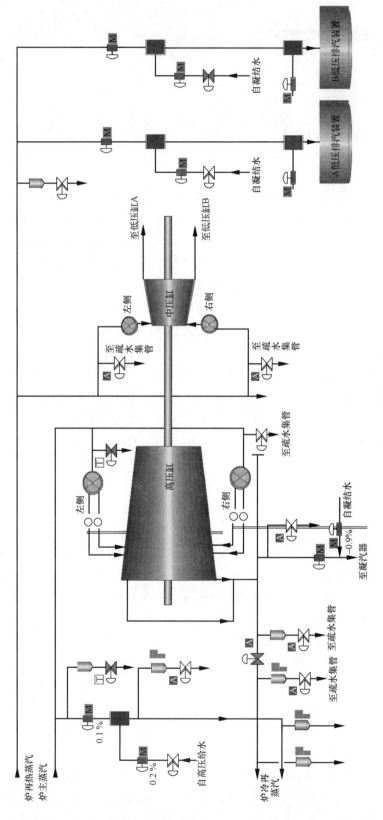

图 3-1　主、再热蒸汽及旁路系统

的温差应力、轴封摩擦；并且有利于减少主蒸汽的压降，以及由于管道布置阻力不同产生的压力偏差。同时，还可以节省管道投资费用。

为了减小蒸汽的流动阻力损失，在主汽门前的蒸汽管道上不装设电动隔离门，因为汽轮机进口处的自动主汽门具有可靠的严密性，也不装设流量测量装置，主蒸汽流量根据主蒸汽压力与汽轮机调节级后的蒸汽压力之差确定。

（二）保护系统

在锅炉过热器的出口主蒸汽管上设有两只弹簧安全阀和两只电磁泄压阀。弹簧安全阀可以为过热器提供超压保护。因为两只电磁泄压阀作为过热器起压保护的附加措施，可以避免弹簧安全阀过于频繁动作或拒动，所以电磁泄压阀的设定值低于弹簧安全阀的动作压力。当主蒸汽压力达到电磁泄压阀的设定值时，电磁泄压阀会自动开启泄压。电磁泄压阀也可在集控室内进行远动操作。电磁泄压阀前装设一只隔离阀，供泄压阀隔离检修用。

（三）主蒸汽管道疏水

蒸汽遇冷凝结的水称为疏水，疏水主要来源于冷态蒸汽管道的暖管，蒸汽长期停滞在某管段或附件而冷却、凝结，蒸汽经过较冷的管段或部件，蒸汽带水或减温减压器喷水过量等。若蒸汽管道中的疏水不能及时排出，运行时会引起水冲击，使管道或设备发生振动，甚至使管道破裂或设备损坏，若疏水进入汽轮机，还会引起汽轮机进水事故，损坏整个机组。因此，必须及时将蒸汽管道的疏水排出。用于收集和疏泄全厂疏水的管道系统及其设备称为汽轮机的疏水系统。

主蒸汽管道上设有疏水系统。其作用一是在机组启动期间使蒸汽迅速流经主蒸汽管加快暖管、升温，提高启动速度；二是机组启动前或停机后，及时排除管道内的凝结水。

主蒸汽管道上设有 3 个疏水点。一点位于主蒸汽管道末端靠近分支处，另外两点分别位于主汽门前。每根疏水支管上沿疏水流经方向设置一个截止阀和一个气动薄膜调节阀。疏水最终排至本体疏水扩容器。当汽轮机的负荷低于额定负荷的 15% 运行时，疏水阀自动开启，以确保汽轮机本体及相应管道的可靠疏水。

二、再热蒸汽系统

600MW 亚临界参数机组的再热蒸汽系统冷、热段均采用双管-单管-双管布置方式，即汽轮机高压缸排汽先经高压缸两侧两根排汽管引出，后汇集到一根单管，到再热器减温器前再经双管，把排汽送至锅炉再热器入口联箱，从锅炉再热器出口联箱出来的高温再热蒸汽先经两根支管接出，后汇流成一根单管通向汽轮机中压缸，在汽轮机中压联合汽门前用一个斜插三通分为两根管道，高温再热蒸汽通过这两根管道从机组两侧的两个再热主汽调节联合阀，由每侧各两个中压调节阀流出，经过 4 根中压导汽管由中部进入汽轮机中压缸，中压导汽管位于上半缸两根、下半缸两根。进入中压汽轮机的蒸汽经过 6 级反动式中压级后，从中压缸上部排汽口排出，经中低压连通管，分别进入 1、2 号低压缸中部，这种双管-单管-双管布置方式能够有效地降低压损，保障蒸汽的做功能力。此外，还能消除进入汽轮机中压缸的高温再热蒸汽的温度偏差。

中压联合汽门是由一个中压主汽门和两个中压调节汽门组成的组合式阀门。中压主汽门的作用是当汽轮机跳闸时快速切断从锅炉再热器到汽轮机中压缸的高温再热蒸汽,以防止汽轮机超速。

再热蒸汽系统包括冷段再热蒸汽系统和热段再热蒸汽系统。冷段再热蒸汽系统是指汽轮机高压缸排汽口至锅炉低温再热器入口联箱间的管道和阀门,同时还包括管道上的疏水、排汽系统。热段再热蒸汽系统是指从锅炉再热器出口输送高温再热蒸汽到汽轮机中压缸联合汽门进口的管道和阀门,同时还包括管道上的疏水、排气系统。

1. 冷段再热蒸汽系统

在高压缸排汽口与高压旁路出口间的主管道上装有气动止回门。在止回门后的冷段再热蒸汽管道上接出若干支管,它们分别通往辅助蒸汽系统、汽轮机轴封系统、2 号高压加热器、驱动给水泵的给水泵汽轮机。以便在机组低负荷时,向辅助蒸汽系统和给水泵汽轮机供给冷段再热蒸汽,作为备用汽源。气动止回门则用于防止高压旁路运行期间其排汽倒入汽轮机高压缸,以及汽轮机事故停机主汽门关闭后,再热蒸汽、二段抽汽倒流回汽轮机。止回门采用气动控制能够保证该阀门动作可靠迅速。

为了保护再热器的安全,防止再热器超压超温,在再热器进口联箱前的两根冷段再热蒸汽管道上,分别装有弹簧安全阀和喷水减温器,喷水减温器减温水来自给水泵中间抽头。因为采用再热器喷水减温会降低整个热力循环的热效率,所以不宜作正常减温手段。

汽轮机在暖管、冲转及停机过程中,冷段再热蒸汽管道里会产生蒸汽凝结水,不及时排出凝结水,有可能引起汽轮机进水。为了防止进水事故的发生,在高压缸排汽管道的最低位置处也设有疏水管道及相应的疏水截止阀。在高压缸排汽口止回门前、后分别设置了疏水点,当机组负荷小于 15% 或汽轮机跳闸时,疏水阀自动开启,排放疏水。而当负荷大于 15% 时疏水阀自动关闭。疏水最终排至本体疏水扩容器。

2. 热段再热蒸汽系统

在锅炉再热器出口的双管上各设有一只弹簧安全阀,为再热器提供超压保护。再热器出口安全阀的整定值低于再热器进口安全阀,以便超压时再热器出口安全阀的开启先于再热器进口安全阀,保证安全阀动作时有足够的蒸汽通过再热器,防止再热器管束超温。

在汽轮机、锅炉侧再热蒸汽管道上均设有疏水系统。疏水点分别位于再热器出口联箱后和中压联合汽门前。当机组负荷小于 15% 或汽轮机跳闸时,疏水阀自动开启,排放疏水;而当负荷大于 15% 时疏水阀自动关闭。疏水最终排至疏水扩容器。调节阀前的截止阀用于隔离疏水调节阀,在机组启动前必须打开;在机组正常运行时,也必须保证全开。

三、旁路系统

机组在某些事故情况下或启、停机的某一阶段,全部或部分蒸汽不进入汽轮机做功,而是通过与汽轮机并列的减温减压器,将降了参数后的蒸汽送入低一级参数的管道或凝汽器的系统,称为汽轮机旁路系统。

　　600MW 亚临界参数机组采用高、低压两级串联的旁路系统，新蒸汽不进入汽轮机高压缸，而是经降压减温后直接进入再热器冷段的系统，称为高压旁路。再热器出来的蒸汽不进入汽轮机的中低压缸，而是经降压减温后直接排入凝汽器的，称为低压旁路。

　　（一）旁路系统的作用

　　旁路系统是为了适应再热式机组启停、事故情况下的一种调节和保护系统。根据不同机组的设计要求和运行特点，旁路系统的作用各不相同，但其主要作用可归纳如下：

　　（1）改善机组的启动性能。机组在各种工况下（冷态、温态、热态和极热态）启动时，投入旁路系统控制锅炉蒸汽温度使之与汽轮机汽缸金属温度较快地相匹配，从而缩短机组启动时间和减少蒸汽向空排放，减少汽轮机循环寿命损耗，实现机组的最佳启动。

　　（2）回收工质，减少噪声。

　　（3）满足凝汽器防冻的要求。寒冷的季节，在启动或低负荷时，需要启动旁路系统以防止凝汽器内冻结。旁路系统保证汽轮机在 25％额定负荷以下时，旁路系统可以与汽轮机并列运行。

　　（4）机组正常运行时，高压旁路装置具有超压安全保护的功能。锅炉超压时高压旁路开启，减少 PCV 阀和安全阀起跳，并按照机组主蒸汽压力进行自动调节，直到恢复正常值。

　　（5）旁路能适应机组定压运行和滑压运行两种方式。当汽轮机负荷低于锅炉最低稳燃负荷时（不投轻油稳燃负荷），通过旁路装置的调节，使机组允许稳定在低负荷状态下运行。

　　（6）当电网或机组故障跳闸甩负荷时，旁路装置能快速动作，保护机组。

　　（7）在启动和甩负荷、减负荷时，可保护布置在烟气温度较高区的再热器，以防烧坏。

　　综上所述，旁路系统不但能改善机组的安全性能，而且能够保证机组启停的灵活性和运行的稳定性。

　　（二）系统概述

　　高、低压旁路均配有减温减压调节阀。减压调节阀通过节流降压的原理，降低蒸汽的压力；通过控制减温水的喷入量，调节蒸汽温度。喷水隔离阀具有关断作用，在旁路停用时关闭减温水。

　　旁路系统采取向蒸汽中喷洒减温水的方式达到降低蒸汽温度的目的。为确保减温水能顺利进入旁路实施减温，其压力应高于所需要减温的蒸汽压力。高压旁路的减温对象是高温高压的主蒸汽，因此，高压旁路的减温水来自比主蒸汽压力更高的给水泵出口，作为一级减温。而低压旁路的减温对象是较低压力的再热蒸汽，故低压旁路的减温水使用压力比其稍高的凝结水泵出口水作为二级减温。

　　一般经低压旁路减温减压后的蒸汽压力、温度还比较高，如果直接排入凝汽器，将造成凝汽器的温度升高、真空降低，因此在凝汽器喉部设三级减温装置，其作用主要是在汽轮机启动及甩负荷时，将来自汽轮机低压旁路的蒸汽减温减压至凝汽器所能接收的允许值。三级减温水来源于凝结水泵出口的凝结水。

当旁路系统投入时，减温减压器的喷水必须同时投入，否则将导致进入凝汽器内的蒸汽温度超过允许值，对减温减压器和凝汽器造成损害。因此，减温减压器的喷水系统中的喷水控制阀应与低压旁路动作信号连锁，当低压旁路阀动作时，喷水控制阀也应相应动作，喷入减温水。

（三）两级串联旁路系统的运行

旁路系统是机组增加启动灵活性以及增加电网调度可靠性的一种重要手段。旁路系统的动作响应时间越快越好，要求在 $1\sim2s$ 内完成旁路开通动作，在 $2\sim3s$ 内完成关闭动作。

1. 高压旁路系统立即自动开启的条件

高压旁路系统在下述情况下必须立即自动开启：

（1）汽轮机组跳闸。

（2）汽轮机组甩负荷。

（3）锅炉过热器出口蒸汽压力超限。

（4）锅炉过热器蒸汽升压率超限。

（5）锅炉 MFT 动作。

2. 高压旁路阀快速自动关闭的条件

当发生下列任一情况时，高压旁路阀快速自动关闭：

（1）高压旁路阀后的蒸汽温度超限。

（2）按下事故关闭按钮。

（3）高压旁路阀的控制、执行机构失电。

3. 低压旁路系统立即自动开启的条件

低压旁路系统在下述情况下必须立即自动开启：

（1）汽轮机组跳闸。

（2）汽轮机组甩负荷。

（3）再热热段蒸汽压力超限。

4. 低压旁路系统立即关闭的条件

当发生下列任一情况时，低压旁路系统应立即关闭：

（1）旁路阀后的蒸汽压力超限。

（2）低压旁路系统减温水压力太低。

（3）凝汽器压力太高。

（4）减温器出口的蒸汽温度太高。

（5）按下事故关闭按钮。

旁路系统具有联锁保护手段。当旁路喷水调节阀打不开时，旁路阀应关闭。高压旁路喷水调节阀不能超前旁路阀开启，而应稍滞后开启。高压旁路阀关闭时，其喷水调节阀则应同时或超前关闭，并应自动闭锁温度自控系统。当低压旁路阀打开时，其喷水阀应稍超前开启；当低压旁路阀关闭时，高压旁路需随动，但可手动或遥控关闭。

投入旁路时，先投低压旁路，再投入高压旁路。停运时则相反，先关高压旁路，待再热器出口压力降至负压后再关闭低压旁路。

值得注意的是，旁路的设置只是用于机组启动过程和汽轮机失去负荷时的应急设施。机组正常运行时，旁路系统一直处于备用状态。由于旁路的设置、投资增加，机组的系统安装和维护都增加了许多工作量，机组的事故率也增加了。

第二节 回热抽汽系统

回热抽汽系统是指汽轮机各段抽汽的管道及设备。其作用是采用汽轮机未做完功的各段抽汽加热进入锅炉的给水（凝结水），提高机组的热经济性。

抽汽系统如图 3-2 所示。

一、系统概述

600MW 亚临界机组的回热抽汽系统具有八段非调整抽汽。一段抽汽从高压缸的第六级抽出，送至 1 号高压加热器；二段抽汽从再热蒸汽冷段（高压缸第十级）引出，为 2 号高压加热器供汽；三段抽汽从中压缸第三级引出，供给 3 号高压加热器；四段抽汽从中压缸第五级引出，分别供给除氧器、给水泵汽轮机、辅助蒸汽系统和尖锋热网；五段抽汽从低压缸第二级引出，送至 5 号低压加热器；六段抽汽从低压缸第三级引出，送至 6 号低压加热器；七段抽汽分别从两低压缸第四级引出，送至 7 号低压加热器；八段抽汽分别从两低压缸第五级引出，送至 8 号低压加热器。

回热抽汽系统设置了具有保护功能的电动隔离阀和止回阀，用于防止系统中的汽、水介质倒流进入汽轮机，造成汽轮机超速或水冲击。

汽轮机各段抽汽管道将汽轮机与除氧器或各级加热器等用汽设备相连。当汽轮机甩负荷或跳机时，汽轮机内蒸汽压力急剧降低，致使除氧器和各级加热器内的饱和水闪蒸成蒸汽，与各抽汽管道内滞留的蒸汽一同返回汽轮机。这些返回的蒸汽在汽轮机内会继续做功，在发电机已跳闸的情况下，可能会造成汽轮机超速。另外，加热器内泄漏、加热器疏水不畅，在加热器水位保护失灵的情况下，也可能使水倒入汽轮机，发生水冲击事故。

为避免这些事故的发生，抽汽管道上安装电动隔离阀和气动止回阀。其中，气动止回阀安装在汽轮机抽汽口附近，电动隔离阀的位置则靠近加热器。电动隔离阀作为防止汽轮机进水的一级保护，气动止回阀作为防汽轮机超速保护并兼作防止汽轮机进水的二级保护。电动隔离阀的另一个作用是在加热器切除时，切断加热器的汽源。

四段抽汽管道连接着除氧器，还接有很多设备（包括备用高压汽源），当机组突然降负荷、甩负荷或停机时，发生闪蒸、倒流，造成汽轮机超速的可能性更大，因此，在四段抽汽总管靠近汽轮机抽汽口位置串联安装了两个气动止回阀，起到了双重保护的作用。

四段抽汽去除氧器的蒸汽支管上，在靠近除氧器侧再安装一个电动隔离阀和一个止回阀，防止除氧器里的蒸汽倒流进入汽机。

四段抽汽去辅助蒸汽系统的支管上，沿汽流方向安装电动隔离阀和止回阀，以防止

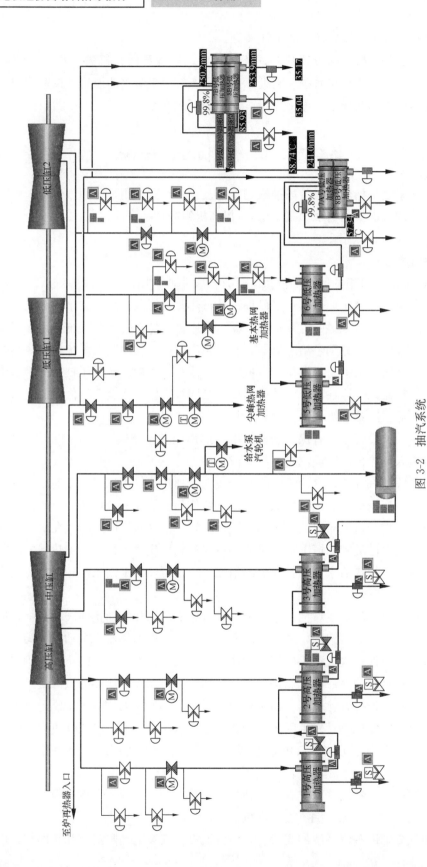

图 3-2　抽汽系统

辅助蒸汽系统的高压蒸汽进入抽汽系统。

四段抽汽去给水泵汽轮机的管路在给水泵汽轮机前被分成两根支管，每一支管上安装一个电动隔离阀、一个止回阀和一个流量测量喷嘴，止回阀的作用是防止汽源切换时，高压蒸汽串入抽汽系统。

7、8 号低压加热器各分为两半，布置在凝汽器 A、B 的喉部，两根七段抽汽和 4 根八段抽汽管道布置在凝汽器内部。因此，在七、八段抽汽管道上，不设止回阀和隔离阀。这两段抽汽压力较低，汽水倒流的危害性较小，且这时蒸汽已接近膨胀终了，体积流量很大，抽汽管道较粗，阀门的尺寸大，不易制造。在加热器的进汽口装有挡板，可以减少返回汽轮机的汽流带水。

各段抽汽管道具有完善的疏水措施，防止在机组启动、停机及加热器故障时有水积聚。回热抽汽系统中的每个电动隔离阀和气动止回阀前、后均设有疏水阀，疏水排至疏水扩容器。各疏水支管上沿疏水流向设置截止阀和气动薄膜调节阀。

二、加热器的运行

1. 疏水流动方式

在正常情况下，高压加热器的疏水逐级自流，即由 1 号高压加热器流入 2 号高压加热器再到 3 号高压加热器，最后流入除氧器；低压加热器的疏水也是逐级自流的，即从 5 号低压加热器到 6 号低压加热器，再到 7 号低压加热器、8 号低压加热器，最后流入凝汽器。

在事故情况下，每一只加热器都有危急疏水口，此时疏水分别直接流入凝汽器。

2. 加热器排气管道的设置

在加热器的汽侧和水侧，都设有排气管道。在正常情况下，高压加热器汽侧的排气分别独立排入除氧器，低压加热器的汽侧排气则分别独立排入凝汽器。在启动期间，加热器的水侧排气可分别独立排入地沟。加热器内的汽侧还设置有充氮管接头，以便在机组停机时间较长时，为加热器进行充氮保养。

3. 加热器保护

在机组运行过程中，疏水调节阀失灵、加热器间压差太小、超负荷、管子损坏等都会导致加热器水位不正常。加热器水位过高或过低，都会影响机组的安全运行。

加热器水位太低，会使疏水冷却段的吸水口露出水面，使蒸汽进入该段，破坏该段的虹吸作用，造成疏水端差变化和蒸汽热量损失；还会冲击冷却段的 U 形管，造成振动，甚至发生汽蚀现象，破坏管束。

加热器的水位过高，将使部分管子浸在水中，从而减小了换热面积，降低加热器的效率，甚至引起水倒灌入汽轮机和蒸汽管道，发生水击等事故。为此，每台加热器除了设有逐级自流的疏水阀外，还设有事故疏水阀，以便个别加热器疏水水位过高时，进行事故放水。另外，5、6 号低压加热器都采用小旁路，7 号和 8 号低压加热器采用大旁路，高压加热器则采用给水大旁路，以便加热器事故解列时，仍能满足锅炉的供水需求。

第三节　凝　结　水　系　统

凝汽器至除氧器之间输送凝结水的管路和与此相关的设备与支路称为主凝结水系统。主凝结水系统的主要作用是将凝结水从凝汽器热水井送至除氧器，同时通过精处理装置进行除盐净化和各换热器加热。此外，主凝结水系统还对凝汽器热水井水位和除氧器水箱水位进行必要的调节，以保证整个系统安全可靠运行。

凝结水系统如图 3-3 所示。

一、系统概述

凝结水系统包括凝汽器、凝结水泵、凝结水精处理装置、轴封加热器、低压加热器、凝结水补水箱和凝结水输送泵。为保证系统在启动、停机、低负荷和设备故障时运行的安全可靠性，系统设置了为数众多的阀门和阀门组。

凝结水泵将凝汽器热水井中的凝结水打入凝结水精处理装置，经精处理除盐后品质合格的凝结水依次流经轴封加热器、8 号低压加热器、7 号低压加热器、6 号低压加热器、5 号低压加热器，最后进入除氧器。

5 号低压加热器水侧出口管道上引出一路启动排水管接至循环水泵坑，排水管道上设有一个电动闸阀和一个手动截止阀。该管道只在机组启动期间使用，以排放水质不合格的凝结水，并对主凝结水系统进行冲洗。当凝结水的水质符合要求时，关闭排水阀，开启 5 号低压加热器出口阀门，凝结水进入除氧器。

在凝结水精处理装置出口的主凝结水管上引出多路分支，供给热力系统的不同设备。这些分支主要包括：

(1) 低压旁路的二、三级减温水。

(2) 汽轮机低压缸的低负荷喷水。

(3) 凝汽器一、二号疏水扩容器减温水。

(4) 汽轮机轴封供汽减温水。

(5) 轴封加热器水封补充水。

(6) 发电机定子冷却补水。

(7) 凝汽器真空破坏阀密封水。

(8) 低压辅助蒸汽减温水。

(9) 冷段再热器至辅助蒸汽减温水。

(10) 老厂来汽减温水。

(11) 真空泵补水。

(12) 四抽供辅助蒸汽减温水。

(13) 高压缸排汽减温水。

(14) 闭冷水箱补水。

(15) 炉水循环泵补水。

(16) 凝汽器喉部水封槽密封水。

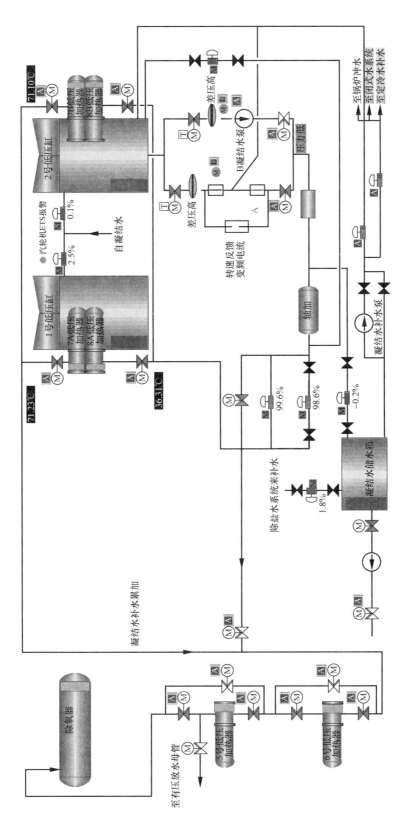

图 3-3 凝结水系统

二、系统组成

1. 凝汽器

凝汽器主要是用来在汽轮机的排汽部分建立低背压，并将汽轮机的排汽凝结为水，并予回收。

凝汽器主要由壳体、管板、管束、中间管板等部件组成。管板将凝汽器壳体分割为蒸汽凝结区和循环冷却水进、出口水室，管束之间用中间管板支持和定位。凝汽器下部设有热水井，用于收集汽轮机排汽凝结的水。

2. 凝结水泵及其管道

凝结水泵主要是将凝汽器热水井中的凝结水输送到除氧器。凝结水在输送到除氧器之前，还要经过精处理，清除杂质后再经过低压加热器，送至除氧器。

系统设有两台 100% 容量的电动凝结水泵，1 台正常运行、1 台备用。凝结水从低背压凝汽器热水井经一总管引出，然后分两路接至两台凝结水泵的进口，经升压后再合并成一路去凝结水精处理装置。每台泵的进口管道上装有闸阀和滤网。闸阀用于水泵检修时的隔离，在正常运行时应保持全开。滤网能防止热水井中可能积存的残渣进入泵内。每台泵的出口管道上装有 1 只止回阀和 1 只电动闸阀。止回阀能够防止凝结水倒流入水泵。两台凝结水泵及其出口管道上均设置抽空气管，在泵启动时将空气抽至低背压凝汽器，在泵运行时也要保持此管畅通，用以防止凝结水泵汽蚀。

在轴封加热器后的凝结水母管上设有凝结水最小流量再循环阀。在机组启动或低负荷时，主凝结水的流量远小于额定值，但如果凝结水泵的流量小于允许的最小流量，水泵有发生汽蚀的可能。同时轴封加热器的蒸汽是来自汽轮机轴封漏汽，无论是启动还是负荷变化，这些蒸汽都要有足够的凝结水来使其凝结，因此，为兼顾不同运行工况下机组、凝结水泵和轴封加热器等各自对凝结水流量的需求，轴封加热器后设有再循环管，必要时使部分凝结水经再循环阀返回凝汽器，以加大通过凝结水泵和轴封加热器的凝结水流量。再循环流量取凝结水泵或轴封冷却器最小流量的较大值。而连接轴封加热器进、出口管道的旁路阀则能够调节通过凝结水泵和轴封加热器的凝结水流量，使其分别满足两者的要求。

作为亚临界参数机组，对锅炉给水的品质要求很高，因此在主凝结水系统设置了凝结水精处理装置，用于防止各种原因造成的凝结水含盐量增大。

凝结水精处理装置采用中压系统的连接方式，即无凝结水升压泵而直接将凝结水精处理装置串联在凝结水泵出口。这种系统的优点是设备少、阀门少、凝结水管道短，简化了系统，便于运行。

凝结水精处理装置的进、出口管道上各装有一只电动隔离阀，同时与之并联一条旁路管道，装有电动旁路阀。目的是便于精处理装置的检修。

3. 轴封加热器

经凝结水精处理装置后的凝结水进入轴封加热器。轴封加热器为表面式热交换器，用于凝结轴封漏汽和门杆漏汽。轴封加热器以及与之相连的汽轮机轴封汽室依靠轴封风机维持微负压状态，以防止蒸汽漏出或漏入汽轮机润滑油系统。为维持轴封加热器汽侧微负压，降低轴封风机的功率，必须有足够的凝结水量流过轴封加热器，保证上述漏汽完全凝结。

4. 低压加热器及其疏水、放气系统

低压加热器均采用全容量表面式加热器。5 号和 6 号低压加热器为卧式，每个加热器有单独的旁路，当加热器水位过高或因其他故障需要隔离检修时，关闭该加热器进、出口电动闸阀，电动旁路阀自动开启，单独解列该加热器运行。7 号和 8 号低压加热器为卧式组合结构，置于凝汽器喉部，两个加热器共用 1 个旁路。当其中任何一个故障时，进、出口电动闸阀自动关闭，电动旁路阀自动开启，解列该组热器运行。

5 号低压加热器出口的主凝结水经过一个止回阀进入除氧头。止回阀可以防止机组降负荷或甩负荷时，除氧器内蒸汽倒入凝结水系统，造成管系振动。

由于 600MW 亚临界参数机组采用双背压凝汽器，7 号和 8 号低压加热器也各分为两个部分。7A 和 8A 共用一个分隔的壳体，安装在低背压凝汽器喉部，7B 和 8B 共用一个分隔的壳体，安装在高背压凝汽器喉部。七段和八段抽汽管道分别布置在凝汽器内部，因此无法装设隔离阀和止回阀。为防止 7 号和 8 号低压加热器满水造成汽轮机进水，在水侧 7 号和 8 号低压加热器串联体的进、出口设置了电动隔离阀，并与该加热器高高水位信号联动。当 7 号和 8 号低压加热器出现高水位时，在控制室报警；当水位继续升高达到高高水位时，在控制室报警的同时，进、出口电动闸阀关闭，电动旁路阀开启，凝结水经旁路运行。

正常运行时，4 台低压加热器的疏水采用逐级自流的方式，即 5 号低压加热器的疏水流入 6 号低压加热器，6 号低压加热器疏水流入 7 号低压加热器，7 号低压加热器疏水流入 8 号低压加热器，最后从 8 号低压加热器排入凝汽器。

各级低压加热器的正常疏水管道上设置气动疏水调节阀，每个调节阀前后都设置截止阀。各级低压加热器均设有单独的事故疏水管道接至凝汽器侧的疏水扩容器。事故疏水管道上装设气动调节阀和截止阀。所有加热器的疏水冷却段的疏水调节阀尽量靠近下一级加热器布置，使调节阀前管道不发生汽化。

低压加热器壳体底部也设置放水管道，可供启动时放出水质不合格的疏水和停机检修时彻底放干加热器和管道内的疏水用。

各级低压加热器的汽侧均设置启动排气和连续排气装置。以便从加热器和除氧器中排出不凝结的气体，提高效率和防止腐蚀。启动排气管道上设隔离阀，直接排至大气。连续排气管道上设隔离阀和节流孔板，排至凝汽器。

5 号和 6 号低压加热器设置一个壳体安全阀和一个水室安全阀，7 号和 8 号低压加热器设置水室安全阀，其作用与高压加热器相同。

5. 凝结水补水系统

凝结水储水箱用来储存经化学处理后的除盐水，并用作凝结水的水源补给水。水箱水位由进水管上的调节装置控制。调节装置由一个气动薄膜调节阀和其前后的隔离阀以及与之并联的旁路阀组成。

机组正常运行期间，停运凝结水输送泵，通过补水管道，依靠凝结水储水箱和凝汽器真空之间的压差向凝汽器补水。在进入凝汽器前的补水管路上设有流量测量喷嘴和用以维持热水井水位的水位调节装置。凝汽器水位调节装置由两路各设有一个气动调节阀、两个手动截止阀组成。

轴封加热器前的主凝结水管道上设置凝汽器水位高溢流气动调节阀。当凝汽器热水井水位高时，凝结水可返回到凝结水储水箱。

凝结水精处理装置前的主凝结水管道上接出由凝结水输送泵带的一根管道通往除氧器，可直接为除氧器上水。管道上设置一个止回阀，一个手动截止阀，防止主凝结水倒入凝结水储水箱中。

三、凝结水系统设备规范及相关内容

（一）凝结水系统设备规范

凝结水系统设备规范见表 3-1。

表 3-1　　　　　　　　　　　　凝结水系统设备规范

设备名称	项　目	单　位	规　范
凝结水泵	形式		筒袋立式多级离心泵
	型号		NLO500-570×4
	扬程	m	330
	流量	m³/h	1667
	转速	r/min	1450
	功率	kW	2240
	生产厂家		上海水泵制造有限公司
凝结水泵电动机	型号		YLKS630-4
	额定功率	kW	2240
	额定电压	kV	6
	额定电流	A	252
	频率	Hz	50
	额定转速	r/min	1491
	绝缘等级		F
	允许温升	℃	80
	环境温度	℃	40
	外壳保护		IP54

设备名称	项 目	单 位	规 范
凝汽器	型号		N-36000-5 型
	冷凝管材料		TP316
	有效换热面积	m²	36 000
	冷却水管数量	根	40 280
	冷却水管壁厚	mm	0.5
	冷凝管的内径	mm	25
	循环水流动组态	通道	1
	设计入口冷却水温	℃	20
	水室设计压力	MPa	0.35
	凝汽器压力	MPa	0.004 9
	冷却水量	m³/h	67 910
	凝汽器无水质量	t	807
	运行载荷	t	556
	凝汽器汽侧灌水时质量	t	2662
	生产厂家		哈尔滨汽轮机有限责任公司
凝结水储存水箱	数量	台	1
	形式		立式
	容积	m³	300
	工作压力	MPa	常压
	工作温度	℃	常温
	设计压力	MPa	常压
	设计温度	℃	50
	工作介质		凝结水
	材质		Q235-B
	壁厚	mm	6/8
	外形尺寸	mm	ϕ7760×10 168
凝结水输送泵	形式		多级离心泵
	型号		D280-43×3（5）
	扬程	m	100
	流量	m³/h	300
	转速	r/min	1480
	配套功率	kW	160
	汽蚀余量	m	4.7
	效率	%	77
	数量	台	1
	生产日期		2008.3
	生产厂家		上海凯泉水泵有限公司

续表

设备名称	项　　目	单　位	规　　范
凝结水输送泵电动机	型号		Y315L1-4
	额定功率	kW	160
	额定电压	V	380
	额定电流	A	289
	额定转速	r/min	1486
	绝缘等级		B
	生产日期		2008 年 2 月
	生产厂家		淮安威灵清江电机制造有限公司
低压旁路减温减压器	型号		WY-160/6-460-1 型
	工作温度	℃	160
	喷水量	t/h	25
	工作压力	MPa	0.588
	蒸汽流量	t/h	460
	减温水压力	MPa	1.2
	生产厂家		哈尔滨汽轮机有限责任公司

（二）联锁与保护

（1）运行凝结水泵跳闸，备用凝结水泵联动启动。

（2）凝结水泵入口门全关，凝结水泵跳闸。

（3）凝结水泵出口门全关，延时 30s 凝结水泵跳闸。

（4）凝结水泵启动同时具备以下条件：

1）凝结水泵入口电动门开足。

2）未处于备用且出口电动门关。

3）高压侧热水井水位不低于 250mm。

4）电动机绕组温度不高于 130℃。

5）凝结水泵轴承温度不高于 70℃。

（5）出口母管压力低于 0.8MPa，发压力低报警。

（6）凝结水泵入口滤网压差达 20kPa，发压差高报警。

（7）低压凝汽器水位达 1810mm，发水位高报警。

（8）低压凝汽器水位达 1350mm，发水位低报警。

（9）高压凝汽器水位达 710mm，发水位高Ⅰ值报警。

（10）高压凝汽器水位达 1120mm，发水位高Ⅱ值报警。

（11）高压凝汽器水位达 1600mm，发水位高Ⅲ值报警。

（12）高压凝汽器水位达 250mm，发水位低Ⅰ值报警。

（13）高压凝汽器水位达 100mm，发水位低Ⅱ值报警。

（14）高压凝汽器水位高于 1300mm，联开高水位溢流阀。

（15）事故冷却水泵跳闸，出口阀联锁关闭，事故冷却水泵启动，联锁开启出口阀。

（16）凝结水泵推力瓦温度为 70℃时发 H 报警，80℃跳闸。

（17）电动机绕组温度为 130℃时发 H 报警，140℃跳闸。

（18）电动机轴承温度为 70℃时发 H 报警，80℃跳闸。

（19）凝汽器喉部温度为 70℃时联开喉部喷水阀，达到 80℃时发温度高报警。

（20）凝结水储水箱水位 8m 发高水位报警，8.8m 发高高报警，低于 6m 发低水位报警，低于 0.6m 发低低报警，凝结水输送泵禁止启动或跳闸。

（三）系统的投运

（1）投运前按系统检查卡、启动通则检查完毕。

（2）各种测量仪表投入。

（3）联系化学启除盐水泵，储水箱补水调整门投自动。

（4）启动凝结水输送泵。

（5）凝汽器水位投自动。

（6）启动凝结水泵。

1）开启凝结水泵入口阀。

2）轴封冷却器出、入口阀。

3）5～8 号低压加热器出入口阀或旁路阀开启。

4）高压凝汽器热水井水位大于或等于 1580mm。

5）凝结水系统充水完毕。

6）启动凝结水泵电动机，联开凝结水泵出口电动门。

7）最小流量再循环门开启。

8）凝结水泵运行正常后，将备用泵投入联锁。

（四）运行监视

（1）凝汽器最高运行温度不应超过 80℃。

（2）运行凝结水泵入口滤网压差低于 20kPa。

（3）凝结水泵密封水、盘根冷却水畅通。

（4）高压凝汽器热水井水位在（480±100）mm 范围。

（5）机械密封冷却水温度小于 38.5℃，水压不低于 0.2MPa。

（6）凝结水储存水箱水位为（7±1）m。

（7）在疏水导入凝汽器之前应开启疏水阀容器减温水调节阀前、后截止阀。

（五）系统的停止

（1）断开凝结水泵的联锁。

（2）发出凝结水泵停止指令，联锁关闭凝结水泵出口电动门，关闭电动机轴承油室冷却水门。

（3）视实际情况关闭密封水门、空气门。

（4）检查凝结水系统各相关用户所处状态正常。

（六）注意事项

（1）非检修状态时，两台凝结水泵入口阀均处于全开状态。

（2）正常运行时，备用泵的密封水阀、空气阀处于开启状态。

（3）一台运行，另一台凝结水泵做检修措施时，在关闭入口阀前，应先关闭出、入口空气阀，掌握适当时机关闭密封水阀，保证密封水阀关闭，入口阀也关闭；恢复措施时操作相反。

（4）检修前，要确认凝结水泵入口阀关闭严密后，方可允许检修人员开启滤网上盖或进行其他检修工作。

（七）凝结水泵变频启动操作步骤

（1）将凝结水泵出口门连锁开关打至"联锁"位。

（2）点击凝结水泵开关，在弹出的菜单中点击"启动"按钮，检查反馈变为红色。

（3）点击"变频器"按钮，在弹出的菜单中点击"启动"按钮，"变频器"按钮变为红色后，凝结水泵自动升至最低频率（30Hz），凝结水泵出口门自动开启。

（4）点击"转速给定"按钮，在弹出的菜单中输入目标频率。

（5）其他操作同工频启动。

四、低压加热器设备规范及相关内容

（一）低压加热器设备规范

低压加热器设备规范见表 3-2。

表 3-2 低压加热器设备规范

项 目		单 位	规 范			
加热器			5 号	6 号	7 号	8 号
形 式			卧式，具有疏水冷却段，U 形管式			
型 号			JD-1295-7	JD-1126-7	JD-640/760-16	
换热面积		m²	1295	1126	640	764
设计压力	管侧	MPa	4	4	4	4
	壳侧	MPa	0.6	0.6	0.6	0.6
设计温度	管侧	℃	150	125	90	80
	壳侧	℃	300	150	95	95
工作压力	管侧	MPa	2.8	2.8	2.8	2.8
	壳侧	MPa	0.371	0.141 3	0.068	0.025 9
工作温度	管侧	℃	138.3	106.8	86.4	63
	壳侧	℃	233.3	136.8	90.5	67
有效容积	管侧	m³	6.7	6.2	3.01	3.88
	壳侧	m³	18.2	16.3	19.92	19.27
工作介质	管侧		凝结水	凝结水	凝结水	凝结水
	壳侧		蒸汽/水	蒸汽/水	蒸汽/水	蒸汽/水

项 目	单 位	规 范			
数 量	台	1	1	2	2
蒸汽流量	kg/h	83 560	52 860	29 365	36 040
疏水温度	℃				
凝结水流量	kg/h	1 537 920	153 792	768 960	768 960
汽侧安全门动作值	MPa	小于 0.6	小于 0.6		
水侧安全门动作值	MPa	小于 4.0			
生产厂家		哈尔滨汽轮机有限责任公司			

（二）低压加热器联锁与保护

（1）5 号低压加热器水位达 260mm 时，发低Ⅱ值报警。

（2）5 号低压加热器水位达 310mm 时，发低Ⅰ值报警。

（3）5 号低压加热器水位达 410mm 时，发高Ⅰ值报警。

（4）5 号低压加热器水位达 460mm 时，发高Ⅱ值报警。

（5）6 号低压加热器水位达 305mm 时，发低Ⅱ值报警。

（6）6 号低压加热器水位达 355mm 时，发低Ⅰ值报警。

（7）6 号低压加热器水位达 455mm 时，发高Ⅰ值报警。

（8）6 号低压加热器水位达 505mm 时，发高Ⅱ值报警。

（9）7、8 号低压加热器水位达 587mm 时，发低Ⅱ值报警。

（10）7、8 号低压加热器水位达 637mm 时，发低Ⅰ值报警。

（11）7、8 号低压加热器水位达 737mm 时，发高Ⅰ值报警。

（12）7、8 号低压加热器水位达 787mm 时，发高Ⅱ值报警。

（13）低压加热器水位达高Ⅱ值，联开危急放水阀。

（14）低压加热器水位达高Ⅲ值，低压加热器保护动作，低压加热器跳闸，关闭抽汽电动门、止回门、关闭上级热器疏水阀，开启低压加热器旁路阀，关闭低压加热器凝结水出入口阀。

（15）加热器旁路允许关闭条件为本台加热器出入口阀全开。

（三）系统联锁与保护

（1）汽轮机跳闸或出现超速保护（OPC），联锁关闭各抽汽隔离阀、止回阀，联开管道疏水阀。

（2）汽轮机负荷小于 20％额定负荷，联开管道疏水阀。

（3）疏水门对应疏水管道疏水罐液位高，联开管道疏水阀；

（4）加热器水位高，联开对应管道疏水阀。

（四）低压加热器的投运

1. 低压加热器通水

（1）投运前按系统检查卡、启动通则检查完毕。

（2）开启水室排气阀，缓慢开启入口阀，排气阀见水关闭，低压加热器注水完毕。

（3）全开入口阀、出口阀，关闭旁路阀。

（4）开启抽汽管道疏水阀、加热器启动排气管。

（5）逐渐开启进汽阀。

（6）调整加热器水位。

2. 低压加热器启动

（1）低压加热器随机滑启。

1）机组并网后，开启五、六段抽汽止回门、电动门，开启低压加热器连续排气至凝汽器手动门；

2）注意低压加热器水位变化，低负荷时 5、6 号低压加热器疏水到凝汽器。

（2）运行中投入低压加热器。

1）低压加热器通水正常。

2）稍开 5 号低压加热器进汽电动门、连续排气阀，使低压加热器出口水温升不大于 3℃/min，当凝结水温度发生变化时，关闭启动排气阀，注意低压加热器水位变化。

3）其他操作与滑启相同。

4）5 号低压加热器正常运行液位为（360±30）mm。

5）6 号低压加热器正常运行液位为（405±30）mm。

6）7、8 号低压加热器正常运行液位为（687±30）mm。

（五）低压加热器投入注意事项

（1）注水过程中高、低压加热器水位不应升高，否则立即停止注水。

（2）只有在水侧通水良好后才能投入汽侧。

（3）投入顺序按抽汽压力由低到高，其操作顺序不准随意更改。

（4）严禁高、低压加热器高水位或无水位运行。

（5）加热器保护动作不正常时，严禁投入加热器运行。

（六）加热器运行中注意事项

（1）定期检查加热器水位。

（2）加热器水位升高时需正确判断水位升高原因。

（3）注意加热器出口温度与下一级加热器入口温度是否相同，如异常查明原因。

（4）注意抽汽管道疏水管道运行情况，防止管道疏水不畅发生汽水冲击现象。

（5）停运加热器时，根据情况降低负荷（每多停一台降低 10%）。

（6）后两级加热器停运时，注意加热器水位，防止水位高引起后几级叶片受侵蚀。

（七）低压加热器停运（依抽汽压力由高到低顺序进行）

1. 低压加热器随机滑停

（1）机组打闸前关闭 5、6 号低压加热器进汽电动门，关闭 5、6 号低压加热器连续排气门。

（2）机组打闸后，确认 5、6 号抽汽止回门关闭。

2. 低压加热器运行中停止

（1）适当减少机组负荷，注意除氧器压力和温度的变化。

（2）缓慢关闭低压加热器进汽电动门，注意低压加热器出口水温变化不超过2℃/min。

（3）开启管道疏水，关闭低压加热器连续排气门。

（4）如工作需要，开启加热器水侧旁路阀，关闭入、出口阀。

（5）低压加热器停止注意事项：水侧运行时，必须使水位保护投入良好。

第四节　给水除氧系统

一、系统概述

给水除氧系统是指除氧器及除氧器与锅炉省煤器之间的设备、管路及附件等。其主要作用是将除氧器水箱中的主凝结水通过给水泵提高压力，经过高压加热器进一步加热后，输送到锅炉的省煤器入口，作为锅炉的给水。此外，给水系统还向锅炉再热器的减温器、过热器的一、二级减温器以及汽轮机高压旁路装置的减温器提供减温水，用以调节上述设备出口蒸汽的温度。

600MW 亚临界参数机组的给水除氧系统包括 1 台除氧器、3 台给水泵、3 台前置泵和 3 台高压加热器，以及给水泵的再循环管道、各种用途的减温水管道和管道附件等。

给水系统如图 3-4 所示。

给水系统的主要流程为除氧器水箱→前置泵→流量测量装置→给水泵→3 号高压加热器→2 号高压加热器→1 号高压加热器→流量测量装置→给水电动截止门→省煤器进口联箱。

溶解于给水系统中的气体是由凝汽器、部分低压加热器及管道附件等的不严密处漏入的。当水和气体接触时总有一部分会溶于水中。给水溶解气体中的氧气会腐蚀热力设备及汽水管道，影响其可靠性和寿命，而水中二氧化碳会加速氧的腐蚀。因为所有不凝结气体在换热设备中均会使热阻增加、传热效果恶化，从而降低机组的热经济性。所以现代火力发电厂均要求对给水系统进行除氧。

除氧器的作用是除去给水中的不凝结气体，以防止或减轻这些气体对设备和管路系统的腐蚀。同时还防止这些气体在加热器中析出后，附在加热管束表面，影响传热效果。除氧器配有一定水容积的水箱，它还兼有补偿锅炉给水和汽轮机凝结水流量之间不平衡的作用。

除氧器作为汽水系统中唯一的混合式加热器，能方便地汇集各种汽、水流，因此，除氧器除了加热给水、除去给水中的气体等作用外，还有回收工质的作用。

600MW 亚临界参数机组的给水系统采用单元制。单元制给水系统具有管道短、阀门少、阻力小、可靠性高、便于集中控制等优点。

给水系统配置两台 50% 容量的汽动给水泵，1 台 30% 容量的电动调速给水泵。给水泵的作用是提升给水压力，以便能进入锅炉后克服其受热面的阻力，在锅炉出口得到额定压力的蒸汽。给水泵出口处是整个系统中压力最高的部位。为了提高泵的抗汽蚀

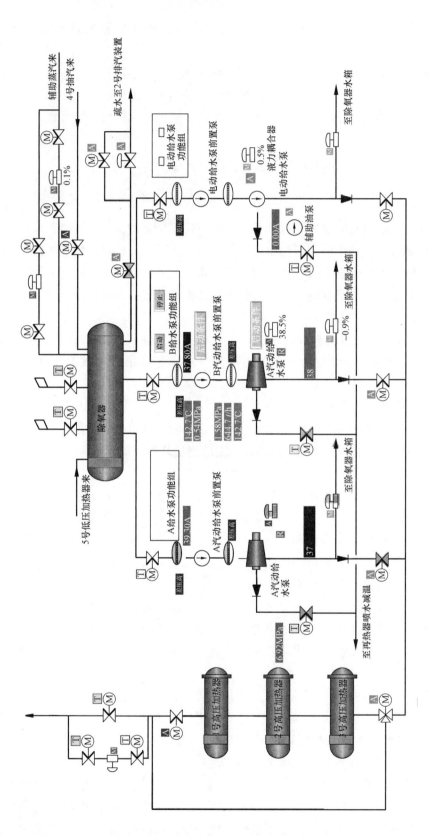

图 3-4　给水系统

性能，每台给水泵前均配置有前置泵，前置泵均由电动机拖动，并与给水泵串联运行。

由于给水泵及其前置泵是同时启停的，所以在前置泵出口至给水泵进口之间的管道上不设隔离阀门。这段管道上依次设有流量测量装置和精滤网，给水泵最小流量再循环控制阀的信号就取自这里。给水泵的出口管道上依次装有止回阀、电动闸阀。给水泵出口设置止回阀的作用是当工作给水泵和备用给水泵在切换、工作给水泵停止运行时，防止压力水倒流，引起给水泵倒转。

3台给水泵出口均设置独立的再循环装置，其作用是保证给水泵有一定的工作流量，以免在机组启停和低负荷时发生汽蚀。给水泵启动时，再循环装置自动开启，流量达到允许值后，再循环装置全关，当给水泵流量小于允许值时，再循环装置自动开启。

3台给水泵出口管道在闸阀后合并成一根给水总管，通往3号高压加热器。给水系统设置3台全容量、卧式、双流程的高压加热器。高压加热器进一步将给水加热，以提高循环经济性。为了保证在加热器故障时锅炉仍能不间断供水，高压加热器系统设置了自动旁路保护装置，以便加热器故障时，及时切断加热器水流，给水经旁路继续向锅炉供水。

600MW机组高压加热器采用的是大旁路给水系统。大旁路系统是多台加热器共用一个旁路。大旁路系统形式较为简单，管道附件少，设备投资小，安全性高，但缺点是如果1台加热器故障，就必须同时切除高压加热器组，使给水温度大大低于设计值，降低机组的运行热经济性。

正常运行时，高压加热器的疏水采用逐级自流的方式，即1号高压加热器的疏水流入2号高压加热器，2号高压加热器的疏水流入3号高压加热器，最后从3号高压加热器接入除氧器。每条疏水管道上设有气动疏水调节阀，用于控制高压加热器正常水位。每个调节阀前、后都设置手动截止阀，以备该级加热器切除或疏水调节阀因故障需隔离检修时关断用。

由于疏水在进入下一级加热器时会迅速降压汽化，所以所有疏水调节阀的布置尽量靠近下一级接受疏水的高压加热器，以减少两相流动的管道长度。并且，疏水调节阀后管径放大一级，以减少流动阻力。

高压加热器水位高Ⅰ值报警，高Ⅱ值开紧急放水门，高Ⅲ值解列高加运行。造成高压加热器水位高有以下三种情况：

（1）高压加热器的管子破裂或管板焊口泄漏，给水进入壳体造成水位升高。

（2）正常疏水调节阀故障，疏水不畅造成壳体水位升高。

（3）下一级高压加热器或除氧器水箱高水位后事故关闭上一级来的疏水调节阀。

出现上述情况，开启相关加热器的事故疏水阀，将疏水排入疏水扩容器。1号高压加热器的事故疏水通往与低压凝汽器相连的低压疏水扩容器，2号和3号高压加热器的事故疏水通往与高压凝汽器相连的高压疏水扩容器。事故疏水管道上装设截止阀和气动调节阀。

机组启动初期，高压加热器的疏水通过加热器壳体底部的放水管道排至有压放水母管。待水质合格后，疏水可经事故疏水管道流向疏水扩容器，进入凝汽器。

各级高压加热器的汽侧均设有启动排气和连续排气装置。启动排气用于机组启动和水压试验时迅速排气，连续排气用于正常运行时连续排出加热器内不凝结气体。

高压加热器的连续排气管道从加热器汽侧引出，接入除氧器。每根排气管道上在加热器侧设置 1 只隔离阀。连续排汽管内，设有内置式节流孔板，用于限制排气量，防止加热蒸汽通过排气管道串入除氧器，降低热经济性。

各级高压加热器的水侧也设有对空排气管道，以便加热器充水时排出水室中的空气。

各个高压加热器设置 1 个壳体安全阀和 1 个水室安全阀。壳体安全阀用于保护加热器壳体，避免因加热器管子破裂，高压给水进入加热器壳侧而引起壳体超压。其排汽直接排入大气。

当加热器解列时，水侧进、出口隔离阀关闭，将给水密闭在加热器管束内。这时，如果抽汽管道上的隔离阀或止回阀关闭不严，少量蒸汽从运行的汽轮机中漏入加热器，会逐渐加热密闭在加热器管子中的"死水"，因膨胀造成超压。水室安全阀能够防止加热器水侧超压。安全阀出口接至一个敞开的漏斗，以便运行人员监视泄漏情况。

600MW 机组普遍采用调速泵。汽动给水泵的驱动汽轮机和电动给水泵的液力联轴器具有可靠的调节性能，在较大范围内，能够通过改变泵的转速来调节流量，承担了大部分给水流量调节任务。此时，给水总管只作为给水流量的辅助调节手段。给水总管上有一根小流量旁路管道，管道上有两个电动闸阀和一个电动调节阀。其作用是在机组启停和低负荷（小于 15%）时供水，由电动旁路调节阀开度调节给水流量。在锅炉给水量大于 15% 时，切换至给水总管，给水流量由调速泵直接调节。

从给水泵中间抽头处引出的水供再热器作为减温水，从给水泵出口引出的水作为汽轮机高压旁路的减温水和过热器减温水。

二、系统运行

启动除氧器时，先启动凝结水泵或凝结水输送泵向除氧器上水至正常水位，打开除氧器的排气阀，调节辅助蒸汽进汽阀开度，将水加热至锅炉上水需要的温度。锅炉上水完成后将辅助蒸汽供汽调节投入自动，保持除氧器压力稳定。

除氧器在启动初期和低负荷下采用定压运行方式，由辅助蒸汽联箱来的蒸汽维持除氧器定压运行。当四段抽汽的蒸汽压力高于除氧器定压运行压力一定值时，打开四段抽汽至除氧器的供汽电动阀，除氧器压力随四段抽汽压力升高而升高，除氧器进入滑压运行阶段。机组正常运行时，当四段抽汽压力降至无法维持除氧器的最低压力时，自动投入辅助蒸汽供汽，维持除氧器定压运行。

机组正常运行时用两台汽动给水泵供水，机组启动和汽动给水泵故障时用电动给水泵供水。电动给水泵在机组正常运行期间处于热备用状态，当汽轮机甩负荷或汽动给水泵突然出现故障时，电动给水泵能立即投入运行。电动给水泵能够自动跟踪汽动给水泵的运行状态，并可以与汽动给水泵并列运行。

三、高压加热器系统设备规范及相关内容

（一）高压加热器设备规范

高压加热器设备规范见表 3-3。

表 3-3　　　　　　　　　　　　　　　　　高压加热器设备规范

项　目		单位	规　范		
加热器			1 号	2 号	3 号
形　式			卧式，具有内置式疏水及蒸汽冷却段，U 形管式		
型　号			JG-2200-1	JG-2100-2	JG-1600-3
换热总面积		m²	2200	2100	1600
设计压力	管侧	MPa	28	28.0	28.0
	壳侧	MPa	7.5	4.7	2.3
设计温度	管侧	℃	310	280	240
	壳侧	℃	430/290	365/260	485/220
工作压力	管侧	MPa（a）	20.44	20.44	20.44
	壳侧	MPa（a）	6.35	4.004	1.922
工作温度	管侧	℃	250.4/281	330.7/215.9	179.3/210.3
	壳侧	℃	395.1/255.9	210.3/250.4	441.9/184.9
试验压力	管侧	MPa	35	35	35
	壳侧	MPa	9.4	5.9	2.9
工作介质	管侧		给水	给水	给水
	壳侧		蒸汽/水	蒸汽/水	蒸汽/水
有效容积	管侧	m³	6.68	给水	给水
	壳侧	m³	20.09	蒸汽/水	蒸汽/水
数　量		台	1	1	1
蒸汽流量		t/h	146.95	158.55	90.44
给水流量		t/h	2030.13	2030.13	2030.13
给水压降		MPa	0.21		
加热器空重		t		77.223	58.667
生产厂家			哈尔滨锅炉有限责任公司		

（二）高压加热器联锁与保护

（1）水位达＋160mm 时，发出高Ⅰ值报警。

（2）高压加热器水位达＋210mm 时，发出高Ⅱ值报警，联开抽汽管道疏水阀。

（3）高压加热器水位达＋640mm 时，发出高Ⅲ值报警，同时高压加热器保护动作，高压加热器跳闸（水侧旁路开启、出口阀关闭），关闭抽汽电动门、止回门，关闭上级加热器疏水阀。

（4）高压加热器水位达－50mm 时，发出低报警。

（三）系统联锁与保护

（1）汽轮机跳闸或出现 OPC，联锁关闭各抽汽隔离阀、止回阀，联开管道疏水阀。

（2）汽轮机负荷小于 20％额定负荷，联开管道疏水阀。

（3）疏水门对应疏水管道疏水罐液位高，联开管道疏水阀。

（4）加热器水位高，联开对应管道疏水阀。

（四）高压加热器的投运

1. 高压加热器通水

（1）投运前按系统检查卡、启动通则检查完毕。

（2）缓慢开启高压加热器系统注水门，向高压加热器系统注水，排空气门见水后关闭，注满水后全开注水门升压。

（3）当水侧压力与系统压力相同时，开启高压加热器系统出口电动门，联开高压加热器系统入口阀，并关闭注水门。当加出入阀全开后，注意给水流量不应发生变化。

2. 高压加热器随机滑启

（1）确认给水泵已连续向锅炉上水，高压加热器已通水。

（2）确认汽轮机主汽门已开启，发电机带低负荷。

（3）开启 3 段抽汽电动门，开启启动排气阀、汽侧连续排气门，3 号高压加热器投入，当给水温度发生变化时，启动排气阀见汽后关闭。

（4）按上述步骤依次投入 2、1 号高压加热器。

（5）当 3 号高压加热器疏水压力大于除氧器压力 0.3MPa 时，将高压加热器疏水倒至除氧器。

3. 机组运行中高压加热器投入

（1）按高压加热器通水步骤，给水通过高压加热器到除氧器高压加热器。

（2）开启一～三段抽汽止回门，逐渐开启一～三段抽汽电动门，控制给水温升速度不大于 1.85℃/min（111℃/h）。

（3）关闭一～三段抽汽止回门及电动门前、后疏水门。

（4）高压加热器进汽门全开后，注意各疏水自动调节门动作情况，水位应正常。

（五）高压加热器投入注意事项

（1）注水过程中高、低压加热器水位不应升高，否则立即停止注水。

（2）只有在水侧通水良好后才能投入汽侧。

（3）投入顺序按抽汽压力由低到高，其操作顺序不准随意更改。

（4）严禁高、低压加热器高水位或无水位运行。

（5）加热器保护动作不正常时，严禁投入加热器运行。

（六）加热器运行中注意事项

（1）定期检查加热器水位。

（2）加热器水位升高时需正确判断水位升高原因。

（3）注意加热器出口温度与下一级加热器入口温度是否相同，如异常查明原因。

（4）注意抽汽管道疏水管道运行情况，防止管道疏水不畅发生汽水冲击现象。

（5）停运加热器时，根据情况降低负荷（每多停一台降低 10％）。

（6）后两级加热器停运时，注意加热器水位，防止水位高引起后几级叶片受侵蚀。

（七）高压加热器停运（依抽汽压力由高到低顺序进行）

（1）高压加热器随机滑停。

1）当负荷较低，3 号高压加热器蒸汽侧压力不足以将疏水导入除氧器时，水位不稳时，停止高压加热器运行。

2）汽轮机打闸后，确认抽汽电动门及抽汽止回门自动关闭。

（2）机组运行中高压加热器的停止。

1）根据实际情况适当调整机组负荷。

2）逐渐关闭抽汽电动门，控制给水温度下降速度不大于 1.85℃/min（111℃/h），并注意高压加热器水位的变化。

3）关闭高压加热器蒸汽侧连续排汽门。

4）抽汽电动门全关后，关闭抽汽止回门。

5）关闭 3 号高压加热器疏水至除氧器手动门。

6）如需要，关闭 3 号高压加热器给水入口电动三通阀，注意锅炉给水流量不应发生变化，再关闭 1 号高压加热器给水出口电动门，给水通过旁路到除氧器。

（3）高压加热器停止注意事项：水侧运行时，必须使水位保护投入良好。

（八）加热器事故解列条件

发生下列情况，加热器事故解列：

（1）汽水管道及阀门等爆破，危及人身安全时。

（2）加热器水位升高处理无效，满水而加热器保护拒动时。

（3）全部水位指示失灵而无法监视水位时。

（4）发现加热器压力不正常升高，立即检查是否存在进汽阀不严或上级疏水阀不严的现象，并及时处理。

（5）管道及本体严重泄漏而无法继续运行时。

（6）机组运行期间停止加热器运行，检查进汽阀关闭严密，防止加热器干烧，引起超压。

四、除氧器设备规范及相关内容

（一）除氧器设备规范

除氧器设备规范见表 3-4。

表 3-4 除氧器设备规范

设备名称	项 目	单 位	规 范
除氧器	形 式		DFST2132·235/174 型内置式
	设计压力	MPa	1.1
	工作压力	MPa	0.187 8～0.844 7
	设计温度	℃	350
	额定出力	t/h	2132

续表

设备名称	项　目	单　位	规　范
除氧器	最高出水温度	℃	174.7
	出水含氧量	$\mu g/L$	≤5
	有效容积	m^3	235
	几何容积	m^3	330
	壳体材质		16MnR
	水压试验压力	MPa	1.53（表压）
	安全门动作压力	MPa	1.02
	使用寿命	年	30
	生产厂家		武汉锅炉股份有限公司

（二）联锁与保护

（1）水位控制：

1）水位达 2850mm 时发高Ⅲ值报警。

2）水位达 2800mm 时发高Ⅱ值报警。

3）水位达 2750mm 时发高Ⅰ值报警。

4）水位达 2350mm 时发低Ⅰ值报警。

5）水位达 1000mm 时发低Ⅱ值报警。

6）除氧器水位 2850mm 时，联关除氧器供汽阀和 3 号高压加热器疏水至除氧器调节阀、除氧器水位控制阀、热网疏水至除氧器调节阀，开除氧器危急放水电动阀。

7）除氧器水位 2800mm 时，联开除氧器溢放水阀。

8）除氧器水位 1000mm 时，联跳给水泵。

（2）压力保护：当除氧器压力达到 0.95MPa 时，开启除氧器对空排气电动门。

（3）除氧器安全阀动作值是 1.02MPa。

（三）除氧器的投运

（1）投运前按系统检查卡、启动通则检查完毕。

（2）检修后及停机 10 天以上的除氧器，在投运前进行加热煮沸冲洗，化验合格后方可投入运行。

（3）凝结水管道注水完毕，启动凝结水泵。

（4）除氧器上水至 1300～1400mm 以上。

（5）投入除氧器加热，控制温升率不高于 2℃/min。

（6）逐渐提高除氧器水位，开始时上水速度不高于 40t/h，以后可逐渐增加流量，上水速度按除氧器上水速度曲线进行。

（7）可设定辅助蒸汽至除氧器供汽压力为 0.2MPa。

（8）为防止除氧器超压的情况的发生，除氧器供汽前，必须保持凝结水泵运行。

（9）除氧器给水加热温度以达到锅炉上水要求为准。

（四）运行监视

（1）水位在（2550±100）mm 范围内。

（2）最大不允许超过 0.844 7MPa。

（3）水温最大不允许超过 174℃。

（4）给水含氧量不超过 7μg/L。

（5）防止除氧器超压运行。

（五）系统停运

（1）除氧器随机滑停。

（2）当四段抽汽压力无法保证除氧器压力达到 0.2MPa 时，除氧器切为备用汽源，维持定压运行。

（3）当给水泵停止上水时，关闭辅助蒸汽至除氧器供汽门，开大排氧门，停止除氧器运行。

（4）机组备用期间，维持除氧器水温及水位。

（5）长期停用，除氧器放水，根据化学要求进行有关防腐保护。

五、电动给水泵系统设备规范及相关内容

（一）电动给水泵设备规范

电动给水泵设备规范见表 3-5。

表 3-5　　　　　　　　　　　　　电动给水泵设备规范

设备名称	项　目	单位	规　范
给水泵电动机	型　号		YKS800-4 型
	额定功率	kW	6300
	额定电压	kV	6
	额定电流	A	720
	转速	r/min	1492
	生产厂家		哈尔滨电机有限责任公司
给水泵耦合器	类　型		卧式、变速液力耦合器
	型　号		R16k400M 型
	齿轮比		99/26
	输出功率	kW	5122
	输入轴转速	r/min	1490
给水泵	型　号		CHTC5/6
	流　量	m³/h	670
	出口绝对压力	MPa	23.50
	转　速	r/min	5507
	生产厂家		上海凯士比泵有限公司

设备名称	项　目	单　位	规　范
给水泵前置泵	型　号		SQ250-560
	转　速	r/min	1480
	流　量	m³/h	712.5
	出口压力	m	91
	水　温	℃	172.5
	效　率	%	82.5
	密　度	kg/m³	894.6
	必须汽蚀余量	m	2.9
	生产厂家		上海凯士比泵有限公司

（二）电动给水泵联锁与保护

1. 电动给水泵报警、跳闸条件

电动给水泵报警、跳闸条件见表 3-6。

表 3-6 　　　　　　　　　　　电动给水泵报警、跳闸条件

序号	项　目	单位	报警值	跳闸值	备注
1	给水泵前置泵入口滤网压差	MPa	0.06		
2	给水泵前置泵径向轴承温度	℃	90	100	
3	给水泵前置泵电动机温度	℃	140	150	
4	给水泵入口滤网压差	MPa	0.06		
5	给水泵支撑轴承	℃	90	100	
6	给水泵推力轴承	℃	90	100	
7	机械密封水温度	℃	80	90	
8	给水泵轴振动	μm	128	188	
9	电动机径向轴承温度	℃	80	90	
10	润滑油压力	MPa	0.17	0.08	
11	润滑油过滤器差压	MPa	0.08		
12	工作油冷油器入口温度	℃	110	130	
13	工作油冷油器出口温度	℃	75	85	
14	润滑油冷油器入口温度	℃	65	70	
15	润滑油冷油器出口温度	℃	55	60	
16	耦合器任一轴承温度	℃	90	95	
17	主电动机绕组温度	℃	140	150	

2. 联锁与保护

（1）任一汽动给水泵跳闸时，联锁启动电动给水泵。

（2）出现下列条件，给水泵跳闸：

1）除氧器水位低于 1000mm。

2）电动给水泵运行中入口门全关。

3）电动给水泵过滤器下游侧油压低于 0.08MPa。

4）给水泵前置泵径向轴承温度为 100℃。

5）给水泵前置泵电动机径向轴承温度为 90℃。

6）给水泵前置泵电动机定子绕组温度为 150℃。

7）电动给水泵径向轴承温度为 100℃。

8）电动给水泵耦合器径向轴承温度为 95℃。

9）电动给水泵推力轴承温度为 100℃。

10）电动给水泵润滑油冷却器进油温度为 70℃、出油温度为 60℃。

11）电动给水泵工作油冷却器进油温度为 130℃、出油温度为 85℃。

12）机械密封冷却水温度高于 90℃。

13）给水泵轴振达到 188μm。

（3）运行时，润滑油压低于 0.15MPa 时，发报警信号并联锁启动辅助油泵。

（4）润滑油压高于 0.17MPa 且无报警信号时，允许启动给水泵。

（5）润滑油压高于 0.22MPa 时，联锁停止辅助油泵。

（6）给水泵前置泵入口滤网压差达 0.06MPa，发压差高报警。

（7）电动给水泵出口门在泵启动或投备用时，联锁开启，当泵停运或反转时，联锁关闭。

（三）电动给水泵的运行

1. 启动前的准备

（1）投运前按系统检查卡、启动通则检查完毕。

（2）确认闭式水系统运行。

（3）确认给水泵出口电动阀、旁路阀调节阀、抽头阀关闭。

（4）给水泵辅助油泵运行，检查轴承油流正常。

（5）确认泵组润滑油压大于 0.17MPa。

（6）根据要求进行油温调整。

2. 给水泵通水

（1）确认除氧器水位正常。

（2）开启给水泵入口阀。

（3）给水系统放空气阀见水后关闭。

3. 电动给水泵启动允许条件

（1）电动给水泵前置泵入口电动门全开。

（2）电动给水泵辅助油泵运行。

（3）电动给水泵过滤器下游侧油压大于 1.5MPa。

（4）除氧器水位不低于 1000mm。

（5）电动给水泵前置泵径向轴承温度不高于 90℃。

（6）电动给水泵前置泵电动机定子绕组温度不高于 90℃。

（7）电动给水泵径向轴承温度不高于 90℃。

（8）电动给水泵推力轴承温度不高于 90℃。

（9）电动给水泵所有耦合器径向轴承温度不高于 90℃。

（10）电动给水泵润滑油冷却器进油温度不高于 65℃、出油温度不高于 55℃。

（11）电动给水泵工作油冷却器进口温度不高于 110℃、出油温度不高于 75℃。

（12）无电动给水泵液力耦合器润滑油滤网差压小于 0.08MPa。

（13）给水泵前置泵及给水泵入口滤网压差小于 0.06MPa。

（14）机械密封水温度不高于 80℃。

（15）电动给水泵再循环阀全开。

4. 启动

（1）电动给水泵启动条件满足。

（2）发出启动指令，确认润滑油压大于或等于 0.22MPa，5min 后辅助油泵自动停止；开启电动给水泵出口阀。

（3）手动增加给水泵转速输出指令，注意给水泵再循环阀动作情况。

（4）锅炉上水期间采用手动调节。

（5）当汽包水位正常时，采用偏差调节方式。

5. 运行监视

（1）保持再循环截止阀开启。

（2）润滑油压力为 0.25～0.35MPa。

（3）润滑油滤网差压小于 0.08MPa（压差指示器正常）。

（4）机械密封水温度小于 80℃。

（5）给水泵轴承温度小于 90℃。

（6）电动机轴承温度小于 80℃。

（7）工作油冷油器入口温度小于 110℃。

（8）工作油冷油器出口温度小于 75℃。

（9）润滑油回油温度小于 65℃。

（10）润滑油供油温度小于 55℃。

（11）前置泵入口滤网差压小于 0.06MPa。

（12）液力耦合器轴承温度小于 90℃。

6. 停止

（1）将电动给水泵转速控制站切"手动"控制，缓慢降低电动给水泵转速，检查电动给水泵负荷已全部转移到其他给水泵。

（2）当电动给水泵的流量小于 210t/h 时，确认再循环阀自动开启。

（3）关闭电动给水泵出口电动阀。

（4）发出电动给水泵停运指令，确认给水泵电动机已停运；辅助油泵自动联启，油压大于或等于 1.7MPa；给水泵惰走时间正常。

（5）润滑油泵运行 15min 后可停止运行。

（6）停止给水泵有关冷却水。

7. 联动备用条件

（1）泵的启动条件满足。

（2）投入备用模式。

（3）再循环阀截止阀开。

（4）液力耦合器勺管位置在"零"位。

六、汽动给水泵系统设备规范及相关内容

（一）汽动给水泵系统设备规范

汽动给水泵系统设备规范见表3-7。

表 3-7　　　　　　　　　　汽动给水泵系统设备规范

设备名称	项　目		单位	规　范
给水泵汽轮机	形　式			单缸、变转速、冲动、凝汽式、下排汽
	名　称			600MW 汽轮发电机组锅炉驱动给水泵汽轮机
	型　号			TGQ10/6-1
	最大连续出力		MW	12
	排汽压力		kPa	6.18
	连续运行转速范围		r/min	3000～5000
	危急保安器动作转速		r/min	5175～5270（机械）
			r/min	5175（电气）
	汽轮机转子临界转速	一阶	r/min	2336
		二阶	r/min	7713
	盘车转速		r/min	43
	汽轮机转动方向			顺时针（由给水泵汽轮机向泵方向看）
	外形尺寸		mm	4500×3700×3700
	控制系统	闭环转速控制范围	%	10～120
		转速控制精度	%	小于 0.1
		转速定值精度	%	小于 0.1
		静态特性（死区）	%	小于 0.1
		动态特性	%	小于 0.1（转速跟踪定值）
	THA 工况	功　率	kW	6984
		低压进汽压力	MPa	0.835 2
		低压进汽温度	℃	336.3
		转　速	r/min	4748
		内效率	%	83.1
		汽　耗	kg/kWh	4.99

设备名称	项 目		单位	规 范
给水泵汽轮机	vwo 工况	功 率	kW	8888
		低压进汽压力	MPa	0.944 7
		低压进汽温度	℃	336.8
		转 速	r/min	4995
		内效率	%	82.8
		汽 耗	kg/kWh	4.92
	高压进汽压力		MPa	3.631
	高压进汽温度		℃	316.1
	汽缸数量			1
	生产厂家			北京电力设备总厂
给水泵	型 号			CHTC6/5
	流 量		m³/h	1250.6
	出口绝对压力		m	2223.5
	转 速		r/min	4942
	效 率		%	82.2
	输入功率		kW	8352.5
	水 温		℃	174.4
	生产厂家			上海凯士比泵有限公司
前置泵	型 号			SQ300-670
	转 速		r/min	1490
	流 量		m³/h	1298.2
	出口压力		m	134.5
	水 温		℃	174.4
	效 率		%	84.5
	密 度		kg/m³	892.8
	必须汽蚀余量		m	4.2
	生产厂家			上海凯士比泵有限公司
前置泵电动机	型 号			YKK450-4
	额定功率		kW	560
	额定电压		kV	6
	额定电流		A	66
	转 速		r/min	1489
	生产厂家			哈尔滨电机有限责任公司
主辅油泵	形 式			立式叶片泵
	出口压力		MPa	0.25
	流 量		L/min	347
	生产厂家			广东液压泵厂

设备名称	项目		单位	规范
主辅油泵电动机	电动机型号			YB160M-4
	额定功率		kW	11
	额定电压		V	380
	额定转速		r/min	1470
	生产厂家			
直流事故油泵	形式			立式叶片泵
	出口压力		MPa	0.25
	流量		L/min	347
	生产厂家			广东液压泵厂
直流事故油泵电动机	电动机型号			Z2-52
	额定功率		kW	7.5
	额定电压		V	220
	额定转速		r/min	1500
润滑油冷却器	形式			板式
	换热面积		m²	25
	冷却水流量		kg/h	36 000
	冷却水侧压降		kPa	20
	冷却水压力		MPa	0.1～0.4
	油侧压降		kPa	25
	设计温度	进水	℃	低于33
		进油	℃	60
		出油	℃	42
	生产厂家			GEA
	润滑油型号			32号 L-TSA 汽轮机油
过滤器	型号			SW-F630X40FW
	流量		L/min	630
	过滤精度		μm	40
	滤芯型号			XW-630X40H
	生产厂家			中船总公司九江市707所

（二）汽动给水泵联锁与保护

1. 汽动给水泵报警、跳闸条件

汽动给水泵报警、跳闸条件见表3-8。

表 3-8　　　　　　　　　　汽动给水泵报警、跳闸条件

序号	项　　目	单位	报警值	跳闸值	备注
1	前置泵入口滤网压差	MPa	0.06		
2	前置泵滚动轴承温度	℃	90	100	
3	前置泵径向轴承温度	℃	80	90	
4	前置泵电动机温度	℃	140	150	
5	给水泵入口滤网压差	MPa	0.06		
6	给水泵支撑轴承	℃	90	100	
7	给水泵推力轴承	℃	90	100	
8	机械密封水回水温度	℃	80	90	
9	给水泵轴承振动	mm	0.5	0.75	
10	润滑油过滤器压差	MPa	0.35		
11	给水泵汽轮机轴承温度	℃	75		
12	给水泵汽轮机油箱油位	mm	±150		
13	给水泵汽轮机润滑油压力	MPa	0.15	0.08	
14	给水泵汽轮机真空低	kPa	67.7	47.7	
15	控制油压	MPa		6	
16	给水泵汽轮机轴振动	mm	0.1	0.15	
17	转子轴向位移	mm	±0.7	±0.9	
18	跳闸转速	r/min		5270	
19	润滑油温度	℃	50		
20	轴承回油温度	℃	65	75	

2. 联锁与保护

（1）汽动给水泵跳闸，联锁启动电动给水泵。

（2）当油箱油位低-150mm 时，禁止启动油泵。

（3）当油箱温度低于 25℃时，禁止启动第一台油泵。

（4）当润滑油泵全部停止时，方可停止排烟风机。

（5）润滑油母管油压。

1）当油压降至 0.15MPa 时，发油压低报警。

2）当油压降至 0.12MPa 时，备用油泵联动。

3）当油压降至 0.08MPa 时，事故油泵启动。

4）当油压降至 0.05MPa 时，停止盘车运行。

（6）盘车装置。

1）当给水泵汽轮机转速升到 50r/min 时，盘车转子自动切除。

2）当给水泵汽轮机转速下降到 30r/min 时，盘车装置自动投入。

（三）系统投运

1. 启动准备

（1）投运前按系统检查卡、启动通则检查完毕。

（2）泵体充水与电动给水泵相同。

2. 油系统投入

（1）确定油箱油位正常。

（2）交、直流油泵送电。

（3）当润滑油温度低于 25℃时，投电加热器提高油温到 30℃后，加热器自动停止。

（4）冷却水系统运行正常。

（5）启动排烟风机。

（6）启动一台油泵，进行油循环，将切换阀置中间位，开启过滤器、冷油器排气阀，使两过滤器压力相同，两冷油器压力相同。

（7）将切换阀投向一侧，使一侧冷油器、过滤器工作。

（8）检查油箱油位正常。

（9）将油温提至 42℃。

（10）启动一台交流油泵，将另一台油泵投入自动位。

（11）将直流事故润滑油泵联锁开关投自动位。

3. 盘车装置投入运行

盘车投运条件为泵体充水完毕；润滑油系统、润滑油压正常；排烟风机运行；油泵运行，备用泵处于备用状态；高、低压进汽阀关闭；汽轮机疏水阀开启；盘车电动机处于"停止"位；汽轮机转子处于静止状态。

4. 投入轴封

（1）对于冷态启动，给水泵汽轮机与汽轮机可同时投入轴封，抽真空。

（2）轴封系统充分暖管。

（3）开启轴封排气阀。

（4）开启轴封供汽至给水泵汽轮机供汽阀，控制供汽压力为 0.103～0.130MPa。

（5）如汽轮机已运行，投入给水泵汽轮机，逐步打开真空蝶阀旁路门，当给水泵汽轮机真空与汽轮机凝汽器真空接近后，打开真空蝶阀。

5. 给水泵汽轮机启动

（1）启动条件。

1）冷态启动（在盘车 8h 以上，汽缸法兰内壁温度在 100℃以下），连续盘车 4h以上。

2）热态启机（在盘车 8h 内，汽缸法兰内壁温度在 100℃以上），连续盘车 2h以上。

3）确认轴封压力为 0.103～0.130MPa。

4）汽轮机负荷带到 200MW，主机四段抽汽压力为 0.25～0.30MPa。

5）交流备用泵处于"备用"状态。

6）直流事故泵处于"备用"状态。

7）高、低压主汽门关闭。

8）所有的跳闸条件复位。

9) 润滑油压为 0.25MPa。

10) 油箱温度在 35℃以上。

11) 控制油压力大于 8MPa。

12) 汽轮机在盘车状态，转速为 43r/min。

13) 汽动给水泵前置泵入口阀开启。

14) 1 号高压加热器出口、3 号高压加热器入口或高压加热器旁路阀开启。

15) 打开高、低压主汽门和调节汽门的疏水门，打开各种管道疏水门，开始主汽门前暖管。

16) 冷段再热器至给水泵汽轮机电动阀开启或四段抽汽至给水泵汽轮机电动阀、四段抽汽止回阀、四段抽汽电动阀开启。

17) 检修后的启动，在冲转前再次对机械密封水和泵体进行排气操作。

（2）给水泵汽轮机启动：

1) 汽动给水泵组冷态启动步骤：复位汽轮机，打开主汽门；先操作 MEH 操作画面上的"BFPT 复位"按钮或 MEH 操作盘上挂闸按钮，然后输入目标转速900r/min，确认后转速将以 300r/min^2 的升速率自动升至 900r/min，暖机 15min；输入目标转速1800r/min，确认后转速将以 300r/min^2 的升速率自动升至 1800r/min，暖机 15min；输入目标转速 3000r/min，确认后转速将以 1200r/min^2 的升速率自动升至 3000r/min，暖机 10min；所有疏水门全部关闭，打开高压主汽门、调节汽门、门杆漏汽管截门；可将汽动给水泵泵组并入给水系统，操作画面上的"锅炉自动控制"按钮，实现自动调节，或者操作 MEH 操作画面上的"手动/自动"按钮进行手动操作；汽轮机负荷升至300MW 时，启动第二台汽动给水泵。启动中应注意转速上升平稳，不能产生过大的波动。如波动过大时应立即停止，并查明原因。

2) 汽动给水泵泵组热态启动步骤：打开高、低压主汽门的疏水门，开始主汽门前暖管。如果给水泵与汽轮机已经解开对轮，在此时连上对轮；复位汽轮机，打开主汽门；先操作 MEH 操作画面上的"BFPT 复位"按钮；输入目标转速 900r/min，确认后转速将以 300r/min^2 的升速率自动升至 900r/min，暖机 5min；输入目标转速 1800r/min，确认后转速将以 300r/min^2 的升速率自动升至 1800r/min，暖机 5min；输入目标转速 3000r/min，确认后转速将以 1200r/min^2 的升速率自动升至 3000r/min，暖机 5min；可将汽动给水泵组并入给水系统，在除氧给水画面上选择"远方请求"，然后在 MEH 操作画面上 30s 内选择"投入遥控"，汽动给水泵转入自动调节；升速过程中要经常监视机组振动和机组内部是否有金属摩擦声，如有异常情况发生应该降速暖机至正常为止，再继续升速。

6. 运行监视

（1）运行及备用状态的给水泵再循环截止阀保持开启。

（2）高压主汽门前蒸汽参数变化范围：蒸汽压力为（3.631±0.6）MPa，蒸汽温度为 321.1～301.1℃。

（3）低压主汽门前蒸汽参数变化范围：蒸汽压力为（0.835±0.003）MPa，蒸汽温度为 341.3～326.3℃。

（4）润滑油温度为 42℃。

（5）轴承润滑油压为 0.25～0.35MPa。

（6）轴封供汽压力为 0.103～0.130MPa。

（7）油箱油位为 250～350mm。

（8）轴振动小于 0.1mm。

（四）汽动给水泵组停运

（1）注意保持机组运行工况稳定。

（2）降低预停给水泵汽轮机的转速，注意锅炉汽包水位及预停给水泵的再循环阀开启情况。

（3）当泵出口压力小于母管压力时，关闭预停给水泵的出口阀。

（4）发出给水泵汽轮机跳闸指令，停止汽动给水泵组后油动机处于关闭位置。

（5）注意惰走时间。当转子转速降至盘车转速 43r/min 时，盘车装置应自动投入，否则应手动开启。

（6）打开高、低压主汽门的疏水门。

（7）汽动给水泵组停止后，盘车 8h。当汽缸法兰内壁温度低于 100℃时，停止盘车和主油泵。

（8）轴封供汽阶段，禁止停盘车。汽轮机和给水泵汽轮机同时停止时，停止轴封供汽。给水泵汽轮机单独停止时，可在汽缸法兰内壁稳定降至 100℃时关闭排汽真空蝶阀，停止轴封供汽。

（9）在盘车状态下不得对给水泵进行放水操作，严禁在无水状态下盘车。

（10）在汽轮机打闸后，应继续进一步降低除氧器压力，使汽动给水泵停用时除氧器内水温在较低值。

（五）机组运行中汽动给水泵组的隔离

1. 隔离给水系统

（1）关闭给水泵出口阀。

（2）关闭再循环手动隔离阀。

（3）关闭抽头阀。

（4）关闭入口阀。

2. 隔离给水泵冷却水

（1）关闭冷却水进水阀。

（2）关闭冷却水出水阀。

3. 隔离给水泵汽轮机蒸汽侧

（1）关闭给水泵汽轮机高压汽源进汽阀。

（2）关闭给水泵汽轮机低压进汽阀。

（3）关闭给水泵汽轮机排气电动蝶阀。

（4）关闭给水泵汽轮机排气电动蝶阀旁路阀。

（5）关闭给水泵汽轮机高、低压主汽阀前后疏水阀。

（6）关闭给水泵汽轮机缸体疏水阀。

（7）关闭轴封供、排汽阀及疏水阀，注意汽轮机真空变化。

第五节 真空抽气系统

维持凝汽器最有利真空是提高机组循环热效率的主要方法之一。凝汽式汽轮机均配有完备的凝汽系统，一方面在汽轮机排汽口建立高度真空，另一方面回收洁净的凝结水作为锅炉给水循环使用。600MW 亚临界机组的凝汽器同时冷却汽轮机和给水泵汽轮机的排汽。

机组正常运行时会有部分不凝结气体进入凝汽器，这些不凝结气体主要来源于锅炉给水中溶解的一些不凝结气体和漏入真空系统的空气。这些气体无法在凝汽器内凝结，如果不及时除去，就会积聚在凝汽器加热管束表面，阻碍蒸汽凝结放热，影响凝汽器的真空度，并且使凝结水的过冷度增大。因此，机组设有真空系统，用来建立和维持汽轮机组的低背压和凝汽器的真空。真空抽气系统主要包括汽轮机的密封装置、抽气器以及相应的阀门、管路等设备和部件。本机组采用的是水环式真空泵系统。

真空系统如图 3-5 所示。

一、系统概述

真空系统配有 3 台 50％容量的水环式真空泵组。泵组由水环式真空泵、汽水分离器、机械密封水冷却器、泵组内部有关连接管道、阀门及电气控制设备等组成。

高、低背压凝汽器壳体上均有两个抽空气的接口，抽空气管道上均安装截止阀。各真空泵入口依次装设截止阀（正常运行时常开，仅在其中一台需要检修时才关闭）、气动蝶阀和止回阀水环式真空泵属于机械式抽气器，具有性能稳定、效率高等优点，广泛用于大型汽轮机的凝汽设备上，但它的结构复杂，维护费用较高。

由凝汽器抽吸来的气体经气动蝶阀进入由低速电动机驱动的水环式真空泵，被压缩到微正压时排出，通过管道进入汽水分离器。分离后的气体经汽水分离器顶部的对空排气口排向大气；分离出的水与补充水一起进入机械密封水冷却器。被冷却后的工作水一路喷入真空泵进口，使即将吸入真空泵的气体中的可凝结部分凝结，提高真空泵的抽吸能力；另一路直接进入泵体，维持真空泵的水环厚度和降低水环的温度。

真空泵内的机械密封水由于摩擦和被空气中带有的蒸汽加热，温度升高，且随着被压缩气体一起排出，因此，真空泵的水环需要新的冷机械密封水连续补充，以保持稳定的水环厚度和温度，确保真空泵的抽吸能力。水环除了有使气体膨胀和压缩的作用之外，还有散热、密封和冷却等作用。

汽水分离器顶部接对空排气管道，以排出分离出的空气。排气管道上可设置止回阀，用于防止外界空气经备用泵组倒入凝汽器。

汽水分离器的水位由进口阀进行调节。分离器水位低时，通过进口阀补水；水位高时，通过排水阀，将多余的水排出。

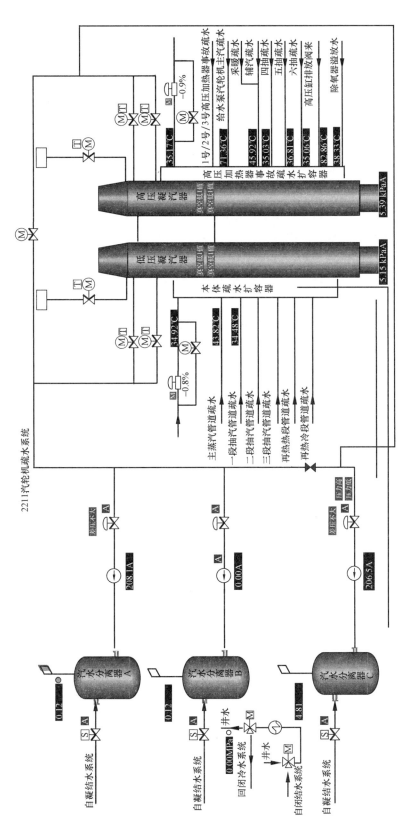

图 3-5 真空系统

汽水分离器的补充水来自凝结水泵出口及闭式冷却水，通过水位调节阀进入汽水分离器，经冷却后进入真空泵，以补充真空泵的水耗。机械密封水冷却器的冷却水源来自闭式冷却水系统。

凝汽器壳体上接有真空破坏系统，其主要设备是一个电动真空破坏阀和其入口装设的水封系统和滤网。当汽轮机紧急事故跳闸时，真空破坏阀开启，使凝汽器与大气连通，快速降低汽轮机转速，缩短汽轮机转子的惰走时间。

凝汽器有关管道及抽真空系统的另一个重要作用是收集主蒸汽系统、再热蒸汽系统、汽轮机旁路系统、回热抽汽系统、辅助蒸汽系统、汽轮机轴封系统、加热器疏放水系统等的所有疏水。疏水通过与凝汽器相连的疏水扩容器降压、降温后，进入凝汽器。为防止水进入汽轮机，并防止疏水管路之间相互连通，所有疏水管道与凝汽器的接口均设在凝汽器热水井最高水位以上。

二、系统运行

正常运行时，即凝汽器良好、机组及热力系统漏气正常时，两台真空泵运行即可维持凝汽器真空，满足在机组的各种运行工况下抽出凝汽器内的不凝结气体的需要。如果运行真空泵抽吸能力不足或因其他原因凝汽器真空下降时，可启动备用泵，3台真空泵同时运行，从而保证真空泵始终保持在设定的抽汽压力范围内运行，确保凝汽器真空。

启动时，为加快凝汽器抽真空的过程，同时开启3台真空泵。在设计条件下，3台真空泵同时运行，可在较短时间内在凝汽器内建立需要的真空。当凝汽器真空达到汽轮机冲转条件时，其中一台真空泵可停止运行，作为备用，并关闭其进口蝶阀。

泵组启动前，通过汽水分离器向泵组充机械密封水。当泵体注入一定高度的密封水以后，启动真空泵，密封水在真空泵内形成水环，并将真空系统内的气体排出。真空泵空气吸入口处的气动蝶阀起隔离作用。气动蝶阀的前后压力信号接入压差开关，压差开关通过压差整定值来控制蝶阀开关。只有当实际压差小于该整定值时，气动蝶阀才开启，凝汽器真空系统内的气体通过蝶阀吸入真空泵。这样，可防止真空泵启动时大量空气由真空泵倒灌入凝汽器，以确保凝汽设备及系统的正常运行。

三、真空系统设备规范及相关内容

（一）真空系统设备规范

真空系统设备规范见表3-9。

表3-9　　　　　　　　　　　　　真空系统设备规范

设备名称	项　目	单　位	规　范	备注
真空泵	形　式		水环式	
	型　号		2BW4353-0EK4	
	抽汽量	m^3/min	36.5～89	
	安装位置		室内	
	材　料		不锈钢	
	密封水源		冷凝水	
	转　速	r/min	590	

续表

设备名称	项 目	单 位	规 范	备注
真空泵	吸入绝对压力	hPa	33～1013	
	供液量	m³/h	4～13	
	排出绝对压力	hPa	1013	
	泵 重	kg	2000	
	出厂日期		2007 年 11 月	
	台 数	台	3	
	生产厂家		广东佛山水泵厂有限公司	
真空泵电动机	型 号		Y355L2-10	
	额定功率	kW	160	
	额定电压	V	380	
	额定电流	A	333	
	功率因数		0.78	
	绝缘等级		F	
	转 速	r/min	590	
	生产日期		2007 年 8 月	
	生产厂家		湘潭微特电机有限公司	
真空泵冷却器	形 式		板式	
	型 号		M10	
	流 程		1	
	换热面积	m²	12.24	
	板片数量	片	53	
	板片厚度	mm	0.5	
	板片材质		316LSS	
	单片面积	m²	0.24	
	密封水流量	m³/h	20	
	冷却水流量	m³/h	26	
	密封水侧压降	kPa	2	
	冷却水侧压降	kPa	3	
	设计压力	MPa	1	
	试验压力	MPa	1.5	
	设计温度	℃	90	
	生产厂家		阿法拉伐	
抽空气管道冷却泵电动机			三相异步电动机	
	型 号		Y2-90L-2	
	额定功率	kW	2.2	
	额定电压	V	220/380	

设备名称	项 目	单 位	规 范	备注
抽空气管道冷却泵电动机	额定电流	A	8.31/4.85	
	功率因数		0.85	
	绝缘等级		F	
	转 速	r/min	2845	
	效 率	%	81	
深井水泵	型 号		175QJ63-88/25	
	流 量	m³/h	63	
	扬 程	m	88	
	电动机功率	kW	25	
	数 量	台	1	
深井水供水提升泵	型 号		175QJ63-88/25	
	流 量	m³/h	54	
	扬 程	m	98	
	电动机功率	kW	22	
	数 量	台	2	

（二）联锁与保护

（1）运行真空泵跳闸，备用泵联锁启动。

（2）当真空系统压力达到12kPa时，启动备用泵。

（3）当真空系统压力达5kPa时，停1台泵备用。

（4）当真空泵入口蝶阀前、后压差达3kPa时，自动开启碟阀。

（5）当水箱水位达900mm时，发高水位报警，自动关闭补水阀。

（6）当水箱水位达820mm时，发低水位报警，自动关闭补水阀。

（7）当发电机未并网或汽轮机跳闸时，可开启真空破坏阀。

（三）系统的投运

（1）投运前按系统检查卡、启动通则检查完毕。

（2）压缩空气系统已投运。

（3）循环水系统已投运。

（4）凝结水系统已投运。

（5）轴封、盘车已投运。

（6）凝汽器真空破坏阀关闭，密封水投入。

（7）启动真空泵，真空泵入口蝶阀自动开启。

（四）运行监视

（1）分离水箱水位在（850±30）mm范围之内。

（2）轴承的温度不超过75℃，温升不超过50℃。

（3）真空破坏阀密封水室注满水。

（五）系统停运

（1）停止运行泵，确认真空泵入口蝶阀关闭。

（2）当汽轮机转速降至 400r/min 以下时，可打开真空破坏阀。

（3）停止补充水和冷却水。

（4）运行中发现真空泵运行异常时应检查：

1）真空泵系统进口阀是否关闭，真空泵控制盘仪用空气压力值正常应为 0.55～0.83MPa。

2）真空泵控制盘内的差动真空开关应闭合。

3）真空泵排放分离器压力正常不应超过 1270Pa。

4）分离器水位应正常，如过低应检查低水位补水电磁阀及浮子式水位开关工作是否正常，过滤器是否堵塞。

（六）真空泵制冷机组

1. 联锁与保护

（1）制冷机启动时，冷冻水泵联启，压缩机延时 3min 启动。

（2）制冷机停止时，冷冻水泵联停。

（3）制冷机跳闸，冷冻水泵不联跳。

（4）需手动复位的保护：

1）当高压压力大于 2.15MPa 时，压缩机跳闸，发现压缩机跳闸后，需在液晶屏上手动停止压缩机运行，然后按下控制箱左侧跳闸压缩机对应的复位按钮。检查压缩机无异常后可以重新启动。

2）过电流继电器动作，压缩机跳闸，发现压缩机跳闸后，需在液晶屏上手动停止压缩机运行，然后按下控制箱右侧门内压缩机接触器下方的热偶复位按钮。检查压缩机无异常后可以重新启动。

3）其余保护动作均为自动复位，只需停止压缩机运行后就可以直接启动。

2. 真空泵制冷机投运

（1）检查制冷机送电完毕，机组完好、闭冷水运行正常。

（2）开启制冷机冷却水出口门、开启制冷机冷却水入口门、关闭制冷机冷却水旁路门。

（3）检查制冷机冷却水运行正常。

（4）开启制冷机冷冻水出、入口门。

（5）进入液晶屏主菜单，确认主机运行参数设定正确后，进入机组运行画面，按下"机组启动"按钮，启动主机。

（6）检查冷冻水泵运行正常。

（7）关闭冷冻水旁路门。

启动主机 3min 后，压缩机启动，检查机组运行正常，冷冻水出口温度下降。

3. 运行中监视

（1）机组控制箱上红灯亮，当红灯闪烁或者橙灯亮时，表示可能有保护装置动作。

（2）低压：蒸发器正常操作压力低于 0.05MPa 或高于 0.65MPa 表示不正常状态。

（3）高压：正常运行的排汽压力低于 1.2MPa 或高于 2.2MPa 表示不正常状态。

（4）制冷机冷却水出、入口温度正常。

（5）制冷机冷冻水出、入口温度正常。

4．制冷机组停止

（1）开启冷冻水旁路门。

（2）进入机组运行画面，按下"机组停止"按钮，停止主机运行。

（3）检查机组已停止。

（4）关闭冷冻水出、入口门。

（5）开启冷却水旁路门。

（6）关闭冷却水出、入口门。

5．注意事项

（1）机组启动或正常运行时，保证冷却水投入正常。

（2）真空泵停止时，要先停止制冷机运行。

（3）真空泵运行时，制冷机冷冻水泵跳闸时，需快速打开冷冻水旁路门或停止真空泵运行。

（4）冬季停机时，需将蒸发器、冷凝器和水管内的水全部排出。

（5）当真空泵运行，制冷机组启动后，需确认冷冻水泵运行正常后才能关闭冷冻水旁路门。制冷机组停运前，要先开冷冻水旁路门，然后才可以停止机组运行。

（6）温度范围：冷却水出水温度为 22～37℃，冷冻水出水温度为 5～20℃。

（七）凝汽器分裂运行操作步骤

（1）开启 C 真空泵入口分裂门。

（2）关闭 C 真空泵入口门。

（3）关闭高、低压凝汽器联络空气门。

（八）抽空气管道冷却系统投运

（1）开启管道泵出、入口阀门。

（2）开启抽空气冷却水溢流至凝汽器门。

（3）启动抽空气管道冷却水泵。

（九）真空泵深井水系统投运步骤

（1）停运真空泵，关闭闭冷水至真空泵冷却水出、入口门。

（2）确认循环水回水管道放水二次门已关闭，开启循环水回水管道放水一次门。

（3）开启深井水至真空泵冷却器出口门。

（4）启动深井水泵及一台供水提升泵。

（5）缓慢开启深井水至真空泵冷却器入口门，观察压力与温度变化情况。

（6）启动真空泵。

（十）真空泵深井水系统停运步骤

（1）停止真空泵。

（2）关闭深井水至真空泵冷却器入口门。

（3）视情况决定是否停运深井泵。

（4）关闭循环水回水管道放水一次门。

（5）开启循环水回水管道放水二次门。

（6）开启闭冷水至真空泵冷却器出口门，进行管道冲洗。

（7）待放水处水流连续且水质澄清后，关闭循环水回水管道放水二次门。

（8）关闭深井水至真空泵冷却器出口门。

（9）开启闭冷水至真空泵冷却器入口门。

（10）启动真空泵。

（十一）真空泵深井水系统投运注意事项

（1）因真空泵冷却器设计压力为1MPa，为防止冷却器超压损坏，井水至真空泵冷却器出口门及循环水管道放水一次门（或二次门）未开启时，禁止开启入口门。

（2）深井水至真空泵冷却器入口门未关闭时，禁止关闭出口门和循环水管道放水门。

（3）深井泵未启动，禁止将深井水至循环水管道导通，防止循环水倒流，杂物堵塞冷却器。

（4）由深井水倒至闭冷水过程中，应使用闭式冷却水回水冲洗管道，确认管道冲洗清洁后再投入闭式冷却水运行，避免闭式冷却水水质恶化。

第六节　循 环 冷 却 水 系 统

机组的循环冷却水系统包括循环水系统、开式水系统和闭式冷却水系统。

凝汽式发电机组，为了使汽轮机的排汽凝结，凝汽器需要大量的循环水。发电厂中还有许多转动机械因轴承摩擦而产生大量热量，发电机和各种电动机运行因存在铁损和铜损也会产生大量的热量。为确保这些设备的安全运行，根据冷却对象的需要，分别用开式冷却水或闭式冷却水进行冷却。

一、循环水系统

在凝汽器里，用于冷却和凝结汽轮机排汽的水系统称为循环水系统。循环水系统主要由循环水泵，凝汽器换热系统，凝汽器出、入口门，胶球清洗系统等组成。

循环水的来水经循环水泵升压后，通过循环水母管进入主厂房，在进入凝汽器之前分为两路，分别经过凝汽器循环水进口电动阀进入低压凝汽器的两侧，然后流入高压凝汽器。在凝汽器内冷却汽轮机的排汽后，通过凝汽器循环水出口电动阀，接至循环水排水母管。

循环水系统长期运行会引起管束脏污、结垢，降低传热效果，影响凝汽器真空。因此，在凝汽器的两侧各设一套胶球清洗系统，定期清洗凝汽器换热管束。

在循环水系统里，分别引出了开式冷却水系统的去水和回水管路。

循环水系统如图3-6所示。

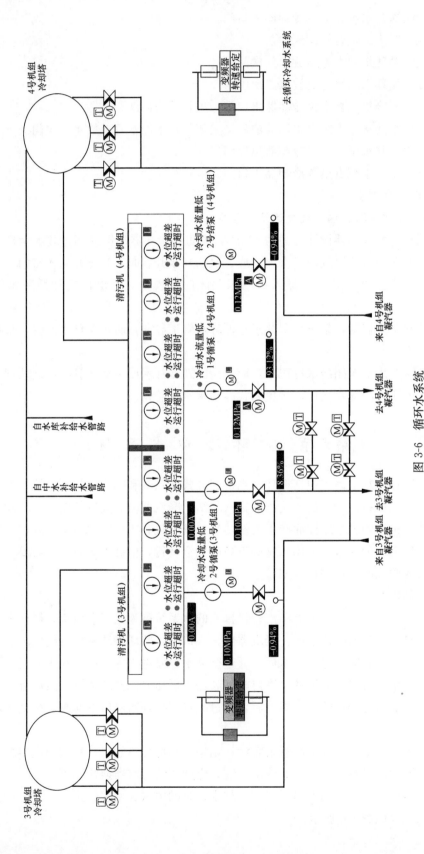

图 3-6 循环水系统

二、开式水系统

用开式水泵将循环水升压后直接去冷却一些对水质要求不高、需要水温较低而用水量大的设备（闭式水冷却器）的系统称为开式水系统。

开式水系统如图 3-7 所示。

循环水进水管在进入主厂房后引出一路水源，通过开式水泵升压后，供开式水系统的各冷却设备。循环水在各冷却设备内吸收热量，温度升高，最后排至凝汽器循环水的出口管道。开式循环冷却水的流程为循环水进水母管→过滤器→开式水泵→止回阀→闭式冷却水冷却器→循环水排水母管。使用开式水进入闭式冷却水热交换器，作为冷却介质去冷却闭式冷却水系统的冷却水。

开式循环水进水管和排水管均有两根。每台机组设两台 100% 容量开式水泵。正常运行时，1 台运行，1 台备用。泵前的进水管道上各设有 1 只反冲洗滤网，滤网的进、出水侧各设有 1 只蝶阀，用于滤网检修。跨滤网接出 1 只压差开关，在滤网压差高时，自动清洗滤网，并发出报警。滤网设置 1 个旁路，用于滤网检修时用。每台水泵的进口设置 1 只电动蝶阀，出口设置 1 只止回阀和电动蝶阀。

机组启动前，开式水系统应先投入运行。开式水系统启动前应充水放气。系统投运前必须保证循环水泵已经运行，开式水泵的出口阀门已打开，各冷却器的进、出口阀门已打开。之后，可手动开启 1 台开式水泵。

当机组停运时，开式循环冷却水系统必须继续运行一段时间，直到设备剩余的热量完全排出为止。

三、闭式冷却水系统

对于冷却用水量小、水质要求高的一些设备，设置闭式冷却水系统。系统采用凝结水作为冷却介质，可防止冷却设备的结垢和腐蚀，防止通道堵塞并保持冷却设备的良好传热性能。一般，闭式冷却水系统的水温比开式循环水的温度高 4～5℃。闭式冷却水系统的冷却对象为发电机氢侧密封油冷却器、发电机空侧密封油冷却器、抗燃油冷却器、发电机氢气冷却器、发电机定子水冷却器、电动给水泵工作油冷却器、电动给水泵润滑油冷却器、电动给水泵电动机润滑油冷却器、凝结水泵电动机润滑油冷却器、汽动给水泵汽轮机润滑油冷却器、水环式真空泵冷却器、汽轮机润滑油冷却器等。

闭式冷却水系统如图 3-8 所示。

闭式冷却水系统主要包括 1 台高位布置的闭式冷却水膨胀水箱、两台 100% 容量的闭式冷却水泵、两台 100% 容量的闭式冷却水热交换器、各闭式冷却水冷却器及其管道和附件。

闭式冷却水系统流程为闭式冷却水膨胀水箱→闭式冷却水泵→闭式冷却水热交换器→闭式冷却水供水母管→各闭式冷却水冷却器→闭式冷却水回水母管→闭式冷却水泵进口。正常运行时，闭式冷却水泵 1 台运行，1 台备用。

闭式冷却水系统的正常补充水为凝结水，初次充水由凝输泵来的除盐水完成。补充水补入闭式膨胀水箱。补充水管道上装有气动调节阀，其前、后设隔离阀，并有旁路阀供调节阀检修时通水。调节阀组的作用是调节补充水量，维持膨胀水箱水位。

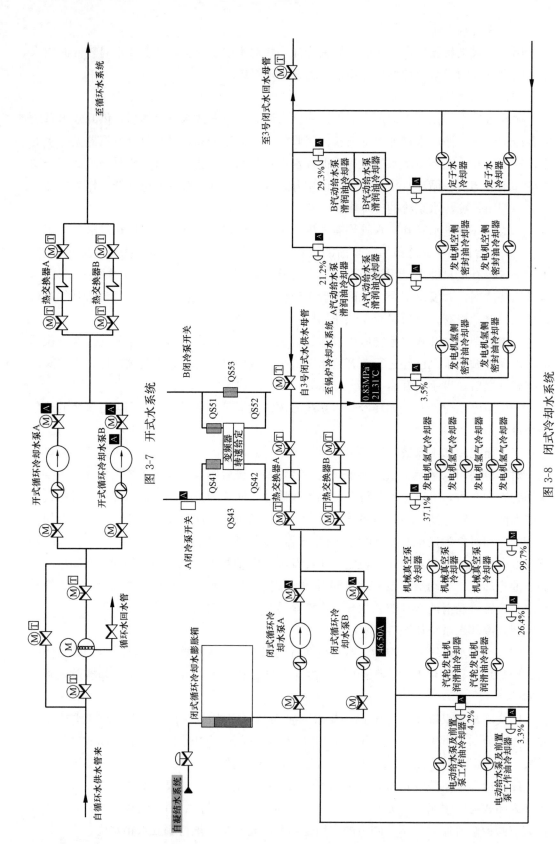

图 3-7 开式水系统

图 3-8 闭式冷却水系统

闭式冷却水膨胀水箱作为闭式冷却水的缓冲水箱，其作用是调节整个闭式冷却水系统循环水量的波动，以及吸收水的热膨胀。水箱高位布置，可为闭式冷却水泵提供足够的净吸入压头。水箱的正常水位只维持水箱容积的1/2，使其有一定的膨胀空间。水箱水位由水位控制器和补充水管道上的流量调节阀来控制。水箱为大气式，顶部设有呼吸阀。水箱还设有溢流和放水管道。

每台闭式冷却水泵入口设置1只手动蝶阀和1只滤网，出口设置1只止回阀和1只蝶阀。蝶阀的作用是在水泵检修时隔离水泵来水，正常运行时蝶阀应处于全开位置。滤网可以防止杂物进入泵内。在滤网上装有压差开关，当滤网受堵，压降达到整定值时向集控室报警。出口的止回阀能够防止冷却水倒灌入备用泵中。

闭冷水热交换器的作用是用开式水冷却吸热后温度上升的闭式冷却水。热交换器的壳侧介质是闭式冷却水，管侧介质是开式水。为防止水质较差的循环水渗漏进水质好的闭式冷却水，设计时保持闭式冷却水压大于开式水压。热交换器进、出口均设闸阀。

在闭式冷却水系统启动充水前，开启各冷却设备前、后的隔离阀和放气阀；向膨胀水箱上水，直至其水位达到正常运行水位，投入水位调节系统，然后启动闭式冷却水泵。通过调节各冷却器出口管道上隔离阀的开度，控制冷却水量。

机组停运后，可停止闭式冷却水系统的运行。系统停运后，应将设备水室和管道的存水通过放水门排尽。

四、循环水系统设备规范及相关内容

（一）循环水系统设备规范

循环水系统设备规范见表3-10。

表 3-10　　　　　　　　　　　　循环水系统设备规范

设备名称	项　目	单　位	规　范	
			高速	低速
循环水泵	形　式		斜流泵	
	型　号		88LKXA-24.2	
	扬　程	m	24.2	19
	流　量	m³/h	34 560	30 600
	效　率	%	88.2	88
	必须汽蚀余量		8.66	
	转　速	r/min	372	330
	轴功率	kW	2584	1800
	数　量	台	4	
	轴承润滑水量	t/h	3.5	
	轴承润滑水压力	MPa	0.3	
	生产厂家		长沙水泵厂	

续表

设备名称	项　目	单位	规　范	
			高速	低速
循环水泵电动机	型　号		YKSL3000-16/2150	
	额定功率	kW	3000	
	额定电压	kV	6	
	额定电流	A	390（A泵）/363（B泵）	
	额定转速	r/min	372（A泵）/371（B泵）	
	绝缘等级	级	F	
	接线方式		Y	
	生产厂家		哈尔滨电机有限责任公司	
	生产日期		2009/2007	
变频器	型　号		A06/370	
	容　量	kVA	3750	
	适配电动机功率	kW	3000	
	额定输入电压	kV	6000±10%	
	50Hz 输入电流	A	310（3A泵）/285（4A泵）	
	额定输出电流	A	370	
	运行环境温度	℃	5～30	
	冷却方式		风冷	
	过载能力		120%进行动态限制 150%延时 4s 重故障跳闸 200%延时 10ms 重故障跳闸	
	输入频率	Hz	45～55	
	输出频率	Hz	0.5～120	
	单泵运行频率	Hz	37～50	
	双泵运行频率	Hz	37～49	
清污机	型　号		ZSB 型转刷网篦式清污机	
	名义口宽度	mm	3495	
	水室深度	mm	9000	
	额定功率	kW	5.5	
	板刷运行速度	m/min	7.9	
	网篦净口尺寸	mm	3.5×35	
	生产厂家		北京泰禹丰水电技术有限公司	
	出厂日期		2008 年 3 月	

设备名称	项　目	单　位	规　范	
			高速	低速
冷却塔	塔身高度	m	120	
	通风筒高度	m	7.82	
	喉部高度	m	90	
	水池直径	m	94.56	
	喉部直径	m	50.678	
	水池深度	m	2.0	
	冷却面积	m²	5750	
润滑水泵	形　式		离心泵	
	型　号		Q80—65—125	
	扬　程	m	18	
	流　量	m³/h	60	
	转　速	r/min	2980	
	必须汽蚀余量	m	3.5	
	质　量	kg	53.5	
	数　量	台	8	
	生产厂家		长沙水泵厂有限公司	
润滑水泵电动机	型　号		Y132.S1-2	
	额定功率	kW	5.5	
	额定电压	V	380	
	额定电流	A	11.1	
	额定转速	r/min	2900	
	绝缘等级		B	
	接线方式		△	
	生产厂家		湖南朝阳重工科技有限公司	
	生产日期		2007 年 7 月	

（二）联锁与保护

（1）运行循环水泵跳闸，备用循环水泵联动。

（2）循环水泵跳闸条件。

1）循环水泵启动 30s 后，出口阀未开启，循环水泵跳闸。

2）循环水泵出口阀全开信号消失且全关信号来。

3）循环水泵电动机定子温度为 145℃，6 取 2 延时 10s。

4）循环水泵电动机前、后轴承温度达 90℃延时 10s。

5）循环水泵液控碟阀关至 15%，且开信号消失。

6）循环水泵润滑冷却水流量低。

（3）水塔水位高于 2.1m 或低于 1.5m，发高、低报警。

（4）当清污机前后水位差大于 150mm，清污机自动启动。

（5）当清污机前后水位差大于 300mm，发拦污栅堵塞报警。

（6）吸水池水位低（7m）发低水位报警。

（7）泵坑水位高联启排水泵。

（三）系统的投运

（1）投运前按系统检查卡、启动通则检查完毕。

（2）将水塔补水至 1.9～2.0m。

（3）循环水泵启动前保证循环水泵轴承润滑水及电动机轴承冷却水正常，且无流量低信号。

1）润滑冷却水泵投入。

a. 润滑水滤网出、入口阀开启，旁路阀关闭。

b. 开启润滑冷却水入口阀。

c. 启动润滑冷却水泵。

d. 开启润滑冷却水出口阀。

2）润滑冷却水泵停止。

a. 关闭润滑冷却水出口阀。

b. 停止润滑冷却水泵。

（4）循环水泵的启动：

1）允许启动条件：

a. 循环水泵 A 出口门关反馈来或处于备用状态时出口门关闭。

b. 无润滑冷却水流量低信号。

c. 循环水泵电动机绕组温度不超过 120℃。

d. 循环水泵轴承温度不超过 80℃。

e. 任一侧凝汽器出、入口门全开信号都来。

2）循环水泵工频启动：

a. 将循环水泵出口阀联锁开关打置"联锁"位。

b. 启动循环水泵。

c. 出口蝶阀开启。

d. 凝汽器水侧排尽空气后关闭空气门。

e. 将备用循环水泵联锁开关投入至"联锁"位。

3）循环水泵变频启动：

a. 将循环水泵出口阀联锁开关打置"联锁"位。

b. 点击"1 号循环水泵"，在弹出的菜单中点击"启动"按钮，检查反馈变为红色。

c. 点击"变频器"按钮，在弹出的菜单中点击"启动"按钮，循环水泵自动升至最低频率（37Hz）。

d. 点击"转速给定"按钮，在弹出的菜单中输入目标频率。

e. 其他操作同工频启动。

（四）运行监视

（1）水塔水位为（1.9±0.1）m。

（2）水塔喷淋正常，上升管无泄漏现象。

（3）循环水泵轴承润滑水压力大于 0.35MPa。

（4）循环水泵盘根溢流正常。

（5）清污机每 8h 自动启动一次，运行 20min。

（6）轴承温度不超过 70℃。

（7）循环水泵电动机进风温度不低于 5℃，不高于 40℃，温升不超过 80℃。

（8）油箱油位不得高于导向轴承一半。

（9）备用循环水泵润滑冷却水投入。

（10）出口阀关闭，运行时间不能超过 1min。

（11）冬季运行保持最低负荷时凝汽器循环水入口温度不低于 13℃。

（12）冬季运行可视气温情况悬挂挡风板。

（13）冬季停机后，应立即停止循环水爬塔，水走防冻管。

（14）冬季单机运行时，双塔联络运行，微开回水联络门，用以防冻。

（15）冬季运行，检查虹吸装置自动停运。

（16）冬季单机运行时，可部分开启非运行机组排污阀，用以带停运机组冷却水。

（五）系统停运

循环水泵停止操作如下：

（1）出口蝶阀联锁开关投入。

（2）拉下循环泵控制开关。

（3）检查出口阀关闭严密。

（4）停止轴承润滑水。

（5）事故停机时，阀门关闭至 30°，断开控制开关，再缓慢关闭出口阀。

1）循环水泵备用期间，保持 1 台润滑水泵运行。

2）备用润滑水泵状态：出、入口阀开启。

（六）变频装置

1. 变频装置运行检查

（1）变频运行中：DCS 画面 QS1/QS2 刀闸及装置反馈红色，QS3 反馈绿色，无轻、重瓦斯报警。

（2）变频装置在旁路时：DCS 画面 QS1/QS2 刀闸反馈绿色，装置反馈灰色，QS3 反馈红色，无轻、重瓦斯报警。

（3）启动前温度计检查：5～30℃。

（4）运行中温度计检查：5～30℃。

（5）人机界面温度检查：单元柜两点为 5～30℃，控制柜一点为 5～30℃。

（6）冬季室外无风时：墙壁四个换气风机必须全部运行，监视红灯亮。

（7）UPS装置运行绿灯亮，报警灯灭。

（8）装置控制把手在远程控制位置。

（9）启动前：紧急停机按钮在拔出位置。

（10）变频时旁路柜指示灯：工频运行红灯灭，变频运行红灯亮；柜内刀闸无过热现象。

（11）工频时旁路柜指示灯：变频运行红灯灭，工频运行红灯亮；柜内刀闸无过热现象。

（12）变压器柜、功率柜内风机均运行正常。

（13）变压器绕组温度检测仪温度小于80℃。

（14）6kV侧开关合闸后，旁路柜上6kV带电指示器亮。

（15）变频器控制电源箱双路电源红灯亮。

（16）变频间内无冒烟、异味。

（17）地面、电缆沟无积水，柜体无结霜、结露现象，柜体各门在关闭状态。

2．变频间室温调节方式

（1）升温：关闭墙壁百叶窗，启动加热风机，停止墙壁换气风机。

（2）降温：打开墙壁百叶窗，停止加热风机，启动墙壁换气风机。

3．旁路柜刀闸运行操作

（1）装置送电顺序：先加控制柜低压电，后加旁路柜高压电。

（2）装置停电顺序：先停旁路柜高压电，后停控制柜低压电。

（3）变频投运顺序：先断开QS3刀闸，再合上QS1、QS2刀闸。

（4）工频投运顺序：先断开QS1、QS2刀闸，再合上QS3刀闸。

4．旁路柜刀闸闭锁方式

（1）旁路柜内QS1、QS2、QS3操作必须在6kV侧，开关在分闸位置后方进行。

（2）旁路柜内控制电源送电后方可实现电磁闭锁。

（3）解除电池闭锁锁钥匙的使用：无控制电源或控制电源故障时。

（4）QS1与QS3之间为电磁闭锁。

（5）QS2与QS3之间为机械闭锁。

5．控制柜内继电器报警

（1）K0：6kV侧开关合闸后，红灯亮。

（2）K1：控制电源合闸后，红灯亮。

（3）K2：备用灯。

（4）K3：备用灯。

（5）K4：变频装置待机状态时绿灯亮。

（6）K5：变频器运行状态绿灯亮。

（7）K6：装置报警后绿灯亮。

（8）K7：控制系统上电后，装置本身进行自检，自检正常后节点接通，方可进行DCS合闸；此继电器无灯光指示。

（9）K8：系统运行中检测故障后，此继电器励磁直接接通6kV开关跳闸回路。

（10）K9：系统轻故障后绿灯亮。

（11）K10：系统重故障后绿灯亮。

（12）K11：装置控制把手在远程控制位置后绿灯亮。

（13）K12：备用。

（14）K13：备用。

6. 故障种类及处理

（1）轻故障：K9绿灯亮。

1）柜体温度大于40℃，开启百叶窗，启动墙壁通风机。

2）控制系统失电，K1红灯亮，20min内投入备用电源。

3）柜门未关严，活动柜门关严或通知检修处理。

4）变压器绕组温度达130℃，采取开启百叶窗、启动通风机措施，如温度继续上涨可以调整运行方式并通知检修处理。

5）功率模块达80℃，调整运行方式并通知检修处理。

6）过压达额定电源的15%，调整无功直至消失。

7）欠压达额定电压的−35%，调整无功直至消失。

8）功率模块熔断器缺相，通知检修人员更换。

9）变压器或功率模块任一冷却风机故障。

（2）重故障：K10绿灯亮，跳6kV侧开关。

（3）变压器绕组温度达140℃。

（4）过负荷120%时进行动态限制调节。

（5）过负荷150%时延时4s。

（6）过负荷200%延时10ms。

（7）功率单元光纤通信故障。

（8）主机驱动程序故障。

7. 紧急停机按钮

（1）使用条件：人身伤害、重大设备损坏。

（2）操作方法：无需开盖直接按下即可，DCS进行6kV合闸时必须将此按钮复位，即开盖拔出到原位。

8. 差动保护投停表

项目	工频运行	变频运行
启动差动速断	投入	退出
启动比率差动	退出	退出
运行差动速断	投入	退出
运行比率差动	投入	退出
差动回路断线	退出	退出

（七）循环水泵变频启动

（1）确认1号循环水泵DCS画面QS1/QS2刀闸及装置反馈红色，QS3反馈绿色，无轻、重瓦斯报警，

（2）6kV开关柜内"差动保护"空开在断开位置。

（3）点击"1号循环水泵"，在弹出的菜单中点击"启动"按钮，检查反馈变为红色。

（4）点击"变频器"按钮，在弹出的菜单中点击"启动"按钮，"变频器"按钮变为红色。

（5）循环水泵自动升至最低频率（37Hz）。

（6）确认"1号循环水泵"转速升至150r/min以上，开启出口蝶阀。

（7）点击"转速给定"按钮，在弹出的菜单中输入目标频率。

（8）其他操作同工频启动。

（八）中水系统投运

（1）中水厂启动第一台变频泵，调整出口压力为0.45MPa。

（2）关闭补给水母管至中水管线一次门、二次门，开启中水厂至中水管线一次门、二次门。

（3）中水厂启动第二台供水泵，将中水厂出口母管压力控制为0.74～0.76MPa。

（4）监视水源地中水一次门门前压力为0.52～0.54MPa，中水厂开始供水。

（九）中水系统停运

（1）关闭中水厂母管出口总门，停止中水厂各供水泵运行。

（2）关闭中水厂至中水管线一次门、二次门。

（3）开启补给水母管至中水管线一次门、二次门，切至补给水系统运行。

（十）中水流量调整

（1）中水厂双工频泵运行状态及工频/变频运行状态，以中水厂供水母管压力为调整依据，中水厂供水母管压力最大不得超过0.80MPa，变频升速小于或等于2Hz/次。

（2）水源地压力监控以水源地中水一次门门前压力为准，其运行压力不得超过0.58MPa，增减流量过程中应密切监控此压力，并汇报值长。

五、开式水系统设备规范及相关内容

（一）开式水系统设备规范

开式水系统设备规范见表3-11。

表3-11　　　　　　　　　　　开式水系统设备规范

设备名称	项　目	单　位	规　范
开式水泵	形　式		离心泵
	型　号		24SA-18A
	扬　程	m	20
	流　量	m³/h	3300
	转　速	r/min	980

设备名称	项 目	单 位	规 范
开式水泵	效 率	%	88
	配套功率	kW	250
	质 量	kg	3900
	数 量	台	2
	生产厂家		北京中通科禹机电设备有限责任公司
	生产日期		2008.1
开式水泵电动机	型 号		YKK4004-6
	额定功率	kW	250
	额定电压	kV	6
	额定电流	A	31.5
	额定转速	r/min	988
	功率因数		0.82
	绝缘等级		F
	保护等级		54
	冷却方式		611
	环境温度	℃	40
	质 量	kg	2600
	标准编号		JB/T 10315.2—2002
	生产厂家		湘潭电机股份有限公司
	生产日期		2007.11
	型 号		ASCS700
自动滤水器	形 式		出入口水平，法兰连接
	工作压力	MPa	0.5
	工作温度	℃	40
	设计压力	MPa	1
	设计温度	℃	50
	工作介质		水
	水压试验压力	MPa	1.5
	水 量	t/h	3000～3400
	出入口直径	mm	$\phi 720 \times 8$
	运行水阻	Pa	≤500
	生产厂家		济南开源环保工程有限公司

（二）联锁条件

（1）运行泵故障跳闸，联动备用泵。

1）当母管压力低于 0.3MPa 时，联启备用泵。

2）运行泵出口阀全关，运行泵跳闸。

3）电动滤水器出或入口门关信号来，联开旁路阀。

（2）开式水泵跳闸条件：

1）开式泵入口门全关，且全开信号消失。

2）开式泵出口门全关，且全开信号消失。

3）循环水泵跳闸（无循泵运行信号来）。

4）开式泵轴承任一温度高至95℃。

5）开式泵电动机绕组温度高至145℃。

6）1、2号闭式水换热器开式水入口门关信号来。

（三）开式水泵运行启动条件

（1）开式泵入口电动门全开且至少一侧闭冷水冷却器出入口阀全开。

（2）开式泵入口电动门开足。

（3）开式泵未处于备用且出口电动门关或开式泵处于备用。

（四）系统的投运

（1）投运前按系统检查卡、启动通则检查完毕。

（2）循环水系统运行正常。

（3）自动滤水器出入口阀开启。

（4）有一台闭冷水冷却器冷却水侧出入口阀开启。

（5）启动开式水泵，开启泵出口阀，将另一台泵出口阀开启，投入联锁开关。

（五）运行监视

（1）开式冷却水母管压力为0.35～0.4MPa。

（2）滤水器差压小于0.01kPa。

（3）自动滤水器在自动位。

（六）自动滤水器

1. 自动工作模式

将控制箱面板操纵选择开关置于"就地""自动"位置，则进入自动工作模式。6h反冲洗一次，每次反冲洗12min，设置每个滤元冲洗时间为30s。

2. 手动反冲洗模式

将控制箱面板操纵选择开关置于"就地""手动"位置，系统立即进行反冲洗。当面板操纵选择开关置于中间位置时，系统停止反冲洗。

3. 远控工作模式

将控制箱面板操纵选择开关置于"远控""自动"位置，则进入远控工作模式。在远控工作模式时，滤网接受DCS控制。当控制箱接到由DCS发出得"启动"信号（脉冲信号）时，系统开始进行反冲洗，同时向DCS发出反冲洗运行信号。反冲洗12min后，系统自动停止反冲洗，同时向DCS发出反冲洗运行信号。

4. 停止工作模式

将控制箱面板操纵选择开关都置于中间位置时，系统停止工作。在停止工作模式，排污阀自动关闭。

5. 注意事项

（1）每次滤网装置新投运时（包括检修后投运和停机后投运），应先手动运行15min左右，然后再投自动运行。

（2）运行人员每天至少观察一次滤网装置的运行情况，包括滤网装置前、后压差，控制箱面板显示情况。如发现滤网前、后压差大且保持30min以上、控制箱面板显示灯全熄灭等不正常情况，应马上停止使用，进行检修。

（3）机组停运检修，滤网装置也应停止使用（置于停止工作模式）。

六、闭式冷却水系统设备规范及相关内容

（一）闭式冷却水系统设备规范

闭式冷却水系统设备规范见表 3-12。

表 3-12　　　　　　　　　　　　闭式冷却水系统设备规范

设备名称	项 目	单 位	规 范
闭式水泵	形 式		离心泵
	型 号		24SA-10A
	扬 程	m	60
	流 量	m³/h	3200
	转 速	r/min	980
	配套功率	kW	710
	效 率	%	88.6
	出厂编号		No. 71975
	出厂日期		2007.10
	生产厂家		长沙天鹅工业泵股份有限公司
闭式水泵电动机	型 号		YKK5003-6
	额定功率	kW	710
	额定电压	kV	6
	额定电流	A	81.6
	额定转速	r/min	990
	频 率	Hz	50
	绝缘等级		F
	保护等级		54
	质 量	kg	5400
	标 准		GB 755—2008《旋转电机 定额和性能》
	冷却方式		611
	出品号		C70137Y500-1
	生产厂家		哈尔滨电机有限责任公司
	生产日期		2007.9

续表

设备名称	项 目		单 位	规 范
闭式水泵 电动机	加热器	功率	W	600
		电 压	V	220
		相 数		1
		频 率	Hz	50
闭式冷却器	形 式			板式
	型 号			AV170—FM
	设计压力		MPa	1
	试验压力		MPa	1.3
	设计温度		℃	80
	换热面积		m²	805.4
	换热片厚度		mm	0.5
	质 量		kg	9800
	出厂编号			AV-170-00164
	出厂日期			2007 年 12 月
	工作介质	管侧		循环水
		壳侧		闭式冷却水
	生产厂家			瑞典阿法拉伐公司
闭式冷却 水箱	数 量		台	1
	形 式			立式
	容 积		m³	10
	工作压力		MPa（a）	常压
	工作温度		℃	常温
	设计压力		MPa（a）	常压
	设计温度		℃	50
	工作介质			水
	材 质			Q235B
	壁 厚		mm	6
	外形尺寸		mm	$\phi2900\times1800$
闭式循环 水油水分 离器	设备台数		台	2
	介质性质			化学除盐水
	工作压力		MPa	0.25～0.8
	设备进水压力		MPa	0.6
	设备回水压力		MPa	0.6
	工作温度		℃	40
	设计压力		MPa	1.0
	试验压力		MPa	1.2

设备名称	项 目	单 位	规 范
闭式循环水油水分离器	设计温度	℃	100
	额定流量	m³/h	100
	波纹板组		PVC
	除油聚结组合滤芯		憎油 PP
	外壳材料		Q235B
	分离器入口水质含油量	mg/L	＜500
	分离器出口水质含油量	mg/L	＜2
	分离器排油含水率	%	＜5
	进口规格	mm	DN150
	出口规格	mm	DN150
	设备外形尺寸	mm	5900×2400×2800
	设备净重	kg	5000
	设备运行质量净重	kg	15 000
闭式循环水油水分离器管道增压泵	型 号		ISG150-315（Ⅰ）
	形 式		单级单吸立式管道泵
	流 量	m³/h	100
	扬 程	m	100
	效 率	%	65
	必须汽蚀余量	m	4.5
	转 速	r/min	2950
	泵级数		1
	最小流量	m³/h	98
	外壳设计压力	MPa	1.6
	泵体设计压力	MPa	1.6
	泵关断扬程	m	110
	旋转方向		顺时针（从电动机向泵看）
闭式循环水油水分离器管道增压泵电动机	型 号		YB280S-2/B5
	形 式		防爆立式
	额定功率	kW	75
	额定电压	kV	380
	同步转速	r/min	2970
	频 率	Hz	50
	效 率	%	91.5
	绝缘等级		F
	质 量	kg	380
	冷却方式		风冷
	旋转方向	顺时针	（从轴向电动机看）

（二）联锁与保护

（1）运行泵故障跳闸或当闭式冷却水供水母管低于 0.5MPa 时，联动备用泵。

（2）闭式冷却水泵跳闸条件：

1）闭式冷却水泵入口门全关，且全开信号消失。

2）闭式冷却水泵出口门全关，且全开信号消失。

3）闭式冷却水泵电动机绕组温度高至跳闸值。

4）1、2 号闭式水换热器入口门全关信号来。

（3）膨胀水箱正常水位 1200cm，低于 800cm，发 L 值报警，开启补水气动阀；高于 1500cm，发高报警，关闭补水阀。

（4）闭式冷却水泵入口滤网差压达 60kPa，发差压高报警。

（5）闭式冷却器出口温度高于 37.5℃，发温度高报警。

（三）系统的投运

（1）投运前按系统检查卡、启动通则检查完毕。

（2）将膨胀水箱补水调整阀投入，启动凝结水输送泵向膨胀水箱补水。

（3）凝结水系统正常运行后，开启凝结水至膨胀水箱补水阀。

（4）闭冷水泵启动条件：

1）闭式冷却水泵入口电动门开足。

2）闭式冷却水泵未处于备用且出口电动门关或闭式冷却水泵处于备用状态，出口门开启。

3）任意一组闭式水换热器闭式水出、入口门全开。

（5）启动闭式冷却泵，开启泵出口阀，将另一台泵出口阀开启，投入联锁开关。

（6）启动开式水泵，投闭式冷却水冷却器冷却水。

（7）根据需要投入油水分离装置。

（四）油水分离器运行

（1）将油水分离器输油泵、排油泵、管道增压泵投置自动位。

（2）开启管道增压泵出入口阀。

（3）开启油水分离器供水阀出水阀。

（4）逐渐关小油水分离器旁路阀，保证闭式冷却水泵入口压力不发生变化。

（五）运行监视

（1）闭式冷却水母管压力为 0.55～0.8MPa。

（2）膨胀水箱水位为 800cm。

（3）备用闭式冷却水泵出口阀开启。

（4）闭式冷却水冷却器出水温度为 20～35℃。

（5）机组停运或闭式冷却水系统运行异常时，及时切换接带外围设备，切换时注意膨胀水箱水位。冬季应开启停运机组炉外闭式冷却水供、回水管联络阀门，防止冻管。

（六）闭式冷却水泵变频启动

（1）将闭式冷却水泵出口门联锁开关打至"联锁"位。

（2）点击闭式冷却水泵开关，在弹出的菜单中点击"启动"按钮，检查反馈变为红色。

（3）点击"变频器"按钮，在弹出的菜单中点击"启动"按钮，"变频器"按钮变为红色后，闭式冷却水泵自动升至最低频率（40Hz）。

（4）闭式冷却水泵出口门自动开启。

（5）点击"转速给定"按钮，在弹出的菜单中输入目标频率。

（6）其他操作同工频启动。

（七）闭式冷却水泵变频停止

（1）将闭式冷却水泵变频降至最低频率（40Hz）。

（2）停止闭式冷却水泵变频器。

（3）停止闭式冷却水泵开关。

（4）检查闭式冷却水泵出口门联锁关闭。

七、胶球系统设备规范及相关内容

（一）胶球系统设备规范

胶球系统设备规范见表3-13。

表 3-13 胶球系统设备规范

设备名称	项 目	单位	规 范
胶球泵	型 号		JQ-B-100
	形 式		卧式
	生产厂家		海门金建电力设备有限公司
	流 量	m³/h	100
	扬 程	m	25
	效 率	%	57
	必须汽蚀余量	m	1.6
	转 速	r/min	1460
	轴功率	kW	10.2
	密封形式		机械密封
	泵体材料		WCB
	叶轮材料		0Cr18Ni9
	进口公称压力/口径	MPa/mm	PN1.6/DN100
	出口公称压力/口径	MPa/mm	PN1.6/DN100
胶球泵电动机	型 号		QA160M4A
	生产厂家		瑞士 ABB
	额定功率	kW	11
	额定电压	V	380
	转 速	r/min	1460
	效 率	%	98

设备名称	项　目	单位	规　范
收球网	型　号		JQ-S-2200（卧式）
	形　式		卧式
	生产厂家		海门金建电力设备有限公司
	公称通径 DN	mm	2200
	收球网长度	mm	2200
	收球网设计承压	MPa	0.3
	水　阻	kPa	＜250
	格栅间距	mm	6
	可承受的最大差压	kPa	10

（二）投运前准备

（1）检查收球网处于全开位置。

（2）检查收球阀、装球室出口阀、胶球泵出口阀处于关闭状态。

（3）检查收送球转轮处于关闭状态。

（4）检查胶球泵处于良好状态，无卡涩漏水现象，且胶球泵电动机送电时红灯亮起。

（5）检查装球室装入充分渗透水的海绵胶球，盖好上盖，拧紧压盖螺栓。

（6）检查其他电气控制盘、仪表，操作把手处于预启动状态。

（三）胶球系统投运

（1）确认收球网关闭到位。

（2）开启装球室出口阀，排出装球室空气。

（3）启动胶球泵，至运行稳定。

（4）开启胶球泵出口阀，让胶球在装球室内自由冲击运动 2min。

（5）开启收送球转轮至送球位置进行清洗，观察投球情况。

（6）循环清洗至所需时间。

（四）胶球系统收球

（1）开启收送球转轮至收球位置。

（2）收球完毕后关闭装球室出口阀。

（3）关闭胶球泵出口阀。

（4）停胶球泵。

（5）排出装球室内循环水，打开装球室上盖，取出胶球（如连续运行取消此步骤）。

（6）记录收球个数及收球率。

（五）手动操作注意事项

在胶球清洗系统投入使用以前，首先关闭收球网，只有在收球网关到位之后胶球泵才能启动；在启动胶球泵之后，随时都可根据用户需要关闭胶球泵，在胶球泵启动和停止之前必须保证胶球泵的出口球阀关闭；在停止胶球泵后才能打开收球网。

第七节　辅助蒸汽系统

辅助蒸汽系统主要包括辅助蒸汽联箱、供汽汽源、用汽支管、减温减压装置、疏水装置及其连接管道和阀门等。

辅助蒸汽系统如图3-9所示。

一、系统概述

考虑到机组启动、低负荷、正常运行及厂区用汽等情况，辅助蒸汽系统一般设计有三路汽源。

（一）相邻机组供汽

相邻机组供汽和一期辅助蒸汽母管来汽分别经电动阀进入本机辅助蒸汽联箱。在电动阀前有疏水点，将暖管产生的疏水排至无压放水母管。

（二）再热蒸汽冷段

在机组低负荷期间，随着负荷增加，当再热蒸汽冷段压力符合要求时，辅助蒸汽由相邻机组供汽切换至本机再热蒸汽冷段供汽。

供汽管道沿汽流方向安装的阀门包括电动截止阀、止回阀、电动调节阀和电动截止阀。止回阀的作用是防止辅助蒸汽倒流入汽轮机。调节阀前、后各设置一个疏水点，排水至汽轮机疏放水母管和无压放水母管。

（三）汽轮机四段抽汽

当机组负荷上升到85%MCR时，四段抽汽参数符合要求，可将辅助汽源切换至四段抽汽。机组正常运行时，辅助蒸汽系统也由四段抽汽供汽。采用四段抽汽为辅助蒸汽系统供汽的原因是在正常运行工况下，其压力变动范围与辅助蒸汽联箱的压力变化范围基本接近。在这段供汽支管上，设置了电动截止阀、止回阀、电动调节阀和电动截止阀。

辅助蒸汽系统的作用是在机组启动、停止、低负荷和异常工况下提供必要的、参数和数量都符合需要的汽源，保证机组安全可靠地运行。

当本机组处于启动阶段而需要蒸汽时，它可以将正在运行的相邻机组的蒸汽引送至本机组的蒸汽用户，如机组启停、低负荷或甩负荷时除氧器的加热用汽；机组启停及低负荷工况下汽轮机的轴封用汽；机组启动前，驱动给水泵的给水泵汽轮机的调试用汽；锅炉暖风器、空气预热器启动吹灰、油枪吹扫、燃油伴热及燃油雾化等用汽；当本机组正在运行时，也可将本机组的蒸汽引送至相邻机组的蒸汽用户，或将本机组再热冷段的蒸汽引送至本机组各个需要辅助蒸汽的用户。

辅助蒸汽联箱上安装两只弹簧安全阀，作为超压保护装置，防止辅助蒸汽超压。

为防止辅助蒸汽系统在启动、正常运行及备用状态下，管道内积聚凝结水，在各供汽支管低位点和辅助蒸汽联箱底部均设有疏水点。疏水流入凝汽器。水质不合格时，排放到无压放水母管。

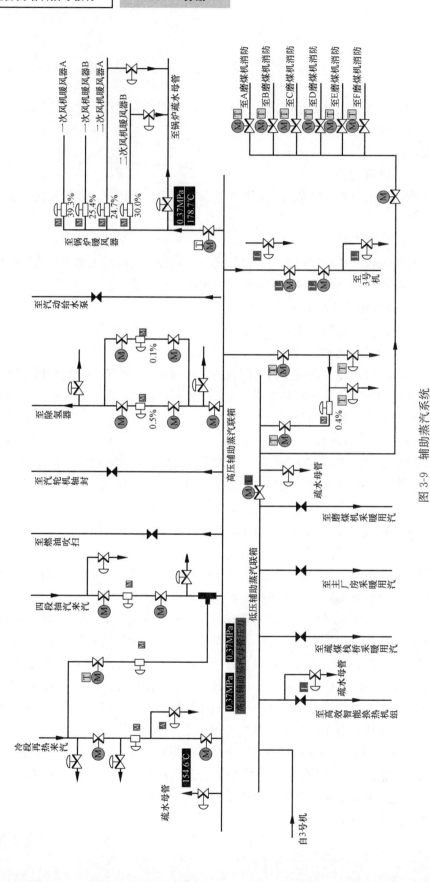

图 3-9　辅助蒸汽系统

二、辅助蒸汽系统设备规范及相关内容

（一）辅助蒸汽系统设备规范

辅助蒸汽系统设备规范见表3-14。

表 3-14 　　　　　　　　　　　辅助蒸汽系统设备规范

设备名称	项　目	单位	规范	备注
辅助蒸汽联箱	数　量	台	1	
	形　式		卧式	
	容　积	m³	7.6	
	工作压力	MPa（a）	0.8	
	工作温度	℃	300	
	设计压力	MPa（a）	1.3	
	设计温度	℃	350	
	工作介质		辅助蒸汽	
	材　质		16MnR	
	壁　厚	mm	12	
	外形尺寸	mm	φ630×15 610	

（二）运行方式

（1）机组启动时，汽源一期供汽。

（2）当冷再压力达1.0MPa时，由冷段再热供汽。

（3）当机组负荷大于85%MCR时，可由本机四抽供汽。

（4）辅助蒸汽减温水可由本机带。

（三）联锁与保护

（1）当辅助蒸汽母管压力低于0.45MPa时，发压力低报警；达0.8MPa时，发压力高报警。

（2）安全门动作值为1.05MPa。

（四）系统的投运

（1）投运前按系统检查卡、启动通则检查完毕。

（2）确认一期辅助蒸汽母管运行正常。

（3）确认凝结水系统运行。

（4）稍开一、二期供汽联络阀，辅助蒸汽联箱暖管。

（5）暖管结束后，全开联络阀，由一期供汽，管道温度设定为250℃。

（五）低压辅助蒸汽系统投入

（1）稍开辅助蒸汽至低压辅助蒸汽系统供汽阀进行暖管。

（2）低压辅助蒸汽系统暖管结束，开大供汽阀，将压力设定在0.5MPa，温度设定为160℃以下。

（3）根据用户需要，分别投入各用户供汽阀。

第八节 轴封系统

一般汽轮机的每个轴端汽封都是由几段汽封组成的，相邻两段之间设有环形腔室，并有管道与之相连。通常把轴封及与之相连的管道、阀门及附属设备组成的系统称之为轴封系统。

轴封系统如图 3-10 所示。

一、系统的作用

轴封蒸汽系统的主要功能是向汽轮机、给水泵汽轮机的轴封和主汽门、调节汽门的阀杆汽封提供密封蒸汽，同时将各汽封的漏气合理导向或抽出。在汽轮机的高压区段，轴封系统用来防止蒸汽向外泄漏，以提高汽轮机的效率；在汽轮机的低压区段，轴封系统用来防止外界空气进入汽轮机的内部，影响汽轮机的真空。

600MW 机组采用的是自密封轴封系统。自密封轴封系统是指在机组正常运行时，高、中压缸轴端汽封的漏汽经喷水减温后，作为低压轴端汽封供汽。多余漏汽经溢流至轴封加热器或凝汽器。自密封轴封系统具有结构简单、安全可靠、工况适应性好、消耗蒸汽量小、运行经济性好的特点。在机组启动或低负荷运行期间，轴封供汽由辅助汽源提供。这样，轴封系统从机组启动到满负荷运行的全过程均能按汽轮机轴封供汽压力的要求自动进行切换，实现轴封系统的自身平衡和密封的要求。

轴封蒸汽系统由轴端汽封、轴封供汽压力调节站、轴封供汽母管、喷水减温器、轴封漏汽和门杆漏汽管道、轴封加热器以及上述管道和设备的疏水管道等组成。

轴封蒸汽系统的外接汽源通常有两路，一路是辅助蒸汽，另一路是再热冷段蒸汽。在机组启动或低负荷运行时，辅助蒸汽和再热冷段蒸汽经辅助汽源供汽调节阀送入轴封蒸汽系统，作为轴封供汽。辅助汽源供汽站前的两路蒸汽管道上均设置电动截止阀和止回阀，以防止启动初期，高压蒸汽自轴封供汽母管倒入再热冷段和辅助蒸汽系统。在高、中压缸内腔漏汽压力满足低压缸轴封用汽要求时，再热冷段蒸汽调节阀和辅助汽源供汽调节阀自动关闭，由高、中压缸内腔漏汽向低压缸供汽，达到完全自密封。这时，溢流调节站自动开启，由溢流调节阀控制供汽压力，将多余的蒸汽通过气动调节阀排入凝汽器。

再热冷段蒸汽调节站、辅助汽源供汽调节站和溢流调节站都是由气动压力调节阀及其前后的电动阀、手动阀以及与这三个阀门并联的旁路阀所组成的。在机组运行时，轴封供汽母管利用轴封供汽压力调节站来自动控制轴封压力，向各轴封提供压力为 24kPa 的稳定的密封用蒸汽。

汽轮机的轴封回汽及阀杆漏汽均通过各自的管道汇集至回汽母管，排入轴封加热器，其疏水经 U 形水封排至凝汽器。轴封加热器是一种管式表面式加热器，其冷却水来自凝结水泵出口，在管内流动，吸热后去 8 号低压加热器；汽-气混合物在空侧流动。向汽轮机轴封供汽时，轴封加热器应立即投入运行，并有足够的冷却水量，以冷却轴封漏汽。

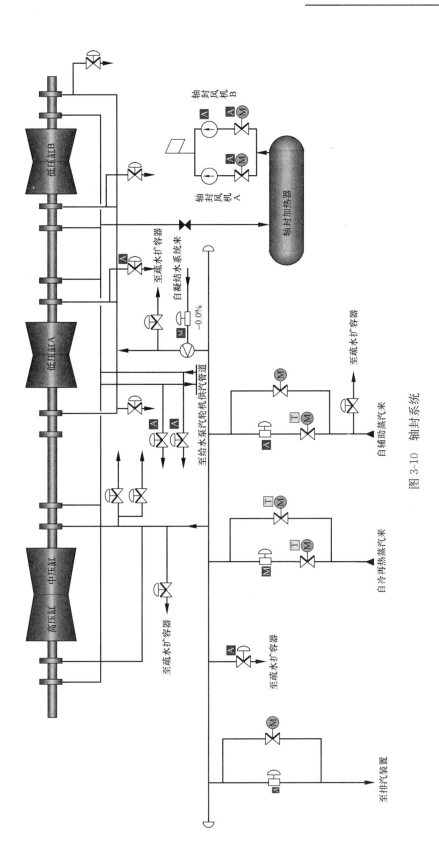

图 3-10 轴封系统

轴封加热器配有两台100%容量的轴封风机，一台运行，一台备用，用于抽出轴封加热器中未凝结的漏汽和空气，使其汽侧产生一定的微负压，轴封加热器内形成的微负压能使轴封漏汽顺利导入轴封加热器，防止轴封蒸汽从汽轮机轴端漏入厂房，同时，还将轴封排汽中所携带的不凝结气体排至大气，提高轴封加热器的冷却效果。轴封风机出口装有止回阀，防止风机切换时空气倒流。

为了汽轮机本体部件的安全，对轴封供汽的温度有一定要求。如果供汽温度与汽轮机本体部件温度（特别是转子的金属温度）差别太大，将使汽轮机部件产生很大的热应力，这种热应力将加剧汽轮机部件寿命损耗，同时造成汽轮机动、静部分的相对膨胀失调，损坏汽封片和转子轴颈，直接影响汽轮机组的安全。一般来说；对于高、中压缸，轴封供汽温度的合适范围是 $150\sim260℃$；低压缸轴封的供汽温度应为 $121\sim177℃$。

因此，轴封供汽母管向高、低压端轴封供汽的管道上均设置喷水减温器，在汽轮机运行的各种工况下调节供汽温度，将轴封供汽的温度控制在合适范围。减温水来自主凝结水，由凝结水精处理装置后引出。

另外，轴封蒸汽母管来汽经减温后作为驱动两台给水泵的给水泵汽轮机轴封系统供汽，给水泵汽轮机的轴封漏汽排至汽轮机轴封排汽管道。

二、轴封系统设备规范及相关内容

（一）轴封系统设备规范

轴封系统设备规范见表3-15。

表 3-15　　　　　　　　　　　　　轴封系统设备规范

设备名称	项　目		单　位	规　范
轴封冷却器	形　式			LQ-150-3型汽封冷却器
	型　号			管壳式
	换热面积		m²	150
	设计工作压力	管侧	MPa	4.6
		壳侧	MPa（a）	0.3
	最大工作压力	管侧	MPa	2.8
		壳侧	MPa（a）	0.095
	设计工作温度	管侧	℃	90
		壳侧	℃	300
	工作温度	管侧	℃	36.8
		壳侧	℃	258.2
	流量	管侧	t/h	1.41
		壳侧	t/h	1526.29
	工作介质	管侧		凝结水
		壳侧		蒸气/空气
	有效容积	管侧	m³	0.466
		壳侧	m³	0.455
	台　数		台	1
	生产厂家			哈尔滨汽轮机有限责任公司

设备名称	项 目	单 位	规 范
轴封冷却器风机	形 式		离心式
	型 号		2306A05
	流 量	m³	360
	排汽压力	kPa	1.72（表压）
轴封冷却器风机电动机	型 号		Y2-160M1-2
	额定功率	kW	11
	额定电压	V	380
	额定电流	A	21.3
	接线方式		△
	额定转速	r/min	2930
	功率因数		0.89
	防护等级		IP54
	绝缘等级		F
	台 数	台	2

（二）联锁与保护

（1）高压汽封蒸汽温度太低，与转子温差超过85℃。

（2）汽封供汽和端壁金属之间温差太大。

（3）汽封蒸汽减温水将低压汽封供汽温度控制在121～177℃之间，超限报警。

（4）安全阀动作值：$2.81\mathrm{kg/cm^2}$。

（三）系统的投运

1. 投用条件

（1）确认系统已按检查卡正确操作完毕。

（2）确认轴封冷却器测量装置投入。

（3）润滑油系统、盘车装置运行正常。

（4）确认汽轮机和进汽管道所疏水阀打开。

（5）确认辅助蒸汽温度与转子温度持平，如温差超过85℃，调整辅助蒸汽温度。

（6）循环水系统运行正常。

（7）确认辅助蒸汽至轴封供汽调节阀的旁路阀处于关闭状态。

（8）确认辅助蒸汽联箱运行正常。

2. 投用步骤

（1）凝结水系统注水完毕。

（2）向轴封冷却器U形管注水，至溢流管有水溢出后，停止注水，疏水导凝汽器阀门开启。

（3）开启辅助和冷段再热供汽压力调节阀进口侧的疏水阀。

（4）设定轴封供汽压力为 24kPa，汽封供汽调节阀跟踪正常，压力稳定。

（5）当汽封供汽联箱压力建立后，立即启动轴封冷却器风机，调节风机入口阀，使轴封冷却器压力为－0.75～－0.50kPa。

（6）开启轴封供汽减温水供水截止阀，温度设定为 150℃。

（7）检查各低压缸汽封蒸汽的温度为限定值 121～177℃。

（8）检查轴封供汽减温器至低压轴封间疏水正常。

（四）轴封汽源的使用

（1）机组运行，轴封系统自密封，当轴封联箱压力高于 31kPa 时，溢流阀开启，进行调节。

（2）冷段再热至轴封系统供汽压力设定为 27.6kPa，当压力低于此值时，开启冷段再热至轴封供汽。

（3）辅助蒸汽至轴封系统供汽压力设定为 24kPa，当压力低于此值时，开启辅助蒸汽至轴封供汽。

（五）运行监视

（1）轴封母管压力在 31kPa 左右。

（2）轴封冷却器负压为－0.75～－0.50kPa。

（3）低压缸轴封供汽温度为 121～177℃。

（4）轴封加热器在可见水位。

（六）系统停运

（1）机组停运，确认主冷凝器真空已完全消失。

（2）轴封冷却器风机运行。

（3）按下述顺序关闭以下阀门：辅助供汽阀电动阀、冷段再热供汽阀电动阀、溢流阀前截门。

（4）根据需要切断至轴封冷却器的凝结水。

（七）注意事项

（1）汽封供汽必须具有不小于 14 的过热度。

（2）盘车前不得投入汽封供汽系统。

（3）轴封供汽温度不得使轴封蒸汽与转子表面金属的最大允许温差超过 85℃。

第九节　润滑油系统

润滑油系统的任务是可靠地向汽轮发电机组的支持轴承、推力轴承和盘车装置提供合格的润滑油、冷却油，并为发电机氢密封系统提供密封油，以及为机械超速脱扣装置提供压力油。润滑油系统主要由主油泵、冷油器、射油器、顶轴油系统、排烟系统、主油箱、交流润滑油泵、直流事故油泵、密封油备用泵、滤网、电加热器、阀门、止回门和各种监测仪表等构成。

润滑油系统如图 3-11 所示。

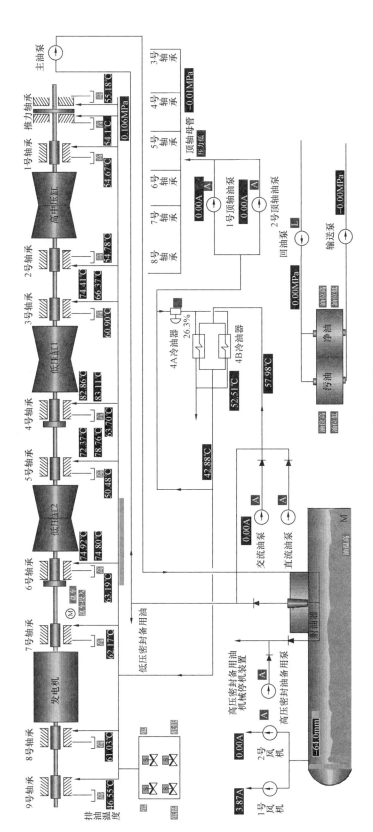

图 3-11 润滑油系统

一、系统概述

（一）润滑油箱

600MW 机组采用集装（组合）式润滑油箱，交流润滑油泵与直流事故油泵的电动机、备用氢密封油泵、排烟装置、油位指示器、油位开关等都装在油箱顶部的顶板上。油箱内装有滤油器、交流润滑油泵、直流事故油泵、射油器、电加热器及连接管道、止回阀等。

（二）主油泵

主油泵安装在前轴承箱中的汽轮机外伸轴上，与汽轮机主轴采用刚性连接，由汽轮机主轴直接驱动，以保证运行期间供油的可靠性。离心式主油泵自吸能力较差，必须不断地向其入口供给充足的低压油。在启动升速和停机期间，由交流润滑油泵向其供油；在额定转速或接近额定转速时由射油器向其供油。主油泵出口有管道与油箱内的射油器进口相连，并通过一止回门与机械超速遮断和手动遮断油总管，以及与发电机氢密封油总管相通。

（三）射油器

600MW 机组配备一台射油器，安装在主油箱内的液面以下。射油器主要由喷嘴、混合室、喉部和扩散段组成。射油器喷嘴进口和主油泵出口动力油相连，油通过喷嘴加速后到达混合室，通过摩擦和碰撞，将混合室内的存油加速，然后进入射油器喉部和扩散段进行扩压，将油流的动能转换为压力能。混合室内的存油被带走后，在混合室中产生一个低压区，将油箱中的油不断吸入混合室，然后又被高速油带入射油器喉部和扩散段，在扩散段油的速度能转换成压力能。射油器扩散段后面各装有一个翻板式止回阀，以防止主油泵在中、低转速时，油从射油器出口倒流回油箱。

（四）交流润滑油泵

由交流电动机驱动的一台润滑油泵，立式电动机安装在油箱的顶板上，离心式油泵完全浸没在油中，两者通过联轴器刚性连接。交流润滑油泵经过油泵底部的滤网吸油，其出口分别经过翻板式止回阀连至主油泵进油管和润滑油的冷油器，向主油泵和轴承润滑油母管供油。交流润滑油泵只在启动和停机阶段或润滑油压力较低时使用。交流润滑油泵由压力开关和装在控制室内的开关控制，在机组启动前手动投入，机组并网前停泵，置于自动方式。

（五）直流事故油泵

直流事故油泵是一台由直流电动机驱动的离心油泵，电动机安装在油箱顶板上，油泵垂直置于油箱的油面下，其出口经过翻板式止回阀与润滑油冷油器进口相接。直流事故油泵是交流润滑油泵的事故备用泵，由电厂蓄电池系统供电，由压力开关和装在控制室内的开关控制，正常置于自动方式。

（六）备用密封油泵

备用密封油泵安装在油箱顶部，其出口通过止回阀与高压密封油母管相通。备用密封油泵在机组启动挂闸定速前（2800r/min 前）启动，为机组提供复位机械超速隔膜阀上的安全油压，机组未建立安全油压，机组无法挂闸，机组定速后就可以停止。如果机组停机润滑油系统停运后，发电机密封油系统缺油需要启动高备泵供油。

（七）滤油器

润滑油系统有一台滤网式滤油器，安装在油箱内的回油槽底部，用于回油过滤。

（八）润滑油冷油器

润滑油的温度由冷油器调节。冷油器通常有两台，在正常运行时，一台投入运行，另一台备用。冷油器与润滑油泵和射油器出口连接，不管从哪里来的润滑油，在进入轴承前都经过冷油器。润滑油在冷油器壳体内绕管束外绕流，而冷却水在管内流动。流向冷油器的润滑油由手动操作的换向阀控制，它可使油流向任何一台冷油器，且在切换冷油器时不影响进入轴承的润滑油流量。两台冷油器的进油口由一个带有注油阀的管道和切换阀相连，注油阀能使备用冷油器中先充满油，以保证备用冷油器能迅速投入运行，再切断原工作冷油器。冷油器的冷却水流量由管道上的气动调节阀调节。正常情况下调整到进油温度 60～65℃时，冷油器出口温度为 43～49℃。

（九）电加热器

在油箱顶上装有浸没式电加热器，由油温调节触点和三位开关控制。开关位于接通时，加热器通电。一般情况下，开关放在"自动"位置上，由油温调节器控制。当油温低于 27℃时，自动投入；高于 38℃时，停止工作。为安全起见，电加热器通常与低油位开关联锁，以便在加热器部件露出油面之前切断加热器的电源。

（十）油位指示器

油位指示器装在油箱顶部，可就地指示油箱油位，也可同时发出远传控制和报警信号。油位开关有两组，其中一组供低油位或高油位报警；另一组具有联锁和报警功能：在低低油位时和油箱电加热器联锁，及时关掉电加热器电源；在高高油位时发出停机信号。

（十一）顶轴油系统

机组在启动盘车前，先启动顶轴油泵，利用 15MPa 左右的高压油把轴颈顶起，离开轴瓦 0.05～0.08mm，以消除两者之间的干摩擦，同时，可以减少盘车的启动力矩，使盘车电动机的功率减小。汽轮机的两个低压转子的轴承和发电机的两只轴承底部均设有顶轴油孔，与顶轴装置相通。顶轴油系统为母管制，配有两台柱塞泵，一台运行，一台备用，油泵的进油取自冷油器后管道。

（十二）润滑油净化系统

在运行过程中，轴封漏汽可能进入轴承箱，冷油器的冷却水可能漏入其油侧，使润滑油含水。管道和设备的磨损和锈蚀，使润滑油受固体污染。因此，润滑油会出现水解、氧化和酸化，而且这种变化是恶性循环。为了保持润滑油的清洁度和理化性能，润滑油系统并联油净化装置。该装置由颗粒吸附器和过滤器组成，用于去除油中的水分和降低酸值，同时对颗粒物进行过滤。

（十三）排油烟系统

汽轮机润滑油系统中的透平油，在运行中因轴承的摩擦耗功和转动部件的鼓风作用，而使其一部分受热并分解为油烟，同时，由于轴承座挡油环处会漏入部分水蒸气和空气，而使透平油中含有水分和气体。为及时有效地将上述烟气、空气和水蒸气排出系统之外，以保证透油的品质，600MW 机组油箱顶部备有排烟系统。排烟系统由主油箱上的油烟分离器、排烟风机、交流防爆电机、风门、管路及排出口等组成。它维持主油箱在微负压状态，将主油箱中的油气排出，由管道排到主厂房外，防止危及人员和设备的安全。

二、润滑油系统设备规范及相关内容

（一）润滑油系统设备规范

润滑油系统设备规范见表 3-16。

表 3-16 润滑油系统设备规范

设备名称	项 目	单 位	规 范
主油箱	容 积	m³	45.7
主油泵	形 式		离心式
	流 量	L/min	7600
	出口油压	MPa	2.352
	吸入油压	MPa	0.176 4
	转 速	r/min	3000
	生产厂家		哈尔滨汽轮机有限责任公司
润滑油泵	形 式		长轴液下润滑油泵
	型 号		75B.451Z
	流 量	m³/h	294
	出口油压	MPa	33
	转 速	r/min	1450
	效 率	%	78
	出厂日期		2007 年 10 月
	生产厂家		中铁十八工程局涿州水泵厂
润滑油泵电动机	形 式		隔爆型三相异步电动机
	电动机功率	kW	45
	电动机电压	V	380/660
	接线方式		△/Y
	保 护		IP44
	功率因数		0.9
	额定电流	A	84.2/48.5
	电动机转速	r/min	1480
	绝缘等级		F
	防爆合格证		C/VEX02.5-89
	生产厂家		沈阳风华电机有限公司
事故油泵	形 式		长轴液下润滑油泵
	型 号		75B.4524
	流 量	m³/h	294
	出口油压	m	33
	转 速	r/min	1450
	轴功率	kW	33.9
	效 率	%	78
	生产厂家		中铁十八工程局涿州水泵厂

续表

设备名称	项 目	单 位	规 范
事故油泵电动机	型 号		ZZ-82L3
	功 率	kW	40
	电 流	A	203
	电 压	V	220
	质 量	kg	430
	转 速	r/min	1500
	生产厂家		西安西玛电机（集团）有限公司
顶轴油泵	形 式		变量柱塞泵
	型 号		AH37-FR01KK-20
	流 量	m³/h	273
	最大出口油压	MPa	27.44
	生产厂家		日本油研工业株式会社
油箱排烟风机	形 式		离心式汽机专用风机
	型 号		73.411.12Z
	容 量	m³/h	1600
	介质温度	℃	20
	介质密度	kg/m³	1.2
	转 速	r/min	2900
	台 数	台	2
	生产厂家		杭州余杭特种风机厂
冷油器	形 式		板式
	台 数	台	2
	冷却面积	m²	376.43
	冷却油量	m³/h	330
	冷却水量	m³/h	420
	冷却水入口设计温度	℃	38
	冷却水出口设计温度	℃	44.5
	设计出口油温度	℃	65
	设计入口油温度	℃	45
	油侧压降	kPa	76
	水侧压降	kPa	50
盘车电动机	盘车装置盘车转速	r/min	3.38
	电动机型号		YB280S-6B₃
	额定功率	kW	45
	额定电压	V	380
	额定转速	r/min	980

续表

设备名称	项目	单位	规范
高压密封油泵	形式		螺杆泵
	型号		SNH2BDR54.E6.7
	流量	L/min	712
	出口油压	MPa	1
	配套功率	kW	15.8
	出厂日期		2006 年 12 月
	生产厂家		中国天津泵业机械集团有限公司
润滑油储油箱	数量	台	2
	形式		立式
	容积	m³	脏净油箱各 45
	工作压力	MPa (a)	常压
	工作温度	℃	常温
	设计压力	MPa (a)	常压
	设计温度	℃	70
	工作介质		汽轮机油
	材质		Q235-B
	壁厚	mm	10
	外形尺寸	mm	8120×5600×2500
高压密封油泵电动机	形式		隔爆型三相异步电动机
	型号		YB2-180M2
	电动机功率	kW	22
	电动机电压	V	380/660
	接线方式		△/Y
	保护		IP55
	电动机转速	r/min	2940
	绝缘等级		F
	生产厂家		江苏无锡安达防爆股份有限公司

（二）联锁与保护

（1）主油箱负压小于 500Pa 时，自动启动备用排烟风机。

（2）油箱油温低于 10℃，加热器自动启动，禁止建立油循环。

（3）低油压保护。

1）汽轮机转速低于 2920r/min 或油压降至 0.08MPa 以及汽轮机跳闸、发电机解列、OPC 动作时，润滑油泵自启动。

2）润滑油泵跳闸或润滑油母管油压降至 0.076MPa 时，事故油泵自启动。

3）润滑油母管油压降至 0.03MPa 时，禁止启动盘车装置和顶轴油泵（汽轮机 200r/min）。

4) 轴承油压降至 0.035MPa 时，汽轮机跳闸。

5) 润滑油过滤器压差达 0.24MPa 时，发出压差高报警。

6) 主油箱液位达正常值以上 700mm 时，汽轮机跳闸。

7) 主油箱液位达正常值以上 467mm 时，发出油位高报警。

8) 主油箱液位达正常值以下 200mm 时，发出油位低报警。

9) 主油箱液位达正常值以下 300mm 时，汽轮机跳闸，切除加热器电源。

10) 当顶轴油泵入口油压降至 0.05MPa 时，发出油压低报警。

11) 当顶轴油泵入口油压降至 0.02MPa 或当汽轮机转速高于 2100r/min 时，顶轴油泵跳闸。

12) 汽轮机转速小于 1900r/min 时，联锁启动顶轴油泵。

13) 运行顶轴油泵跳闸，联锁启动备用顶轴油泵。

（三）系统的投运

1. 投用条件

(1) 投运前按系统检查卡、启动通则检查完毕。

(2) 油温大于 10℃。

(3) 确认密封油系统直接回油阀已开启。

(4) 确认润滑油冷却器处于备用状态。

2. 润滑油系统启动步骤

(1) 启动排烟风机，调节油箱负压达 500Pa 以上。

(2) 启动润滑油泵，轴承压力大于 0.172MPa。

(3) 完成油泵联锁试验后，将事故油泵置"自动"位置。

(4) 润滑油温调至 27~32℃，投自动。

3. 顶轴油系统启动

(1) 启动排烟风机，调节油箱负压在 500Pa 以上。

(2) 开启系统旁路阀。

(3) 关闭所有节流阀。

(4) 启动顶轴油泵。

(5) 逐渐关闭再循环手阀。

(6) 开启各节流阀，确认顶轴油压力达 15MPa。

（四）运行监视

(1) 润滑油压为 0.1~0.18MPa。

(2) 主油泵入口油压为 0.176 4MPa。

(3) 主油泵出口油压为 2.352MPa。

(4) 交直流油泵入口油压为 0.068~0.14MPa。

(5) 交直流润滑油泵出口压力为 0.1~0.18MPa。

(6) 顶轴油压为 5~15MPa。

(7) 油箱油位在 0~100mm 范围内。

（8）主油箱油温为 45～55℃。

（9）机械保安油压为（0.7±0.02）MPa。

（10）各瓦回油温度低于 65℃。

（11）润滑油温控制在 43～49℃范围内。

（五）系统的停运

（1）高压缸第一级金属温度低于 170℃可停止电动抽吸泵、盘车油泵，停机后，若需停润滑油泵时，停泵前应确认主油箱油位小于或等于 100mm，防止停泵后溢油。

（2）氢系统运行时，保持主油箱排烟风机运行。

（六）盘车装置

1．投盘车的条件

（1）确认润滑油、密封油、顶轴油系统运行正常。

（2）确认汽轮机转子为静止状态。

2．投盘车前检查

（1）检查润滑油压为 0.096～0.124MPa，润滑油温大于 21℃。

（2）检查顶轴油泵运行良好，顶轴油压为 8.9～12MPa。

（3）压缩空气压力正常。

（4）汽轮机转子静止，偏心表、转速表投入正常，轴系无作业。

（5）盘车电动机保护盖盖好。

（6）检查发电机密封油系统运行正常。

3．手动启动盘车

（1）向左侧搬动盘车压把，盘动盘车电动机。

（2）啮合正常后，启动盘车电动机。

（3）倾听机组转动部分有无异音。

（4）检查盘车电流并记录大轴偏心度。

4．盘车系统的自动停止

（1）转子升速后，使盘车装置脱开，"零转速指示器"开关动作，操纵杆复位，盘车电动机自动停止。

（2）当转速升至 200r/min 时，喷油电磁阀关闭，切断供盘车设备的润滑油。

（3）倾听机组转动部分有无异音。

（4）检查盘车电流并记录大轴偏心度。

（七）倒油泵

（1）汽轮机转速达 3000r/min。

（2）启动直流油泵，检查出口油压正常。

（3）停止直流油泵，投"自动"位。

（4）停止高压密封油备用泵，注意隔膜阀上油压无变化，将油泵投"自动"位。

（5）停止润滑油泵运行，注意润滑油压无大变化，将油泵投"自动"位。

（八）注意事项

（1）汽轮机转子完全停转前，不可啮合盘车。

（2）汽轮机转子静止时，禁止轴封系统运行。

（3）当盘车电动机电流过大或转子盘不动时，不能强行盘车。

（4）机组停机转速为零后，立即投入盘车，并且当盘车电流较正常值大、摆动或有异音时，应查明原因并及时进行处理。当汽封摩擦严重、盘车盘不动时，将转子高点置于最高位置，关闭汽缸疏水进行闷缸，保持上、下缸温差，监视转子弯曲度，当确认转子弯曲度正常后再手动盘车 180°。

（5）如果汽轮机转速超过 200r/min，盘车电动机应自动停止，否则手动停止。

（6）机组启动前连续盘车时间应大于 4h，若盘车中断应重新计时。

（7）机组启动过程中因振动异常停机必须回到盘车状态，应全面检查，认真分析，查明原因。

（8）当机组已符合启动条件时，连续盘车 4h 后，才能再次启动。

（9）盘车装置运行过程中，顶轴油泵保持连续运行。

（10）当高压内缸上壁温度小于 150℃时，汇报值长，经同意后停止盘车装置和顶轴装置的运行，盘车停止后，应保持润滑油系统运行不小于 8h，防止轴瓦超温。

第十节　EH 油 系 统

EH 油系统包括供油系统，液压控制系统和危机遮断系统。供油系统提供高压抗燃油，并由它驱动伺服执行机构。液压控制系统响应 DEH 送来的电信号，调节汽轮机的各主汽门和调节汽门开度。危机遮断系统由汽轮机的遮断参数控制，当参数超过运行极限值时该系统根据情况全部或部分关闭汽轮机进汽阀门，保证设备或运行的安全。

EH 油系统如图 3-12 所示。

一、高压供油系统

600MW 火电机组，由于汽轮机进汽压力、温度的提高，作用在主汽门和调节汽门上的力也相应增大，开启主汽门和调节汽门所需的提升力也越来越大，因此，必须靠提高供油系统的压力来增加油动机的提升力。因为供油压力的提高，油泄漏的可能性增大，容易引起火灾，所以，需采用高压抗燃油作为动力油。高压抗燃油具有良好的抗燃性和稳定性，在事故情况下若有高压油泄漏到高温部件上，发生火灾的可能性很低。但由于高压抗燃油润滑性能差，且有一定的毒性和腐蚀性，不宜在润滑系统内使用，因而汽轮机需分别设置润滑油和控制油的供油系统。

（一）作用及组成

高压供油系统的主要作用是为汽轮机各主汽门和各调节汽门的油动机提供符合标准的高压驱动油。

高压供油系统由 EH 油箱、蓄能器、滤油器、溢流阀、抗燃油加热器、两台 100％容量的电动柱塞式 EH 油泵、1 台 EH 油再循环泵、EH 再生装置、两台 100％容量冷

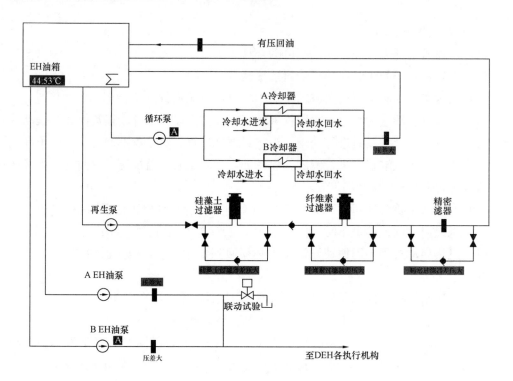

图 3-12　EH 油系统

油器和一些对油压、油温、油位进行报警、指示和控制的标准设备所组成。

（二）工作原理

由于供油压力高，必须采用电动柱塞油泵。工作时由交流电动机驱动高压柱塞泵，通过油泵吸入滤网将油箱中的抗燃油吸入。油泵输出的抗燃油经过供油滤油器、单向阀、截止阀，进入供油母管。通过供油母管送到各执行机构和危急遮断系统。各执行机构的回油则通过压力回油管回至油箱。在供油母管上装有高压蓄能器，用来降低油压的波动幅度。

600MW 机组控制油系统高压柱塞泵出口压力整定为（14.5±0.5）MPa。当高压母管的油压达到 14.5MPa 时，高压油推动恒压阀上的控制阀，控制阀操作泵的变量机构，使泵的输出流量减少，当泵的输出流量和系统用油流量相等时，泵的变量机构维持在某一位置；当系统需要增加或减少用油量时，泵会自动改变输出流量，维持系统油压在 14.5MPa；当系统瞬间用油量很大时，蓄能器将参与供油。正常情况下，高压柱塞泵 1 台运行，高压油集管上装有压力开关能感受油系统的压力过低信号，当压力低至 11.2MPa 时，触点闭合，启动备用泵。

供油母管上设有弹簧式溢流阀作为系统的安全阀，当高压母管的油压达到（17±0.2）MPa 时，溢流阀动作，将压力油送回油箱，起到过压保护的作用。

液压系统各油动机的回油通过低压回油母管经过回油滤油器回到油箱。回油过滤器设有过载旁路阀。当因回油流量波动（如系统快速关闭）或滤网堵塞，致使回油压力超过 0.35MPa 时，过载旁路阀打开，以降低回油压力，避免回油过滤器损坏。

抗燃油油箱装有温度开关，可连锁循环泵及加热器的投入和切除，油箱内还设有油温过高报警测点，并提供低油位报警和遮断油泵的信号装置。此外，油箱还设有油位监测、报警和跳闸的油位计。

二、液压控制系统

600MW 机组 DEH 数字电液调节系统的液压控制系统有中压主汽门控制系统（2个）；中压调节汽门液压伺服系统（4个）；高压主汽门液压伺服系统（2个）；高压调节汽门液压伺服系统（4个）；危急遮断系统，用于机组保护；遮断试验系统，用于 EH 油压低保护和试验。还有隔膜阀、空气引导阀和蓄能器等。

汽轮机进汽的阀门控制系统分为两种类型，一种是用于高压主汽门、高压调节汽门和中压调节汽门控制的伺服型执行系统，另一种是用于中压主汽门的开关型执行系统。

（一）伺服型执行系统

伺服型执行系统是由伺服放大器、电液伺服阀（电液转换器）、油动机、快速卸载阀、线性位移差动变送器等组成。它可以将进汽门控制在任意开度上，成比例地调节进汽量以适应需要。

高压主汽门和调节汽门液压伺服系统的工作原理如下：

DEH 系统输出的阀位控制信号，经 D/A 转换为阀位调节的电压信号，它与阀位反馈的电压信号比较，其差值经过伺服放大器进行功率放大后，转换成电流信号，再在电液伺服阀中将电流信号转换为液压信号，使电液伺服阀主阀芯移动，控制油动机的高压抗燃油通道。

当 DEH 系统来的控制信号大于反馈信号时，伺服放大器输出增大，经电液转换器转换后，在电液转换器内部使高压供油管路与油动机下腔室的供油管路相通，高压油进入油动机下腔室，使油动机活塞上移，带动其所控制的进汽门开大。当控制信号小于反馈信号时，伺服放大器输出减小，经电液转换器转换后，在电液转换器内部使回油管路与油动机下腔室的油管路相通，油动机下腔室的油泄出，在油动机弹簧力的作用下，使油动机活塞下移，带动其所控制的进汽门关小。

在油动机活塞移动时，同时带动线性差动位移变送器，将油动机活塞的位移转换成阀位测量的电压信号，作为负反馈信号与前面经计算机处理后送来的阀位调节信号比较（由于两者极性相反，实际上是相减）。只有在原输入阀位调节信号与阀位反馈信号相等，输入伺服放大器的信号为零时，伺服阀的主滑阀回到中间位置，油动机活塞下腔室不再有高压油进入或泄出，蒸汽阀门便停止移动，停留在一个新的工作位置。

中压调节阀的液压伺服系统按 DEH 信号控制中压调节汽门的动作原理与控制高压调节汽门相同，不再赘述。由于中压调节汽门在 30％的负荷下已全开，且再热器的容积很大，在危急状态时，需要以更快的速度关闭，以减小动态超速值。因此，这种控制系统采用碟阀型的快速卸载阀，使泄油口增大。另外，由于快速卸载阀的结构不同，在控制块内需单独设置试验电磁阀，由控制室的开关控制其通/断电。试验电磁阀是个三通阀，在机组运行时处在断电状态，高压油经节流孔直接通往快速卸载阀的上部腔室，快速卸载阀关闭，电液转换器可控制油动机下腔室建立油压；在进行阀门活动试验时，通过供电开关使电磁阀通电，快速卸载阀的上部腔室与回油相通，快速卸载阀打开，其油动机泄油，中压调节汽门关闭；电磁阀再次断电时复位，中压调节汽门又开启，活动实验结束。

在伺服型执行系统和开关型执行系统中，油动机下腔室均连接一个快速卸载阀。当发生故障需紧急停机时，危急遮断装置动作，危急遮断（AST）母管油压降低，止回阀打开，使快速卸载阀打开，迅速泄去油动机活塞下腔的压力油，在弹簧力的作用下迅速关闭各高、中压主汽门和各高、中压调节汽门，以实现对机组的保护。在快速卸载阀动作的同时，工作油还可以排入油动机的上腔室，从而避免回油旁路的过载。

当机组转速超过 103％额定转速时，OPC 电磁阀动作，防超速保护母管的油压降低，高、中压调节汽门的快速卸载阀快速打开，迅速泄去其油动机活塞下腔室的压力油，在弹簧力的作用下迅速关闭高、中压调节汽门。

（二）开关型执行系统

由于中压主汽门工作中只有全开、全关两个位置，因此，配备了开关型执行机构。开关型执行机构比较简单，由快速卸载阀、油动机、隔绝阀和试验电磁阀等组成。

由于开关型执行机构没有调节功能，因此不用接受 DEH 的控制信号。执行机构所用的高压抗燃油自隔绝阀引入，经过一个固定节流孔板后，直接进入油动机的下腔室。中压主汽门的开或关是油动机通过快速卸载阀控制的，快速卸载阀是由 ETS 危急遮断油压信号控制的。当 DEH 系统挂闸复位时，危急遮断油压建立，快速卸载阀关闭，油动机活塞在控制油压的作用下，克服弹簧力移动，中压主汽门自动全开；当危急遮断装置动作时，危急遮断油压降低，快速卸载阀打开，其油动机泄油，在弹簧力的作用下中压主汽门迅速关闭。节流孔板的作用是在快速卸载阀打开时，油动机下腔室可快速泄油，避免控制油压产生较大的波动。

系统中的二位二通电磁试验阀，用以定期进行阀门活动试验，保证该汽阀处于良好的状态。当电磁阀通电打开时，快速卸载阀上油室与回油管相通，使快速卸载阀打开，关闭中压主汽门；当电磁阀断电关闭，中压主汽阀再逐渐打开，活动试验结束。

三、汽轮机危急遮断系统

汽轮机危急遮断系统是在紧急情况下，自动迅速关闭汽轮机所有进汽门，迫使汽轮机停机的保护系统。

汽轮机危急遮断系统由两部分组成，一是危急遮断逻辑控制部分，二是危急遮断液压控制部分。

（一）危急遮断逻辑控制系统及保护项目

危急遮断逻辑控制部分与机组运行关系不大，这里不再赘述。危急遮断逻辑控制系统的保护项目如下，当其中的任何一项发出停机信号时，AST 电磁阀失电全开，卸掉危急遮断油压，主汽门、调节汽门全部关闭停机。

（1）汽轮机超速达到 3300r/min。

（2）轴向位移达到 ±1mm。

（3）X 方向轴振大达到 0.25mm。

(4) Y 方向轴振大达到 0.25mm。

(5) 高压胀差达到 -5.1mm 或 +11.1mm。

(6) 低压胀差达到 -1.52mm 或 +25.4mm。

(7) 润滑油压低到 0.035MPa。

(8) EH 油压低到 8.5MPa。

(9) 凝汽器真空低到 20.3kPa。

(10) 高排温度高至 427℃。

(11) 锅炉 MFT 联跳汽轮机。

(12) 手动打闸汽轮机。

(13) 就地原因停机。

(14) DEH 要求停机。

(二) 危急遮断液压控制系统

危急遮断液压控制系统由 4 只 AST 电磁阀、2 只 OPC 电磁阀、2 只单向阀和相关管道系统等组成。

AST 电磁阀是将遮断保护装置发出的电气跳闸信号转换为液压信号的元件，4 只 AST 电磁阀两两并联后再串联组合在一起，接在危急遮断油路里。两只超速保护电磁阀 OPC 并联布置，通过两个止回阀和危急遮断油路相连接。

正常运行时两个 OPC 电磁阀断电断，封闭 OPC 母管的泄油通道，使高、中压调节汽门油动机活塞的下腔建立油压。当机组超速至 3090r/min 时，两个 OPC 电磁阀通电开启，OPC 母管油液经无压回油管路排至油箱。此时各调节汽门执行机构上的快速卸载阀开启，使各高、中压调节阀关闭，同时使空气控制阀打开，各回热抽汽的气动止回阀迅速关闭。延时 2s，OPC 电磁阀断电，OPC 母管油压恢复，高、中压调节汽门重新开启。

系统设置的两个 OPC 电磁阀并联布置，即使一路拒动，另一路仍可动作，以提高超速保护控制的可靠性。另外，还可以进行在线试验，即对 1 个回路进行在线试验时，另一路仍有保护功能，以避免保护系统失控。

AST 电磁阀由危急遮断逻辑输出所控制。正常运行时 4 个 AST 电磁阀通电关闭，封闭危急遮断母管的泄油通道，使主汽门和调节汽门执行机构油动机的活塞下腔建立油压。当机组运行异常使危急遮断保护项目中任何一项发出停机指令时，4 个电磁阀失电全开，AST 母管的压力油经无压回油管路排至 EH 油箱。遮断油压的降低，使主汽门和调节汽门执行机构上的快速卸载阀打开，进而使各个进汽门快速关闭，机组事故停机。

4 个 AST 电磁阀布置成串并联方式，其目的是为了该系统的安全可靠，防止误动作，并可进行在线试验。每一项电气跳闸信号同时引入 4 只 AST 电磁阀的断电继电器，两个并联电磁阀组中有一个电磁阀动作，就可以将 AST 母管中的压力油泄去，使各进汽阀关闭，进而保证汽轮机的安全。在复位时，两组电磁阀中至少要有一组关闭，AST 母管中才可以建立起油压，使汽轮机具备启动的条件。

在线试验 AST 电磁阀时，分组一个一个地进行。试验前一组的电磁阀时，该阀动作后，阀后油压等于危急遮断油压；试验后一组的电磁阀时，该阀动作后，阀前油压等于回油压力。

两个单向阀安装在 AST 油路和 OPC 油路之间，当 OPC 电磁阀通电打开时，单向阀维持 AST 的油压，使主汽门和再热汽门保持全开。当转速降到额定转速时，OPC 电磁阀失电关闭，调节汽门和再热调节汽门重新打开，从而由调节汽门来控制转速，使机组维持在额定转速；当 AST 电磁阀动作，AST 油路油压下跌，OPC 油路通过两个单向阀，油压也下跌，将关闭所有的进汽阀而停机。

（三）EH 低油压保护遮断试验系统

EH 低油压保护遮断试验系统由压力开关、压力表、电磁阀、节流孔和就地门等组成。

4 个压力开关、两个节流装置、两块压力表、两个电磁阀和相关就地阀分别装在双通道上，通过就地阀连接到 EH 油供油母管上。供油母管压力的变化，由双通道上的 4 个压力开关检测，由 ETS 逻辑控制系统按设定好的条件进行判断，只有两个通道都检测到油压超过极限时，发出停机信号，AST 电磁阀失电全开，卸掉遮断油压，各主汽门、调节汽门关闭、停机。这种设计形式，可防止误动或拒动情况的发生。由于 4 个元件分布在 2 个通道上，所以可进行在线油压低试验。

汽轮机润滑油压低和凝汽器真空低的检测和遮断控制逻辑与此相同。

（四）空气引导阀

空气引导阀用于控制供给汽机抽汽气动止回阀的压缩空气。该阀由一个油缸和一个带弹簧的阀体组成。油缸控制阀门的打开，而弹簧提供了关闭阀门所需的动力。

当机组运行正常、OPC 母管有压力时，油缸活塞上移，提升头封住排空气口，使压缩空气通过空气引导阀进入汽轮机抽汽气动止回门的控制系统，开启抽汽止回门。当 OPC 母管失压时，空气引导阀由于弹簧力的作用下移，提升头封住了压缩空气的出口通路，打开了排空气口，去抽汽止回门的压缩空气经排空气口排放，使得抽汽止回门快速关闭，避免蒸汽倒灌而引起超速。

（五）隔膜阀

隔膜阀连接润滑油系统与 EH 油系统，其作用是当润滑油系统的压力降到不允许的程度时，隔膜阀开启，可通过 EH 油系统遮断汽轮机。

隔膜阀连接低压保安油系统和高压危急遮断油系统，并由隔膜阀将两种油路隔开。当机组正常运行时，低压保安油通入薄膜阀的上腔，克服弹簧力，使隔膜阀保持在关闭位置，堵住 AST 母管的另一排油通道，使高、中压主汽门和高、中压调节汽门执行机构的油动机下腔室建立油压正常工作。当汽轮机发生转速飞升使机械式危急遮断器动作或手动前轴承箱侧危急遮断阀时，低压危急遮断油母管泄油，薄膜阀在弹簧力的作用下打开，使 AST 油母管泄油，可通过快速卸载阀使高、中压主汽门和高、中压调节汽门关闭，强迫汽轮机停机。

四、EH 油系统设备规范及相关内容

（一）EH 油系统设备规范

EH 油系统设备规范见表 3-17。

表 3-17   EH 油系统设备规范

设备名称	项 目	单 位	规 范
抗燃油泵	形 式		恒压力变压柱塞泵
	出口压力	MPa	11~15
	流 量	L/min	140
抗燃油泵电动机	额定功率	kW	45
	额定电流	A	83.92
	额定电压	V	380
	额定转速	r/min	1480
	功率因数		0.835
抗燃油	牌 号		美国 CLCC 产品
	黏 度		98.9℃,43s（5mm^2/s）
	黏 度		37.8℃,220s（47mm^2/s）
	酸指数	mg/g（以 KOH 计）	0.03
	最大色度（ASTM）		1.5
	闪 点	℃	235（最小值）
	着火点	℃	352（最小值）
	自燃点	℃	594（最小值）
	含水量		0.03%
	比 重		1.142
加热器	功 率	kW	2.4
	数 量	台	3
冷却器	有效面积	m^2	4
	冷却水压力	MPa	小于 0.3
	管 径	寸	1
	数 量	台	2
循环泵组	泵流量	L/min	40
	配套功率	kW	1.5
再生泵电动机	额定功率	kW	1.5
	额定电流	A	3.64
	额定电压	V	380
	额定转速	r/min	1415
	功率因数		0.79
再生泵组	泵流量	L/min	10
	配套功率	kW	0.75
再生泵电动机	额定功率	kW	0.75
	额定电流	A	1.97
	额定电压	V	380
	额定转速	r/min	1415
	功率因数		0.755

设备名称	项 目	单 位	规 范
油箱	容 积	L	1800
蓄能器	充气种类		氮气
	低压压力	MPa	0.16～0.21
	（高压）容积	L	10
	（高压）压力	MPa	8.4～9.2
	（高压）台数	台	2

（二）EH 油系统参数整定值

EH 油系统参数整定值见表 3-18。

表 3-18   **EH 油系统参数整定值**

名 称	单 位	规 范	备 注
系统压力	MPa	14.0±0.5	
溢油阀卸载压力	MPa	17.0±0.2	
抗燃油压高（63/HP）	MPa	16.2	油压高报警
抗燃油压低（63/MP）	MPa	11.2	启备用泵
抗燃油压低（63/LP）	MPa	11.2	油压低报警
抗燃油压低（63-1/LP）	MPa	8.5	汽轮机停机
抗燃油压低（63-2/LP）	MPa	8.5	汽轮机停机
抗燃油压低（63-3/LP）	MPa	8.5	汽轮机停机
抗燃油压低（63-4/LP）	MPa	8.5	汽轮机停机
油泵出口滤芯压差（63-1/MPF）	MPa	0.24	报警
油泵出口滤芯压差（63-2/MPF）	MPa	0.24	报警
回油管路压力	MPa	＞0.35	报警，过载旁路打开
高压蓄能器充氮压力	MPa	9.4～9.8	
低压蓄能器充氮压力	MPa	0.35～0.4	
再生装置滤器压力	MPa	≥0.21	（滤器的油温为 43～54℃）调换滤芯
再生装置滤器工作温度	℃	43～54	
油箱中油的工作温度	℃	35～56	
油箱中油的工作温度	℃	≥56	打开冷却水电磁阀，启动循环泵
油箱中油的工作温度	℃	≤37	关闭冷却水电磁阀，停止循环泵
油箱中油的工作温度	℃	＜21	报警并启动电加热器，禁止启动油泵
油箱中油的工作温度	℃	＞37	停电加热器
冷却水压力	MPa	应小于 0.3	
冷却水水温	℃	应小于 35	
隔膜阀上部油力	MPa	0.7	
63-1/ASP	MPa	大于 9.2	报警，指示 1 号通道动作
63-2/ASP	MPa	大于 4.2	报警，指示 2 号通道动作
63/OPC	MPa	小于 7.0	指示汽轮机超速
63—1、2、3/AST	MPa	低于 5.0	薄膜阀已动作

（三）联锁与保护

（1）系统压力降到 11.2MPa，联动备用泵。

（2）系统压力降到 8.5MPa，汽轮机。

（3）抗燃油油箱油位低于 450mm，发低报警。

（4）抗燃油油箱油位低于 370mm，发低低报警。

（5）抗燃油油箱油位低于 230mm，跳抗燃油泵。

（6）抗燃油过滤器压差达 0.24MPa，发压差高报警。

（7）抗燃油温升至 56℃时，投冷却水。

（8）抗燃油温降至 37℃时，停冷却水。

（9）抗燃油温降至 21℃时，加热器自启动。

（10）系统安全阀动作值 17.0MPa。

（四）系统投运

1. 投运条件

（1）投运前按系统检查卡、启动通则检查完毕。

（2）确认油箱油位在高限，油质合格。

（3）油冷却系统及加热器，投入"自动"位。

（4）蓄能器截止阀开启。

（5）抗燃油再生装置运行。

（6）油净化系统运行。

（7）低于 20℃禁止启动抗燃油泵。

（8）润滑油系统运行正常。

（9）启动抗燃油泵，向系统供油，逐渐关闭系统旁路截止阀，系统压力维持在 14MPa 左右。

2. 运行监视

（1）泵控制开关均在"自动"位。

（2）油箱油位在 500～730mm 之间。

（3）油温在 35～60℃之间。

（4）油压在（14±0.5）MPa。

（5）过滤器压降小于 0.35MPa。

（五）系统停运

（1）停用条件：汽轮机在跳闸状态。

（2）断开泵联锁。

（3）停止油泵。

（4）抗燃油系统停运时，保持循环泵、再生泵运行。

第十一节 发电机冷却系统

运行中的发电机，输出功率越大，其绕组和铁芯产生的热量就越多，发电机温度过高，会影响其内部的绝缘。为了保证机组的运行安全，大容量的发电机组都设置了发电机冷却装置，用来带走发电机运行中产生的热量。

600MW 机组发电机采用哈尔滨电机有限责任公司生产的 QFSN-600-2YHG 型水-氢-氢汽轮发电机。发电机定子线圈采用水内冷，定子铁芯及定子端部采用氢外冷，转子采用氢内冷。由于氢气是一种非常危险的物质，大气中的含氢量达到一定的浓度极容易产生爆炸，所以必须采用相应的措施，防止氢气泄漏，目前，均采用在发电机转子的轴端通以密封油，以达到防止氢气泄漏的目的。600MW 机组采用水氢氢冷却方式，其冷却任务是由密封油系统、氢气冷却系统和定子冷却水系统完成的。

一、密封油系统

600MW 机组发电机采用双流双环式油密封，油密封装置装在发电机两端端盖内，其作用是通过双流双环式密封瓦与轴颈之间的油膜阻止发电机内的氢气外逸。双流是指在密封瓦的氢气侧和空气侧各设独立的油路，并采用平衡阀使两路油压维持均衡，严格地控制两路油流的串流量，从而减少了氢气的流失和空气对机内氢气的污染。双环是指密封瓦在空侧进油处沿轴向分成两个独立的环，空侧油使两环胀开，并分别推向密封瓦座的两个侧面，从而使密封瓦两侧与密封瓦座侧面靠紧，减少由瓦座间的间隙造成的密封油损失。为防止密封瓦随轴转动，在环上设置止动键，使之切向定位于密封座内。

密封瓦的氢侧回油经密封座与下半端盖组成的回油腔汇集于下半端盖除泡箱内进行氢油分离，然后流回氢侧回油箱，即氢侧密封油在独立油路中循环。空侧回油则与轴承回油一起入主油箱，其中可能有的少量氢气在氢油分离箱中分离，并被抽油烟机排出室外，从而使回到主油箱的轴承油中不含氢气，保证了主油箱运行安全。

空侧密封油来自空侧油箱，汽轮机润滑油系统来的高压润滑油和低压润滑油作备用。高压润滑油来自密封备用油泵出口，低压润滑油来自润滑油泵和射油器出口。

密封油系统在空侧和氢侧分别配有两台密封油泵，空、氢侧各设 1 台交流油泵、1台直流油泵。空、氢侧密封油泵均为 1 台工作，1 台备用。

空侧密封油通过空侧密封油泵提供，1 台交流油泵运行，1 台直流油泵备用。空侧密封油经加热器、冷油器、过滤器后送入发电机两端。因为空侧回油中含有氢气，不能直接回到汽轮机主油箱，所以回到了专设的空侧回油密封油箱。在回油密封油箱里氢、油分离后，氢气由排油烟风机排出，回油再经 U 形油管回到汽轮机主油箱。

空侧密封油主差压阀通过控制空侧油泵回油量来调节密封瓦内空侧油压，使其始终高于机内气压一定值，从而密封住机内气体。它跟随发电机内气压的变化而动作。

空侧采用备用油源供油时，靠空侧备用差压阀调节密封瓦内空侧油压，满足运行需要。

密封油箱是氢侧油路的独立油箱。氢侧油由氢侧密封油泵提供，两台油泵，1 台运行，1 台备用。氢侧管路上设两台冷油器，也是 1 台运行，1 台备用。氢侧回油饱含氢气，回到氢侧回油控制箱后会有部分氢气分离，分离出来的氢气，通过氢侧密封油箱上部的回气管回到发电机内。

当氢侧供油压力过高时，氢侧供油溢流阀动作，维持氢侧供油压力相对稳定。

设在励磁机端和汽轮机端的两个氢侧油压平衡阀，分别取各自端空、氢侧供油压差，自动调节密封瓦氢侧油压，使其直接跟随密封瓦空侧油压，目的是使空、氢侧油压相等或在允许范围内。

密封油系统如图 3-13 所示。

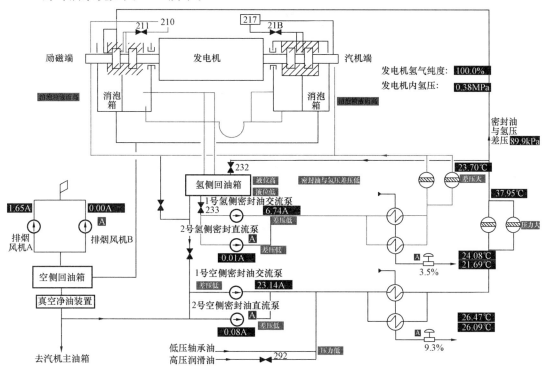

图 3-13　密封油系统

二、氢气系统

从制氢站来的氢气经过自动调压阀或旁路送到发电机机壳上部的总管，进入发电机机壳。氢气自动调压阀，用于自动维持机内氢气压力恒定，如自动失灵，用与其并联的手动阀调整氢压。二氧化碳从储气罐送到排气母管，经过管道和阀门从发电机机壳下部进入发电机。气体控制站管道上装有压力表，以监视氢气和二氧化碳的压力。

系统中配置了一台氢气干燥器，其内装有硅胶或氯化钙等吸潮物，用以降低发电机氢气的湿度，发电机内的氢气靠发电机的风扇压头实现在干燥器中的循环。

氢气在发电机转轴风扇的驱动下流通，氢气沿管路进入氢气纯度分析仪，再沿管道回到风扇的负压区，如此不断地循环。氢分析器可自动对纯度进行分析并显示，如果纯度低于 96%，立即发出报警。氢气压力分析系统不仅把变送器输出的氢压信号用作纯度监测中的密度补偿，而且为相关设备提供监视、报警和连锁信号。

氢气属于可燃性气体，在氢气和空气的混合气体中，若氢气含量在 4%～75% 便有爆炸危险，含氢量在 22%～40% 范围内爆炸力最大，因此，严禁空气和氢气直接接触，必须采用气体置换的方法。目前，发电机气体置换主要有两种方法：一种是中间介质置换法，另一种是抽真空置换法。一般采用中间介质置换法，就是在发电机充氢或排氢过程中，采用惰性气体二氧化碳作为中间介质进行置换。

600MW 机组采用中间介质置换法。充氢时，先将二氧化碳由下部充入发电机，驱赶发电机内的空气，空气从进气母管排大气门排出。排放过程中，保持机内压力为0.01～0.03MPa，待发电机内二氧化碳含量超过 85％后，再用氢气置换二氧化碳。逐渐补入氢气并排出二氧化碳。注意氢气纯度，当氢压升至 0.25～0.3MPa 时要求氢气纯度大于 96％，氢压和纯度达到要求，停止补氢。排氢时，先向发电机内引入二氧化碳，以驱赶机内的氢气，当发电机内二氧化碳含量超过 95％后，再用压缩空气驱赶二氧化碳。当二氧化碳纯度低于 15％，可以终止向发电机内送压缩空气。

运行时干燥剂应定期更换。注意监视各部的压力、温度、温升在发电机对应负荷下应无异常。注意检查各部无泄漏现象。

发电机停止运行、氢气排放后，将压缩空气通入发电机内保持 0.25～0.3MPa（正常运行时的氢压值），在规定时间内观察压力下降值，用来检测氢气系统的严密性。

氢气系统如图 3-14 所示。

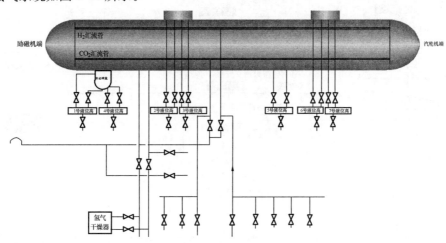

图 3-14　氢气系统

三、定子冷却水系统

定子冷却水系统是利用定子冷却水泵向各定子绕组不间断地供水，并监视水温、水压、流量和电导率等参数的变化，来达到冷却发电机定子的目的。系统设置有定子水温自动调节器，以调节定子绕组定冷水进水温度，并设置了离子交换器，用以提高和保持定子冷却水的水质。

（一）主要设备及系统

定子冷却水补水来自凝结水泵出口或化学除盐水。定冷水箱上装有补水装置和液位检测开关。当水箱水位下降至报警水位时，液位开关触点动作，通过电气控制回路打开补水电磁阀自动向箱内补水。当水位过高时，又可通过溢流管自动溢流。该系统设有两台定子冷却水泵，正常时，1 台运行，1 台备用。当泵出口压力低于整定值时，压力控制器通过电气控制回路，启动备用泵。有两台冷却器，互为备用。冷却水为闭式冷却水，在闭式冷却水回水管路上设置有调节器，用以调节冷却水量，从而控制定子冷却水系统冷却水出水温度在 45℃左右。

定子冷却水系统自成一独立封闭自循环系统，定子冷却水泵从水箱中吸水，升压后送入冷却器降温，经过滤水器滤出杂质，然后进入发电机定子绕组，出水流回水箱，如此不断循环，以带走定子绕组运行中产生的热量。在发电机定子绕组冷却水进、出口管路上增设旁路和阀门，以便对定子绕组进行反向冲洗。

系统设置有自动水温调节器和离子交换器等辅助装置，还设有监视水温、水压、电导率、流量等参数的表计，并可在超范围时发出报警信号。

定子冷却水系统如图 3-15 所示。

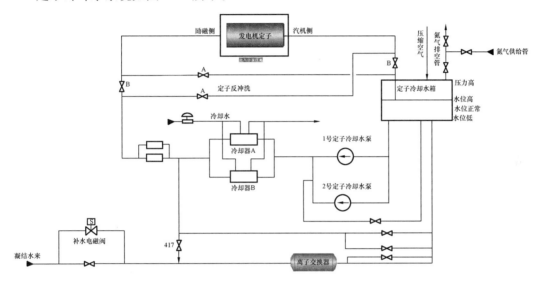

图 3-15　定子冷却水系统

（二）系统运行

系统初始充水时，应先使水箱水位在最高位置，直至溢流管有水溢流出为止，以排除水箱内的空气，防止定子绕组破漏后氢气进入水箱与空气混合，然后将水箱水位放至正常。系统检查完毕再启动定子冷却水泵，调整水泵再循环，控制发电机进水压力、流量在规定值。检查定子冷却水运行正常，投入联锁。机组启动过程中，根据水温投入定子冷却水冷却器冷却水。

停机后，可根据检修要求进行反冲洗。汽轮发电机停运后方可停止定子冷却水系统运行。先断开水泵联锁，停止水泵运行，检查泵出口压力、电流到零。停泵后注意泵不应倒转，关闭水泵出口门及冷却器进水门。若停泵后水箱需放水，应先开水箱顶部排气门，后开放水门。

在额定氢气压力工况下，机内氢气压力应高于定子绕组冷却水进水压力 0.1～0.2MPa，在任何情况下氢压都必须大于水压 0.05MPa，防止绕组破损时，冷却水漏出绕组破坏绝缘。

为了防止冷态时水温过低致使氢气中的水分在绕组上结露，系统中设置了提高定子绕组冷水温度的电加热装置，应使加热后的水温高于氢温 5℃ 左右。夏季温度高时，只要定子绕组冷却水出水温度不高于 80℃，定冷水冷却器出水温度可高于规定值，但不要超过 55℃。

　　离子交换器是专为提高系统水质而设置的，当系统水质不合格时，应投入离子交换器运行，直到水质合格后，方可停用。发电机定子绕组冷却水进、出口旁各有 1 个排气阀门，是为了防止绕组两端部汇流管内滞留空气而专设的，每次水泵开启以后，应打开这两个排气阀，待水不断流出，确定气体排完后关闭。水箱上部设置的取样门是供化验人员取气样用的，若气样中含有超量氢气，说明定子绕组或端部引出线绝缘引水管破损，必须停机进行处理。

四、密封油系统设备规范及相关内容

（一）密封油系统设备规范

密封油系统设备规范见表 3-19。

表 3-19　　　　　　　　　　　　密封油系统设备规范

设备名称	项　目	单　位	规　范
空侧交流直流密封油泵	形　式		HSG94DX2-42
	出口压力	MPa	1
	流　量	m³/h	40
	轴功率	kW	16.6
	额定转速	r/min	1470
	泵　重	kg	185
	必须汽蚀余量	m	2.7
	生产厂家		天津市工业泵厂
空侧密封油交流泵电动机	型　号		YB2-180L-4
	额定功率	kW	22
	额定电压	V	380/660
	额定电流	A	43.1/24.8
	额定转速	r/min	1470
	绝缘等级		F
	接线方式		△-Y
	功率因数		0.85
	泵　重	kg	205
空侧密封油直流泵电动机	型　号		Z2-72
	额定功率	kW	22
	额定电压	V	220
	额定电流	A	115.4
	额定转速	r/min	1500
	绝缘等级		B
	励磁方式		并励
	励磁电压	V	220
	励磁电流	A	1.62
氢侧交流直流密封油泵	型　号		HSG94DX2-42
	出口压力	MPa	1
	流　量	m³/h	10.5
	额定转速	r/min	2900
	必须汽蚀余量	m	2.7
	生产厂家		天津市工业泵厂

设备名称	项目	单位	规范
氢侧密封油交流泵电动机	型号		YB2-13251-2
	额定功率	kW	5.6
	额定电压	V	380/660
	额定电流	A	11/6.4
氢侧密封油交流泵电动机	额定转速	r/min	2900
	绝缘等级		F
	接线方式		△-Y
	功率因数		0.88
	生产厂家		
氢侧密封油直流泵电动机	型号		Z2-41
	额定功率	kW	5.5
	额定电压	V	220
	额定电流	A	30.3
	额定转速	r/min	3000
	绝缘等级		B
	励磁方式		并励
	励磁电压	V	220
	励磁电流	A	0.48
	防护等级		IP22

（二）联锁与保护

（1）当交、直流密封油泵出、入口压差低于 0.035MPa 时，发油泵停运信号。

（2）当氢侧交流密封油泵出、入口压差低于 0.035MPa 时，联启氢侧直流密封油泵。

（3）当氢油压差降到 0.035MPa 时，启动空侧直流油泵。

（4）当备用密封油压小于 0.6MPa 时，发油压低报警。

（5）当空氢侧供油温度高于 53℃时，发油温高报警；当供油温度降到 40℃时，发油温低报警。

（6）当密封油箱油位高于 60mm 时，发油位高报警；当密封油箱油位低于 −60mm 时，发油位低报警。

（7）当氢油压差降到 0.056MPa 时，备用压差阀投入。

（8）当氢油压差小于 0.035MPa 时，润滑油供油投入，将发电机氢压降到 0.014MPa 运行。

（三）系统的投运

（1）投运前按系统检查卡、启动通则检查完毕。

（2）确认汽轮机润滑油系统已正常投用。

（3）检查氢油分离箱排烟风机运行正常，联锁投入。

（4）检查密封油箱补、排油装置在自动位置。

（5）检查发电机液位报警投入。

（6）检查消泡箱液位报警投入。

（7）空、氢侧密封油冷油器入油门在关闭位置。

（8）差压阀信号门开启，平衡阀信号门及平衡门开启。

（9）密封油系统启动步骤。

1）空侧密封油系统的投入。

a. 开启空侧密封油来油门，密封油系统充油正常。

b. 开启空侧密封油泵再循环门。

c. 启动空侧交流密封油泵，泵出口油压为 0.6～0.7MPa。

慢慢全开空侧密封油冷油器入油门，逐渐关闭再循环门，注意主差压阀相应开大，维持差压为 0.084MPa 左右。

d. 启动空侧直流密封油泵，试验正常后，投备用。

2）氢侧密封油系统的投入。

a. 用空侧密封油系统向密封油箱补油，投入密封油箱补排油自动，油位保持正常。

b. 开启氢侧密封油泵再循环门。

c. 开启氢侧交流密封油泵，检查油泵运行正常。

d. 慢慢关闭平衡阀信号平衡门，检查平衡阀工作正常，空、氢侧油压差不大于 50mm 水柱。

e. 慢慢全开氢侧冷油器入口门，调整再循环门，保持油泵出口压力应比发电机内气体压力高 0.2MPa。

f. 氢侧直流密封油泵，试验正常后，投备用。

3）备用密封油冷却器、过滤器的投入。

a. 开启备用冷却器、过滤器的空气阀。

b. 微开入口阀，向备用密封油冷却器、过滤器充油，空气阀见油后关闭。

c. 开启出口阀。

d. 开启入口阀将备用密封油冷却器、过滤器投入。

e. 关闭原运行冷却器、过滤器入口阀。

（四）运行监视

（1）置换操作中氢油压差为 0.084～0.05MPa。

（2）发电机正常运行中氢油压差为 0.084MPa。

（3）发电机气体置换操作中氢油压差为 0.084～0.05MPa。

（4）发电机正常运行中氢油压差为 0.084MPa。

（5）运行密封油泵压力为 6～7MPa。

（6）备用密封油压力为 0.85～1.05MPa。

（7）密封油供油温度为 40～50℃。

（8）随着发电机气体压力的升高，注意平衡阀、差压阀工作正常。

（9）氢侧油泵出口压力正常运行不低于 0.6MPa。

（10）检查发电机液位检测是否有油。

（11）密封油箱排补油自动失灵时，倒手动调整。

（12）氢侧密封油完全失去时，可以维持短时间运行，加强对氢纯度的监视。

（13）主差压阀失灵全关时，由空侧再循环调整差压。

（14）备用密封油投入，且备用差压阀失灵时，用备用差压阀旁路门维持油氢差压 0.056MPa。

（15）高压密封备用油投入时，若机组转速小于 3000r/min，由高压密封备用泵供油。

（五）系统停运

（1）确认发电机转子在静止状态。

（2）氢置换完毕，化验合格。

（3）停止运行密封油泵运行。

（4）当盘车装置运行时，保证密封瓦有油流通过。

（六）备用油源的使用

1. 第一路油源

由主油泵供给，油压为 1.6～1.7MPa，经减压阀供油压力为 0.7～0.8MPa。当氢油压差降到 0.056MPa，备用压差阀自动开启。

2. 第二路备用油源

由高压密封油泵供给，油压为 1MPa，通过备用差压阀供给。当汽轮机转速低于 2000r/min 时投入。

3. 第三路备用油源

当氢油压差达到 0.035MPa 时，直流油泵启动，恢复氢油压差达到 0.084MPa。

4. 第四路备用油源

由润滑油系统供给，此时发电机内氢气压力必须降到 0.014MPa。

五、氢气系统设备规范及相关内容

（一）氢气系统设备规范

氢气系统设备规范见表 3-20。

表 3-20　　　　　　　　　　氢气系统设备规范

设备名称	项　目	单位	规范	备注
发电机	额定氢压	MPa	0.4	（表压）
	正常运行时氢气纯度	%	大于 98	容积比
	氢气纯度低	%	95	报警

设备名称	项　目	单位	规范	备注
氢气冷却器	形　式			
	冷却器数量			
	流过冷却器水量	m³/h		
	最高进水温度	℃		
	出水温度	℃		
	冷却器水头损失	Pa		
	氢流量	m³		
	流过氢冷却器压降	kPa		
	冷却器出口氢量	m³/s		

（二）联锁与保护

联锁与保护见表 3-21。

表 3-21　　　　　　　　　　　　　联锁与保护

序号	项　目	单位	额定值	正常值	报警值 L	报警值 H	跳闸值	备注
氢气系统	氢气供给压力	MPa			0.35			
	氢气压力	MPa	0.4	0.38～0.42	0.385	0.43		
	进风温度	℃	45	44～46	42	48		
	氢气湿度	℃	−25～−5					0.4MPa 压力下
	氢气纯度	%	98	95～98	95	100	90	
氢气冷却器	进水压力	MPa	0.25～0.35	0.5～0.35	0.2	0.36		氢气与水保持压差为 0.05MPa
	进水流量	m³/h	240	230～250	180		72	
	进水温度高	℃	38	25～38		38	44	
						33	39	
	进水温度低	℃	33		25		20	

（三）系统的投运

（1）确认密封油系统已经投运。

（2）用二氧化碳置换空气。

1）按系统检查卡检查完毕。

2）确认二氧化碳准备充足。

3）开启二氧化碳瓶减压阀，开启氢气系统二氧化碳供气阀，维持母管压力在 0.5～1.035MPa。

4）调节空气排放阀，使机内压力维持在 0.014～0.035MPa，并手动调节密封油压差阀旁路阀，使密封油压力高于机内压力 0.05～0.084MPa。

5）当发电机内部压力达 0.07～0.10MPa 时，可将压差阀投入，缓慢关闭压差阀旁路门。

6）当一组二氧化碳瓶内压力降至 0.5MPa 时，倒另一组二氧化碳瓶。

7）当机内二氧化碳纯度达到 85％以上时；关闭氢气系统二氧化碳供气阀、排空气阀。

（3）用氢气置换二氧化碳。

1）按检查卡检查完毕。

2）确认发电机内二氧化碳纯度 85％以上。

3）确认氢站储氢量充足。

4）开启二氧化碳排放阀。

5）开启氢气母管供气阀，保持阀前氢压为 0.8～1.035MPa，用补氢电磁阀旁路阀充氢。

6）用二氧化碳排放阀保持机内压力在 0.014～0.035MPa；

7）机内氢气纯度达到 95％以上时，关闭供氢阀，停止充氢，关闭二氧化碳排放阀。

8）调整氢气供气阀，使氢压达 0.35MPa。

9）当机内压力达到 0.4MPa 时，确认补氢电磁阀关闭。

10）投入压力自动调节装置，自动维持机内氢压为 0.38～0.42MPa。

（四）运行监视

（1）氢压为 0.38～0.42MPa，氢气纯度为 98％。

（2）发电机冷氢温度为（45±1）℃。

（3）氢气干燥器运行正常，自动补氢装置投入。

（五）系统停运

1. 发电机排氢

（1）关闭补氢阀。

（2）开启氢气排放阀，降低机内氢压至 0.014～0.035MPa。

（3）打开二氧化碳供气阀向机内充二氧化碳，二氧化碳母管压力保持在 0.5～0.103 5MPa。

（4）调整氢气排放阀，使机内压力保持在 0.014～0.035MPa。

（5）机内二氧化碳纯度达 95％以上，关闭排氢阀；氢气纯度低于 5％时，关闭二氧化碳供气阀，停止充二氧化碳。

（6）排氢过程中，注意排尽死角的氢气。

2. 用空气置换二氧化碳

（1）联系检修倒换空气短管。

（2）开启排氢阀。

（3）开启压缩空气供气阀。

（4）检验发电机内气体中二氧化碳含量达 5％时，停止充注空气。

（5）当发电机内气体压力到"0"时，可停止密封油系统运行。

（六）氢气干燥器

1. 进行在线干燥器吹扫

（1）确认发电机吹扫（用二氧化碳置换空气或氢气）结束，纯度合格。

（2）开启阀门 MKH03AA001。

（3）开启阀门 MKH03AA515、MKH03AA516，吹扫 5min。

（4）关闭阀门 MKH03AA001。

（5）开启阀门 MKH03AA003，吹扫 5min；关闭 MKH03AA515、MKH03AA516，吹扫结束。

2. 再生干燥器吹扫

（1）在线干燥器吹扫结束。

（2）开启阀门 MKH03AA008。

（3）关闭阀门 MKH03AA006。

（4）开启阀门 MKH03AA009、MKH03AA010，吹扫 3min。

（5）开启阀门 MKH03AA006，吹扫 1min，吹扫结束。

（6）关闭阀门 MKH03AA009、MKH03AA008。

3. 氢气干燥器正常运行时阀门状态

（1）阀门 MKH03AA001、MKH03AA003、MKH03AA007、MKH03AA006 开启。

（2）阀门 MKH03AA008、MKH03AA009 关闭。

（3）阀门 MKH03AA010 部分开启。

（七）注意事项

（1）氢气系统附近禁止明火作业，若需动电、火焊，则必须验氢，动火区域含氢量应小于 3%。

（2）进行补排氢操作时，应控制速度。

（3）进行氢气系统操作时，采用铜质或涂黄油的钩搬子。

（4）发电机内充有氢气时，严禁对氢气系统和密封油系统进行电、火焊。

（5）在怀疑有氢气漏泄时，严禁用手或易燃品去试验。

（6）发电机内无压力时，严禁密封油系统长时间运行。

（7）发电机在停机（运行）期间应保持发电机绕组温度高于环境温度（或风温），以防止发电机内结露。

（8）必须保证有充足的二氧化碳储备，保证在任何异常情况下置换发电机内部氢气。

（八）发电机运行氢压

（1）如特殊情况下需要降低氢压运行，按表 3-22 执行，且运行时间不超过 4h。

表 3-22　　　　　　　　　低氢压运行参考数据

氢压（MPa）	有功功率（MW）	定子电压（V）	定子电流（A）	功率因数
0.3	550	20 000	18 339	0.866
0.2	502	20 000	16 302	0.89

（2）氢温与负荷关系。

1）冷氢温为额定值时，其负载应不高于额定值的 1.1 倍。

2）冷氢温度低于额定值时，不允许提高发电机出力。

3）当冷氢温度高于额定值时，每升高 1℃，定子电流相应降低 2％，冷氢温度最高不超过 48℃。

（3）氢气冷却器与负荷关系。

1）当断开一台氢冷器时，负荷降至额定负荷的 80％或以下运行。

2）当氢冷器入口温度超过额定值时，可根据氢气压力、氢气温度调节负载运行（按发电机负载与氢气冷却器进水温度、氢压压力关系曲线执行）。

六、定子冷却水系统设备规范及相关内容

（一）定子冷却水系统设备规范

定子冷却水系统设备规范见表 3-23。

表 3-23　　　　　　　　　定子冷却水系统设备规范

设备名称	项　目	单位	规　范	备　注
定子冷却水泵	形　式		离心式	
	扬　程	m	75	
	流　量	m^3/h	115	
	转　速	r/min	2970	
	质　量	kg	550	
	可用功率	kW	45	
	生产厂家		大连定源科建电力设备制造有限公司	
定子冷却水泵电动机	型　号		255M-2	
	额定功率	kW	45	
	额定电压	V	380	
	额定电流	A	84	
	额定转速	r/min	2900	
	频　率	Hz	50	
	质　量	kg	309	
	绝缘等级		F	
	生产厂家		文登市电机厂	
水箱容积		m^3	2	

（二）联锁与保护

联锁与保护见表 3-24。

表 3-24　　　　　　　　　　　　　　　　联锁与保护

序号	项　目	单位	额定值	正常值	报警值 L	报警值 H	跳闸值	备注
1	总冷却水入口温度	℃	45～50	45～50	40	60		
2	总冷却水出口温度	℃	69～75	69～75		85	90	
3	线棒层间温度	℃	<90			90		
4	同层线棒出水温差	K	<8			8	12	
5	总冷却水压力	MPa	0.25～0.35	0.25～0.35	0.2	0.36		
6	供水管流量	m³/h	90	87～93	59.4		46.8	延时25秒
7	过滤器压差	MPa				0.021		
8	定冷水泵停运	MPa		0.6～0.7	0.14			
9	补水流量	L/m			15.14			
10	定子冷却水箱水位	mm		500～550	450	650		
11	水箱压力	MPa		0～0.014		0.042		
12	定子绕组流量低	t/h		90±3	60±2			
13	定子绕组流量超低低	t/h		90±3	45±2			
14	定子绕组水压差高	MPa				0.035		
15	离子交换器出水电导率高	μS/cm		0.1～0.4		0.5		
16	定子绕组进水电导率	μS/cm		0.5～1.5		5		
17	定子绕组进水导电率超高	μS/cm				9.5		
18	氢水压差	MPa		<0.05	<0.035			

（1）当水箱上氮气压力达 0.035MPa 时，自动开启排气阀；压力达 0.035MPa 时，发压力高报警。

（2）当运行定冷水泵停运，备用泵在 3～5s 内联启。

（三）系统的投运

（1）投运前按系统检查卡、启动通则检查完毕。

（2）开启定子冷却水补水阀及补水电磁阀旁路阀，将水箱水位补到正常水位，关闭补水电磁阀旁路。

（3）确认密封油系统、氢气系统已经投入运行。

（4）确认闭式冷却水系统已经投入运行。

（5）启动定子冷却水泵，确认发电机进水压力正常。

（四）正常监视

（1）水箱水位保持在正常值 500～550mm。

（2）定子冷却水流量为 87～93m³/h。

（3）定子绕组进水压力为 0.25～0.35MPa。

（4）定子绕组进水温度为 40～50℃。

（5）定子出口水温不大于 90℃。

（五）系统停运

（1）断开发电机定子冷却水泵的联锁。

（2）停止发电机定子冷却水泵运行。

（六）注意事项

（1）在定冷水系统检修后，定冷水箱水质合格，方可进入发电机。

（2）当内冷水中含有氢气，且取样化验氢气含量超过 3% 时，每隔 1h 化验一次，并注意排水，最多运行 3 天。

（3）如果定子冷却水取样化验含量超过 20%，停机消除缺陷。

（4）当定子绕组冷却水量降到 45m³/h，允许满负荷运行 5s，备用泵在 5s 内投入正常，否则停机或 2min 内以每分钟 50% 将定子电流降到额定的 15%，同时，将电导率控制在 1.5μS/cm 以内，可运行 1h。若电导率高于 1.5μS/cm，定子绕组流量降低时，2.5min 后励磁失磁。

在出现断水情况后，定子冷却水泵恢复到额定状态，在加负荷之前水泵必须运行 15min 后，方可按汽轮机加负荷速率加负荷。

第十二节 供 热 系 统

600MW 机组供热系统厂房内设置基本热网加热器和尖峰热网加热器，加热器为卧式光管热网加热器，由水室、管系、筒体及阀门仪表等几部分组成。两台热网加热器并联运行。最大设计热负荷时，汽轮机 4 段抽汽供给尖峰热网加热器蒸汽 95t/h，汽轮机五段抽汽供给基本热网加热器蒸汽 85t/h。

热网系统如图 3-16 所示。

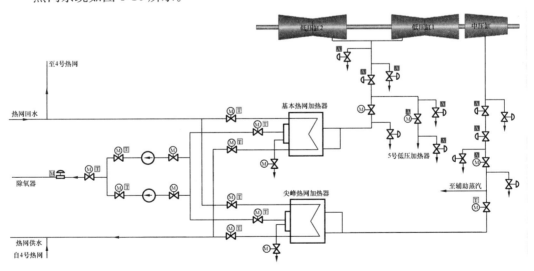

图 3-16 热网系统

正常运行时，加热器的正常疏水通过热网疏水泵将疏水打至除氧器。热网加热器通过疏水泵出口气动疏水调节阀，控制高压加热器正常水位。事故疏水一路接至凝汽器，一路接至地沟。

（一）供热系统设备规范

供热系统设备规范见表 3-25。

表 3-25   供热系统设备规范

设备名称	项　目		单　位	规　范
基本热网加热器	形　式			管壳式
	容器类别			二
	换热面积		m^2	1500
	设计压力	管侧	MPa	1.6
		壳侧	MPa	1.0
	设计温度	管侧	℃	185
		壳侧	℃	350
	工作压力	管侧	MPa	1.46
		壳侧	MPa	0.4
	工作温度	管侧	℃	64～115
		壳侧	℃	340
	工作介质	管侧		水
		壳侧		蒸汽
	生产厂家			哈尔滨汽轮机有限责任公司
尖峰热网加热器	形　式			管壳式
	容器类别			二
	换热面积		m^2	1200
	设计压力	管侧	MPa	1.6
		壳侧	MPa	1.2
	设计温度	管侧	℃	130
		壳侧	℃	340
	工作压力	管侧	MPa	1.45
		壳侧	MPa	0.28～0.93
	工作温度	管侧	℃	65～115
		壳侧	℃	323.7～104
	工作介质	管侧		软化水
		壳侧		蒸汽/水
	生产厂家			辽宁华标压力容器有限公司

（二）联锁与保护

（1）加热器水位低于 580mm，发水位 L 报警。

（2）加热器水位达到 1400mm，发水位高 I 值报警。

（3）加热器水位达到 1700mm，发水位高 II 值报警，联开事故放水阀。

（4）加热器水位达到 2030mm，发水位高Ⅲ值报警，关闭进汽阀。

（5）当出现以下现象，将联关加热器进汽阀。

1）汽轮机跳闸。

2）加热器水位高Ⅲ值报警。

3）任一加热器水侧电动门关闭信号来，且该阀门的开信号消失。

4）OPC 动作。

（6）基本热网加热器水位高Ⅱ值报警且供汽电动门关闭，将联锁关闭五段抽汽止回门。

（7）当出现下列条件，抽汽管道上疏水门联锁打开。

1）汽轮机跳闸。

2）加热器水位高Ⅱ值报警。

3）汽轮机负荷小于 20％额定负荷。

4）抽汽止回门或电动门关闭。

5）疏水门对应疏水管道疏水罐液位高。

（8）当下列条件同时出现，抽汽管道上疏水门联锁关闭。

1）汽轮机负荷大于 20％额定负荷。

2）五段抽汽止回门且电动门开启。

3）疏水门对应疏水管道疏水罐液位不高。

4）加热器水位高Ⅱ值报警消失。

（9）当下列条件同时出现，加热器供汽电动门允许开启。

1）汽轮机挂闸。

2）基本热网加热器或尖峰热网加热器水侧电动门全部开启。

（三）系统的投运

（1）系统投入前，确认市热力公司中继站（市里首站）设备完好，处于备用状态，热网系统注水完毕。厂内加热器阀门传动完好，系统、设备检查完毕。

（2）水侧投入。

1）微开基本（尖峰）热网加热器水侧出口阀，开启水侧空气阀，向加热器充水。

2）基本（尖峰）热网加热器空气阀见水后关闭，全开水侧出入口阀。

3）通知市热力公司中继站将高温热网循环水泵投入运行，缓慢开启循环泵出口阀，当加热器入口压力稳定后，全开高温热网循环水泵出口阀。

（3）汽侧投入。

1）微开五段抽汽供汽截止阀，进行供汽管道暖管，当加热器入口前温度达到五段抽汽供汽温度时，暖管结束。

2）缓慢开启五段抽汽供汽截止阀，控制热网供水温度不要超过 1.85℃/min。

3）当加热器水位达到 500mm，启动疏水泵，水位设定在 0mm。

4）热网加热器投入初期疏水回收至凝汽器，待水质化验合格后回收至除氧器。

5）当供水温度无法满足市区要求时，投入尖峰加热器。

6）微开中压缸排汽供汽截止阀，进行供汽管道暖管，当加热器入口前温度达到中压缸排汽温度，暖管结束。

7）逐渐开启中压缸排汽供汽截止阀，控制热网供水温度不要超过 1.85℃/min。

8）当尖峰加热器疏水水位达到 600mm，开启尖峰加热器疏水阀。

9）稳定后将尖峰热网加热器疏水切至基本热网加热器。

（四）运行监视

（1）热网加热器出口温度不许超过 115℃。

（2）热网加热器水位维持在±300mm。

（五）系统停运

（1）逐渐关闭供汽阀。

（2）当加热器水位低于－600mm 时，停止热网疏水泵运行。

（3）中继站停止热网循环泵运行。

（4）关闭区域热网加热器水侧出入口阀。

（5）机组运行期间，将五段抽汽和中压缸排汽至热网加热器电动阀前疏水阀微开。

（六）注意事项

（1）热网加热器停运期间保持各阀门状态正确，防止机组掉真空。

（2）热网加热器停运期间，如进汽阀不严，保持加热器水侧出口阀开启。

（3）尖峰加热器正常疏水切换至基本热网加热器时，注意保持基本及尖峰热网加热器水位稳定。

（4）在条件允许时，尽可能先投入基本热网加热器运行，保证机组效率。

（5）加热器投运，必须保证先通水侧，然后投运汽侧。

（七）加热器保养

（1）停运时间为 7 天时，采用干燥剂法进行保护。

（2）热网加热器内各部分水放尽且吹干后，将放在瓷盘上的干燥剂放在设备内，关闭全部阀门，经 7～10 天后检查干燥剂的情况，如已失效，更换新药，此后每月检查和更换一次失效的药品。常用的干燥剂及用量见表 3-26。

表 3-26　　　　　　　　　　　常用的干燥剂及用量

药品名称	用　量
工业无水 $CaCl_2$　（粒径 10～15mm）	1～2kg/m³
生石灰	2～3kg/m³
硅胶（应先在 120～140℃干燥）	1～2kg/m³

（3）停运半个月，采用氨液法进行设备保护。

（4）将凝结水或补给水配制成浓度为 800mg/L 以上的稀氨液，用泵打入加热器的管、壳程，并使其在加热器内进行循环，直到各采样点取得的样品的氨液浓度相同，然后关严所有阀门，以免氨液漏掉，在保护期间每星期应分析氨液浓度一次，若发现氨液浓度显著下降，应及时采取防止措施并补加新氨液。充氨液前应将存水放掉，采用此法应注意氨液容易蒸发，故水温不宜过高，且系统严密。

（5）停运在半个月以上时，换热器及凝结水管必须彻底排空，并用压缩空气烘干，而且水侧和汽侧应充满氮气，氮气的纯度应在 99.5% 以上，氮气压力保持在 0.07MPa（表压）左右，当氮压低于 0.02MPa 时，应及时补充氮气。

第四章　电　气　系　统

第一节　电　气　主　接　线

500kV 系统采用双母线的接线方式，主厂房侧为Ⅰ母线，线路侧母线为Ⅱ母线，Ⅰ、Ⅱ母线通过联络断路器联络，无旁路母线。500kV 系统两条出线：七云甲线至庆云一次变电所，七云乙线至庆云一次变电所。500kV 与 220kV 系统由一组 750MVA 的联络变压器将两个系统连接在一起，其低压侧接有一组 120MVA 的低压电抗器。

主接线系统如图 4-1 所示。

500kV 系统运行方式如下：

(1) 500kV 系统共安装 6 台断路器，3、4 号发电机变压器组出口各 1 台断路器，七云甲线、七云乙线各一台断路器，母线联络断路器一台，1 号高压电抗器一台。

(2) 500kV 系统正常运行方式。

1) 500kV 一母线带：七云甲线、1 号联络变压器、3 号主变压器

2) 500kV 二母线带：七云乙线、4 号主变压器、1 号高压电抗器。

3) 母线联络：5010 合闸状态。

(3) 500kV 出线有七云甲、乙二条线路，最大出力限制在 200 万 kWh。

(4) 向空载线路充电，在暂态过程衰减后线路末端电压不超过系统额定电压的 1.15 倍，持续时间不应大于 20min。

(5) 500kV 母线在正常运行方式时，最高运行电压不超过系统额定电压的 +110%，最低运行电压不应影响电力系统的稳定、电压稳定、厂用电的正常使用及下一级电压的调节。

一、1 号高压电抗器

在原来 500kV 七云甲线基础上新增加了一条 500kV 七云乙线，使得 500kV 系统的工频电压升高，为限制系统的工频电压升高和操作过电压，从而降低系统的绝缘水平，保证线路安全可靠运行，必须在 500kV 系统加装高压电抗器。根据设计 1 号高压电抗器装设在 500kV 二母线上，高压电抗器是 BKD-50000/500 型高压并联电抗器。接在 500kV 二母线的三台单相电抗器按 Y 形连接，中性点经电流互感器直接接地，通过隔离开关连接在 500kV 二母线上。

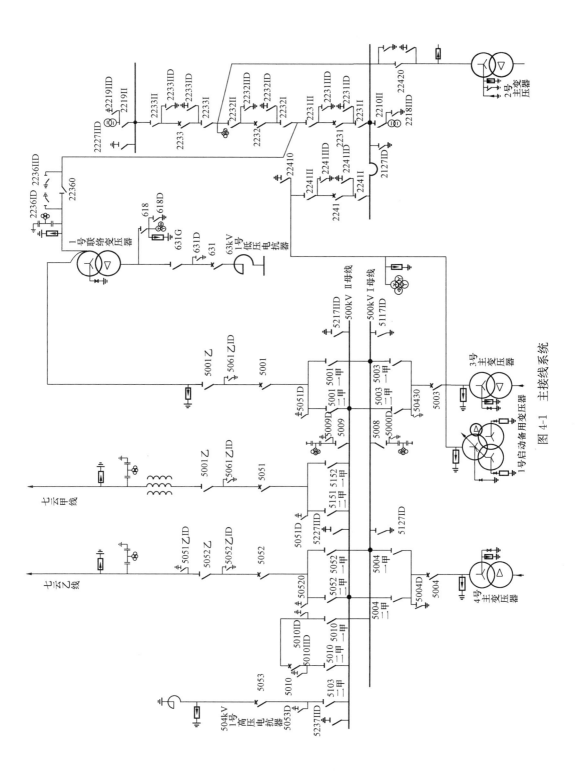

图 4-1 主接线系统

（一）1号高压电抗器技术参数

1号高压电抗器的使用环境见表 4-1，BKD-50000/500 型高压并联电抗器技术参数见表 4-2。

表 4-1   1 号高压电抗器的使用环境

项目名称	额定参数
海拔	1000m
环境温度	$-45\sim+40℃$
最大日温差	32℃
覆冰厚度	10mm
污秽等级	Ⅲ级
耐地震能力（地面水平加速度）	2.0m/s^2
风速（地面 10m 高，10min 平均）	34m/s

表 4-2   BKD-50000/500 型高压并联电抗器技术参数

项目名称		额定参数
额定频率（Hz）		50
额定电压（kV）		$525/\sqrt{3}$
额定容量（Mvar）		50
额定电流（A）		165
额定电抗（Ω）		1831.68
损耗（kW）		88.78
相数		单相
三相连接方式		YN
中性点接地方式		直接接地
冷却方式		ONAN
温升限值（K） ［海拔小于 1000m 在 1.05 倍额定电压 下温升限值（周围环境温度 40℃）］	顶层油	47
	绕组（平均）	55
	绕组（热点）	68
	油箱	70
	铁芯及金属结构件表面	70

（二）1号高压电抗器的运行规定

（1）500kV 高压线路不得无高压电抗器运行。

（2）严禁带电拉合电抗器隔离开关。

（3）高压电抗器运行期间严禁退出电抗器避雷器。

（4）高压电抗器运行中电压、电流不得超过规定值。电抗器可以在额定电压 500/

$\sqrt{3}$kV 下长期运行，运行中其电压不应超过最高电压 $500/\sqrt{3}$kV，50Mvar 电抗器运行中电流不应超过额定值 160A。

（5）高压电抗器运行中的油位及温升应与其无功负荷相对应。正常运行上层油温不得超过 85℃。在环境温度超过 40℃下，电抗器油面温升接近 55K，电抗器又不能停运时，应采取外部冷却及其他降温措施。

（6）新投电抗器在运行最初的一个月中要加强巡视和红外成像检测，第 1、3、5、10、20、30 天要进行油化验与色谱分析，每个班次对电抗器中性点泄漏电流进行测量。

（7）电抗器存在缺陷运行时，要进行特殊性巡视检查，防止缺陷升级，引起事故。

（8）每月对电抗器进行一次全面的红外线测温。

（9）电抗器运行中声音、振动不超过 80dB。

（10）电抗器油质在线监测装置正常应投入运行，每日检查该装置数据上传情况，如果数据未上传，查明原因，并强制启动一次，数据越限发出报警时，应引起重视，同时建议对出现异常数据的电抗器进行采样，将离线数据与在线数据进行比较，如在线数据有误，联系厂家处理，如数据确实发生异常，对电抗器加强监视，必要时申请停运。

（三）高压电抗器的巡视检查项目

1. 正常巡视检查项目

（1）设备外观完整无损，瓷套清洁，无破损、裂纹和打火放电现象。

（2）引线接触良好，接头无过热，各连接引线无发热、变色，接头接触处温升不应超过 70K。

（3）电抗器油位正常，各阀门、管道及法兰连接处等无渗漏油现象。

（4）电抗器油温表指示正常，分析温度与负荷及环境情况相对应，无异常。

（5）检查呼吸器硅胶颜色正常，变色超过 2/3 应更换；检查油杯中的油色应清亮，油位正常；呼吸器玻璃罩无损伤，无渗油现象。

（6）检查气体继电器采样装置无松动、漏气、漏油现象，气体继电器内油色正常，二次电缆无腐蚀现象，防雨罩完好。

（7）压力释放装置应正常，密封良好，无渗漏油现象，指示杆无突出、无喷油痕迹，防雨罩完好。

（8）电抗器声响均匀、正常。

（9）电抗器外壳接地牢固、可靠。

（10）各控制箱和二次端子箱、机构箱应关严，封堵完好、无受潮，温控装置工作正常。

2. 特殊巡视检查项目

（1）电抗器在以下情况下应进行特殊巡视。

1）在异常的高温、低温天气运行时。

2）大风、雾天、冰雪、冰雹及雷雨后。

（2）设备变动后。

1）设备经过检修、改造或长期停运后重新投入运行。

2）异常情况下的巡视，主要是设备发热、系统电压波动、本体有异常振动和声响。

3）设备缺陷近期有发展时、法定节假日、上级通知有重要保电任务时。

4）电抗器接地体改造之后。

3．特殊巡视的项目和要求

（1）投运期间用红外测温设备检查电抗器本体、引线接头发热情况。

（2）大风扬尘、雾天、雨天瓷套管有无闪络、放电痕迹，引线有无悬挂漂浮物。

（3）冰雪、冰雹瓷套管有无损伤，本体无倾斜变形。

（4）电抗器存在一般缺陷且近期有发展时变化情况。

（5）故障跳闸后，未查明原因前不得再次投入运行，应检查保护装置是否正常。

（四）高压电抗器的验收检查项目

（1）检查本体、散热器及附件应无缺陷、无渗漏油现象。

（2）套管清洁无破损、裂纹现象。

（3）根据阀门的作用，检查其所在的位置（开或闭）是否正确，标志清晰。

（4）储油柜和充油套管的油位应正常，储油柜和呼吸器的油位应正常，硅胶颜色应正常。

（5）气体继电器安装方向正确，内部无气体。

（6）检查所有零部件安装是否妥当、齐全，引线、接头、接线端子等紧固件连接牢固。

（7）电抗器顶盖无遗留物。

（8）油漆应完整，相序标志正确。

（9）外壳接地良好，无松动、锈蚀现象。

（10）事故排油设施应完好，消防设施齐全。

（11）电气连接应正确无误，控制、保护和信号系统运行应可靠，指示位置正确。

（12）电流互感器二次闭合回路和接地端头连接应正确。

（13）连接端子排应平整、光滑，清洁、无污物；螺栓紧固，并在接触部位涂导电膏。

（14）电抗器的出厂和现场电气试验项目及数据合格。

（15）电抗器保护经传动试验合格，测量、计量等二次回路及装置合格。

（16）电抗器整体无异常，周围无异物，可投入试运行。试运行 60min 无异常，可投入正式运行。

二、断路器、隔离开关、互感器

（一）设备规范

设备规范见表 4-3～表 4-10。

表 4-3　　　　　　　　　　　　　　**500kV/220kV 断路器规范**

断路器形式或型号	LW54-252/Y 罐式断路器	LW56-550/Y 罐式断路器
厂家	沈阳高压开关厂	沈阳高压开关厂
额定电压	252kV	550kV
额定电流	3150A	3150A
额定频率	50Hz	50Hz

断路器形式或型号		LW54-252/Y 罐式断路器	LW56-550/Y 罐式断路器
额定操作顺序		O-0.3s-CO-180s-CO	O-0.3s-CO-180s-CO
开断时间		≤60ms	≤40ms
固有分闸时间		≤19±4	15~24ms
合闸时间		≤60±10	48~60ms
重合闸无电流间隔时间		0.3s	0.3s 及以上可调
合分时间		≤60ms	≤40ms
分闸不同期性	相间	≤3ms	≤2ms
	同相断口间	单断口	≤1.5ms
合闸不同期性	相间	≤5ms	≤4ms
	同相断口间	单断口	≤2ms
额定绝缘水平			
相对地			
额定工频 1min 耐受电压（湿试，有效值）		460	680kV
额定操作冲击耐受电压（250/2500μs，峰值）		220kV 及以下等级国标规定不做此试验	1175kV
额定雷电冲击耐受电压（全波：1.2/50μs，峰值）		1050	1550kV
断口间			
额定工频 1min 耐受电压（湿试，有效值）		530	800kV
额定操作冲击耐受电压（250/2500μs，峰值）		220kV 及以下等级国标规定不做此试验	(1175＋450) kV
额定雷电冲击耐受电压（全波：1.2/50μs，峰值）		1200	(1550＋450) kV
短路开断能力参数			
额定短路开断电流		50kA	50kA
额定出线端故障的瞬态恢复电压特性		2kV/μs	2kV/μs
额定负荷端故障的瞬态恢复电压特性		0.2kV/μs	0.2kV/μs
额定热稳定电流和稳定持续时间		50kA、3s	50kA、3s
额定动稳定电流		125kA	125kA
额定关合电流		125kA	125kA
额定短路开断能力		20 次	不少于 20 次
近区故障开断能力		37.5/45（kA）	37.5/45（kA）
失步开断能力		12.5kA	12.5kA
投切空载长线能力		160A	500A
开合空载变压器的能力		0.5~15A	0.5~15A

续表

断路器形式或型号	LW54-252/Y 罐式断路器	LW56-550/Y 罐式断路器
其他特性参数		
无线电干扰电压（RIV）	500μV	≤500μV
分、合闸时的最大噪声（2m 远，1.5m 高处）	≤110dB	≤110dB
瓷件直径（mm）	—	平均不大于 500mm
瓷套表面爬电距离（相对地）	6300mm	15 125mm
瓷套表面爬电距离（断口间）	屏蔽于罐体中	断口屏蔽于罐体中
额定操作顺序下，开断 100％额定短路开断电流的次数	20 次	20 次
额定操作顺序下，开断 100％额定电流的次数	4000 次	3000 次
不经维修、调整或更换部件的空载操作次数	不低于 2000 次	2000 次
操动机构		
形式	液压弹簧	液压弹簧
操作电源（50Hz）		
电压	220V（AC）	220V
持续工作电流	5A	5A
电动机（交流三相 380V，50Hz）		
台数	1 台	1 台
每台额定容量	660W	1.1kW
每台工作电流	3A	5A

表 4-4　　　　　　　　　隔 离 开 关 规 范

参数 ＼ 型号	GW$_4$-72.5	GW$_{10}$-500DW	GW6A-550	GW$_{11}$-500DW	GW12A-550
额定电压（kV）	63	500	500	500	500
最高工作电压（kV）	72.5	550	550	550	550
额定电流（A）	1600	3150	4000	3150	4000
动稳定电流（峰值）（kA）	100	125	160	125	160
热稳定电流（有效值）kA-S	40（2S）	50	63	50	63
雷电冲击耐压（对地 kV）	325	1675	2125	1675	2125
1min 工频耐压(有效值)(对地 kV)	140	790/890	1240/1530	790/890	1240/1530
爬电距离（mm）	1813（防污）	8800/13750	13750	8800/13750	13750
安装地点	联络变压器低压侧	500kV 开关场	500kV 开关场	500kV 开关场	500kV 开关场
操作方式	电动	电动		电动	
开断电容电流（A）		2.0		2.0	
分、合时间（s）		7±1		4	

表 4-5 接 地 开 关 规 范

项目 \ 型号	JW₂-220W/600A	JW₄-500/630A
额定电压（kV）	220	500
最高电压（kV）	252	550
动稳定电流（kA）	100	125
热稳定电流（kA）	40	50
额定电流（A）	600	630
接线端额定静拉力（kN）	1	2
工频耐压对地 1min（kV）	460	790
雷电冲击耐压对地（kV）	1050	1675
爬电距离（m）	3.74	13.75
安装地点	220kV 母线	500kV 母线
操作方式	电动	电动

表 4-6 避 雷 器 规 范

型 号	额定电压（kV）	持续运行电压（kV）	安装地点
Y20W1-444/1106	444	324	500kV 出线回路
Y20W1-420/1046	420	318	联络变压器 500kV 侧
Y10W1-200/520W	200	146	220kV 系统
Y1W-100/248	100	73	主变压器中性点
Y10W1-75/223	75	40	63kV 系统

表 4-7 500kV 新增避雷器规范

型式及型号	Y20W5-420/1046	Y20W5-444/1106	Y20W5-420/995W	Y20W5-444/1050W
额定频率（Hz）	50		50	
额定电压（kV）	420	444	420	444
持续运行电压（kV）	318	324	335	355

表 4-8 耦 合 电 容 器

型号	系统最高电压 kV	载波频率范围 kHz	安装地点
WCC220-10H	252	30～500	220kV 变电所
WCC500-5H	550	30～500	500kV 变电所

表 4-9 电 流 互 感 器

型号 \ 参数	形式	变比（A）	二次负荷（VA）	安装地点
LJW1-10W2	户外油浸（防污）	600/5	15	主变压器中性点
LJW1-10W2	户外油浸（防污）	600/5	15	0 号启动备用变压器中性点

续表

参数　型号	形　式	变比（A）	二次负荷（VA）	安装地点
LCW1-10W2	户外油浸（防污）	600/1	20	联络变压器中性点
LB-63W2	户外油浸（防污）	1500/5	20	63kV 侧
	套管式	1500/3000/1	15~20	500kV 侧
	套管式	750/1500/1		220kV 侧

表 4-10　　　　　　　　　　　电 压 互 感 器

参数　型号	形　式	额定变比（kV）	二次额定负载（VA）	安装地点
WL66-10H	电容式、三线圈、	$66/3^{1/2}/0.1/3^{1/2}/0.1/3$	100、50	自耦变压器 63kV 侧
WVL220-5H	电容式、四线圈、	$220/3^{1/2}/0.1/3^{1/2}/0.1/3^{1/2}/0.1$	150、100、50	220kV 线路侧 1 号启动备用变压器电源
WVB220-10H	电容式、四线圈、	$220/3^{1/2}/0.1/3^{1/2}/0.1/3^{1/2}/0.1$	150、150、50	1（2）号主变压器出口侧
WVB220-10H	电容式、三线圈、	$220/3^{1/2}/0.1/3^{1/2}/0.1$	200、50	自耦变压器 220kV 侧，启动备用变压器 220kV 侧
WVB220-10H	电容式、两线圈、	$220/3^{1/2}/0.1$	150	220kV 母线侧
WVB500-5H	电容式、四线圈、	$500/3^{1/2}/0.1/3^{1/2}/0.1/3^{1/2}/0.1$	150、150、100	自耦变压器 500kV 侧，500kV 线路出口侧
WVB500-10H	户外母线型、电容式	$500/3^{1/2}/0.1/3^{1/2}/0.1/3^{1/2}/0.1$	150、150、100	500kV 母线，500kV 线路

（二）运行前的准备与检查

1. SF$_6$ 断路器运行前的准备

（1）有关工作票全部收回，安全措施全部拆除，检查断路器各部清洁、周围无影响送电的杂物。

（2）瓷质部分无破损、裂纹，导电部分及各部连接处无松、脱现象。

（3）断路器本体、机构箱无漏气现象，SF$_6$ 气体压力及气动操作机构压力在规定范围内。

（4）断路器在投运前要正确投、停与其相关保护。

（5）新安装或大修后的断路器，投运前必须经试验合格后才能投入运行。

（6）控制室、机构箱无异常信号，空气压缩机电源完好。

（7）拉合闸、保护跳闸、重合闸试验良好。

（8）分、合闸位置指示正确。

（9）SF$_6$ 压力闭锁、操作机构气压闭锁、断路器各部机械闭锁良好。

2. SF$_6$ 断路器运行中的检查

（1）检查断路器瓷套、瓷柱无损伤、裂纹、放电闪络和严重污垢、锈蚀现象。

（2）检查断路器接头处无过热、松动及变色发红现象。

（3）断路器实际分合闸位置与机械、电气指示位置一致。

（4）SF_6 压力、气动操作机构的压力正常。

（5）当发现 SF_6 压力表相邻两天的读数差值达 0.01～0.03MPa 时（压力值换算为 20℃时的压力），应分析原因，必要时通知检修人员全面检漏，查泄漏点。

（6）空气压缩机每日启动次数及时间正常。

（7）当操作箱内空气湿度大于 90％或环境温度低于 0℃时投入加热装置，投入加热或照明时应注意防火。

（8）蓄能器的蓄能压力正常，传动杆位置正确。

（9）每月 5 日、15 日、25 日，白班巡检操作员检查 SF_6 开关机构箱内空气压缩机曲轴箱油位，检查油位在厂家标定的范围内。

（10）每月 5 日、15 日、25 日，白班巡检操作员从 SF_6 开关气缸中排水，排水时注意应先微开放水门，放气适度即可，放气时注意监视压缩空气压力，放气完毕后将放水门关严。

3. 断路器的特殊巡视

（1）夜间闭灯巡视每周一次。

（2）大风天气，检查引线无剧烈摆动，上面无挂落物，周围无可能被刮起的杂物。

（3）雪天，检查断路器接头积雪有无明显融化，有无冰柱、放电及闪络现象。

（4）雷雨天，检查断路器各部有无电晕放电及闪络现象，接头有无冒汽现象。

（5）气温降至 0℃以下时，检查操作箱加热器投运情况。

（6）故障后断路器检查：

1）断路器切断 20 次额定开断电流，通知检修人员进行内部检查后方可投入运行。

2）断路器跳闸后检查其三相断开情况，机构各接点有无松动及过热现象，SF_6 压力、气动操作机构压力正常。

（7）高温季节、高峰负荷时，应检查断路器各导电部位应无过热、发红现象。

（8）新投运的断路器，72h 内应每 4h 巡视一次，夜间应熄灯巡视，以后按正常周期巡视。

（9）大雾天应检查瓷套无严重放电闪络痕迹。

4. 隔离开关及母线送电前的检查

（1）有关工作票全部收回，安全措施全部拆除，工作地点和周围清洁，所有试验项目全部合格。

（2）支持瓷瓶清洁无破损，母线上无检修遗留物。

（3）隔离开关机构及电动闭锁良好。

（4）所有连接部分紧固、无松动，引线接头无松脱现象。

（5）隔离开关无卡涩，操作机构分、合闸位置指示正确。

（6）500kV 隔离开关均压环牢固、端正。

（7）相关断路器与隔离开关有关的接地刀闸均在分位。

5. 隔离开关及母线运行中的检查

(1) 母线各接头和线夹螺钉无松动、脱落、振动和过热现象。

(2) 母线、隔离开关支持绝缘子清洁完好，无放电声音或异常声响。

(3) 触头、触点接触良好，无螺钉断裂或松动现象，无严重发热和变形现象。

(4) 引线无松动、严重摆动和烧伤断股现象，均压环应牢固、端正。

(5) 隔离开关及母线无杂物。

(6) 操作机构箱、端子箱内无异常，熔断器、热偶继电器、二次接线、端子连接、加热器完好。

(7) 隔离开关的防误闭锁装置良好，电磁锁、机械锁无损坏。

(8) 隔离开关本体、连杆和转轴等机械部分无变形，各部连接良好，位置正确。

6. 隔离开关及母线的特殊检查

(1) 在大型操作、事故后应检查隔离开关的绝缘子有无破损、放电烧伤痕迹，以及动、静触头有无熔化现象；过负荷运行时，应对隔离开关有无过热和异常放电声加强检查。

(2) 大风天气，检查引线无剧烈摆动、放电现象。

(3) 大雪天气，检查电气各连接点有无积雪、融化、结冰现象。

(4) 大雾天气，检查绝缘子有无污闪、放电及电晕现象。

(5) 雨天检查有无放电、电晕及冒汽现象。

7. 电压、电流互感器投入前的检查

(1) 有关工作票全部收回，安全措施全部拆除，工作地点和周围清洁，所有试验项目全部合格。

(2) 瓷质部分清洁、无破损，设备上和周围无影响送电的杂物。

(3) 各部连接良好，无松动现象；互感器二次侧和外壳接地良好，二次接线端子接触良好。

(4) 二次侧无短路现象，电流互感器二次侧无开路现象。

(5) 各部无渗、漏油。

(6) 新投入或检修后可能使相别变动的电压互感器，投入运行前必须定相。

(7) 互感器停送电时，应考虑对继电保护及自动装置的影响，防止保护及自动装置误动和拒动。

8. 互感器运行中的检查

(1) 互感器无异音、无焦嗅、无异常振动。

(2) 无渗、漏油现象。

(3) 瓷质部分无破裂、污染、放电现象。

(4) 引线接头接触良好，无断股及发热现象；试温蜡片不熔化；接地线良好，无松动、断裂现象。

(5) 二次回路的电缆及导线无损伤、短路、放电、打火现象。

(6) 室外端子箱内应清洁，无受潮、积灰。

（7）运行中的电压互感器二次侧不得短路，电容式电压互感器的接地开关的位置正确。

（8）运行中的电流互感器二次绕组必须有一点接地，二次侧不允许开路。

9. 避雷器运行中的检查

（1）瓷套管表面清洁，无裂纹、破损、放电迹象。

（2）引线、均压环、法兰、接地线应牢固、完好，接地端牢固、可靠。

（3）避雷器动作记录的指示数是否有改变，动作记录器内部无积水。

（4）避雷器内部无异常声音，外部无过热、无异常放电声。

（5）雷雨天气巡视人员严禁接近防雷装置。

（6）定期做避雷器动作指示记录。

10. 阻波器运行中的检查

（1）导线无断股，接头无发热现象。

（2）阻波器无异常响声，各部位无放电痕迹。

（3）构架牢固不摇摆，无变形。

（4）阻波器与导线间悬挂的绝缘子良好。

（5）阻波器上不应有杂物。

11. 耦合电容器运行中的检查

（1）导线连接紧固、无发热现象。

（2）接地线连接牢固、无松动现象。

（3）电容器油箱无渗漏油及涂漆良好。

（4）电容器瓷套表面无破损、放电现象。

（三）操作注意事项

1. 断路器操作注意事项

（1）断路器长期停用后，投入前应进行远方操作试验。

（2）断路器单相操作和用机械按钮操作，只允许在无电压的情况下进行，事故情况下允许就地手动跳闸操作。

（3）按规定投停保护和自动装置。

（4）断路器合闸前合上操作、信号直流，分闸后取下。

（5）断路器合闸前需检定同期的必须投入同期装置。

（6）断路器分、合闸后，检查有关信号和测量仪表指示，同时到现场检查其实际位置正确，且断路器无异常。

（7）SF_6气体压力低于闭锁压力值，严禁对断路器进行操作。

（8）因断路器的气动操作机构压力异常或储能机构储能不足而发生闭锁分、合闸时，不准解除闭锁，同时，严禁操作断路器。

2. 隔离开关及母线的操作注意事项

（1）新投入或事故后的母线，进行递升加压试验或全电压合闸充电试验。

（2）母线送电前首先投入电压互感器，停电时最后拉开电压互感器隔离开关。

（3）停用母线时，在确认母线侧所有断路器在开位，并拉开所有断路器的操作直流后，方可操作相应的隔离开关。

（4）操作隔离开关时，断路器必须在开位，并核对编号无误后，方可操作。

（5）远方操作的隔离开关，正常不允许就地手动操作，以免失去电气闭锁。

（6）就地操作隔离开关时，合闸应迅速果断。当误合而产生电弧时，立即合入，严禁将隔离开关再次拉开。分闸应缓慢谨慎，当误拉而产生电弧时，迅速合上。

（7）发现隔离开关支持绝缘子严重破损或传动杆严重损坏等缺陷时，不得对其进行操作。

（8）远方拉、合隔离开关后，到现场检查，防止分、合不到位，同时，检查触头接触良好或拉开距离符合要求。

（9）操作中，如隔离开关被闭锁不能操作，应查明原因，不得解除闭锁，操作后，要将防误闭锁装置锁好，当防误闭锁装置确因处理和检修工作需要，必须使用万能钥匙时，需经值长许可，但应加强监护，做好相应安全措施。

3. 电压互感器操作时注意事项

（1）当电压互感器投用时，先合高压侧隔离开关，然后合上二次小开关。

（2）当电压互感器停电时，先将负荷转移到其他电压互感器或将可能误动的保护停用。

（3）当电压互感器停电时，先拉开二次小开关，再拉开一次侧隔离开关。

第二节　发　电　机

一、发电机简介

QFSN-600-2YHG 型汽轮发电机为三相交流隐极式同步发电机。发电机由定子、转子、端盖及轴承、油密封装置、冷却器及其外罩、出线盒、引出线及瓷套端子、集电环及隔声罩刷架装配、内部监测系统等部件组成。发电机采用整体全封闭、内部氢气循环、定子绕组水内冷、定子铁芯及端部结构件氢气表面冷却、转子绕组氢气内冷的冷却方式。发电机定、转子绕组均采用 F 级绝缘。

QFSN-600-2YHG 型发电机配有机端变压器静止励磁控制系统及发电机氢、油、水控制系统，轴承润滑油由汽轮机油系统供给。

二、发电机定子部分

汽轮发电机定子是由定子机座和隔振结构、定子铁芯、定子绕组和进、出水汇流管等部件组成。

（一）定子机座

定子机座为整体式，由优质钢板装焊制成。机座外皮在圆周方向采用整张钢板经辊压成圆桶状后套装在机座骨架上。机座骨架由辐向隔板、端板和轴向筋板、通风管组装焊接而成。机座端板、辐向隔板及轴向通风管构成了定子的径向多路通风的 11 个风区。

定子机座的强度按能承受 3.5 倍工作氢压设计，机座装焊后经过消除应力处理、水压强度试验和严格的气密检验，因而具有足够的强度和刚度及气密性。

定子机座的固有振动频率已避开了倍频振动频率。机座的外形尺寸、重量和结构已充分考虑了对定子铁路运输的限制条件和有关要求。

定子机座的两侧共设 4 个可拆卸的吊攀和 6 个供装配测量元件接线端子板的法兰。机座的汽轮机、励磁机两端顶部设有装配冷却器外罩的法兰。机座的励磁机端底部设有装配出线盒的法兰。机座的汽轮机端底部设有供定子铁路运输用的底座。机座的顶部设有人孔，底部设有清理、探测和连接氢、二氧化碳及水控制系统的法兰接口。

发电机定子冷却水汇流管的进水、出水法兰均设在机座的侧面顶部，可保证在断水事故状态下定子绕组内仍能充满水。汇流管的排污出口法兰设在机座两端的底部。

定子机座两侧沿轴向设有通长的底脚。在底脚上设有轴向定位键槽，用以装配机座与座板间的轴向固定键。定子机座的底脚具有足够的强度，以能支撑整个发电机的重量和承受突然短路时产生的扭矩。

（二）隔振结构

为了减小由于磁拉力在定子铁芯中产生的倍频振动对基础的影响，QFSN-600-2YHG 型发电机在定子铁芯与定子机座之间采用了弹性支撑的隔振结构。

隔振结构是在出风区内定子铁芯与定子机座之间设置 6 组切向弹簧板。定子铁芯经夹紧环与弹簧板的一端相连接，弹簧板的另一端与机座隔板相连接。弹簧板分布在夹紧环的两侧和底部，底部弹簧板用来保持铁芯的稳定，并在事故状态下分担电磁力矩。

QFSN-600-2YHG 型发电机采用的隔振结构在强度上能承受至少 20 倍额定转矩的突然短路扭矩。

（三）定子铁芯

定子铁芯由高导磁、低损耗的无取向冷轧硅钢板冲制并经绝缘处理的扇形片叠装而成。铁芯采用圆形定位螺杆、夹紧环、绝缘穿心螺杆、端部无磁性齿连接片和分块连接片的紧固结构。

定子铁芯端部设有用硅钢板冲制的扇形片叠装成内圆表面呈阶梯多齿状的磁屏蔽，可有效地将定子端部漏磁分流，以减小端部发热，保证发电机在各种工况下可靠地运行。

定子铁芯沿轴向分成 96 段，铁芯段间设置 6mm 宽的径向通风道，为减少端部漏磁损耗和降低边段铁芯温升，边段铁芯设计成沿径向呈阶梯形状并粘接成整体，且在其齿部开槽，同时，边段铁芯的段厚度比正常段薄。定子铁芯沿全长分成与机座相对应的11 个风区，冷热风区相间隔。为防止风区间串风，在铁芯背部与机座风区隔板之间设置有挡风板。

（四）定子绕组

定子绕组由定子线棒、定子绕组槽内固定结构、定子绕组端部固定结构和定子绕组引线等构成。

定子线棒由空心导线和实心导线组合构成，组合比为 1∶2。空、实心导线均包聚酯玻璃丝绝缘。线棒对地绝缘采用 F 级环氧粉云母带、双边厚 11mm。为降低定子绕组电晕电位，线棒的槽内部分和槽口部分均进行防晕处理。定子线棒经一次模压成型，因而具有良好的绝缘强度、机械强度和防晕性能。

定子上、下层线棒采用了不同的截面，并在直线部分进行 540°罗贝尔换位加空换位，可使涡流引起的附加损耗和股间环流损耗、包括端部横向磁场差异引起的附加损耗大大减少。

定子线棒端部为渐开线式。为增大相间的放电距离，线棒的鼻端采用不等距分布，同相线棒鼻端距离缩小，相间距离被加大。在线棒两端设置的水盒接头构成了线棒鼻端的水电连接结构，线棒的空、实心导线均经中频感应钎焊在水盒内。

定子绕组槽内固定采用在槽底和上、下层线棒间添加外包聚酯薄膜的热固性适形材料，并采用涨管压紧工艺，使线棒在槽内良好就位。同时，在线棒的侧面和槽壁之间塞入半导体垫条，使线棒表面良好接地，以降低线棒表面的电晕电位。定子槽楔由高强度F 级玻璃布卷制模压成型，在槽楔下面采用弹性绝缘波纹板径向压紧线棒。定子槽口处槽楔具有可靠的防松结构。

定子绕组端部固定采用刚-柔绑扎固定结构。定子绕组的端部通过设在端部内圆上的两道径向可调绑扎环、绕组鼻端径向撑紧环、上下层线棒之间的充胶支撑管及下层线棒与锥环间的适形材料等固定在大型整体锥形支撑环上。而绕组线棒的鼻端之间则用垫块、楔形支撑块和浸胶玻璃布带绑扎成沿圆周呈环状的整体。这样，绕组端部与锥形支撑环形成牢固的整体。而锥形支撑环的前端搭接在铁芯端部的小撑环上，以便于滑动，锥形支撑环的外圆周与 21 个辐向均匀分布的绝缘支架固定在一起，绝缘支架又通过无磁性弹簧板与定子铁芯端部的分块连接片固定在一起，从而形成柔性连接结构。整个定子绕组的端部则成为沿径向和切向固定牢固、沿轴向可伸缩的刚-柔固定结构。当发电机运行时，由于温度变化引起线棒轴向胀缩时，定子绕组端部整体可沿轴向伸缩，从而有效地减缓了绕组绝缘中的热应力，并使发电机适于调峰运行工况。

定子绕组端部固定结构中，与绕组相接触的各环件及所有紧固件均为非金属材料，从而避免因采用金属材料而带来的局部过热和尖端放电现象。

定子绕组引线由铜管弯制而成，并与绕组一样采用水内冷。定子绕组引线排列成 4排，其前端用固定夹块固定在锥形支撑环上，而圆弧段固定在绝缘支架上。定子绕组引线与定子线棒的连接方式采用多股导线把合在线棒端头的水盒盖上，并经中频感应加热钎焊成一体。定子绕组进、出水汇流管分别装在机座内的励磁机端和汽轮机端。由励磁机端进水汇流管经绝缘引水管构成向定子绕组、定子绕组引线、引出线和瓷套端子、中性点母线供水的水路。定子绕组的出水经汽轮机端出水汇流管汇集排出，定子绕组引线、引出线、瓷套端子、中性点母线的出水汇集在出线盒内的小汇流管内，小汇流管经机外底部的连通管与汽轮机端出水汇流管连接，从而构成了发电机定子冷却水系统。

定子进、出水汇流管均用不锈钢管制成。汇流管的进口位置设在机座励端顶部的侧面，出口位置设在机座汽轮机端顶部的侧面。进、出水汇流管之间通过设在机座外顶部的连通管连通，使之排气通畅，保证绕组在运行时充满水及水系统发生故障时不失水。在总进出水口设有与外部供水管连接的法兰。定子绕组汇流管及出线盒内的小汇流管均设有对地绝缘，并在接线端子板上设有可测量各汇流管对地绝缘电阻的端子，这些端子在运行时应接地。

（五）定子通风

闭环冷却系统使用氢气作为冷却介质，对所有发电机部件进行冷却，除了定子绕组之外。氢气在发电机每端的一个单级轴流风扇的作用下进行循环，风扇安装在发电机转子上并由转子驱动。

通风的实现是通过在内部和外部对冷却气体加压，使其流经由扇形片和间隔块形成的铁芯中的径向通道。机座上的环形板和铁芯背，以及外侧外壳板形成了几部分，将机座分成高压和低压区域，冷却气体流经各部分受压进入定子铁芯或从定子铁芯中排出。流入这些部分或从这些部分排出的气体通过管子或风道输送，管子和风道将冷却气体从风扇处导出，贯穿发电机，最后经冷却器回流到风扇。定子铁芯中的内部、外部径向气体流的交替布置会使铁芯中实质性的冷却均匀一致，从而降低温差应力，避免局部过热。发电机转子的冷却是通过导引部分气体沿着一系列入口和出口路径流经转子，这些路径的设计与定子的布置相一致。

（六）氢气冷却器及其外罩

QFSN-600-2YHG 型发电机在定子机座汽轮机、励磁机两端顶部分别横向布置了一组冷却器。

冷却器由热传递效果好的绕片式（或穿片式）镍铜（或钛）冷却水管和两端的水箱组成。其功能是通过冷却水管内水的循环带走发电机内的氢气传递到冷却水管上的热量，使发电机内的氢气保持规定的温度。每组冷却器由两个冷却器组成。每个冷却器有各自独立的水路。当停运一台冷却器时，发电机可带 80％额定负载运行。

冷却器外罩由优质钢板焊接而成，具有足够的强度及气密性。罩内设有通风需要的风道和对冷却器位置进行调节并固定用的装置。冷却器外罩整体通过法兰与定子机座把合连接，从而减少了发电机定子运输的重量，缩小了发电机定子运输外形尺寸。

在冷却器的非进水端与冷却器外罩之间设有软连接结构，使冷却器能自由胀缩。

（七）出线盒、引出线及瓷套端子

发电机的出线盒设置在定子机座励磁机端底部。出线盒由无磁性钢板焊接而成，其形状呈圆筒形，并具有足够的强度及气密性。出线盒采用法兰与机座把合。

发电机引出线由铜管制成。引出线上端与定子绕组引线采用柔性接头连接，下端通过铬铜合金接线夹与瓷套端子相接，从而将定子绕组从发电机内引至发电机外出线盒处。

发电机瓷套端子对水和氢都具有良好的密封性能。瓷套端子内部导电杆与瓷套的连接采用一端装有无磁性螺旋弹簧，另一端焊接波纹式紫铜伸缩节，使导电杆既能随温度变化而自由伸缩，又能保持可靠的密封性能。瓷套端子由设在瓷套外部的法兰把合在出线盒上。

发电机引出线和瓷套端子均采用水内冷。由出线盒内部设置的小汇流管构成引出线和瓷套端子冷却水的回水通路。

QFSN-600-2YHG 型发电机共有 6 个出线瓷套端子。其中 3 个设在出线盒底部垂直位置，为主出线端子。另外 3 个设在出线盒的斜向位置，为中性点出线端子。发电机出线端子上设置有套管式电流互感器，每个端子上套有 4 只，并采用无磁性紧固件固定在出线盒上。

QFSN-600-2YHG 型发电机主出线端子通过设在其上的矩形接线端子（金具）与封闭母线柔性连接。中性点出线端子则通过母线板连接后封闭在中性点罩壳内并接地，连接用母线板，为水冷。

发电机的中性点罩壳为铝合金板焊接结构，与基础的连接处设有绝缘措施。

三、发电机转子部分

转子由转轴、转子绕组及端部绝缘固定件、护环、转子阻尼系统、中心环、风扇、转子联轴器和集电环等构成。

（一）转轴

转轴用高强度高导磁的铬镍钼钒整体合金锻钢制成。

转轴本体设有 32 个嵌线槽。为有效提高材料利用率，转子嵌线槽采用开口半梯形，以增大槽内导体截面，降低转子铜耗。为削弱气隙磁通和转子轭部磁通在近磁极中心部分饱和，转子 1、2 号绕组槽均向极中心偏置，并减小了 1 号绕组匝数和槽的深度，这样有利于改善发电机的电压波形。

为了使转子的磁极方向和极间方向的刚度均衡，转轴本体每极表面（大齿）上开设了 22 个横向槽。在励磁机端轴柄处对称设有 2 个转子引线槽，为均衡刚度在其中心线的垂直位置上也对称开设 2 个均衡槽。此外，在转轴本体磁极（大齿）表面和相邻的小齿上还设有供动平衡用的平衡螺栓孔。

转轴本体磁极（大齿）表面上设有阻尼槽，本体两端面均开设有 4 个供转子绕组端部通风的轴向通风槽。

（二）转子绕组

转子绕组由线圈、槽内绝缘及固定件、端部绝缘及固定件和引出线等组成。

转子绕组采用高强度精拉含银铜排制造。转子每极下共有 8 个绕组，其中 1 号绕组为 6 匝，2～8 号绕组为 8 匝。每匝导体由上、下两根铜排组成。每个绕组由 2 段直线部分、2 段圆弧部分和 4 个圆角部分组成，各部分均单独加工制造后经中频感应钎焊成一体。因此，绕组整体具有良好的尺寸和形状。

转子绕组槽内主绝缘采用高强度 F 级绝缘模压槽衬。绕组匝间绝缘采用线性膨胀系数接近铜导体的 F 级三聚氰胺玻璃布板垫条，并与铜排粘接固定。

转子绕组槽内固定由槽楔、楔下垫条和槽底垫条构成。槽底垫条粘放在槽衬底部，防止在径向压紧绕组时槽衬遭受机械损伤。楔下垫条置放在槽楔和转子绕组顶匝之间，通过实配楔下垫条的厚度使绕组和槽楔间有合理的填充。

转子槽楔由高强度铝合金制成，端头槽楔由铍铜合金锻件制成。转子楔下垫条和槽底垫条由高强度 F 级环氧玻璃布板制成。为适应发电机调峰运行工况，在转子槽衬和楔下垫条与绕组铜排接触面上均粘有滑移层，以减少绕组轴向热胀冷缩时的磨擦阻力。

转子绕组端部用高强度 F 级环氧玻璃布板制成的横、顺轴垫块相互间隔开，通过实配垫块厚度使其相互间紧固。绕组端部匝间绝缘也采用与绕组直线部分相同的 F 级三聚氰胺玻璃布板垫条。在最外绕组端部外侧设有绝缘环和中心环使绕组两端轴向定位。绕组端部径向由套装的护环及护环下绝缘套筒定位。绝缘端环和护环下绝缘套筒均采用高强度 F 级环氧玻璃绝缘材料制成。为适应发电机调峰运行，护环下绝缘套筒与绕组端部铜排接触面也粘有滑移层。同时，在绝缘端环上设置了轴向弹性结构，可使绕组端部能整体轴向伸缩。

转子引出线由 J 型引线、径向导电螺钉和轴向导电杆构成。

J 形引线的一端与 1 号绕组端部底匝铜排连接，另一端通过转轴轴柄上的引线槽引至径向导电螺钉处。径向导电螺钉将 J 形引线与转轴中心孔内的轴向导电杆连接在一起，而轴向导电杆通过中心孔一直延伸至转子励磁机端联轴器的端面，并与集电环装配的小轴联轴器端面的导电杆相接，从而构成发电机的转子励磁电路。

转子引出线中的径向导电螺钉和轴向导电杆均由高强度锆铜合金锻件制成。转子引出线中，J 形引线与 1 号绕组连接处及轴向导电杆中间位置均设置了由高强度含银铜片制成的弹性连接结构，用以消除机械疲劳和热膨胀对转子引出线结构的影响。

径向导电螺钉与转轴径向孔间设有可靠的绝缘和密封氢气结构。

（三）护环

转子护环由高强度无磁性合金锻钢制成。

转子护环的前端热套在转子本体端部，后端与中心环热套在一起。当转子按规定超速时，护环与转子本体和中心环之间仍有足够的配合公盈。同时，在护环与转子本体和中心环的配合处均设有环键，用以防止轴向位移。

（四）通风

转子采用气隙取气径向斜流式通风系统。

转子绕组线圈槽内部分具有轴向排列的双排斜流通风孔，并沿轴向分成与定子对应的 11 个进、出风区。在进风区，经槽楔上迎风方向的风斗将气隙中的氢气导入，并经楔下垫条上开设的风孔分别进入线圈上的双排通风孔中。然后，每排通风孔中的氢气各成一路径向斜流通向绕组底匝，再由底匝径向斜流通往相邻的两个出风区。在出风区，氢气经槽楔上风斗排到气隙中，从而构成了转子绕组"气隙取气、一斗两路、径向斜流"的氢内冷通风系统。

转子绕组线圈端部采用两路通风冷却。在绕组端部分隔开设的高压风区内，氢气由绕组端部直线段侧面的两排通风孔导入。然后，其中一排风孔内的氢气通过绕组上开设的轴向通风槽流向转子本体端部出风区，并经槽楔上风斗排到气隙中；另一排风孔中的氢气通过绕组上开设的周向通风槽流过绕组圆角和圆弧部分，并在圆弧部分中间位置设置的出风孔排入到绕组端部的低压风区内，再从转子本体两端磁极（大齿）表面上开设的轴向通风槽排到气隙中。

（五）转子阻尼系统

QFSN-600-2YHG 型发电机转子每极表面（大齿）上开设两个阻尼槽，槽内置放通长的阻尼铜条，并采用非磁性钢阻尼槽楔，从而使感应电流能顺利通过极表面上的横向槽，避免在横向槽周围形成过热点。同时，转子线圈槽楔采用了对感应电流屏蔽效果良好的铝合金，并在各段槽楔间采用连接块搭接，使感应电流能顺利通过各段槽楔间的接缝处，防止了在槽楔接缝处的齿部形成过热点。此外，与护环接触的端头槽楔采用热态导电性能良好的铍铜合金，使护环能与端头槽楔接触良好，并通过端头槽楔将各阻尼铜条、各线圈槽内的槽楔并联在一起，形成了可靠的笼式转子阻尼系统。

（六）风扇

在转子两端护环外侧装设有单级浆式风扇，用以驱动发电机内的氢气循环冷却发电机。

转子风扇由风扇座环和风扇叶片组成。风扇座环由高强度合金锻钢制成，并热套在转轴上。风扇叶片由高强度铝合金锻成，并按规定的扭转角固定在风扇座环上。

（七）转子联轴器

转子汽轮机、励磁机两端轴头处各设有与汽轮机和集电环装配的小轴连接的联轴器。

联轴器由高强度铬镍钼钒合金锻钢制成。联轴器与转轴间采用过盈配合。为防止联轴器与转轴之间发生相对转动，在联轴器和转轴配合处配装了周向均布的轴向圆锥形定位键。因此，联轴器在具有足够强度和刚度的同时，又能传递最严重工况下的转矩。

联轴器上设有周向均布的用于连接的销孔和用于转子动平衡的平衡螺钉孔。

（八）集电环及隔声罩刷架装配

集电环装配由装配在小轴上的集电环、集电环下绝缘套筒、风扇、导电螺钉和导电杆等组成，并通过小轴端部联轴器与发电机转子连接。小轴采用高强度的铬镍钼钒整体合金锻钢制成，轴上设有装配导电杆的中心孔，并在端部设有与发电机转子连接的联轴器。集电环采用 50Mn 锻钢制成，其外圆表面设有螺旋散热沟，轴向沿圆周分布有斜向通风孔。风扇为离心式，风扇座环采用铬镍钼合金锻钢制成，风叶采用硬铝合金制成，铆接在风扇座环上。导电螺钉和导电杆采用锆铜锻件制成，每个集电环的两侧各设置 1 个导电螺钉，集电环通过两侧的导电螺钉与中心孔内的导电杆相连，而导电杆在中心孔内一直延伸到小轴联轴器端面，并与发电机励磁机端联轴器端面处的导电杆把合连接，从而构成励磁电路。集电环下绝缘套筒和导电杆绝缘套筒，以及填充用的绝缘垫块均为 F 级绝缘材料。

隔声罩刷架装配由装配在底架上的隔声罩、构成风路的隔板、刷架、组合式刷盒、导电板（引线铜排）、末端抑振轴承等组成。底架由优质钢板焊接加工制成，放置在基础预埋的座板上，通过基础螺杆固定在基础上，底架内隔有进、出风路并设有导电板（引线铜排），底架底面上设有与基础风洞相接的进、出风和连接导电板（引线铜排）用的接口。隔声罩采用玻璃钢制品，装配在底架上，罩内用隔板隔成进、出风区，隔声罩与小轴的接触处设有气封环，以防止灰尘。为方便维修工作，隔声罩内空间设计的较为宽敞，留有检修通道，而且隔声罩两侧设 4 个检修门，门上设有观察窗。刷架由隔板、导电板、组合式刷盒构成。每个刷盒内含 4 个牌号为 D172 的电刷，每个集电环轴向布置 2 个刷盒,圆周分布 8 处,即每个集电环上共计设置 64 个电刷。刷盒为装卡式,可带电插拔,便于检查和更换电刷。刷盒上设有恒压弹簧,可径向压紧电刷,使电刷与集电环保持恒定压力接触。

集电环及隔声罩刷架装配除采用在集电环表面车螺旋散热沟、集电环轴向钻斜向通风孔并在 2 个集电环中间加风扇、密闭循环通风冷却外,还通过控制集电环外径(ϕ380)使线速度(59.69m/s)减小、并远离电刷所能承受的 70m/s 极限,使摩擦损耗产生的发热大幅度减小、使电刷运行更安全;通过控制电刷的电流密度(8.06A/cm²)在 8~9A/cm² 最佳运行范围、改进恒压弹簧和恒压弹簧与电刷的压点,以及电刷与集电环接触角度等,可确保集电环安全稳定运行。

为防止集电环装配与发电机转子连接后形成的悬臂端在运行时摇摆引起振动过大,在集电环装配末端设有 1 个小直径的座式轴承,起支稳作用。座式轴承由轴承座、轴承上盖、轴瓦和挡油盖等组成,装配在隔声罩内的底架上。轴承座、轴承上盖采用优质钢板焊接加工形成,轴承座两侧钧设有进、出油管接口,轴承上盖上设有测轴承座振动用的平台和安装测轴振的拾振器的接口。挡油盖采用铸铝件,其与轴接触处采用迷宫加挡油梳齿的封油结构,轴瓦采用椭圆式,其上设有测温元件。

四、端盖及轴承

QFSN-600-2YHG 型发电机采用端盖式轴承,即端盖上设有轴承座,由端盖支撑轴承载荷。

端盖采用优质钢板焊接结构,具有足够的强度和刚度及气密性。上半端盖上设有观察孔,下半端盖上除设有轴承座、油系统连接管口外,还设有较大的氢侧密封油回油箱,可使密封回油畅通。在端盖内侧设有油密封座,外侧设有外挡油盖。在油密封座内装有密封瓦,密封瓦的瓦体采用能减少发电机端部漏磁影响的青铜合金制成。在外挡油盖上设有测量轴颈振动的装置。在油密封座和外挡油盖与转轴接触处采用迷宫式封油结构,并设有多道用耐磨和抗油蚀的聚四氟乙烯塑料压制的挡油梳齿,可有效地阻止油的内泄和外漏,以及轴电流流通。

轴承采用下半两块可倾式轴瓦,能自调心,稳定性强,抗油膜扰动能力强。

为防止轴电流造成危害,支撑轴瓦的轴承座和轴承定位销、轴承顶块、励磁机端中间环、内外挡油盖均与端盖绝缘。而且,励磁机端的绝缘均为双重式,在发电机运行期间可监测轴承及油密封等的对地绝缘状态。

为防止轴电流造成危害,在进油管与外部管道之间也加设了绝缘。

五、发电机系统主要参数的监视与调整

正常运行的发电机,其各参数应保持在额定值允许的范围内运行,当参数偏离额定值时,应及时调整,使发电机保持在合理的运行工况。当参数发生变化时,必须遵循下列原则。

1. 发电机定子电压

发电机定子电压允许在额定值的±5%范围内变动,若发电机各部位温度均未超限,此时发电机的出力可保持不变。发电机仍可以在额定容量、额定频率及功率因数下运行。

发电机的最低运行电压不得低于额定电压的 90%，最高电压不得高于额定值的 110%。

2. 发电机定子电流

发电机在额定参数下连续运行，不平衡电流应小于 8% 的额定电流，短时负序电流须满足的要求为

$$(I_2/I_N)_2 \cdot t \leqslant 10s$$

式中　I_2——发电机负序电流；

　　　I_N——发电机额定电流；

　　　t——发电机负序电流持续的时间。

3. 发电机频率

发电机运行期间频率的变化范围为 (50 ± 0.5) Hz，能保证发电机在额定出力下运行。

4. 功率因数

发电机额定功率因数为 0.85（滞后），并具有进相 0.95 的能力。

六、发电机升压

（一）发电机升压方式

（1）确认汽轮机转速为 3000r/min 并稳定。

（2）检查发电机并网启动允许条件满足。

（3）在 DCS 励磁系统画面中合上灭磁开关。

（4）在发电机励磁系统画面控制窗口按下"远方建压"键。

（5）检查发电机出口端电压为 19.10kV，否则立即拉开磁场开关。

（6）检查发电机定子及转子回路绝缘情况应无接地现象。

（7）检查发电机定子三相电流为 10~30A。

（8）在发电机励磁系统画面控制窗口按下"远方增磁"键，发电机升压至 20kV。

（9）检查发电机空载励磁电流、电压正常。

（10）检查发电机三相电压平衡。

（二）发电机升压注意事项

（1）发电机未充氢、定子绕组未通水禁止升压。

（2）发电机升压前，应投入氢气冷却器运行，注意控制氢气冷却器冷却水压力小于 0.20MPa。

（3）发电机升压前应投入热工保护。

（4）发电机转速达到额定并稳定后方可升压。

（5）发电机升压过程及并网前定子电流为 10~30A，否则应立即灭磁。

（6）发电机升压过程中，励磁电流、励磁电压不正常偏高时，应立即灭磁。

七、发电机与系统并列

（一）自动准同期

（1）在发变组 DCS 画面同期装置窗口按下"同期退出"按钮。

（2）在发变组 DCS 同期装置窗口按下"装置复归"按钮。

（3）在发变组 DCS 画面同期装置窗口按下"同期投入"按钮，在发电机变压器组 DCS 画面同期装置窗口按下"电源投入"按钮，在汽轮机 DEH 控制模式画面窗口中按下"自动同期"按钮，检查主变压器高压侧电压接近于电网电压，检查主变压器高压侧频率略高于电网频率，在发电机变压器组同期装置窗口按下"DCS 允许"按钮。

（4）检查发电机出口开关已合上并复位。

（5）在发电机变压器组同期装置窗口按下"装置复归"按钮，按下"同期退出"按钮，检查准同期装置已退出。

（二）同期并列应满足的条件

（1）发电机电压与系统电压相等（500kV 允许最大偏差不大于 10％额定电压）。

（2）发电机频率与系统频率相同（频率差不得大于 0.5Hz）。

（3）发电机与系统相序、相位相同（闭锁角最大偏差不大于 15°）。

八、发电机解列停机

（1）检查机组负荷减到零，无功负荷接近于零。

（2）启动汽轮机交流润滑油泵和顶轴油泵，检查运行正常，接到值长打闸命令后，应核对负荷表显示，调节级后压力与调节汽门开度位置对应关系正确，确认负荷已经小于零，汽轮机打闸停机，逆功率保护动作联跳发电机；正常情况下，严禁机组带负荷解列。

（3）检查发电机出口断路器和发电机励磁开关跳闸，汽轮机转速下降，高、中压主汽门、调节汽门关闭，抽汽电动门、止回门及高压排汽止回门均关闭，高压排汽通风阀开启，检查 MFT 动作。

（4）拉开发电机出口刀闸。

（5）断开发电机出口开关的控制电源以及出口刀闸的操作及动力电源。

（6）接到值长命令后，将发电机转冷备用。

（7）发电机解列应遵守下列规定：

1）除紧急停机外，解列发电机必须有值长的命令方可进行。

2）正常情况下，应由汽轮机工作人员打闸并通过热工保护来跳开发电机出口开关。

3）发电机解列灭磁时应通过各电流、电压指示来确定开关确在断开位置。

九、发电机正常运行中的巡回检查

（一）发电机的检查

（1）发电机各部温度正常，无局部过热现象，进、出水温、风温正常。

（2）发电机各部声音正常，振动不超过规定值。

（3）发电机绝缘过热检测装置显示正常。

（二）发电机冷却系统的检查

（1）发电机及冷却水管路无渗漏现象。

（2）定子绕组冷却水各参数符合规定的要求。

（3）机壳内氢气压力、纯度、含氧量、温度、湿度各参数符合规定的要求。

（4）发电机氢、油、水系统参数正常，无渗漏、结露现象。

（三）励磁系统的检查

1. 励磁调节柜、功率柜的检查

（1）各柜上各表计指示正确，柜内各元件无发热及焦臭味，各冷却风机运行正常，入口滤网清洁无积灰；电源、信号灯指示正常，且无报警信号。

（2）各可控硅触发脉冲灯亮，且可控硅熔丝和其他各熔断器无熔断现象。

（3）所有功率柜电压给定值、移相触发角与运行方式相符，且各柜基本一致。

（4）各连接片、控制开关位置正确，并且与工作方式要求相符。

（5）励磁系统元件无松动、过热，熔断器无熔断的现象，各开关位置符合运行方式，风机运行正常，指示灯指示正常。

（6）各柜柜门关好。

2. 灭磁及过电压保护柜的检查

（1）各部连线正确、无松动。

（2）过电压保护装置无动作指示。

（3）各熔断器完整、无熔断指示。

3. 集流器滑环、碳刷的检查

（1）集流器滑环上的碳刷及发电机大轴接地碳刷应清洁完好，无卡涩、跳动、冒火花、过短、刷辫断股现象，正常运行时单只碳刷电流不得超过 96A，若超过应对其进行调整，并调整电流较小的碳刷使电流分布均匀。必要时进行更换（碳刷的允许磨损程度：刷面距刷辫不得低于 3mm）。

（2）集流器滑环表面应无变色、过热现象，其温度应不大于 100℃。

4. 励磁变压器的检查

励磁变压器的检查参照干式变压器的检查进行。

5. 运行中更换集流器滑环上的碳刷时注意事项

（1）必须退出转子接地保护后，方可进行更换。

（2）尽量选择在低负荷时进行，否则适当降低发电机励磁电流。

（3）使用有绝缘柄的工具并站在绝缘垫上，不准两手同时触碰发电机励磁回路与接地部分或两个不同极的带电部分，当励磁回路有一点接地报警时禁止在励磁回路工作。

（4）发电机所有碳刷型号必须一致，接触面达 70% 以上。

（四）与发电机连接部件的检查

（1）封闭母线微正压装置运行正常。

（2）检查发电机绝缘过热装置无报警，电流百分率为 100%～110%。

（3）封闭母线无振动，放电、局部过热现象。封母外壳和封母外壳短路板等易发热部位的温度应不大于 65℃，最高允许温升不高于 30℃。

（4）各 TA、TV 中性点变压器无发热、振动及异常现象。

（5）系统的绝缘合格，无接地的现象。

第三节 励 磁 系 统

发电机的励磁系统采用发电机端自并励静止励磁系统。主要由励磁功率单元和励磁调节器两部分组成。励磁功率单元是指向发电机转子绕组提供直流励磁电流的电源部分。励磁调节器则是根据控制要求的输入信号和给定的调节准则，控制励磁功率单元输出的装置。励磁系统是发电机正常运行时自动控制电压的环节，也是提高电力系统稳定性的有效措施。发电机励磁调节器参数见表 4-11，励磁系统规范见表 4-12，励磁变压器参数见表 4-13。

表 4-11 发电机励磁调节器参数

型号	环境温度	环境相对湿度	响应时间
SAVR-2000	0～40℃	≤90%，无冷凝	上升小于 0.08s，下降小于 0.15s
CPU	故障录波时间	电压调整范围	调压精度
32 位 40MHz	连续录波	15%～130%	<0.5%

表 4-12 励磁系统规范

设备	名 称	单位	设计值
整流柜	形式		三相全控桥
	整流方式		全波整流
	额定电流/每台柜	A	2500
	额定正向平均电流	A	3170
	额定反向锋值电压	V	4200
磁场断路器	型号		MM74-6000
	额定电压	V	1000
	额定电流	A	6000
	开断电流	kA	100
	控制电压（直流）	V	110
	电压调整范围	%	70～110
	手动调整范围	%	20～110

表 4-13 励磁变压器参数

项 目	数 据	项 目	数 据
型号	ZLS09-6300/20	调压方式	无载调压
额定容量	7200kVA	额定电流	181.86/4086.86A
额定电压	20 000±2×5%/920V	接线方式	Y/d$_{11}$
相数	3	频率	50Hz
冷却方式	AN	短路阻抗	7%
局部放电水平	4.4PC	绕组最高温升	100K
绝缘等级	H	生产厂家	金曼克集团

一、励磁系统的作用

（1）在正常运行的条件下供给发电机的励磁电流，并根据发电机负载情况作相应的调整，以维持发电机端电压或电网某点电压为一定水平。

（2）当电力系统发生短路故障或其他原因使系统电压严重下降时，对发电机进行强行励磁，以提高电力系统的稳定性。

（3）当发电机突然甩负荷时实行强行减磁，以限制发电机端电压的过度增高。

（4）当发电机出现内部短路故障时能进行灭磁，以减少故障损坏程度。

（5）能使并联运行发电机的无功功率得到合理分配。

二、励磁系统的暂态性能指标

1. 发电机的强行励磁

（1）强行励磁的解释。电力系统故障时，会引起有关发电机端电压剧烈下降，此时，从提高系统的稳定性出发，当发电机电压降低到 80%～85% 额定电压时，即输出阶跃信号，控制励磁系统使励磁电压迅速升至顶值的功能，称为强行励磁，简称强励。

（2）强励的作用。

1）增加电力系统的稳定性；

2）在短路切除后，能使电压迅速恢复；

3）提高带时限的过流保护动作的可靠性；

4）改善系统事故时电动机的自起动条件。

（3）强励倍数。强励时，励磁机在规定条件下实际能达到的最高励磁电压与额定励磁电压的比值，称强励倍数。强励倍数越大，强励效果越好。但提高强励倍数受励磁机系统结构和设备费用的限制。对于汽轮发电机，强励倍数不小于 2。

2. 励磁电压响应比

励磁电压上升速度是励磁系统重要性能指标之一。励磁电压响应比是指强行励磁过程中，在第一个 0.5s 时间间隔内测得的励磁电压平均速度变化的数值与发电机额定励磁电压的比值，是反应强励过程中励磁电压增长速度快慢的一个参数。一般励磁系统约为 2，在快速励磁系统中可达到 6～7。

3. 励磁电压上升响应时间

目前，还采用另一个反映响应速度快慢的指标，即励磁电压上升响应时间。其定义是：励磁电压从额定值上升到 95% 最大励磁电压的时间，称为励磁电压上升响应时间。对于响应时间小于或等于 0.1s 的励磁系统，通常称其为高起始响应励磁系统。

三、对大容量发电机励磁系统的要求

（1）励磁装置的额定电流应为发电机转子额定电流的 1.1 倍，以保证发电机在各种可能运行方式下对励磁的需求。

（2）励磁系统应满足所要求的顶值电压和励磁增长速度：一般定值倍数大于 2，即最高励磁电压是额定励磁电压的 2 倍以上，强励时间允许为 20s，可明显提高暂态稳定性。在故障时向系统提供瞬时无功，支持系统电压。响应比一般大于 3.58 倍以上。

（3）励磁系统应能维持发电机端电压恒定并保证一定的精度，保证并列运行发电机

之间的无功有稳定合理的分配，调压精度应高于 1/100。

（4）保证发电机运行的可靠性和稳定性。

（5）励磁系统具有能充分发挥发电机进相运行能力的功能。

（6）具有快速减磁和灭磁的性能。

（7）反应速度快，具有高起始响应的励磁系统，即励磁系统电压响应时间为 0.1s 或以下的励磁系统。

（8）为改善机组动态稳定，机组振荡时能提供正阻尼。

四、自并励励磁系统

自并励励磁系统的发电机励磁电流直接由并联接在发电机端的励磁变压器经可控硅整流装置整流后供给。由于发电机启动并网前剩磁产生的电压很低，一般仅为额定电压 1%～2%，不满足启励要求，因此，先给发电机初始励磁，使发电机建立一定的电压，这一过程称为启励，即另设启励电源及启励回路，供给初始励磁。

自并励方式取消了励磁机，缩短了机组长度，结构简单，因而提高了可靠性。此外，可控硅整流装置设在发电机励磁绕组回路内，所以励磁调节的反应速度很快，并可实现逆变快速灭磁。这种励磁方式的缺点是其整流装置的电源电压在发电机或电网发生短路故障时，励磁系统供电电压严重下降，一般不能保持自励。本来要求这时发电机能强励，现在却不仅不能强励反而趋向失磁。研究表明，在短路刚开始 0.5s 以内，自励方式和他励方式是很接近的，只有短路 0.5s 以后才发生明显差别。因此，只要配合快速保护，完善转子阻尼系统，采用性能良好的励磁调节器和可控硅整流装置，并适当提高励磁倍数，足以补偿其缺点。

自并励励磁系统主要由励磁变压器、可控硅整流装置、励磁控制装置、灭磁及转子过电压保护装置等组成。

励磁系统如图 4-2 所示。

1. 励磁变压器

励磁变压器为励磁系统提供励磁能源。采用室内三个单相干式变压器，铜绕组，绝缘等级为 F 级，其二次绕组为 d 连接，一次绕组 BIL 为 125kV。

2. 可控硅整流装置

可控硅整流装置采用三相全控桥式接法。这种接法的优点是半导体元件承受的电压低，励磁变压器的利用率高。全控桥在逆变运行时可产生负的励磁电压，把励磁电流急速下降到零，并把能量反馈到电网。

可控硅整流装置采用相控方式。三相全控桥对于电感负载，当控制角在 $0°～90°$ 之间时，为整流状态（产生正向电压与正向电流）；当控制角在 $90°～165°$ 之间时，为逆流状态（产生负向电压与正向电流）。因此，当发电机负载发生变化时，通过改变晶闸管的控制角来调整励磁电流的大小，以保证发电机端电压恒定。为保证足够的励磁电流，采用多个整流桥并联。整流桥并联支路数的选取原则为（$N+1$）个桥，N 为保证发电机正常励磁的整流桥个数。即当一个整流桥因故障退出时，不影响励磁系统的正常励磁能力。

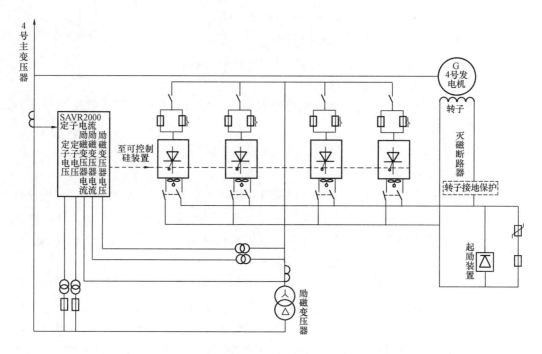

图 4-2　励磁系统

3. 励磁控制装置

控制装置包括自动电压调节器和启励控制回路。励磁调节器测量发电机端电压，并与给定值进行比较。当发电机端电压高于给定值时，增大晶闸管的控制角，减小励磁电流，使发电机端电压回到设定值。当发电机端电压低于给定值时，减小晶闸管的控制角，增大励磁电流，维持发电机端电压为设定值。

4. 灭磁及转子过电压保护装置

灭磁及转子过电压保护装置采用逆变灭磁结合转子回路非线性电阻灭磁。

五、自动励磁调节器

自动励磁调节器是发电机励磁控制系统中的控制设备，采用数字微机型，性能可靠，并具有提高发电机暂态稳定的特性。自动励磁调节器的基本任务是检测和综合励磁控制系统运行状态的信息，包括发电机端电压、有功功率、无功功率、励磁电流和频率等，并产生相应的控制信号，控制励磁功率单元的输出，自动调节励磁以满足发电机及系统运行的要求。自动励磁调节器采用两路完全相同且独立的自动励磁调节器（AC 调节器）并列运行。当一路调节器出现问题时，自动励磁调节器将自动退出运行和发出报警，并能自动切换到另一路 AC 调节器。当单路调节器独立运行时，完全能满足发电机各种工况下正常运行。同时，还设有独立的手动电路（DC 调节器）作为备用，手动电路能自动跟踪；当自动回路故障时能自动无扰切换到手动。

六、电力系统稳定器

电力系统的可靠性很大程度上取决于发电厂的稳定性，以及各发电厂之间相互连接的电网的电力传送能力。日益增加的负荷通过扩大的电力网进行电能的分配，以及采用高起始响应的同步发电机励磁系统已经在电网中得到越来越广泛的应用，对电网的安全稳定运行和供电可靠性发挥了重要作用。大区域电网的联网运行对电网的安全供电和稳定运行带来了好处，同时对电网的稳定性能提出了更高要求，用各种不同的方法来提高系统的稳定性和可靠性，包括调控、输电以及配电设备的设计。使用励磁调节装置可以控制电压，提高电网电压的运行质量和稳定水平，但也带来负阻尼效应。600MW 汽轮发电机组快速励磁的使用便扩大了负阻尼效应，在一定情况下系统将产生 $0.1 \sim 2Hz$ 的低频振荡。电力系统产生低频振荡的原因有很多，其中主要原因电网构架薄弱，各地区之间的阻尼较小，当系统受到扰动时，会出现功率的振荡，弱阻尼系数不能依靠自身的阻尼来平息振荡，从而使得振荡得到进一步放大。因此，要防止低频振荡，就是要增加系统的正阻尼，减少负阻尼。有很多办法都可以达到这个目的，如改变电网结构、改变运行方式、减少联络线的输送功率、调整励磁调节器的相关参数等，但最有效且经济的方法是采用电力系统稳定器（PSS）。它是一种为了提高电网与发电机同步运行稳定性而设计的自动控制装置。电力系统稳定器控制装置的目的是对发电机转子在电力系统宽频率范围内的角摆动的阻尼发挥有益的作用。

保证可靠的电力供应与发电机的稳定性密切相关。对于一个有多个同步发电机的系统而言，稳定性的最简单定义是指不管各个发电机之间的负荷发生了多大的变化，系统将维持一个恒定的电压和频率；也就是说，当一个瞬时事件发生时，随后的发电机电压和频率的振荡经充分阻尼，以重新获得稳态运行，即这个系统是稳定的。有两种稳定性现象是非常重要的。一种称为"动态稳定性"，也称作动态特性，通常这种动态特性定义为一个系统纠正各种微小的变化的能力；另一种称为"暂态稳定性"，通常定义为一个系统从各种大的变化恢复到稳定状态的能力，诸如由于一个电力断路器的动作产生的瞬时甩负荷。如果有足够的同步扭矩，机组将保持稳定。现代的发电机机组均配备有高增益的电压调节器，以强化机组的暂态稳定性，但这往往又削弱了动态稳定性。通过发电机励磁的调制作用，电力系统稳定器依靠提供电力系统振荡模式的阻尼来改善小信号（稳态信号）的稳定性。

发电厂通过旋转的原动机把动能转变成机械能，再通过与原动机级连接的发电机将机械能转变成电能。在发电机上能量和电网负荷之间的关系是非常严格的。输入到整个机械中的功率必须等于这个机械的功率输出加上这个过程中的所有损耗。引入一个最基本的物理概念——扭矩。来自原动机的扭矩要求发电机内部的机械力发生位移，这是由磁场的励磁作用、定子电流的流动产生的。当这种位移或平衡结果不能维持时，同步发电机将不能维持同步运行。任何原因打破这种平衡均将导致频率和电压的波动。因此，维持这种平衡是非常关键的。

一个同步发电机空气隙中的磁场是由一台连接到电力系统中的发电机的励磁作用和定子电流作用引起的。两个力之间的角度称作为扭矩角或转子功角。它直接反映了可以传送的电功率的大小。当系统存在稳定性问题时，限制了功率传输能力，可通过下列方案解决问题，即增加系统电压；通过增加串联电容器或增大导体的截面，以减少系统的阻抗，改变两个电动势之间的角度，或者采用这些方法的组合措施。当所有措施都将增加传送功率的能力时，有些可能是不经济的。

原动机和发电机组之间内部建立起来的扭矩是平衡的。这些扭矩是由原动机产生的机械位移扭矩及由励磁磁通量和定子电流磁通量之间相互作用而产生的电磁扭矩。机械扭矩是由原动机旋转而产生的。电磁扭矩有一个同步扭矩分量和阻尼扭矩分量。同步扭矩本质上随着转子角度的变化而波动，而阻尼扭矩则随着发电机速度的波动而变化。因此，任何原因打破这些扭矩的平衡状态都将破坏系统的稳定性问题。当发生这种情况时，由定子电流产生的磁通量将发生改变，导致电功率和机械功率之间的不平衡，两者的差值将导致转子的转速波动。如果同步力矩不足，将发生滑行失步；阻尼力矩不足，将发生振荡失步。

通常，在一个相互连接的系统中一个发电机将在本征频率下发生功率振荡。这些模式在所有相联的系统中均是存在的，并且由于线路突然断电和繁重的系统负载会减弱线路阻尼连接，这些都是导致系统阻尼不良的原因。同步机械振荡包括局部模式振荡、交互区域振荡、机组间的振荡、扭转的振荡。

（1）局部模式振荡。通常是指一个或多个同步发电机相对于一个相当大的供电系统或负载中心的共同摆动。振荡频率典型范围为 1.0～2.0Hz。

（2）交互区域振荡。通常涉及多个同步发电机的组合，是一个电力系统的一部分相对于这个系统的另一部分发生的波动。交互区域振荡的频率范围通常为 0.1～0.7Hz。

（3）机组间的振荡。是指一个电厂内或临近电厂间的两个或多个同步发电机之间的摆动。机组间振荡发生频率通常为 1.5～3Hz。

（4）扭转的振荡。涉及一个装置的两个旋转元件（如同步发电机和汽轮机）之间的相对运动。

单台发电机转子功角的改变是至关重要的，更重要的是已经紧密连接到一个系统上的所有发电机的行为。在系统的同一瞬时，要求使所有转子功角在相对方向上移动。提供控制作用是电力系统稳定器的功能，这个控制作用将保持电力系统维持稳定。

七、励磁系统运行方式的规定

（1）正常运行的 4 台励磁功率柜输出励磁电流。

（2）3 台励磁功率柜运行均能满足包括强励在内的各种运行工况的要求，2 台励磁功率柜运行能满足发电机正常运行要求，但不能提供强励，1 台励磁功率柜不能维持发电机运行，需马上停机进行处理。

（3）发电机励磁调节方式正常时为自动方式，当两个调节器自动方式同时故障时将自动切至手动方式运行。

（4）当手动励磁调节时，应保证一定的无功输出并加强对励磁系统的监视，当启动 6kV 电动机时应适当增加发电机无功输出。

（5）发电机不允许在空冷方式下加励磁。

八、励磁系统的运行方式

（一）正常运行方式

（1）调节器"远方控制"。

（2）整流柜全部运行。

（3）调节柜主通道1（2）AVR运行，FCR（磁场电流调节方式）跟踪AVR（自动电压调节方式）。

（4）调节柜主通道2（1）AVR跟踪主通道1（2）AVR，FCR跟踪AVR。

（5）各限制器投入。

（6）叠加控制暂不投入、电力系统稳定器根据调度要求投入。

（二）非正常运行方式

（1）整流柜缺柜运行。

（2）调节器FCR方式运行。

（3）调节柜主通道1(2)故障。

正常运行时，系统提供了两个自动通道的跟踪。在自动通道无故障时，备用通道自动跟踪工作通道，这时可从任一通道切换至另一通道。自动通道故障检测出故障后，将自动切换到手动通道运行。在手动通道运行时，应有运行人员对发电机励磁进行连续监视，按照功率图小心调整，确保不超过转子和发电机的运行极限。

当任一台功率柜故障后，其他功率柜将承担其工作电流，满足强励和1.1倍励磁电流要求。两台功率柜故障后，励磁电流限制器设定值将自动减少，不能进行强励。如果3台功率柜故障则自动切断励磁。

九、励磁系统的运行调整

当励磁系统正常运行时，AVR应工作在任一通道"自动"方式，"手动"方式和备用通道应跟踪正常；若AVR单个通道运行或工作在"手动"方式时，就地控制屏励磁系统画面应派专人监视和调整，并尽快消除故障，恢复正常运行。

当工作通道故障时，备用通道无故障则自动切换至备用通道，否则切换至"手动控制"方式，TV实际值检测消失及OC1报警时，也将引起主/备通道或自动/手动的转换。

（1）只得到1组TV的检测值，则从"自动"转换到"手动"运行方式。

（2）如果得到两组TV检测值，每个通道1组，则转换将是从故障通道的"自动"方式转到完好通道的"自动"方式。

（3）如果两组TV检测值都有误，则转至"手动"方式。

一些设备的错误故障可能导致励磁系统的远方控制和就地控制都不能动作，但在紧急情况下，必须保证能够切断励磁系统。紧急切断可以通过在励磁柜上的"紧急断开"按钮或硬操盘"灭磁开关跳闸"按钮来实现。

当发电机主开关合闸时，励磁系统不能通过就地控制屏上远方控制断开，若想通过就地控制屏远方控制切断，发电机主开关必须先断开。

紧急断开只有在事故及用正常切断方式无法实现时才能使用。

第四节　厂　用　电　系　统

现代火力发电厂是高度机械化和自动化、连续生产的工厂，使用着大量的由电动机拖动的机械，为发电厂的主要设备如锅炉、汽轮机、发电机和辅助设备服务，这些电动机以及试验、修配、照明等用电设备构成了发电厂的厂用负荷。厂用电系统必须高度可靠，以保证发电厂的正常运行，厂用电的耗电量应尽可能减少，以降低发电成本，提高发电厂的经济效益。

运行中的发电厂，厂用电的可靠性必须得到保证，使发电厂长期无故障连续运行，不会因厂用电的局部故障而导致停机。然而，对可靠性提出过高的要求，必然导致投资的增加，因此，首先应重点保证对 I 类厂用负荷的不间断供电，以确保重要机械的连续运转。

一、厂用电系统的厂用机械及厂用负荷

（一）厂用机械

厂用电系统的厂用机械主要包括：

（1）煤场及输煤系统的机械，如斗轮机、碎煤机、输煤皮带等。

（2）制粉系统，如磨煤机、给煤机等。

（3）锅炉辅机，包括一次风机、送风机、引风机、灰渣泵等。

（4）汽轮机辅机，有凝结水泵、给水泵、闭式冷却水泵、开式水泵和循环水泵等。

（5）变压器冷却用通风机、强迫油循环冷却的油泵等。

（6）其他辅机，如油泵、消防泵、疏水泵、电除尘器、直流系统的充电设备、各种电动阀门等。

还有常用的照明和事故照明设备。重要场所如主控制室装设的事故照明设备，平时由 220V 交流电源供电，当交流电源发生故障或全厂停电时，事故照明设备自动切换至直流系统，由蓄电池组继续供电。

（二）厂用负荷

根据厂用设备在发电厂生产过程中的作用，厂用电供电中断时对人身、设备及生产造成的影响程度，将厂用负荷分为以下五类。

1. I 类厂用负荷

短时停电会造成主辅设备损坏、危及人身安全、主机停运及影响大量出力的厂用负荷，如给水泵、凝结水泵、循环水泵、引风机、送风机、磨煤机、润滑油泵、空气压缩机等负荷。这些负荷都属于要求供电可靠性最高的厂用负荷，通常均设置有双套机械，互为备用，并分别接到有独立电源的不同母线段上，当失去一个电源后，另一个电源便立即自动投入。

2. II 类厂用负荷

允许短时间如几分钟的停电，经运行人员及时操作恢复供电后，不致造成生产紊乱的厂用负荷，如工业水泵、疏水泵、灰浆泵、输煤设备以及化学水处理设备等负荷。对 II 类厂用负荷，一般应由不同的两母线段供电，但可以采用手动进行切换。

3. III 类厂用负荷

较长时间停电而不会直接影响生产，仅造成生产上不方便的厂用负荷，如修配车间、实验室、油处理室等用电负荷，一般可由一个电源供电。

4. 事故保安负荷

在事故停机过程及停机后的一段时间内，仍必须保证供电，否则可能引起主要设备损坏、重要的自动控制装置失灵或危及人身安全的厂用负荷。事故直流保安负荷主要有发电机组的直流润滑油泵、事故氢密封油泵。事故交流保安负荷主要有发电机组的润滑油泵电动机、盘车电动机、交流密封油泵、事故照明设备等。由蓄电池组、柴油发电机组可靠的外部独立电源进行供电。

5. 不间断供电负荷

在正常运行期间，以及正常或事故停机过程中，甚至在停机后的一段时间内，需要连续供电并具有恒频恒压特性的负荷。如实时控制用的计算机、热工保护、自动控制和调节装置等。由蓄电池供电发电机组、配备数控的静态逆变装置。

厂用电的供电可靠性，很大程度上是由厂用电源的取得方式所决定的。本系统的厂用电工作电源由主发电机供电，由于电力系统和主发电机的事故率都已大大降低，即便发生故障，继电保护与自动装置也能迅速将故障切除，当厂内发电机全部停机时，也还可以方便地从系统得到电源，因此，由主发电机供电的方式有很高的可靠性，具有运行简单、调度方便、投资和运行费都较低等优点，由于靠近电源，重要电动机的自启动也可得到保证。因为 600MW 机组发电机与主变压器接成单元接线，因此厂用工作电源从发电机出口至主变压器低压侧的封闭母线引接，供给 600MW 机组的厂用负荷。设一台分裂高压厂用变压器作为正常运行时供电、一台双绕组高压启动备用变压器作为启停机时供电。

由于机组中锅炉的辅助设备多，功率大，消耗电量也大，为了进一步采取措施提高供电可靠性，每台机组 6kV 高压厂用母线采用按炉分段的原则供电，属于同一台锅炉的厂用负荷都接于同一分段母线上，与锅炉同一发电机组的汽轮机的厂用负荷也接于这一母线上，由该机组向该母线段供电。公用性负荷设公用母线段供电。按炉分段的方式具有的明显的优点就是既便于运行、检修，又能使故障局限在一台汽轮机一台锅炉，不致过多地干扰正常运行的汽轮机，同时，可以减少厂用系统的短路电流，便于厂用电气设备的选择。同一台锅炉或在生产过程上相互有关的电动机和其他用电设备应接在同一分段上，同一台锅炉自用机械有两套互为备用，则应接在不同分段上。低压厂用母线也按炉分段，电源则由相应的高压厂用母线供给。厂用电各级电压均采用单母线按炉分段接线，配电装置由成套开关柜构成，可以使系统清晰、可靠，便于运行与检修。

二、厂用电系统运行方式

6kV 系统采用低阻接地。600MW 机组正常运行时，其 6kV 厂用母线分别由各自对应的高压厂用变压器供电，备用电源进线开关处于热备用状态，启动备用变压器的 220kV 开关在合闸状态，为空载运行。同时，6kV 工作段母线与一期 6kV 备用段相连，可与其相互作检修备用。两台机组各设一公用 PC 段（公用 PC A 段，公用 PC B 段）、输煤 PC 段（输煤 PC A 段，输煤 PC B 段），为手拉手备用方式。6kV 公用变压器、输煤变压器正常情况下分别由 3、4 号机高压厂用变压器供电，输煤 PC 段和公用 PC 段正常情况下采用分段运行方式，联络开关处于热备用状态。输煤 PC 段和公用 PC 段必须采用断电的方式倒换。

厂用 380/220V 系统通过低压厂用变压器从 6kV 系统引入，分别接入各 380V 动力母线。各母线均设有备用电源，分明备用和暗备用两种。明备用是指正常运行时，专设一台平时不工作的变压器。当任一台厂用变压器故障或检修时，明备用可代替备用电源的工作。暗备用是指正常运行中，不专设备用变压器，每台厂用变压器均投入工作，处于半负荷运行状态。当任一台厂用变压器断开时，该段母线由旁边的另一台厂用变压器供电，它们互为备用。

每台机组保安电源系统分汽轮机、锅炉两组，均由相应两段动力母线提供两路电源，并且每台机组设一台柴油发电机作其备用电源。

直流分 220、110V 两系统，220V 系统两台机组共设一套直流系统，提供动力、事故照明等电源，110V 系统每台机组主厂房各设一套直流系统，提供控制电源。

每台机组各设 1 套 UPS 系统，提供 DCS 等重要交流负载，每套 UPS 设两台 UPS 主机单独向各自的馈线母线供电。每台机组 UPS 馈线母线间设有两个联络开关作检修备用。

当 3、4 号机组任一或全部机组停运时，可由 1 号启动备用变压器送电供厂用电；当 3 号或 4 号发电机变压器组需停运时且 1 号启动备用变压器检修，可由一期 6kV 备用段供电。

（一）6kV 厂用系统运行方式

6kV 厂用电系统如图 4-3 所示。

1. 6kV 厂用母线段

发电机出口均 T 接一台 SFF10-50000/20 型 50000kVA 的高压厂用变压器作为厂用 6kV 厂用母线的工作电源，1 号启动备用变压器为 6kV 厂用母线备用电源，引自 220kV I 母线，低压侧直接接入 6kV 3BBA、3BBB（或 4BBA、4BBB）母线，当 II 期两台机组全部运行时，1 号启动备用变压器处于空载运行状态。1 台启动备用变压器能够满足 1 台机组的启、停，当供两台机组同时启、停时，应从时间上错开；将已并列的机组，尽快倒至本机供电，同时，应加强对启动备用变压器的全面监视，并确保电流不超额定值、变压器温度等参数不超限。6kV 厂用电快切装置采用以下两种切换方式：

（1）正常方式：手动同时切换，与 I 期相反（I 期为并列切换）；

（2）事故方式：事故串联切换，与 I 期相同（均为事故串联切换）。

2. 6kV 脱硫母线段

工作电源来自于机组出口 T 接的脱硫变压器，备用电源来自于 1 号启动备用变压器低压 B 分支。现运行方式为 6kV 脱硫 3BBC（4BBC）母线均由 1 号备用电源带，待快切接入后改为正常运行方式，机组运行时由机组脱硫变压器带，停运时由 1 号启动备用变压器带。

3. 低压厂用变压器正常方式

II 期厂房公用变压器、输煤变压器引自厂用 6kV 工作段 3BBA、4BBA 段母线。II 期燃料胶带机和除灰用空气压缩机分布于 6kV 工作段 3BBA、3BBB（或 4BBA、4BBB）

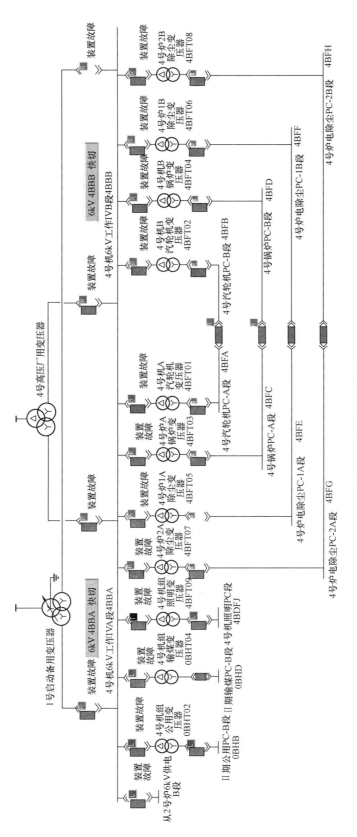

图 4-3　6kV 厂用电系统

母线，3、4 号照明变压器分别引自本机 6kV 厂用 3BBA、4BBA 段。Ⅱ期厂房检修变压器取自 6kV 厂用 3BBB 段，为 3、4 号机组的公用设备，同时作为 3、4 号机照明 PC 段的备用电源。汽轮机 A 变压器、锅炉 A 变压器、除尘 1A 变压器、除尘 2A 变压器引自本机 6kV 厂用 3BBA（4BBA）段，汽轮机 B 变压器、锅炉 B 变压器、除尘 1B 变压器、除尘 2B 变压器引自本机 6kV 厂用 3BBB（4BBB）段。各变压器均自带低压段，低压侧联动备用。

（二）380V 厂用系统运行方式

380V 低压厂用母线各设置四段，即汽轮机 PC-A 段、汽轮机 PC-B 段、锅炉 PC-A 段、锅炉 PC-B 段。正常运行时，3 号汽轮机 A/B 变压器带 3 号汽轮机 PC-A/B 段分段运行，3 号锅炉 A/B 变压器带 3 号锅炉 PC-A/B 段分段运行。4 号汽轮机 A/B 变压器带 4 号汽轮机 PC-A/B 段分段运行，4 号锅炉 A/B 变压器带 4 号锅炉 PC-A/B 段分段运行。PC-A 段与 PC-B 段相互备用，母线联络开关在联动备用状态，DCS 联锁按钮正常为投入状态，当需要并列倒换 PC 母线时可将联锁按钮解除。

380V 除尘母线各设置四段，即除尘 PC-1A 段、除尘 PC-1B 段、除尘 PC-2A 段、除尘 PC-2B 段。正常运行时，3 号除尘 1A/1B 变压器带 3 号除尘 PC-1A/1B 段分段运行，3 号除尘 2A/2B 变压器带 3 号除尘 PC-2A/2B 段分段运行。4 号除尘 1A/1B 变压器带 4 号除尘 PC-1A/1B 段分段运行，4 号除尘 2A/2B 变压器带 4 号除尘 PC-2A/2B 段分段运行。PC-A 段与 PC-B 段相互备用，母线联络开关在联动备用状态，DCS 联锁按钮正常为投入状态，当需要并列倒换 PC 母线时可将联锁按钮解除。

照明变压器各带本机照明 PC 段，分段运行。3、4 号机组公用 1 台检修变压器，接于 3 号汽轮机 6kV ⅢB 段，3 号汽轮机检修 PC 段正常带 4 号汽轮机检修 PC 段，并作为 3、4 号汽轮机组照明 PC 段的备用电源。备用电源开关采用手动投入方式。

3、4 号公用变压器各带本机组公用 PC 段，分段运行，母线联络开关在联动备用状态，DCS 联锁按钮正常为投入状态，禁止并列切换 PC 段母线。

3、4 号输煤变压器各带本机组输煤 PC 段，分段运行，母线联络开关在联动备用状态，DCS 联锁按钮正常为投入状态，禁止并列切换 PC 段母线。

（三）事故保安电源运行方式

保安段包括 380V 保安电源段和 380V 汽轮机保安 MCC 和 380V 锅炉保安 MCC 段。汽轮机（锅炉）保安 MCC 有三路电源。来自于汽轮机（锅炉）380V PC-A 段、汽轮机（锅炉）380V PC-B 段炉、保安电源段。正常运行时，汽轮机（锅炉）380V PC-B（PC-A）段炉为工作电源，汽轮机（锅炉）380V PC-A（PC-B）段为备用电源，当两段电源均故障消失，柴油进线开关自动投入，且柴油机同时检测汽轮机、锅炉保安 MCC 段无压条件自启动，启动成功后，出口开关自动合闸。当工作电源正常时，采用先停柴油机后投入工作电源的方式切换，即保安段短时停电的方式。

380V 保安系统如图 4-4 所示。

三、厂用电系统的维护

6kV 厂用电系统装有厂用电快切装置，当工作电源掉闸后，备用电源应自动投入；

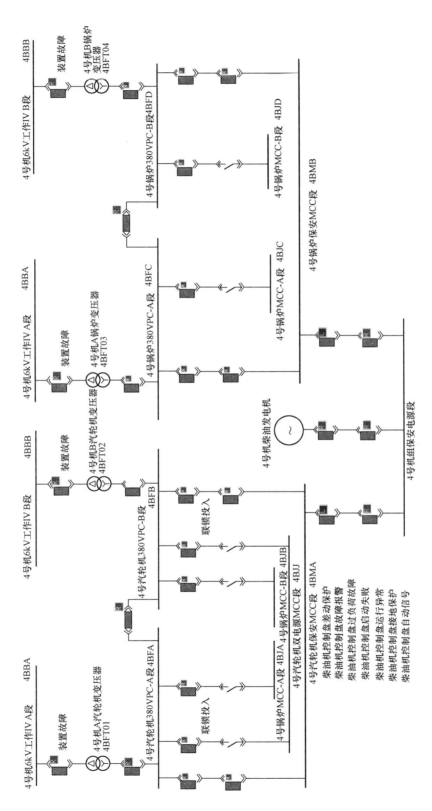

图 4-4　380V 保安系统

正常倒换过程必须使用厂用电快切同期装置，防止非同期并列。

备用电源自投联锁在下列情况应退出：

（1）无备用电源或备用电源开关已合上；

（2）工作电源母线停电；

（3）工作电源母线 TV 停电或故障；

（4）备用电源或回路检修停电；

（5）备用电源自投装置故障或检修。

四、厂用电系统的倒闸操作

不得带负荷拉合刀闸。倒闸操作时必须注意不同电源之间的同期性。有检同期并列装置的，在切换中，必须经检同期并列。非同期的两系统严禁并列，在倒换时应先断后合，停电倒换。3、4 号机组 380V 厂用电源合环操作应尽量采用停电倒换法。

五、厂用电系统的检查

（一）厂用电系统及设备投运前的检查

（1）检查所属工作结束，工作票全部收回，拆除全部临时安全措施，恢复常设遮拦和标示牌。

（2）测量投运系统设备的绝缘电阻应符合下列要求。

1）6kV 及以上电压等级的设备，使用 2500V 绝缘电阻表，测得其绝缘电阻应大于或等于 1MΩ。

2）0.4kV 及以下电气的设备，使用 500V 绝缘电阻表，测得其绝缘电阻应大于或等于 0.5MΩ。

（3）系统设备各部清洁，无明显的接地、短路现象。

（4）各断路器、隔离开关的触头完好、无松动和脱落。

（5）配电盘、配电柜的接地良好。

（6）开关设备的操作机构完好，传动试验良好。

（7）各保护自动装置投入位置正确。

（二）厂用系统运行中的检查

（1）运行中的配电装置各部清洁、无放电现象和闪络的痕迹。

（2）配电装置各部无过热现象。

（3）各断路器、隔离开关定位完好，无欠位和过位现象。开关状态指示正确。

（4）各断路器、隔离开关、电压互感器、电流互感器无振动和异常的声音。

（5）各电气接头无过热现象。

（6）封闭母线各部良好，外壳及架构无过热现象，外壳接地良好，无放电现象。

（7）配电室无漏水、渗水、地面无积水，室内照明充足。

（8）配电室内温度、湿度符合规定，温度小于或等于 40℃、湿度小于或等于 80%。

（9）消防器材齐全。

六、220V 不停电系统 UPS 设备规范及相关内容

（一）UPS 主机设备规范

UPS 主机设备规范见表 4-14。

表 4-14　　　　　　　　　　UPS 主机设备规范

序　号	项目名称	参　数
1	型号	SDP31050-220/220-PR
2	双机（kVA）	2×50
3	三相交流（主机）输入电压（V）	304～475
4	直流输入电压（V）	165～275
5	单相交流（旁路）输出电压（V）	218～222
6	连续额定运行最高环境温度（℃）	40
7	额定输出电压（V）	220×（1+1％）
8	额定输出电流（A）	50
9	工作温度范围（℃）	−5～40
10	最佳工作温度（℃）	10～20

（二）旁路设备规范

旁路设备规范见表 4-15。

表 4-15　　　　　　　　　　旁路设备规范

隔离变压器	ST11120-380/220	稳压器	ST11120-380/220
额定容量（kVA）	120	额定容量（kVA）	100
额定一次电压（V）	380	输入电压范围（％）	±15
额定二次电压（V）	230	输出电压范围（％）	±1

（三）UPS 工作模式

1. 电源工作模式

1、2 号主机并列运行，分别由锅炉 380V PC-A 段和锅炉 380V PC-B 段为 1、2 号主机提供电源，锅炉保安 MCC 为旁路稳压器提供电源，当主机故障时，静态开关自动转换，备用旁路（小旁路）自动由投入；当主机维修时，手动投入维修旁路（大旁路）。

2. 正常工作模式

（1）整流器将 PC 交流电转换成直流电源，逆变器将直流电转换为电能质量更高的交流电携带负荷。

（2）流程指示灯：INPUT→RECTIFIER→INVERTER→OUTPUT。

3. 后备电池模式

（1）当输入的 PC 交流电发生异常时，止回二极管打开，电池迅速替代整流器为逆变器提供直流电输入，逆变后携带负载。

（2）流程指示灯：DISCHARGE→INVERTER→OUTPUT。

4. 旁路备用模式（小旁路）

（1）逆变器退出运行后，此时静态开关会转换到旁路备用电源（小旁路）输出给负荷使用。

（2）流程指示灯：RESERVE→OUTPUT。

5. 维修旁路模式（大旁路）

（1）当 UPS 设备需要进行检修时，停止逆变器及电池、整流器工作，断开开关，然后闭合维修旁路（大旁路）开关，负荷自动转移，断开备用旁路（小旁路）开关。

（2）流程指示灯：仅 BYPASS 灯亮。

UPS 系统如图 4-5 所示。

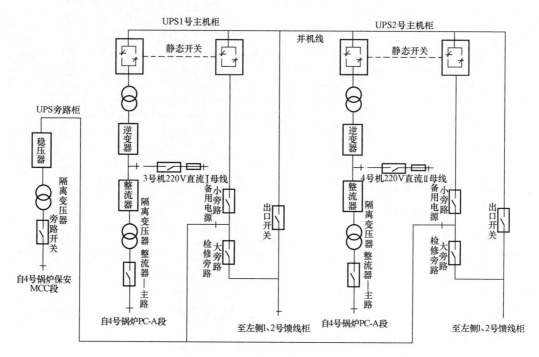

图 4-5　UPS 系统

（四）逆变器至旁路切换条件

（1）旁路的电压及频率在承受极限以内，同时逆变器的频率和相位与旁路保持同步。

（2）在过载或者逆变器故障的情况下，UPS 转换至旁路模式。

（3）如果（1）没有发生，而以下情况出现时：

1）逆变器在过载情况下连续工作；

2）逆变器发生故障的情况下停止工作。

（五）旁路至逆变器切换条件

（1）当逆变器的电压和频率处于承受极限以内并且和旁路保持同步，UPS 将自动切换为逆变器工作模式。

（2）当承受过载量仍然超出承受极限时，逆变器工作模式将不会启动，并且 UPS 仍然转换回旁路工作模式。

（3）UPS 重新转换至逆变器工作模式将取决于逆变器。逆变器的启动开关和控制开关必须同时被按下。逆变器将重新开始启动，并且在经过 4s 后重新建立输出。

（六）UPS 启动操作

（1）闭合备用电源（RESERVE）开关：此时备用电源 LED 指示灯亮起，风扇开始转动。

（2）闭合 UPS 输出（OUTPUT）开关：此时输出端 LED 指示灯亮起，负载可以启动。

（3）闭合整流器（RECTIFILE）开关：按 LCD 面板 ON 键，LCD 会跳出确认画面，此时按 ENTER 键确认，数秒后系统会显示设定完成，"INPUT""RECTIFIER"指示灯亮，且约 50s 后，面板 RESERVE 灯熄灭、INVERTER 灯亮，即 UPS 由 INVERTER 供电。

（4）闭合电池（BATTERY）开关：当整流器异常退出时，电池立即提供直流电能给逆变器，DISCHARGE（电池放电）灯才亮起。

（5）检查 LCD 显示画面是否正确：切换 LCD 画面，检查 LCD 所有内容是否与实际相符，故障灯是否报警等。

（七）UPS 停机操作

1. 一般关机操作

按 LCD 面板 OFF 键→LCD 跳出确认画面→按 ENTER 确认→面板 LEDINVERTER 灯熄灭→REWERVE 灯亮，即 UPS 已由备用旁路（小旁路）供电。

2. 整机关机操作

（1）从 LCD 液晶中关闭逆变器：按 LCD 面板 OFF 键后，LCD 会跳出确认画面，此时按 ENTER 确认，面板 LED 流程 INVERTER 灯熄灭，转由 RESERVE 灯亮。

（2）切断电池（BATTERY）开关：直流总线电能完全由整流器供给。

（3）切断整流器（RECTIFILE）空气开关：RECTIFIER（整流器）灯灭，直流电压总线 5min 后释放电能至低于 20V。

（4）切断备用电源（RESERVE）空气开关：确认输出负载处于闲置状态，断开备用电源开关，RESERVE（小旁路）灯灭。

（5）切断 UPS 输出（OUTPUT）空气开关：OUTPUT（出口开关）灯灭；所有的电源都已经切断，LCD 显示及 LED 显示灯熄灭，UPS 完全关机。

（6）需要单台整机关机时，如进行检修工作，则另外一台整机必须转到大旁路运行；或将并机线拆除后，另外一台整机再由大旁路转到逆变器运行。

3. 紧急关机装置操作

EPO（Emergency Power Off，紧急关机装置）为紧急时电源关闭装置，如系统无法控制时或遇到外来灾害时，可将紧急关机装置开关关闭，紧急关机装置开关关闭后连续动作如下：

（1）INVERTER 立即停止动作。

（2）S.T.S 静态开关立即停止动作，系统无输出。

（3）RCM 整流充电系统立即停止作用。

（八）UPS 负载由正常模式转到维护模式操作（维护旁路即大旁路）

（1）关闭 1 号主机逆变器：按 LCD 面板 OFF 键后，跳出确认画面，此时按 ENTER 确认，面板 LED 流程 INPUT、RECTIFIER、INVERTER 灯熄灭；OUPUT 灯保持；1 号主机处于待机状态，2 号主机处于工作状态。

243

（2）关闭 2 号主机逆变器：按 LCD 面板 OFF 键后，跳出确认画面，此时按 EN-TER 确认，面板 LED 流程 INPUT、RECTIFIER、INVERTER 灯熄灭；主机 RE-SERVE、辅机 RESERVE 灯同时亮起，1、2 号主机同时小旁路工作。

（3）切断 1 号主机电池开关：直流总线电能完全由整流器供给；DISCHARGE（放电）灯亮的条件是整流器异常退出，电池放电。

（4）切断 1 号主机整流器开关：直流电压总线 5min 后释放电能至低于 20V。

（5）闭合 1 号主机维修旁路开关：BYPASS（大旁路）灯亮，负载无扰动转至由大旁路接带。

（6）切断 1 号主机备用电源开关：RESERVE（小旁路）灯灭，释放 UPS 内部所有电能。

（7）切断 1 号主机输出开关：OUTPUT（出口开关）灯熄灭，逆变器与大旁路、负载之间完全断开，电能不倒送给逆变器。

（8）延时 5 分支后 1 号主机 BYPASS（大旁路）灯灭。

（9）切断 2 号主机电池开关：直流总线电能完全由整流器供给；DISCHARGE（放电）灯亮的条件是整流器异常退出，电池放电。

（10）切断 2 号主机整流器开关：直流电压总线 5min 后释放电能至低于 20V。

（11）闭合 2 号主机维修旁路开关：BYPASS（大旁路）灯亮，负载无扰动转至由大旁路接带。

（12）切断 2 号主机备用电源开关：RESERVE（小旁路）灯灭，释放 UPS 内部所有电能。

（13）切断 2 号主机输出开关：OUTPUT（出口开关）灯熄灭，逆变器与大旁路、负载之间完全断开，电能不倒送给逆变器。

（14）延时 5 分支后 2 号主机 BYPASS（大旁路）灯灭。

（九）UPS 负载由维护模式（维护旁路即大旁路）转到正常模式操作

（1）闭合 2 号主机备用电源（RESERVE）开关：BAPASS（大旁路）灯亮

（2）闭合 2 号主机输出（OUTPUT）开关：RESERVE（小旁路）、OUTPUT（出口开关）灯亮，散热风扇自动开始工作，负载允许启动。

（3）闭合 1 号主机备用电源（RESERVE）开关：BAPASS（大旁路）灯亮。

（4）闭合 1 号主机输出（OUTPUT）开关：RESERVE（小旁路）、OUTPUT（出口开关）灯亮，散热风扇自动开始工作，负载允许启动。

（5）切断 1 号主机维修旁路（BYPASS）开关：BYPASS（大旁路）灯灭，负载无扰动转至由小旁路接带。

（6）切断 2 号主机维修旁路（BYPASS）开关：BYPASS（大旁路）灯灭，负载无扰动转至由小旁路接带。

（7）闭合 1 号主机整流器（RECTIFILE）开关：按 LCD 面板 ON 键 LED 会跳出确认画面，此时请按 ENTER 键确认，数秒后系统会显示设定完成，"INPUT""REC-TIFIER"指示灯亮，约 50s 后，面板 RESERVE（小旁路）灯灭，INVERTER（逆变器）灯亮，即 UPS 负载转至 INVERTER（逆变器）供电，同时 2 号主机 RESERVE（小旁路）灯灭，处于待机状态；1 号主机带 100% 负荷。

（8）闭合 1 号主机电池（BATTERY）开关：DISCHARGE（电池放电）灯不亮（整流器异常退出，电池放电时灯亮）。

（9）闭合 2 号主机整流器（RECTIFILE）开关：按 LCD 面板 ON 键 LED 会跳出确认画面，此时请按 ENTER 键确认，数秒后系统会显示设定完成，"INPUT""REC-TIFIER"指示灯亮，约 50s 后，面板 RESERVE（小旁路）灯灭，INVERTER（逆变器）灯亮，即 UPS 负载转至 INVERTER（逆变器）供电，1、2 号主机各带 50% 负荷。

（10）闭合 2 号主机电池（BATTERY）开关：DISCHARGE（电池放电）灯不亮（整流器异常退出，电池放电时灯亮）。

（11）检查 LCD 显示：切换 LCD 画面，检查 LCD 内容与实际相符，无故障报警。

七、网控 UPS 系统设备规范及相关内容

（一）网控 UPS 系统设备规范

网控 UPS 系统设备规范见表 4-16。

表 4-16　　　　　　　　　　　**网控 UPS 系统设备规范**

项　目		单位	数　值
型号			PS310
额定容量	伏安额定值	kVA	10
	瓦特额定值	W	8000
输入	电压	V	380×（1±20%）
	频率	Hz	50×（1±5%）
	功率因数		>0.95
输出	电压	V	220×（1±1%）
	频率	Hz	50×（1±0.5%）
	波形与失真		纯正弦波：线性负载时 THD<1%；0.7 电容性负载时<3%
	动态反应		全载变化时为±3%，稳定时间为 20ms
	同步率与范围		1Hz/s 的扭转率；输入频率大于±5% 时，逆变器即不跟踪同步
	峰值因数		大于 3∶1
电池	标准配置		12V50AH/16 块
	供电时间（满/半载）		—
	90% 充电时间		8h 内
	长延时充电电流	A	8（可扩充）
静态开关	自动模式		当逆变器电压超过±10%，温度过高或过载时，自动切换到旁路并于状况消除后自动恢复
	手动模式		经由控制键操作可手动切换至旁路，反之亦然
	手动旁路		

续表

项　目		单位	数　值
保护	过载		120%时 30min；150%时 25s
	短路		同时切断逆变器与旁路输出，以免 UPS 电源进线开关跳闸
	温度		内建温度开关可保护系统过热，过热发生时会自动切换至旁路
	断路器		保护交流输出与直流回路
	滤波装置		10～100kHz（40dB）；100～100MHz（70dB）
环境条件	温度	℃	0～40

（二）运行方式

1. 正常运行方式

正常情况下由来自 380V PC 段的电源为 UPS 供电，首先经整流器逆变成 220V 直流后，再由逆变器逆变成 220V 的交流电源为 UPS 各负荷供电，此时蓄电池直流系统被止回二极管隔离。

2. 旁路方式

UPS 由接于 380V 事故保安段的旁路电源供电。

（三）UPS 启动

（1）合上 UPS 交流电源开关。

（2）如果系统编程于自动启动，60s 后系统自动启动，否则执行下一步。

（3）按"SYSTEMON"键，系统启动。

（4）合上蓄电池出口直流开关。

（5）按两次"C"键，复位告警发光二极管的告警指示。

（6）检查 UPS 启动正常，无异常信号。

（四）UPS 切换到旁路运行

（1）按"♯"键，再按"↑"键或"↓"键。

（2）直到显示器显示"by-pass operation：off"按下"1"键。

（3）如果显示器显示"by-pass operation：on"系统切换到旁路运行。

（五）从旁路切换至正常运行

按"＊"键显示器显示"normal operation load power：×××%"，系统由旁路切换至正常运行。

（六）UPS 旁路运行情况

（1）整流器输出消失及 220V 直流系统故障。

（2）逆变器故障。

（3）当涌流或过负荷超出逆变器容量时，将由静态转换开关自动切换为旁路电源供电，当涌流或过负荷消失后，应自动切回到逆变器供电。

（4）需要检修逆变器及静态开关时，由手动切换开关切换为旁路电源供电。

第五节 直 流 系 统

直流系统广泛应用于火力发电厂，是为信号设备、保护、自动装置、事故照明、应急电源及断路器分、合闸操作提供直流电源的电源设备。直流系统是一个独立的电源，它不受发电机、厂用电及系统运行方式的影响，并在外部交流电中断的情况下，保证由后备电源——蓄电池继续提供直流电源的重要设备。

220、110V 直流系统如图 4-6、图 4-7 所示。

一、系统组成

（一）整流模块系统

整流模块就是把交流电整流成直流电的单机模块，通常是以通过电流大小来标称（如 2A 模块、5A 模块、10A 模块、20A 模块等），按设计理念的不同也可以分为风冷模块、独立风道模块、自冷模块、自能风冷模块和自能自冷模块。它可以多台并联使用，实现了 N+1 冗余。模块输出是 110、220V 稳定可调的直流电压。模块自身有较为完善的各种保护功能，如输入过压保护、输出过压保护、输出限流保护和输出短路保护等。

（二）监控系统

监控系统是整个直流系统的控制、管理核心，其主要任务是对系统中各功能单元和蓄电池进行长期自动监测，获取系统中的各种运行参数和状态，根据测量数据及运行状态及时进行处理，并以此为依据对系统进行控制，实现电源系统的全自动管理，保证其工作的连续性、可靠性和安全性。监控系统分为两种：一种是按键型，另一种是触摸屏型。监控系统提供人机界面操作，实现系统运行参数显示、系统控制操作和系统参数设置。

（三）绝缘监测单元

直流系统绝缘监测单元是监视直流系统绝缘情况的一种装置，可实时监测线路对地漏电阻，此数值可根据具体情况设定。当线路对地绝缘降低到设定值时，就会发出告警信号。直流系统绝缘监测单元目前有母线绝缘监测、支路绝缘监测。

（四）电池巡检单元

电池巡检单元是对蓄电池在线电压情况循环检测的一种设备。可以实时检测到每节蓄电池电压的多少，哪一节蓄电池电压高过或低过设定时，就会发出告警信号，并能通过监控系统显示出是哪一节蓄电池发生故障。电池巡检单元一般能检测 2～12V 的蓄电池和循环检测 1～108 节蓄电池。

（五）开关量检测单元

开关量检测单元是对开关量在线检测及告警干节点输出的一种设备。如在整套系统中断路器发生故障跳闸或熔断器熔断后开关量检测单元就会发出告警信号，并能通过监控系统显示出是哪一路断路器发生故障跳闸或熔断器熔断。开关量检测单元可以采集到 1～108 路开关量和多路无源干节点告警输出。

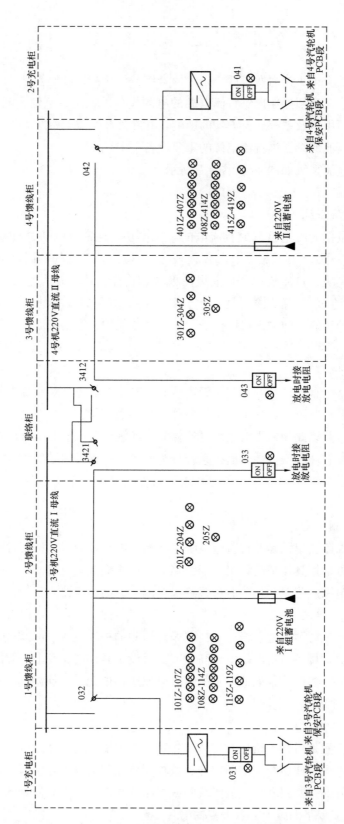

图 4-6 220V 直流系统

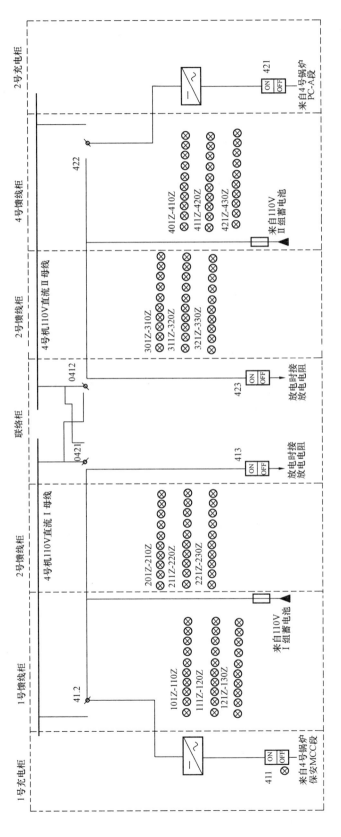

图 4-7 110V 直流系统

（六）降压单元

降压单元是降压稳压设备，是合闸母线电压输入降压单元，降压单元再输出到控制母线，调节控制母线电压在设定范围内（110V 或 220V）。当合闸母线电压变化时，降压单元自动调节，保证输出电压稳定。降压单元也是以输出电流的大小来标称的。降压单元目前有两种，一种是有级降压硅链，另一种是无级降压斩波。有级降压硅链有 5 级降压和 7 级降压，电压调节点都是 3.5V，也就是说合闸母线电压升高或下降 3.5V 时降压硅链就自动调节稳定控制母线电压。无级降压斩波是一个降压模块，比降压硅链体积小，没有电压调节点，因此输出电压也比降压硅链稳定；还有过压、过流、和电池过放电等功能。因为无级降压斩波技术还不是很成熟，常发生故障，所以还是降压硅链使用较广泛。

（七）配电单元

配电单元主要是直流屏中为实现交流输入、直流输出、电压显示、电流显示等功能所使用的器件，如电源线、接线端子、交流断路器、直流断路器、接触器、防雷器、分流器、熔断器、转换开关、按钮开关、指示灯以及电流、电压表等。

二、设备分类

（一）直流屏系统

直流屏通用名为智能免维护直流电源屏，简称直流屏，通用型号为 GZDW。简单地说，直流屏就是提供稳定直流电源的设备（在输入 380V 电源时，直接转化为 220V；在输入都无电压时，直接转化为蓄电池供电——直流 220V。实际上也可以说是一种工业专用应急电源）。发电厂中的电力操作电源现今采用的都是直流电源，它为控制负荷和动力负荷以及直流事故照明负荷等提供电源，是当代电力系统控制、保护的基础。直流屏由交配电单元、充电模块单元、降压硅链单元、直流馈电单元、配电监控单元、监控模块单元及绝缘监测单元组成，主要应用于发电厂，适用于开关分合闸及二次回路中的仪器、仪表、继电保护和故障照明等场合。

直流屏是一种全新的数字化控制、保护、管理、测量的新型直流系统。监控主机部分高度集成化，采用单板结构（Allinone），内含绝缘监察、电池巡检、接地选线、电池活化、硅链稳压、微机中央信号等功能。主机配置大液晶触摸屏，各种运行状态和参数均以汉字显示，整体设计方便简洁，人机界面友好，符合用户使用习惯。直流屏系统为远程检测和控制提供了强大的功能，并具有遥控、遥调、遥测、遥信功能和远程通信接口。通过远程通信接口可在远方获得直流电源系统的运行参数，还可通过该接口设定和修改运行状态及定值，满足电力自动化要求。

（二）直流电源系统

直流电源（DC power）有正、负两个电极，正极的电位高，负极的电位低，当两个电极与电路连通后，能够使电路两端之间维持恒定的电位差，从而在外电路中形成由正极到负极的电流。单靠水位高低之差不能维持稳恒的水流，而借助于水泵持续地把水由低处送往高处就能维持一定的水位差而形成稳恒的水流。与此类似，单靠电荷所产生的静电场不能维持稳恒的电流，而借助于直流电源，就可以利用非静电作用（简称为

"非静电力") 使正电荷由电位较低的负极处经电源内部返回到电位较高的正极处, 以维持两个电极之间的电位差, 从而形成稳恒的电流。因此, 直流电源是一种能量转换装置, 它把其他形式的能量转换为电能供给电路, 以维持电流的稳恒流动。直流电源中的非静电力是由负极指向正极的。当直流电源与外电路接通后, 在电源外部 (外电路), 由于电场力的推动, 形成由正极到负极的电流。而在电源内部 (内电路), 非静电力的作用则使电流由负极流到正极, 从而使电荷的流动形成闭合的循环。

三、110、220V 直流系统设备规范及相关内容

（一）110、220V 直流系统设备规范

110、220V 直流系统设备规范见表 4-17。

表 4-17　　　　　　　　　直流系统设备规范

序号	型 号	主厂房 220V 充电机	主厂房 110V 充电机
1	交流输入电压 (V)	三相 380× (1±25%)	三相 380× (1±25%)
2	直流输出电压 (V)	220	110
3	直流输出电流 (A)	240	120
4	均充均衡电压 (V)	245	122
5	均衡电压调节范围 (V)	163~256	81.5~128

（二）蓄电池设备规范

蓄电池设备规范见表 4-18。

表 4-18　　　　　　　　　蓄电池设备规范

序号	项 目	主厂房 220V 蓄电池	主厂房 110V 蓄电池
1	蓄电池型号	GFM	GFM
2	10h 蓄电池容量 (C10, Ah)	1600Ah	600Ah
3	单体电池额定电压 (V)	2	2
4	单体电池浮充电电压 (V/只, 25℃)	2.23~2.27	2.23~2.27
5	单体电池均衡充电电压 (V/只, 25℃)	2.30~2.35	2.30~2.35
6	蓄电池正常浮充电电流 (mA)	1	1
7	蓄电池均衡充电电流 (A)	0.1C	0.1C
8	蓄电池均衡充电时间 (h)	15	15
9	运行环境温度 (℃)	5~35	

（三）集控 110、220V 直流系统

1. 110V 直流系统运行方式

（1）110V 直流系统为 Ⅰ/Ⅱ 单母分段接线方式。

（2）正常运行时, Ⅰ、Ⅱ 组充电机 (每组充电机由 7 个智能型模块组成) 各带 Ⅰ/Ⅱ 直流母线, 向负荷供电, 并以小电流向 Ⅰ/Ⅱ 组蓄电池浮充电。

（3）每组充电机正常运行时 6 个模块运行, 1 个备用, 根据工作模块和负荷电流状

况自动投退备用模块。

（4）两组蓄电池禁止长时间并列运行，在倒母线时可以短时并列。

（5）正常运行时必须保证蓄电池有足够的浮充电流，任何情况下不得用充电机单独向直流母线供电，即同组蓄电池和充电机同时投退。

（6）当第Ⅰ（Ⅱ）组蓄电池退出运行时，先切换母联转换开关至Ⅱ段母线带Ⅰ母线位置（或Ⅰ段母线带Ⅱ段母线位置），然后拉开该母线充电机开关至 OFF 位，由第Ⅱ（Ⅰ）组蓄电池及充电机带Ⅰ/Ⅱ直流母线运行，Ⅰ（Ⅱ）组蓄电池及充电机退出正常运行方式。

2. 220V 直流系统运行方式

（1）220V 直流系统为单母线接线方式。

（2）正常运行时，Ⅰ、Ⅱ组充电机（每组充电机由 14 个智能型模块组成）各带Ⅰ/Ⅱ直流母线，向负荷供电，并以小电流向Ⅰ/Ⅱ组蓄电池浮充电。

（3）每组充电机正常运行时 13 个模块运行，1 个备用，根据工作模块和负荷电流状况自动投退备用模块。

（4）正常运行时必须保证蓄电池有足够的浮充电流，任何情况下不得用充电机单独向直流母线供电，即同组蓄电池和充电机同时投退。

（5）两组蓄电池禁止长时间并列运行，在倒母线时可以短时并列。

（6）当第Ⅰ（Ⅱ）组蓄电池退出运行时，先切换母联转换开关至Ⅱ段母线带Ⅰ段母线位置（或Ⅰ段母线带Ⅱ段母线位置），然后拉开该母线充电机开关至 OFF 位，由第Ⅱ（Ⅰ）组蓄电池及充电机带Ⅰ/Ⅱ直流母线运行，Ⅰ（Ⅱ）组蓄电池及充电机退出正常运行方式。

（7）系统切换开关运行方式：

1）充电机开关：

a. 正常运行方式：该开关在"Ⅰ（Ⅱ）段母线"位置，即 1 号（2 号）充电机出口侧；

b. 检修方式：该开关在"Ⅰ（Ⅱ）组蓄电池"位置，即Ⅰ（Ⅱ）组蓄电池检修均充侧。

2）母线切换开关：

a. 正常运行方式：该开关在"Ⅰ（Ⅱ）组蓄电池"位置，即Ⅰ（Ⅱ）电池运行浮充侧。

b. 检修方式：该开关在"Ⅱ（Ⅰ）段母线"位置，即Ⅱ（Ⅰ）母带Ⅰ（Ⅱ）母侧。

3）系统切换时：先进行母线切换开关操作，然后进行充电机开关操作。

（四）运行监视

（1）通过充电机 POWERLEADER 2002 型智能监控装置、馈线开关 JZ-SUM-Ⅱ型监控装置、系统 HCH8201 型、蓄电池 JZ-BPD-Ⅲ型微机巡检装置绝缘检测装置，监视直流系统运行情况；

（2）110V 直流母线电压，正常应保持在 114～117V 之间运行；220V 直流母线电压，正常应保持在 227～231V 之间运行。

（3）蓄电池室温度适宜 5～35℃，室内清洁通风良好，无漏水、漏汽、进灰现象，并严禁烟火。

（4）每个电池电压正常应保持在 2.24V。

（5）蓄电池各连接部件接触良好，无腐蚀、过热现象。

（五）操作注意事项

（1）在进行直流运行方式切换时，尽量避免启动辅机。

（2）不论充电机工作与否，均可进行主浮充设定和均充设定。

（3）当面板显示充电机控制部分死机时，按充电机操作面板上的"复位"键复位，复位后必须重新进行参数设置。

（4）正常运行时必须保证蓄电池足够的浮充电流，任何情况下不得用充电机单独向直流母线供电。

（5）在改变运行方式时，尽量减少Ⅰ、Ⅱ组蓄电池并列运行的时间。

（六）110V（220V）充电机模块投入运行

（1）检查充电机各部元件完好。

（2）合上充电机交流输入总开关。

（3）检查充电机交流输入总开关红灯亮。

（4）合上充电机模块交流输入开关。

（5）合上充电机模块直流输出开关。

（6）检查充电机模块面板上"输入指示""输出指示"绿灯亮，其他灯光无指示。智能监控面板上无"故障"报警。

（7）逐一将充电机所有模块投入运行，检查输出电流、电压在正常范围内。

（七）110V（220V）充电机模块退出运行

（1）断开充电机模块直流输出开关。

（2）断开充电机模块交流输入总开关。

（3）检查充电机模块面板上无灯光显示。

（4）逐一将所有模块退出运行。

（5）拉开充电机交流输入开关。

（6）检查充电机交流输入总开关红灯灭。

四、网控直流系统设备规范及相关内容

（一）蓄电池规范

蓄电池规范见表 4-19。

表 4-19 　　　　　　　　　　　　　　蓄电池规范

蓄电池组电压（V）		110	并列数（个）		53
型号		FM-500	容量（AH）		500
10h 放电率	电流（A）	50	1h 放电率	电流（A）	300
	容量（AH）	500		容量（AH）	300

（二）充电机规范

充电机规范见表 4-20。

表 4-20　　　　　　　　　充电机规范

项　目	单　位	数　值
型号	GZDW-132-500/110	
输入电压范围	V	$380\times(1\pm20\%)$
频率	Hz	$50\times(1\pm10\%)$
额定输出电压	V	110
自动稳压范围	V	$(80\sim125)\%U_{oe}$（额定电压）
自动稳流范围	A	$0\sim125\%I_{oe}$（额定电流）
稳压精度	%	$-0.5\sim0.5$
稳流精度	%	$-0.5\sim0.5$

（三）运行方式

（1）110V 直流系统为单母分段接线方式。

（2）正常运行时，两台工作充电机各带一组蓄电池，并通过 A、B 母联转换开关向各自母线的直流负荷供电。

（3）备用充电机至两段母线之间有转换开关，并能防止两组蓄电池并列运行。

（4）当工作充电机故障时，由备用充电机代替故障充电机运行。

（5）当 A（B）组蓄电池退出运行时，切换 A（B）母联转换开关，由 B（A）组蓄电池及充电机带两段直流母线运行，A（B）充电机退出运行。

（四）运行监视

（1）通过 LBD-MDL 型绝缘监察及接地选线装置，监视直流系统运行情况。

（2）直流母线电压，正常应保持在 114～117V 之间运行。

（3）蓄电池室温度适宜 5～35℃，室内清洁，无漏水、漏汽现象。

（4）每个电池电压保持在 2.24V 之间。

（5）当浮充装置退出运行时，每个电池电压最低不得低于 1.9V。

（6）蓄电池各连接部件接触良好、无腐蚀。

（五）充电机操作注意事项

（1）不论充电机工作与否，均可进行主浮充设定和均充设定。

（2）任何运行人员禁止按动充电机操作面板上的"复位"键。

（六）充电机投入运行

（1）检查充电机各部元件完好。

（2）合上充电机交流输入开关。

（3）合上充电机运行开关。

（4）检查充电机面板上"电源指示""相序正确"指示灯亮，"故障"及"电池断线"指示灯不亮。

（5）按一下"主浮充设定"按键，指示灯亮，电压显示段最左边数字开始闪烁，按动"←"或"→"键，移动显示位置；按动"↑"或"↓"键，调整设定，在电压显示段上设定浮充电压，在电流显示段上设定主充电流。

（6）设定充电机电压为 118V，主充电流为 50～60A。

（7）确认设定正确后再按一次"主浮充设定"键。

（8）按下"工作"按键，检查"工作"灯亮。

（9）检查充电机输出电压、电流正常。

（七）充电机退出运行

（1）将故障解除开关置"1号（2、3号）机解除"位。

（2）按下"停止"按键，检查"停止"灯亮。

（3）检查充电机输出电压、电流降为零。

（4）拉开充电机运行开关。

（5）拉开充电机交流输入开关。

（八）LBD-MDL 型微机直流系统电压绝缘监察及选线装置操作说明

1. 功能

（1）在线实时监测直流系统的绝缘情况。一旦系统的接地电阻低于预先设定的报警值，则自动报警。之后装置进入选线状态，显示并打印出接地支路号。

（2）在线实时监测并显示直流系统的母线电压。一旦系统的母线电压超出预先设定的范围，则自动报警。

（3）不需停电即可查找接地支路。在多点接地及系统对地电容较大的情况下仍有较高的准确度。

（4）正、负母线的对地绝缘下降时仍能准确报警。

（5）可随时方便地更改设置参数，如各种报警值等。

（6）可以记忆 20 次最新的报警信息供随时显示打印。

（7）采用先进的液晶显示技术，显示容量大。以菜单方式操作，简单、方便。

（8）采用插板式结构，便于检修。

（9）具备 RS232、RS422 和 RS485 串口，同微机监控系统相连，易于实现远方监测。

2. LBD-MDL 装置的两种状态

自动运行状态和菜单状态（也就是手动状态），装置每次加电后或复位后都先进入自动运行状态，但若按四个方向键之一加电或复位后，则进入菜单状态。

（1）自动状态：由装置自动监测系统的母线电压和绝缘（其中母线电压在液晶屏上随时显示）；如有异常则自动报警（接地时还要自动查找并打印出接地支路号），不需人工干预。

（2）菜单状态：可以设置系统的各种参数、报警追忆、人工选线和开启信号源，以便使用便携式探测仪查找具体接地点等。

（3）自动状态下，当没有接地故障时，按住四个方向键之一不放，最多两秒即可进入菜单状态；当出现接地故障时，装置自动选线完毕后按下任意键也可进入菜单状态。

（4）菜单状态下，先用"退出"键返回到主菜单，再按一次"退出"键即可转到自动运行状态。

3. LBP-MDL 装置菜单

LBD-MDL 装置菜单见表 4-21。

表 4-21　　　　　　　　　　　**LBD-MDL 装置菜单名称**

MAIN 菜单	CHECK 检查	TESTINS　测试绝缘
		SCANBRANCHES　选线
		SIGNAL ON/OFF　开关信号源
	SETUP 设置	TIME 设置时间
		PARAMETERS　设置参数
		PASSWORD　设置口令
	RECALL 追忆	DISPLAY ALARM　显示报警
		PRINT ALARM　打印报警
		CLEAR ALARM　清除报警
子菜单	具体点名中英文对照	SELECT　选择
		SECTION　区
		BRANCH　支路
		SCAN　扫描
		CYCLE　循环
		WAITING　等待
		EARTH　接地
		PRESSS ANY KEY　按任意键
		PECALL　追忆
		DISPLAY ALARM NO ALARM PRESS ANY KEY　显示没有报警按任意键

4. SCAN BRANCHES（手动选择扫描各个支路）的操作方法

（1）首先进入主菜单，然后进入"CHECK"菜单项，再选择"SCAN BRANCH-ES"菜单项确认。

（2）先选择欲扫描的母线段号，显示内容为"SCAN BRANCHES SELECT SEC-TION（选择部分）：01"。可用上、下方向键切换段号。此时按"退出"键可回到上级菜单。

（3）按下"确认"键后选择支路号，显示内容为"SCAN BRANCHES SELECT SECTION：1SELECT BRANCH：01"。

（4）接着选择是否从该支路起循环扫描至该段母线的最后一条支路，显示内容为"SCAN BRANCHES SELECT SECTION：1SELECT BRANCH：01 CYCLE?"按"退出"键表示回答否，按"确认"键表示回答是，其他键则回到上级菜单。

（5）若回答否，即为单步扫描，显示内容为"SCAN BRANCHES（STEPSCAN）（2）08♯K WAITING"含义为正在扫描 2 段母线的 08 号支路。几秒钟后显示出该支路的接地阻值。该阻值最大可显示到 99.0kΩ。

（6）若回答是，即为循环扫描，显示内容为"SCAN BRANCHES（CYCLE SCAN）（2）08♯K WAITING"每检测完一条支路，就显示接地阻值大约 2s。在此期间可按下任意键提前结束扫描，回到上级菜单。

（7）若某条支路的接地阻值低于设定的支路报警值，打印出如下内容："EARTH BRANCH""SECTION 2"。

（8）扫描完毕后，显示内容为"SCAN BRANCHES OK! PRESSS ANY KEY"按任意键可回到上级菜单。

5. DISPLAY ALARM（显示报警信息）的操作方法

（1）首先进入主菜单，然后进入"RECALL"菜单项，再选择"DISPLAY A-LARM"菜单项确认。

（2）显示内容为"DISPLAYALARMNo. 01××年×月××日××：××（2）VOL：×××V"这是最新的报警信息。用上下光标键可以显示出上一条或下一条报警信息。按"退出"键可返回上级菜单。

（3）若没有报警信息被存储，则显示"DISPLAY ALARM NO ALARM PRESS ANYKEY"按任意键返回。

（4）显示的报警信息的格式与自动运行时显示的报警信息类似。

（5）最多可储存 20 条报警信息，存满后旧的报警信息会被最新的报警信息覆盖。

6. 报警显示

（1）当直流系统出现电压异常或接地故障时，LBD-MDL 装置面板"电压异常"或"接地"指示灯亮，同时蜂鸣器报警，打印机打印出报警信息。

（2）当回路对地电阻大于 99kΩ 时，该装置一律显示和打印成 99kΩ。

第五章 机组保护及试验

第一节 锅炉保护及试验

一、锅炉保护及联锁

（一）MFT 条件

MFT 条件见表 5-1。

表 5-1 MFT 条件

序号	项 目	定 值	动作条件	动 作
1	FSSS 电源失去		继电器柜电源正常取非	MFT
2	手打 MFT		两个手动 MFT 按钮同时按下	MFT
3	送风机全跳		两台送风机全部跳闸	MFT
4	引风机全跳		两台引风机全部跳闸	MFT
5	空气预热器全停		两台空气预热器各自的主、辅电动机全停，延时 15s	MFT
6	一次风机全跳		油层未投入，任意一台给煤机运行，一次风机全停	MFT
7	炉水循环泵全跳		3 台炉水循环泵全部停止信号或所有在运行的炉水循环泵出入口差压小于 60kPa，延时 5s	MFT
8	汽包水位高Ⅱ值	+254mm	三取二，延时 3s	MFT
9	汽包水位低Ⅱ值	−381mm	三取二，延时 3s	MFT
10	炉膛压力高Ⅲ值	+3300Pa	三个高高高压力开关（2V3）	MFT 且联跳两台送风机
11	炉膛压力低Ⅲ值	−2540Pa	三个低低低压力开关（2V3）	MFT 且联跳两台引风机
12	失去火焰器检测冷却风	3300Pa	两台风机全停或火焰检测器风与炉膛差压低低，三取二，延时 600s	MFT
13	炉膛总风量小于 30%		炉膛总风量小于 30%额定值延时 30s	MFT
14	全部燃料失去		失去全部油和煤燃料	MFT

序号	项　目	定　值	动作条件	动　作
15	炉膛全无火		火焰检测器检测不到火焰	MFT
16	角火焰失去		当有 4 台或以上磨煤机运行时，任意角火焰失去	MFT
17	点火失败		累计 3 次点火失败	MFT
18	汽轮机跳闸		机组负荷大于 10%MCR，汽轮机跳闸时	MFT
19	再吹扫请求		炉膛吹扫完成，10min 内未点火	MFT

（二）MFT 动作联动的设备

（1）MFT 跳闸，继电器动作。

（2）MFT 向汽轮机 ETS 送信号，联跳汽机。

（3）关闭进油快关阀、开回油快关阀，关油燃烧器进油阀、雾化阀，闭锁油枪吹扫。

（4）MFT 动作后，送风机动叶、引风机静叶的控制要求。

1）当不是由于送引风机跳闸或风量小于 30% 引起 MFT 动作时，送风机动叶、引风机静叶切手动，同时强制关到吹扫位。5min 后，如炉膛压力高，先跳送风机，两台送风机跳闸后，联跳引风机；如炉膛压力低，先跳引风机，联跳送风机。

2）由于小于 30% 风量引起的 MFT 动作时，但送、引风机都在运行，保持当前开度 5min 不变，5min 后强制开到吹扫位，同时切手动。

3）由送风机、引风机跳闸引起的 MFT 动作，1min 后送风机动叶、引风机静叶全开，保持 15min 炉膛自然通风。

（5）所有磨煤机跳闸，煤粉出口门关闭（热风关断门与磨煤机跳闸联动）。

（6）所有给煤机跳闸。

（7）关一、二级减温水闭锁门。

（8）关一、二级减温水调节阀。

（9）关再热器减温水闭锁门。

（10）关再热器减温水调节阀。

（11）联跳一次风机，联跳密封风机。

（12）吹灰系统跳闸。

（13）开二次风门。

（14）所有少油点火油枪跳闸。

（三）MFT 复位条件（以下条件全部满足）

（1）炉膛吹扫完成。

（2）MFT 继电器已跳闸。

（3）无 MFT 跳闸条件。

（四）OFT 动作条件

（1）主燃料跳闸。

（2）操作员跳闸：在 CRT 上发出关闭燃油进油快关阀的指令或开回油快关阀指令。

（3）燃油进油快关阀跳闸：燃油进油快关阀由以前的打开状态变成未打开状态。

（4）有油角阀未关时，燃油压力低于 0.61MPa，延时 2s。

（5）油阀全关。

（6）有油角阀未关时，雾化蒸汽压力低于 0.8MPa，延时 2s。

（7）运行油枪数大于 1 支，丧失所有油火焰。

（五）OFT 动作联动的设备

（1）关闭所有油枪进油阀。

（2）关闭所有油枪吹扫蒸汽阀。

（3）关闭进油快关阀。

（4）开回油快关阀。

（5）关闭所有油枪雾化阀。

（六）OFT 继电器复位条件（以下条件全部满足）

（1）所有油阀关闭。

（2）MFT 已复位。

（3）泄漏试验已完成或旁路。

（4）不存在 OFT 跳闸条件。

（5）从 CRT 上发出开燃油进油快关阀指令。

（七）减温水系统逻辑

（1）MFT 动作或汽轮机跳闸时联关减温水闭锁门。

（2）当喷水调节阀开度大于 5% 时，才能将闭锁门开启。

（八）二次风逻辑

（1）MFT 动作后联开所有二次风挡板。

（2）MFT 复归后联关所有二次风挡板至点火位（5%）。

（3）燃料风挡板最小开度为 12%。

（九）水冷壁下联箱放水门联锁

（1）汽包压力大于 5MPa 时，禁止开启后水冷壁下联箱放水门。

（2）汽包压力大于 1MPa 时，禁止开启前水冷壁下联箱放水门。

二、锅炉试验

（一）水压试验

1. 水压试验分类

水压试验分为额定工作压力水压试验和超压水压试验。大小修结束或因受热面泄漏检修后的锅炉都应进行水压试验，试验压力一般为额定工作压力。新投运的锅炉或停运一年以上的锅炉、水冷壁更换超过 50%、过热器、再热器、省煤器等部件成组更换时须进行超压水压试验。

2. 水压试验范围

（1）省煤器、水冷壁及过热器部分，即给水泵出口至过热器出口水压试验堵板前。

（2）再热器部分为壁式再热器入口至高压再热器出口。

（3）锅炉本体部分的管道附件。

（4）汽包就地水位计只参加额定工作压力下的水压试验，不参加超压水压试验。

3. 水压试验的要求

（1）水压试验用水必须是合格的除盐水。上水温度一般在 30～70℃ 之间，且与汽包的金属壁温差不大于 28℃。环境温度低于 5℃，要做好防冻措施。

（2）上水时间：夏季不少于 2h，冬季不少于 4h。

（3）水压试验压力以汽包就地压力表指示为准。压力表精度在 0.5 级以上，且具有两只以上不同取样源的压力表投运，并进行校对。

（4）保证水冷壁下联箱疏水门及过热器、再热器疏水门开关灵活，以防止超压。

（5）联系检修做好防止汽包安全门误开的措施。

4. 水压试验合格的标准

（1）承压部件的金属壁和焊缝无任何水珠和水雾痕迹。

（2）关闭上水门，停止给水泵后，5min 内降压不超过 0.5MPa。

（3）承压部件无明显的残余变形。

5. 水压试验的顺序

水压试验应按照先低压后高压的顺序进行。

6. 水压试验前的检查和准备

（1）锅炉上水前应全面对汽水系统进行检查，开启就地压力表一次门、各空气门和减温水系统各手动门、电动截止门，其他所有阀门均应关闭。

（2）水压试验前，应将主蒸汽管道、再热蒸汽管道和集中下降管等部件上的恒力吊架及炉顶弹簧吊家用插销和定位片临时固定，暂当刚性梁使用。

（3）加装水压试验堵板。

（4）做好防止高压旁路打开的措施。

（5）在升压过程中应有专人进行操作和监护，专人监视汽包就地压力表。

（6）严格控制升压、降压速度，防止压力变化过快或超压损坏设备。

（7）升压至 0.5MPa 时，热工人员应冲洗表管。

7. 再热器水压试验步骤

（1）在再热器入口、出口加装堵板，并在壁式再热器出口联箱空气门至过热器空气门之间接临时上水管，启动给水泵对系统充水。再热器及过热器、汽包各空气门见连续水流后按流程顺序将其关闭。

（2）系统开始缓慢升压，在 0.98MPa 以下，升压速度为 0.098MPa/min。

（3）系统升压至 0.98MPa 后，停止升压进行检查，稳定 15min 后继续升压，升压速度为 0.3MPa/min，升到工作压力为 3.98MPa 后停止升压，检查无异常后再升至超压压力，关闭临时上水管的关断门，对再热器系统进行全面检查。

（4）检查结束后，系统开始泄压，泄压速度控制在 0.3MPa/min。

（5）待锅炉本体水压试验结束后，拆除试验用的堵板。

8. 水冷壁和过热器水压试验步骤

（1）确认过热器与再热器之间的临时连接管已完全断开，启动 1 台给水泵，通过给水旁路进行锅炉上水，各空气门见连续水流后按流程顺序将其关闭。

（2）系统升压应缓慢平稳。当系统压力小于 0.98MPa 时，升压速度不大于 0.25MPa/min。

（3）系统压力升至 0.98MPa 时，暂停升压进行检查，若无异常，继续升压至 9.8MPa 后以 0.2MPa/min 的速度升压。

（4）系统压力升至 11.77MPa 时，暂停升压进行检查，检查无异常后继续升压，直至达到规定工作压力 19.01MPa，切除汽包水位计，继续升压至超压压力 23.76MPa 压力。

（5）关闭上水门，停止给水泵，记录 5min 内的压降，对锅炉本体进行全面检查，并做好记录。

（6）检查结束后，进行系统泄压，泄压速度控制在 0.3MPa/min。当系统泄压至 0.196MPa 时，开启各处空气门和疏水门。

9. 水压试验结束处理

水压试验结束后，拆除过热器出口水压试验堵板。

（二）安全阀校验

1. 试验目的

为了保证正锅炉机组在运行过程中的压力突然升高超过规定值时，安全阀能准确可靠的动作，达到使锅炉机组安全运行的目的。

2. 校验要求

（1）锅炉安全阀校验采用冷态校验。

（2）所有安全阀均应进行校验。

（3）校验内容。包括起座压力、机械动作、机座恢复是否正常、有无震颤、关闭后有无泄漏。

3. 安全门定值

（1）汽包安全阀定值见表 5-2。

表 5-2　　　　　　　　　汽包安全阀定值

位置及编号	型号	整定压力（MPa）	回座压力（MPa）	排放量（t/h）	占炉最大蒸发量（％）
1	1749WB	19.96	18.593	280	
2	1749WB	20.16	17.749	284	
3	1749WB	20.36	17.935	289	
4	1749WB	20.55	19.111	293	
5	1749WB	20.55	19.111	293	
6	1749WB	20.55	19.111	293	

（2）过热器出口安全阀定值见表 5-3。

表 5-3　　　　　　　　　　　　　过热器出口安全阀定值

位置及编号	型号	整定压力 （MPa）	回座压力 （MPa）	排放量 （t/h）	占炉最大蒸发量 （％）
1	1740WD	18.32	16.881	178	
2	1740WD	18.36	17.949	179	

（3）过热器出口电磁泄放阀定值见表 5-4。

表 5-4　　　　　　　　　　　过热器出口电磁泄放阀定值

位置及编号	型号	整定压力 （MPa）	回座压力 （MPa）	排放量 （t/h）	占炉最大蒸发量 （％）
1	3537W	18.14	17.935	119	
2	3537W	18.14	17.935	119	

（4）再热器入口安全阀定值见表 5-5。

表 5-5　　　　　　　　　　　　再热器入口安全阀定值

位置及编号	型号	整定压力 （MPa）	回座压力 （MPa）	排放量 （t/h）	占炉最大蒸发量 （％）
1	1705RWB	4.72	4.39	215	
2	1705RWB	4.72	4.39	215	
3	1705RWB	4.72	4.39	215	
4	1705RWB	4.72	4.39	215	
5	1705RWB	4.67	4.344	213	
6	1705RWB	4.63	4.307	211	
7	1705RWB	4.58	4.260	209	

（5）再热器出口安全阀定值见表 5-6。

表 5-6　　　　　　　　　　　　　再热器出口安全阀值

位置及编号	型号	整定压力 （MPa）	回座压力 （MPa）	排放量 （t/h）	占炉最大蒸发量 （％）
1	1785WD	4.25	3.953	143	
2	1785WD	4.29	3.99	144	

4. 安全阀校验

（1）安全阀检修后，应对其起座压力进行校验。对电磁泄压阀还应分别进行机械的、电气回路的远方操作试验。

（2）安全阀应进行定期的排汽试验，试验间隔不大于一个小修间隔期。一般在小修停炉过程中进行。电磁泄压阀电气回路试验应每月进行一次。

（3）安全阀校验后，其起座压力、回座压力、阀瓣开启高度应符合规定，并做好相应记录。

（4）安全阀的校验顺序应先高压、后低压。一经校验合格就应加锁或加铅封。全部校验合格后方允许锅炉启动，运行中不允许将安全阀解列。

（5）校验时，当锅炉压力升至额定压力的 70%～80% 时，拆除校验安全阀的锁紧装置，手动操作开启安全阀 10～20s，对安全阀管座进行吹扫。

（6）在额定压力的 75% 时，用加压装置使安全阀动作，记录锅炉压力及加压装置压力，两者之和即为安全阀起座压力。

（7）校验安全阀应由经验丰富的人员进行。校验完毕后，应抽查一、两个安全阀作真实排汽试验，以证明安全阀校验的准确性。

（8）安全阀起座压力见表 5-7。

表 5-7　　　　　　　　　　　　　　安全阀起座压力

安装位置	起座压力	
汽包安全阀	控制安全阀	1.05 倍工作压力
	工作安全阀	1.08 倍工作压力
过热器安全阀	控制安全阀	1.05 倍工作压力
	工作安全阀	1.08 倍工作压力
再热器安全阀	控制安全阀	1.10 倍工作压力
	工作安全阀	1.10 倍工作压力

5. 验收标准

（1）安全阀的起座压力与设计压力的相对偏差为整定压力的 ±1%。

（2）安全阀的回座压力一般比起座压力低 4%～7%，最大不得比起座压力低 10%。

（3）起座复核安全阀实际动作值与整定值的误差应控制在 -1%～+1% 的范围内，否则应重新进行校验。

（三）燃油泄漏试验

1. 泄漏试验条件

以下条件全部满足，泄漏试验允许：

（1）MFT 继电器已复位且任一煤层运行或 MFT 继电器动作但一次吹扫条件满足。

（2）OFT 动作。

（3）所有油角阀关闭。

（4）燃油压力正常。

2. 试验过程

（1）确认泄漏试验允许条件满足，CRT 上显示"泄漏试验允许"。

（2）在 CRT 上发出"油泄漏试验开始"指令或者由"炉膛吹扫启动指令"来自动进行下列步序。

1）关闭回油快关阀，回油快关阀关闭后开进油快关阀开始充油，等燃油管路压力高开关动作（油母管压力大于 1.4MPa）后关闭进油快关阀，开始 90s 计时，在计时期间若压力高开关动作未复位（油母管压力下降不大于 0.04MPa），则第一步通过。

2）开回油快关阀让油母管减压，燃油管路压力低开关动作（压力下降到小于 0.8MPa 后关闭回油快关阀，开始 90s 计时，在计时期间若压力低开关动作未复位（油母管压力上升不大于 0.016MPa），则第二步通过，燃油泄漏试验完成。

3. 试验中断

在油泄漏试验进行中，下列条件存在则油泄漏试验中断：

（1）OFT 复位脉冲。

（2）MFT 跳闸脉冲。

（3）MFT 复位脉冲。

（4）操作员停止指令。

（5）充油失败。

（6）回油阀、油角阀泄漏。

（7）快关阀泄漏。

4. 试验成功

以下任一条件复位，油泄漏试验成功：

（1）MFT 跳闸脉冲。

（2）OFT 跳闸脉冲。

（3）操作员启动试验开始指令。

（四）锅炉联锁试验

1. 试验条件及要求

（1）锅炉检修后必须做总体联锁试验。

（2）联锁试验必须在检修工作结束，工作票收回，辅机启停及事故按钮及辅机保护试验（试验位置）完毕后进行。

（3）试验必须经值长同意，电气热控人员在场共同进行。

（4）试验时 6kV 以上设备只送操作电源，380V 设备送操作电源和动力电源，试验时应关闭给煤机下煤管插板及一次风管截门。

（5）试验合格后将试验情况做好记录，运行中严禁无故解除。

2. 试验方法和顺序

（1）各设备及其执行机构的电气热工电源送电。

（2）将总联锁和各制粉系统联锁投入，逆顺序合动力开关，应拒动并报警，将开关复位。

（3）将总联锁和各制粉系统联锁投入，所有参加联锁试验的辅机允许启动条件均满足后，依次启动 A 空气预热器、B 空气预热器、引风机、送风机、一次风机、磨煤机、给煤机。

（4）停止空气预热器主电动机，联启空气预热器辅电动机。

（5）停止全部一次风机，联跳全部磨煤机、全部给煤机。

（6）联锁试验完毕，各风门挡板置于启动前的位置，汇报试验情况并做好记录。

（五）水位保护试验

（1）在锅炉启动前和停炉前进行试验。

（2）采用上水方法进行高水位保护试验，采用排污门放水的方法进行低水位保护试验。

（3）严禁用信号短接方法进行试验。

（4）当汽包水位高Ⅱ值＋127mm时发出报警，自动开启事故放水阀一、二次阀门。

（5）当汽包水位高Ⅲ值＋254mm时触发MFT（延时3s停炉）。

（6）当汽包水位低Ⅱ值－178mm时发出报警，自动关闭事故放水一、二次阀门。

（7）当汽包水位低Ⅲ值－381mm时触发MFT（延时3s停炉）。

（六）FSSS功能试验

1．试验条件及要求

（1）机组启动前及FSSS系统检修后，均应做FSSS功能试验。

（2）FSSS功能试验前必须经值长同意，并有热工人员在场。

（3）试验必须在FSSS系统处于仿真状态下，并确认无误后方可执行。

（4）试验前FSSS系统电源正常。

2．油跳闸阀开关试验

（1）在GUS画面上调出油跳闸阀控制站，手动开，开指示灯亮。

（2）在GUS画面上调出油跳闸阀控制站，手动关，关指示灯亮。

3．炉膛吹扫试验

（1）应各做一次吹扫成功、吹扫失败试验。

（2）成功：由热工人员将炉膛吹扫条件满足后，按下吹扫键，开始计时，由热工人员逐一清除许可条件，吹扫中断指示灯亮。

4．油枪试验

（1）试验条件及要求：没有MFT信号，油跳闸阀开，燃油压力正常，雾化空气压力正常，火焰检测器监测不到火焰。

（2）油枪启动：调出欲启动油层功能块；按下启动按钮，检查油枪是否按如下程序动作：油枪进→点火器进→点火器打火→吹扫阀开→吹扫阀关→油角阀开→点火器退出。

（3）第一支油枪点着后等15s后点第二支，依次类推。

（4）油枪停止：调出欲停油层功能块；按下停按钮，检查油枪是否按如下程序动作：油角阀关→吹扫阀开→点火器失电→点火器退出→油枪退出。

（5）15s后再停第二支，依次类推。

5．探头冷却风试验

（1）预选A风机，启动A风机，相应指示灯亮。

（2）预选B风机，启动B风机，相应指示灯亮。

（3）由热工人员将风压低信号解除，停A、B风机。

（4）预选任一风机并启动，由热工人员模拟风压低信号，联启备用风机。

6. 磨煤机有关试验（保护试验）

（1）给煤机、磨煤机送电（磨煤机送试验位）。

（2）热工人员通过编程器，逐项模拟磨煤机跳闸条件，在 GUS 画面上观察磨煤机出口一次风管截门、给煤机、磨煤机跳闸，相应指示灯是否亮。

7. MFT 试验

（1）一次风机、送风机、引风机、磨煤机送电（试验位）。

（2）手动开过热器、再热器减温水闭锁阀、调节阀。

（3）打开油跳闸阀，关油跳闸阀前手动门。

（4）热工人员通过编程器逐项模拟 MFT 跳闸条件，OIS 画面上应显示 MFT 动作，从画面上看 MFT 动作后，MFT 直接动作对象是否正确动作。

（5）模拟吹扫完成条件，复位 MFT 信号，试验完成。

8. 空气预热器主电动机、辅电动机联动试验

（1）停止主电动机，辅电动机联启。

（2）停止辅电动机，主电动机联启。

9. 送风机、引风机、一次风机油泵联动试验

（1）启动 1 台油泵。

（2）通知热控强制压力低开关，备用泵自动启动。

（3）停止油泵运行。

第二节　汽轮机保护及试验

一、汽轮机保护

（一）汽轮机主要保护

汽轮机主要保护见表 5-8。

表 5-8　　　　　　　　　　汽轮机主要保护

项　目	单位	报警值	跳闸值	备　注
机械超速	r/min	110%～111%	3300～3330	薄膜阀动作
TSI 超速	r/min	110%	3300	4 只电磁阀全动
DEH 失电				4 只电磁阀全动
轴向位移大	mm	±0.9	±1.0	4 只电磁阀全动
轴振大	mm	0.125	0.25	4 只电磁阀全动
控制室手动跳机				4 只电磁阀全动
就地打闸				薄膜阀动作
润滑油压低	MPa	0.08(启交流油泵)	0.076(启直流油泵) 0.03(切断自动盘车并手动间断盘车)	4 只电磁阀全动
抗燃油压低	MPa	11.2±0.2(启备用泵)	8.5	4 只电磁阀全动

项　目	单位	报警值	跳闸值	备　注
凝汽器压力高	kPa	13	20.3	4只电磁阀全动
汽轮机超速103%（OPC）	r/min		3090	两只OPC动作
高压排汽温度高	℃	404	427	4只电磁阀全动（旁路运行）
低压缸排汽温度高	℃	80	120	手动停机
DEH超速	r/min		3300	4只电磁阀全动
发电机变压器组保护跳机动作				4只电磁阀全动
支持轴承温度	℃	107	113	手动停机
推力瓦温度	℃	99	107	手动停机
低压胀差	mm	≥23.7或≤−0.76	≥24.5或≤−1.52	跳闸延时10s
高中压胀差	mm	≥10.3或≤−4.5	≥11.1或≤−5.1	跳闸延时10s

（二）汽轮机跳闸后的联锁

（1）关闭主汽门和调节汽门。

（2）关闭中压联合汽门。

（3）关闭高压排汽止回门。

（4）关闭各段抽汽止回门和电动门。

（5）开启汽轮机所有疏水门（主蒸汽管道、再热蒸汽管道、止回阀前后和缸体及抽汽管道上）。

（6）逆功率联跳发电机。

（7）联跳锅炉。

二、汽轮机试验

（一）启动前联锁、保护传动试验

（1）各电（气）动门、液动门、风门及挡板的试验。

（2）EH油泵联动试验。

（3）直流密封油泵联动试验。

（4）发电机定子冷却水泵联动试验。

（5）凝结水泵联动试验。

（6）循环水泵联动试验。

（7）开式水泵联动试验。

（8）给水泵汽轮机润滑油系统联动试验。

（9）直流事故润滑油泵低油压联动试验。

（10）闭式冷却水泵联动试验。

（二）超速试验

1. 超速试验条件

在下列情况下应做超速试验：

（1）新安装机组首次启动及机组大修后的第一次启动。

（2）调速系统或超速保护解体检修或调整后。

（3）停机超过一个月。

（4）机组运行 2000h 后。

（5）机组做甩负荷试验前。

2. 试验前应具备的条件

（1）手动、远方打闸停机均正常，确认主汽门、调节汽门、抽汽止回门及高压排汽止回门动作正常。

（2）主汽门、调节汽门严密性试验合格，且无卡涩。

（3）汽轮机各部运转正常，EH 油系统运行正常。

（4）启动交流润滑油泵、高压密封油泵，直流润滑油泵备用良好。

（5）喷油试验合格。

（6）旁路系统能正常投运。

（7）有关汽轮机保护应投入。

3. 超速试验的要求

（1）机组在冷态启动后，需要做超速试验时，必须在带上 20% 以上额定负荷运行 7h 以上，高压汽缸内壁金属温度在 150℃ 以上，方可解列做超速试验。

（2）超速试验必须由经过培训的、熟悉本机操作的人员进行操作，由熟悉本机调速系统功能的工程师进行指挥和监护。

（3）要有一名运行人员站在打闸停机手柄旁边，做好随时打闸停机的准备，集控室的停机按钮也要有专人负责操作，随时准备打闸停机。

（4）机组升速时，从 3000r/min 均匀升至保安器动作转速，当转速超过 3330r/min，而危急保安器未动作时，应立即打闸停机，并查明原因。

（5）超速试验前禁止做喷油试验，以免影响飞锤飞出转速的准确性。

（6）整个试验过程，润滑油温应维持在 43～45℃。

（7）每次提升转速在 3200r/min 以上的高速区停留时间不得超过 2min。

（8）提升转速试验的全过程应控制在 30min 以内完成。

（9）机械超速试验应进行两次，两次动作转速差不得超过 0.6%。

4. 机械超速试验步骤

（1）机组并网带负荷 120MW 暖机运行 7h 以上，按正常减负荷到零，打闸解列发电机后，重新挂闸，维持机组额定转速。

（2）将 ETS 操作盘上的"TSI 超速抑制"置于 ON 位。

（3）点击"单元总貌"画面的"目标值"设定按钮，设定目标转速为 3310r/min，设定升速率为 50r/min，经确认后开始升速。

（4）当汽轮机转速上升至 3300r/min 附近时，就地观察机械撞击子飞出，保安系统动作，薄膜阀打开，汽轮机转速下降，记录跳闸转速。

（5）当转速降至 3000r/min 附近时，挂闸并进行画面复位，机组维持转速

3000r/min。

5. OPC 超速保护试验

（1）在超速试验画面上，点击"OPC 保护试验"按钮并确认。点击"单元总貌"画面的目标值"设定"按钮，定目标转速为 3100r/min，设定升速率为 50r/min，经确认后开始升速。

（2）当转速达到 3090r/min 时，OPC 电磁阀动作，所有高压调节汽门和中压调节汽门关闭，转速下降，记录动作转速。当转速低于 3090r/min 时，将目标转速设定为 3000r/min。机组维持转速 3000r/min。

6. 电超速保护试验

（1）联系热工将 OPC 超速保护闭锁。

（2）在超速试验画面上，点击"电超速试验"按钮并确认。点击"单元总貌"画面的"目标值"设定按钮，设定目标转速为 3310r/min，设定升速率为 50r/min，经确认后开始升速

（3）当转速大于 3090r/min 时，OPC 电磁阀未动作，表示其被屏蔽。

（4）当转速达到 3300r/min 时，AST 电磁阀动作，汽轮机跳闸，所有主汽门和调节汽门关闭，转速下降，记录跳闸转速。

（5）当转速降至 3000r/min 附近时，挂闸并进行画面复位，机组维持转速 3000r/min。

7. 严禁做超速试验条件

在下列情况严禁做超速试验：

（1）机组经长期运行后准备停机，其健康状况不明时，严禁做提升转速试验。

（2）就地和远方打闸不正常。

（3）严禁在大修之前做提升转速试验。

（4）禁止在额定参数或接近额定参数下做提升转速试验。当一定要在高参数下做提升转速试验时，应投入 DEH 的阀位限制功能。

（5）调节保安系统、调节汽门、主汽门或抽汽止回门有卡涩现象。

（6）各调节汽门、主汽门或抽汽止回门严密性不合格。

（7）轴承振动超过规定值、轴承温度超过规定值或机组有其他异常情况。

（三）喷油试验

1. 喷油试验条件

在下列情况下进行喷油试验：

（1）机组运行 2000h 后。

注：机组运行 2000h，如做喷油试验可不必再做超速试验。

（2）机组正常运行中，需要增加试验时。

2. 喷油试验方法

（1）机组定速，转速切换为调节阀控制，机组未并网前：

1）确认机组运行稳定，各项参数正常。

2）指定专人在汽机前箱处缓慢开启喷油试验手动门，并注意喷油油压变化。

3）随着油压的升高，注意检查危急保安器撞击子飞出正常，跳闸杆打至跳闸位，就地薄膜阀上方的油压泄去而打开，汽机各进汽阀迅速关闭。

4）记录飞锤动作时的喷油油压，并与以前的记录比较。如有差异，应进行分析，联系处理。

5）关闭喷油手动门，然后进行汽机的挂闸与复位的工作，记录挂闸转速，重新定速 3000r/min。

（2）机组正常带负荷运行中：

1）确认机组运行稳定，各项参数正常。

2）指定专人在汽机机头，将喷油试验隔离杆至"试验"位，在整个试验过程中不能放开。

3）缓慢开启喷油试验手动门，并注意喷油油压的变化。

4）随着油压的升高，注意检查危急保安器撞击子飞出正常，跳闸杆打至跳闸位，薄膜阀上方的油压维持在 0.7MPa 而未打开。

5）记录飞锤动作时的喷油油压，并与以前的记录比较。如有差异，应进行分析，联系处理。

6）关闭喷油手动门，缓慢放开喷油试验隔离杆，注意薄膜阀上部油压应无变化，机组重新进入正常运行。

（四）主汽门、调节汽门严密性试验

1. 做严密性试验的条件

（1）汽轮机大、小修后和保护装置校核整定后，机组冷态启动前。

（2）运行应每年试验一次。

2. 试验时应具备的条件

（1）机组已升至额定转速，阀门切换完毕，发电机变压器组未并网之前或机组与电网解列，保持 3000r/min 运行。

（2）机组与电网解列，保持 3000r/min 运行或机组升速至额定转速，阀门切换已完毕，机组未并网前，蒸汽温度、蒸汽压力稳定在额定压力为 50% 以上的某一恒定压力，并保持正常真空。

（3）机组运行稳定，无异常报警，汽轮机上下缸温差、振动、膨胀、转子热应力在规定范围内。

（4）EH 油系统运行正常。

（5）远方、就地打闸正常。

（6）检查交流润滑油泵、高压密封油泵正常运行。

3. 试验方法

（1）检查阀门为单阀控制，各高压调节汽门开度一致，点击 DEH 画面的"阀门试验"按钮。

（2）点击阀门"严密性试验"窗口下的"主汽门严密性试验"按钮，并经确认。

（3）检查所有高、中压主汽门关闭，高、中压调节汽门处于开启状态，机组转速下降。

（4）当转速下降至稳定转速不再下降后，记录主蒸汽压力和下降后的转速，结束主汽门严密试验，检查汽轮机跳闸。

（5）汽轮机重新挂闸，定速为 3000r/min，保持主蒸汽压力、温度稳定，准备做各调节汽门的严密性试验。

（6）点击阀门严密性试验窗口下的"调节汽门严密性试验"按钮，并经确认。

（7）检查所有高、中压调节汽门关闭，高、中压主汽门处于开启状态，机组转速下降。

（8）当转速下降至稳定转速不再下降后，记录主蒸汽压力和下降后的转速，结束调节汽门严密试验，检查汽轮机跳闸。

（9）汽轮机重新挂闸，定速为 3000r/min。

4．试验要求

（1）主汽门、调节汽门严密性试验分别进行。

（2）主汽门或调节汽门分别全关而另一汽门全开时，应保证汽轮机转速降至 1000r/min 以下，并记录过程时间。

（3）主蒸汽压力应大于 50% 的额定压力，汽轮机转速下降值 n 可按下式修正，即

$$n = (p/p_0) \times 1000$$

式中　p——试验时的主汽压力；

　　　p_0——额定主汽压力。

（4）注意转速降至 2800r/min 时，检查润滑油压、低压保安油压正常，转速降至 1200r/min 时，启动顶轴油泵。

（5）试验过程中应注意机组各轴承振动。尤其当转子通过临界转速区时，如轴振动超过 250μm，应立即手打停机。

（五）主汽门（TV）和调节汽门（GV）活动试验

1．目的

防止阀门因长期运行发生卡涩现象，保证阀门的正确运行。

2．注意事项

（1）在试验期间，运行人员应在阀门旁观察阀门的工作情况。

（2）阀门的动作是否平滑和自由。

（3）任何跳动或间歇动作表示：

1）阀门轴或阀杆上沉垢的形成。

2）阀杆或轴弯曲。

3）EH 控制油压波动。

4）阀门中心偏移。

（4）试验过程中如遇到异常，应努力采取补救措施。

（5）进行阀门试验时，进汽方式应在全周进汽方式。在全周进汽方式下，在图 B.9

所示负荷范围内，对主汽门和调节汽门做全程活动试验。

（6）主汽门和调节汽门试验必须在发动机功率控制方式下。发电机功率的投入只是调整调节汽门的开度，不试调调节汽门的流量，因此，在试验期间负荷不变。

（7）当试验时，调节汽门必须在单阀控制方式下运行。如果采取顺序阀控制方式，则调节级叶片可能过载。

（8）试验电路是连锁的，因而不能同时试验两侧主汽门。

（9）只有在一段持续的时间内负荷不能用作反馈信号时，才不得不在发电机功率反馈回来切除的情况下进行试验。在这种情况下进行试验调节汽门将不能自动调整，以保持恒定负荷。因此，将可能产生较大的负荷下降。

（10）在用功率回路切除试验期间，为避免较大的负荷下降，运行人员必须起到负荷反馈的作用，实际上，在试验期间运行人员应注视功率的显示值，并改变阀门的位置以保持负荷不变。

（11）阀门活动试验每周进行一次。

3．试验步骤

（1）在 DEH 主控制画面上改变负荷设定值，使负荷在图 B.9 所示范围内。

（2）在"控制模式"中选择"操作员自动"方式。

（3）在"反馈设置"中投入"功率回路"。

（4）在 DEH 主画面上点击"TV1"按钮，弹出"阀门实验"操作画面。

（5）点击"实验关闭"按钮，对应的 GV1、GV4 缓慢关闭。

（6）在对应的 GV1、GV4 完全关闭后，TV1 关闭并迅速重新打开。

（7）点击"取消"按钮，GV1、GV4 开启至原来位置。

（8）TV1 全开后，GV1/GV4 恢复开始，直到试验前阀位，试验结束。

（9）TV2 试验过程与 TV1 步骤相同。

（六）再热主汽门（RSV）和再热调节汽（IV）活动试验

1．目的

防止阀门因长期运行发生卡涩现象，保证阀门的正确运行。

2．注意事项

（1）在试验期间，运行人员应在阀门旁观察阀门的工作情况。

（2）阀门的动作是否平滑和自由。

（3）任何跳动或间歇动作表示：

1）阀门轴或阀杆上沉垢的形成。

2）阀杆或轴弯曲。

3）EH 控制油压波动。

4）阀门中心偏移。

（4）试验过程中如遇到异常，应努力采取补救措施。

（5）试验可以在低于最高负荷的任何负荷下进行，在试验时负荷降不超过 2%。

（6）试验电路是连锁的，因而不能同时试验两侧再热主汽门。

（7）试验应每周进行一次。

3．试验步骤

（1）在 DEH 主控制画面上改变负荷设定值，使负荷在图 B.9 所示范围内。

（2）在"控制模式"中选择"操作员自动"方式。

（3）在"反馈设置"中投入"功率回路"。

（4）在 DEH 主控画面上点击"RSV1"按钮，弹出"阀门试验"画面。

（5）点击"试验关闭"按钮，对应的 IV1、IV2 阀门缓慢关闭。

（6）当 IV1/IV2 全关后，RSV1 关闭后迅速开启。

（7）RSV1 全开后，点击"取消"按钮，IV1/IV2 缓慢全开，试验结束。

（8）RSV2 试验过程与 RSV1 步骤相同。

（七）真空严密性试验

1．试验应具备的条件

（1）汽轮机各部运行正常，蒸汽参数在额定值，排汽装置背压不大于 10kPa。

（2）机组带 80％或以上的负荷。

2．试验操作步骤

（1）记录试验前机组背压值、排汽温度。

（2）备用真空泵备用良好。

（3）关闭真空泵入口阀。

（4）真空泵入口阀关闭 30s 后开始记录，每 1min 记录 1 次背压值和排汽温度。共记录 10min，取后 8min 背压上升的平均值，平均值小于 0.35kPa/min 为合格，小于 0.27kPa/min 为良好，小于 0.13kPa/min 为优秀。

（5）试验结束，恢复真空泵正常运行。

3．试验注意事项

（1）试验过程中如背压急剧上升，应停止试验，恢复原运行方式。

（2）认真做好记录。

（八）给水泵汽轮机试验

1．高压主汽门活动试验

（1）开启"MEH"系统上高压试验按钮。

（2）观察高压主汽门行程约 24mm，试验成功。

2．低压主汽门活动试验

（1）开启"MEH"系统上低压试验按钮。

（2）观察高压主汽门行程约 50mm，试验成功。

3．实际超速跳闸试验

（1）试验条件。

1）将给水泵与给水泵汽轮机脱开。

2）调速系统静态试验完毕。

3）主油泵与直流事故油泵联锁保护装置试验完毕（事故油泵在润滑油油压低于

0.08MPa 时开启），汽轮机 EH 油系统试验完毕。

4）汽轮机旋转方向从车头看为顺时针方向。

5）汽轮机各项保护装置试验完毕，如盘车自启动和轴向位移保护装置等。

6）用就地手打闸或 MEH 系统紧急停机按钮做主汽门、调节汽门关闭试验完毕。

7）汽轮机排汽真空必须保持在 84.5kPa（630mmHg）以上。

（2）试验步骤。

1）打开主汽门的疏水门，打开汽缸疏水门。

2）先用手启动盘车装置，检查灵活后再正式启动盘车装置，检查是否有金属摩擦声，正常盘车 2h。

3）低压隔离门前蒸汽管暖管约 60min，使管道温度达到 300℃。

4）检查手打闸或 MEH 操作盘上的紧急停机按钮动作是否灵活。

5）调节汽门关闭，打开低压主汽门，从隔离门至调节汽门暖管约 20min，使管道温度到 280℃。

6）本汽轮机先将排汽真空蝶阀旁路打开，在排汽真空约为 84.5kPa（630mmHg）时，打开排汽真空蝶阀。

7）低压主汽门前蒸汽压力保持在 0.15MPa 以上，温度不低于 300℃。

8）操作 MEH 操作画面上的"BFPT 复位"按钮。

9）输入目标转速 900r/min，确认后转速将以 $300r/min^2$ 的升速率自动升至 900r/min，暖机 15min。

10）输入目标转速 1800r/min，确认后转速将以 $300r/min^2$ 的升速率自动升至 1800r/min，暖机 15min。

11）输入目标转速 3000r/min，确认后转速将以 $1200r/min^2$ 的升速率自动升至 3000r/min，暖机 10min。

12）输入目标转速 4500r/min，确认后转速将以 $300r/min^2$ 的升速率自动升至 4500r/min，暖机 5min。

13）把操作画面上的试验钥匙开关置于机械超速试验位置。

14）操作 MEH 操作画面上的"机械超速试验"按钮，然后输入目标转速 5270r/min，确认后转速将以 $300/min^2$ 的升速率自动升至跳闸转速，机组跳闸。

15）机组转速降到 4000r/min，可复位汽轮机。

16）如在跳闸范围内跳闸，可复位后再进行两次。

17）重复三次跳闸试验转速相差不大于 50r/min，为合格。

18）超速试验完成后把操作盘上的超速试验钥匙开关置于正常位置。

19）试验期间注意：危急保安器跳闸转速应为 5175～5270r/min，当在跳闸转速范围内不跳闸时以及在升速过程中轴瓦温度、轴及轴瓦振动和机器内部有金属摩擦声等异常情况时，手动打闸停机。

4. 给水泵机试验周期

（1）高、低压主汽门活动试验每周进行一次。

（2）电动辅助油泵轮换每周一次。

（3）直流事故油泵启动试验每周进行一次。

第三节 电气保护及试验

一、电气设备保护配置及其动作范围

电气设备保护配置及其动作范围见表 5-9。

表 5-9　　　　　　　　　　电气设备保护配置及其动作范围

序号	保护名称	保护范围	
1	主变压器差动保护	跳发电机出口断路器、灭磁开关、高压厂用变压器分支开关，启动厂用电快切，启动失灵保护，关主汽门	
2	主变压器高压侧后备保护	过流Ⅰ段：退出。过流Ⅰ段经复压闭锁：退出	
		过流Ⅱ段：退出。过流Ⅱ段经复压闭锁：退出	
		阻抗Ⅰ段：退出	
		阻抗Ⅱ段：退出	
3	主变压器异常保护	启动风冷：保护定值为 0.37A 延时 8s 启动备用通风机	
		过负荷报警：保护定值为 0.58A 延时 9s 发过负荷报警	
4	主变压器接地零序保护	跳发电机出口断路器、灭磁开关、高压厂用变压器分支开关，启动厂用电快切，启动失灵，关主汽门，跳母联开关	
5	高压厂用变压器差动保护	跳发电机出口断路器、灭磁开关、高压厂用变压器分支开关，启动快切，启动失灵保护，关主汽门	
6	高压厂用变压器高压侧后备保护	过流Ⅰ段：跳闸	
		过流Ⅰ段经复压闭锁：投入	
		跳发电机出口断路器、灭磁开关、高压厂用变压器分支开关，启动厂用电快切，启动失灵保护，关主汽门	
		过流Ⅱ段：退出	
		过流Ⅱ段经复压闭锁：退出	
7	高压厂用变压器异常保护	启动风冷：保护定值为 2A 延时 8s 启动备用通风机	
		过负荷报警：保护定值为 3.2A 延时 9s 发过负荷报警	
8	高压厂用变压器 A 分支后备保护	过流Ⅰ段：跳闸。过流Ⅰ段经复压闭锁：退出。跳分支开关，闭锁快切	
		过流Ⅱ段：跳闸。过流Ⅱ段经复压闭锁：投入。跳分支开关，闭锁快切	
		零序过流Ⅰ段：跳闸。跳分支开关，闭锁快切	
		零序过流Ⅱ段：跳闸。跳发电机出口断路器、灭磁开关、高压厂用变压器分支开关，启动厂用电快切，启动失灵保护，关主汽门	

序号	保护名称	保　护　范　围
9	高压厂用变压器B分支后备保护	过流Ⅰ段：跳闸。过流Ⅰ段经复压闭锁：退出。 跳分支开关，闭锁快切
		过流Ⅱ段：跳闸。过流Ⅱ段经复压闭锁：投入。 跳分支开关，闭锁快切
		零序过流Ⅰ段：跳闸。跳分支开关，闭锁快切
		零序过流Ⅱ段：跳闸。 跳发电机出口断路器、灭磁开关、高压厂用变压器分支开关，启动厂用电快切，启动失灵保护，关主汽门
10	脱硫变压器差动保护	跳发电机出口断路器、灭磁开关、高压厂用变压器分支开关，启动厂用电快切，启动失灵保护，关主汽门
11	脱硫变压器高压侧后备保护	过流Ⅰ段：跳闸。过流Ⅰ段经复压闭锁：投入
		过流Ⅱ段：退出。过流Ⅱ段经复压闭锁：退出。 跳发电机出口断路器、灭磁开关、高压厂用变压器分支开关，启动厂用电快切，启动失灵保护，关主汽门
12	脱硫变压器异常保护	启动风冷：保护定值为2.6A延时8s启动备用通风机
		过负荷报警：保护定值为1.6A延时9s发过负荷报警
13	脱硫变低压侧后备保护	过流Ⅰ段：跳闸。过流Ⅰ段经复压闭锁：退出。跳分支开关，闭锁快切
		过流Ⅱ段：跳闸。过流Ⅱ段经复压闭锁：投入。跳分支开关，闭锁快切
		零序过流Ⅰ段：跳闸。跳分支开关，闭锁快切
		零序过流Ⅱ段：跳闸。跳发电机出口断路器、灭磁开关、高压厂用变压器分支开关，启动厂用电快切，启动失灵保护，关主汽门
14	发电机变压器组差动保护	跳发电机出口断路器、灭磁开关、高压厂用变压器分支开关，启动厂用电快切、启动失灵保护、关主汽门
15	发电机差动保护	跳发电机出口断路器、灭磁开关、高压厂用变压器分支开关，启动厂用电快切、启动失灵保护、关主汽门
16	发电机相间后备保护	过流Ⅰ段：高压厂用变压器投入。过流Ⅰ段经复压闭锁：投入。 跳发电机出口断路器、灭磁开关、高压厂用变压器分支开关，启动厂用电快切，启动失灵保护，关主汽门
		过流Ⅱ段：退出。过流Ⅱ段经复压闭锁：退出
		阻抗Ⅰ段：退出
		阻抗Ⅱ段：退出
17	发电机匝间保护	横差中性电流：退出
		纵差零序电压：投入。跳发电机出口断路器、灭磁开关、高压厂用变压器分支开关，启动厂用电快切，启动失灵保护，关主汽门

续表

序号	保护名称	保护范围
18	定子接地零序电压保护	(1) 报警：退出。 (2) 跳闸：投入。 (3) 跳发电机出口断路器、灭磁开关、高压厂用变压器分支开关，启动厂用电快切、启动失灵保护，关主汽门
19	定子接地三次谐波电压保护	报警：投入。 跳闸：退出
20	转子接地保护	(1) $R=10k\Omega$ 时，5s 发信号。 (2) $R=4k\Omega$ 时，5s 关主气门，由程序逆功率跳闸 (A 屏投入、B 屏退出、两点接地保护退出)
21	定子对称过负荷保护	定时限：4.5A、延时 5s，发信号，4.5A、延时 5s、减出力 反时限：4.7A、延时 3.0s、定子热容为 37.5J/K，跳闸投入；跳发电机出口断路器、灭磁开关、高压厂用变压器分支开关，启动厂用电快切
22	定子负序过负荷保护：反应转子表面发热	定时限：0.36A　5.0s　信号投入 　　　　100A　1.0s　跳闸退出 反时限： (1) 启动负序电流：0.38A。 (2) 允许负序电流：0.326A。 (3) 转子发热常数：10。 (4) 延时：3.0s。 跳发电机出口断路器、灭磁开关、高压厂用变压器分支开关，启动厂用电快切、启动失灵保护，关主汽门
23	发电机失磁保护	A 定子判据：阻抗 1 为 2.28Ω，阻抗 2 为 36.32Ω。 B 减出力判据：300MW。 C 低电压判据：85V。 D 转子电压判据：110V Ⅰ段：A＋B＋D。延时 0.5s，报警减出力 Ⅱ段：A＋C＋D。延时 0.5s，投入跳闸。 跳发电机出口断路器、灭磁开关、高压厂用变压器分支开关，启动厂用电快切、启动失灵保护，关主汽门 Ⅲ段：A＋D。延时 1.0s，投入跳闸。 跳发电机出口断路器、灭磁开关、高压厂用变压器分支开关，启动厂用电快切、启动失灵保护，关主汽门
24	发电机失步保护	区外滑极：5 次，信号投入；跳闸退出 区内滑极：2 次，信号退出；跳闸投入 跳发电机出口断路器、灭磁开关、高压厂用变压器分支开关，启动厂用电快切、启动失灵保护，关主汽门

续表

序号	保护名称	保护范围
25	发电机过电压保护	过电压Ⅰ段：电压 130V，0.5s　跳闸投入 跳发电机出口断路器、灭磁开关、高压厂用变压器分支开关，启动厂用电快切、关主汽门
		过电压Ⅱ段：电压 150V，0.5s，退出
		低电压Ⅰ段：电压 80V，1.50s，退出
26	过励磁保护	定时限： (1) 磁通比 1.06，延时 5s 报警投入。 (2) 磁通比 1.25，延时 0.1s 跳闸投入。 跳发电机出口断路器、变磁开关、高压厂用变压器分支开关，启动厂用电快切，关主汽门
		反时限： (1) 磁通比 1.25，延时 1s 跳闸。 (2) 磁通比 1.23，延时 2.5s 跳闸。 (3) 磁通比 1.21，延时 6.3s 跳闸。 (4) 磁通比 1.19，延时 15.9s 跳闸。 (5) 磁通比 1.17，延时 29.5s 跳闸。 (6) 磁通比 1.14，延时 159s 跳闸。 (7) 磁通比 1.11，延时 634s 跳闸。 (8) 磁通比 1.08，延时 2500s 跳闸。 跳发电机出口断路器、变磁开关、高压厂用变压器分支开关，启动厂用电快切，关主汽门
27	发电机逆功率保护	逆功率Ⅰ段－6MW 延时 10s 信号 逆功率Ⅱ段－6MW 延时 50s 跳闸 跳发电机出口断路器、变磁开关、高压厂用变压器分支开关，启动厂用电快切，启动失灵保护
28	发电机低功率保护	12MW、延时；10M 信号投入，跳闸退出
29	发电机程序逆功率	启动条件：主汽门关闭。 跳发电机出口断路器、变磁开关、高压厂用变压器分支开关，启动厂用电快切，启动失灵保护
30	发电机频率保护	低频Ⅰ段：48.8Hz　100M　信号投入，跳闸退出
		低频Ⅱ：48.0Hz　5s　信号投入，跳闸退出
		低频Ⅲ：47.5Hz　0.5s　信号投入，跳闸退出
		过频Ⅰ：51.50Hz　10M　信号投入，跳闸退出
		过频Ⅱ：55.00Hz　10s　信号投入，跳闸退出
31	发电机误上电保护	误合闸保护：电流　$0.2I_E$（发电机额定电流）　0.5s　跳闸投入 　　　　　　频率闭锁：42.5Hz 跳发电机出口断路器、变磁开关、高压厂用变压器分支开关，启动厂用电快切，启动失灵保护
		闪络保护：负序电流为 0.1A，0.3s 跳闸投入。 跳发电机出口断路器、变磁开关、高压厂用变压器分支开关，启动厂用电快切，启动失灵保护

续表

序号	保护名称	保护范围
32	发电机启停机保护	频率闭锁：45Hz，跳闸投入。 跳发电机出口断路器、变磁开关、高压厂用变压器分支开关，启动厂用电快切，启动失灵保护
33	励磁变压器差动保护	跳发电机出口断路器、变磁开关、高压厂用变压器分支开关，启动厂用电快切，启动失灵保护，关主汽门
34	励磁变压器变后备保护：交流量	Ⅰ段：17.50A，0.10s。 跳发电机出口断路器、变磁开关、高压厂用变压器分支开关，启动厂用电快切，启动失灵保护，关主汽门
		Ⅱ段：11.50A，1.0s。 跳发电机出口断路器、变磁开关、高压厂用变压器分支开关，启动厂用电快切，启动失灵保护，关主汽门
35	励磁绕组过负荷保护直流量	定时限：3.43A，10s。信号投入 反时限：3.60A，1.0s。热容量：33.75kJ/K，跳闸。 关主汽门，启动程序逆功率跳闸

二、电气试验

（一）发电机试验项目

（1）发电机定、转子及励磁回路绝缘的测定。

（2）主变冷却装置自启动试验及电源切换试验。

（3）高厂变及启备变冷却装置自启动试验及电源切换试验。

（4）发变组假同期试验。

（5）断水保护试验。

（二）发电机试验

1. 回路绝缘测量

发电机启动前应测量如下回路的绝缘：

（1）发电机定子回路：测量发电机定子绝缘电阻前，必须拉开发电机中性点接地变压器隔离开关和发电机出口 TV；

1）测量发电机定子回路绝缘电阻，包括连接在该发电机定子回路上不能用隔离开关断开的各种电气设备，在不通水的情况下用 2500V 绝缘电阻表测量，在通水情况下用水内冷发电机绝缘测试仪测量。

2）在相同温度和湿度下，不低于前次的 1/3～1/5，吸收比不小于 1.3，定子绕组在无水、干燥后接近工作温度时，用 2500V 绝缘电阻表测量，对地绝缘电阻应不小于 200MΩ；通水后用水内冷发电机绝缘测试仪测量不低于前次的 1/3～1/5，有明显下降应查明原因，消除后方可启动机组。

3）将测量结果记入发电机绝缘登记簿上。

（2）发电机励磁回路绝缘电阻（包括发电机转子及励磁回路）用 500V 绝缘电阻表

测量，对地绝缘电阻不低于5MΩ（转子绕组冷态20℃）。

2. 发电机变压器组假同期试验

只要发电机变压器组同期回路有过检修或改造、改线工作，必须由检修部配合做发电机变压器组组假同期试验，当汽轮机定速后，检查发电机变压器组组出口5003（5004）断路器出口一甲、二甲隔离开关在开位，由检修人员负责模拟信号，当并网条件满足后，发电机出口断路器自动合闸，但此时控制系统并不给出带初始负荷的命令，防止汽轮机超速。

3. 保安电源联锁试验

（1）3BMA01（3BMB01）开关在合闸状态，联锁把手在工作位置；3BMA02（3BMB02）开关在跳闸状态，联锁把手在备用位置，打跳3BMA01（3BMB01）开关后，3BMA02（3BMB02）开关联投。

（2）3BMA02（3BMB02）开关在合闸状态，联锁把手在工作位置；3BMA01（3BMB01）开关在跳闸状态，联锁把手在备用位置，打跳3BMA02（3BMB02）开关后，3BMA01、（3BMB01）开关联投。

（3）将3BMA01（3BMB01）、3BMA02（3BMB02）开关的联锁把手断开，打跳在合闸状态的开关，柴油发电机自启动，3BMA03（3BMB03）开关合闸，由柴油发电机给保安段供电。

（4）保安电源联锁试验应该在每次机组停止盘车后进行。

4. 机组大联锁试验

（1）试验要求：

1）机组大小修及联锁保护回路检修后均需进行大联锁试验。

2）汽轮机、电气、锅炉各联锁保护分别试验合格。

3）试验时，6kV小车开关送至"试验"位置。

4）发电机变压器组出口断路器一甲、二甲隔离开关在开位。

5）检修安全措施已拆除。

（2）试验步骤：

1）闭合发电机出口断路器。

2）汽轮机挂闸，开启高、中压主汽门。

3）A、B给水泵汽轮机挂闸，开启高、低压主汽门。

4）电动给水泵置"备用"位，投入主机保护开关。

5）FSSS置仿真状态，模拟点火允许条件，将各磨煤机、油枪仿真运行，并投入主保护。

6）分别模拟汽轮机脱扣，发电机主开关跳闸，锅炉MFT动作。

7）查各保护动作正常。

8）试验完毕，恢复试验前状态。

第六章　机组冷态启动

第一节　冷态启动概述

一、机组启动要求

（1）机组正常启动由值长统一指挥并组织集控人员按运行规程启动，发电部专业工程师负责现场技术监督和技术指导。

（2）机组大小修后启动前应检查有关设备、系统异动、竣工报告以及油质合格报告齐全。

（3）确认机组检修工作全部结束，工作票全部注销，现场卫生符合标准，有关检修临时工作平台拆除，冷态验收合格。

（4）机组大小修后由设备维护部负责统一协调安排、发电部配合做各阀门传动试验。

（5）做好有关设备、系统联锁及保护试验工作，并做好记录。

（6）准备好启机前各类记录表单及振动表、听针等工器具。

（7）所有液位计明亮清洁，上、下连通门应在开启状态，各有关压力表、流量表及保护仪表信号一次门全部开启。

（8）联系热工人员将主控所有热工仪表、信号、保护装置送电。

（9）检查各转动设备轴承油位正常，油质合格。

（10）所有电动门、调整门、调节挡板送电，显示状态与实际相符合。

（11）确认各电气设备绝缘合格、外壳接地线完好后送电至工作位置。

二、机组禁止启动条件

（1）影响启动的安装、检修、调试工作未结束，工作票未终结和收回，设备现场不符合《电业安全工作规程》的有关规定。

（2）锅炉水压试验不合格。

（3）汽轮机组主要控制参数失去监视。

（4）汽轮机组任一安全保护装置失灵。

（5）机组任一保护动作值不符合规定。

（6）机组主要调节装置失灵，影响机组启动或正常运行。

（7）机组安全联锁保护功能试验不合格。

（8）DEH控制系统故障，影响机组启动或正常运行。

（9）BMS 工作不正常。

（10）CCS 控制系统工作不正常。

（11）厂用仪表压缩空气系统工作不正常，压缩空气压力低于 0.5MPa。

（12）汽轮机调速系统不能维持空负荷运行，机组甩负荷后不能控制转速在危急遮断器动作转速以下。

（13）任一主汽门、调节汽门、抽汽止回门卡涩或关不严。

（14）转子偏心度大于 0.025mm。

（15）盘车时有清楚的金属摩擦声，盘车电流明显增大或大幅度摆动。

（16）汽轮机上、下缸温差大于 42℃，蒸汽室内外壁温差大于 83℃。

（17）胀差达极限值：高、中压胀差达 ＋10.3mm 或 －4.5mm，低压胀差达 ＋23.7mm 或 －0.76mm。

（18）汽轮机监控仪表 TSI 未投入或失灵。

（19）润滑油和 EH 油油箱油位低、油质不合格，油温度不正常。

（20）氢密封备用油泵、交流润滑油泵、直流事故油泵任一油泵故障。

（21）润滑油系统、EH 油供油系统故障和顶轴装置、盘车装置失常。

（22）汽轮机旁路调节系统工作不正常。

（23）水品质不符合要求。

（24）发电机变压器组及厂用工作系统启动前各部绝缘检测不合格。

（25）发电机变压器组主保护保护动作或后备保护动作且已确认为非系统故障时。

（26）励磁系统及厂用工作系统不正常。

（27）主变压器冷却器未能正常投运或其控制回路故障。

（28）发电机变压器组主要二次系统控制回路异常。

（29）氢气系统异常。

（30）同期装置异常。

（31）发现有其他威胁机组安全启动或安全运行的严重缺陷时。

三、机组启动状态划分

根据高压内缸上半调节级内壁金属温度的高低来划分启动状态：

（1）冷态启动：第一级金属温度小于 120℃。

（2）温态－1 启动：第一级金属温度大于 120℃且小于 260℃。

（3）温态－2 启动：第一级金属温度大于 260℃且小于 415℃。

（4）热态启动：第一级金属温度大于 415℃且小于 450℃。

（5）极热态启动：第一级金属温度大于 450℃。

四、机组启动方式选择

（1）锅炉、汽轮机均处于冷态时，机组按照冷态启动方式启动。

（2）锅炉、汽轮机均处于热态时，机组按照热态启动方式启动。

（3）锅炉处于冷态而汽轮机处于热态时，机组用冷态启动方式选择升压率、升温率，机组的冲转时间、初负荷暖机时间按照热态启动方式选择。

第二节　设　备　送　电

送电的次序是110、220V直流系统（蓄电池组的操作）→UPS直流系统→1号启动备用变压器→厂用6kV→380V PC工作段→保安段和直流系统工作电源→汽轮机、锅炉MCC段的送电操作。以下分系统详细讲述送电流程。

一、直流系统送电

在冷态工况下，直流系统要先由已充电的蓄电池组进行供电，待厂用电系统已经受电后再转为由来自汽轮机、锅炉工作段的电源对直流系统供电，蓄电池组转为浮充状态。

（一）110V直流系统送电

点击就地的电气操作菜单，进入110V直流系统。由蓄电池组供电给直流母线。将母线交叉供电开关改为对应供电；合上"10V直流系统"中的0321、0312开关，断开充电机出口312、322开关，由A组蓄电池对110V直流A段母线供电；由B组蓄电池对110V直流B段母线供电；检查110V直流A、B段母线电压正常；依次合上110V直流系统中的馈线进线开关和各负荷开关。

（二）220V直流系统送电

点击就地的电气操作菜单，进入220V直流系统。合上"220V直流系统"中的3421、3412开关，断开充电机出口032、042开关，由蓄电池对220V直流母线供电；检查220V直流母线电压正常；依次合上220V直流系统中的馈线进线开关和各负荷开关。

（三）UPS直流系统送电

进入220V直流系统，合上220V直流母线至UPS供电3K15、3K23开关，进入"UPS直流系统"就地合上由220V直流系统过来的3K13、3K23开关，按UPS启动按钮，使直流UPS系统受电；检查UPS电压指示正常。

（四）网控直流、UPS送电

按照上述方法将网控直流、UPS送电。

二、1号启动备用变压器送电

在就地电气主接线画面上，检查所有接地刀闸在开位，合上所有断路器、隔离开关控制电源、电压互感器开关、1号启动备用变压器所有保护，启动1号启动备用变压器三组风扇，其他打至备用状态，依次合上220kV系统2241Ⅰ、2241Ⅱ隔离开关，合上2241开关，给1号启动备用变压器送电正常。

三、厂用电系统送电

（一）6kV系统送电

（1）在就地画面上先将厂用母线的电压互感器一、二次熔断器打到"投入"位置；

（2）在就地画面上检查6kV厂用ⅢA、ⅢB段所有开关在检修位，接地开关在分位；在DCS画面上分别合上1号启动备用变压器至6kV厂用ⅢA、ⅢB段供电

3BBB31、3BBA06 开关，给 6kV 厂用ⅢA、ⅢB 段送电正常。依次将 6kV 厂用ⅢA、ⅢB 段所有负荷开关送电。检查 6kV 脱硫电源段所有开关在检修位，脱硫变压器进线开关 3BBC01 开关在检修位，依次合上 1 号启动备用变压器至脱硫电源段 3BBE02、3BBC03 开关，6kV 脱硫电源段送电正常。依次将 6kV 脱硫电源段所有负荷开关送电。

（二）380V 工作段送电

在就地画面上先投入各段母线电压互感器，分别合上汽轮机变压器、锅炉变压器、除尘变压器、照明变压器、输煤变压器、公用变压器、检修变压器高压侧开关，给变压器充电；将汽轮机变压器、锅炉变压器、除尘变压器、照明变压器、输煤变压器、公用变压器、检修变压器低压侧开关送电，分别合上其低压侧开关，给各 380V PC 段、照明段、检修段送电正常。依次将 380V PC 段所有负荷开关送电。

（三）保安系统送电

在就地画面汽轮机 PC A 段（锅炉 PC A 段）上，合上 PC A 段至保安段 3BFA02A01（3BFC02A01）开关，合上 3BMA01（3BMB01）开关，检查 PC A 段给保安段供电正常，检查 0s、50s、10min 保安段进线开关经相应延时自动合闸，保安段送电正常；合上汽轮机 PC B 段（锅炉 PC B 段）至保安段 3BFB07A01（3BFC06A01）开关，将 3BMA02（3BMB02）开关打至联锁位；合上保安电源段 3BM01、3BM02、3BM03 开关，将 3BMA03、3BMB03 开关送至"热备用状态"，并将开关打至联锁位；将柴油发电机控制开关打至自动位。将保安段所有负荷开关送电。

（四）直流系统电源切换

在就地画面中按 1 号充电机启动按钮，检查充电机电压、电流上升至正常，合上 1 号充电机出口 312 开关，用充电机给直流母线 A 段供电；按 2 号充电机启动按钮，检查充电机电压、电流上升至正常，合上 2 号充电机出口 322 开关，用充电机给直流母线 B 段供电。

（五）MCC 系统送电

在就地画面中合上各 MCC 段进线开关，在 380V PC 段依次合上各 MCC 段进线开关给 MCC 段送电正常；将 MCC 段所有负荷开关送电。

四、厂用电送电状态的检查

（1）所有开关在工作位，远方/就地切换把手打到"远方"位。

（2）所有开关的直流电源或合闸电源在投入位，开关的合/分闸指示灯明亮。

（3）所有母线 TV 在工作位，一次/二次熔断器在投入位。

（4）DCS 操作图上所有开关的状态都要进行复位操作，不能显示为黄色状态。

（5）检查厂用母线各段供电正常，开关的"联锁/解除"把手在正确位置。

第三节　辅助系统的投入

一、启动准备

（1）所有检修工作全部结束，已办理全部工作票终结手续。现场设备（系统）变更检修已交代清楚。

（2）设备完整，场地清洁，照明充足，按系统检查阀门完备无缺，处于备用状态。

（3）检查各辅机设备的状态，对遥控操作的阀门，应到现场作进一步的核实。

（4）测量发电机及各辅机电机绝缘的测量。

（5）各系统中的油、水品质的化验正常。

（6）完成检修设备（系统）的试验、试运并好用。

（7）阀门传动试验完成。

（8）联锁保护试验完成。

（9）公用系统（厂用电、UPS、220V DC、110V DC 等）投用正常，柴油发电机处于热备用状态。

（10）检查系统中各设备的仪表、信号、保护、联锁、控制电源和控制气源已投用。

（11）检查 DCS 已投用、各监控仪表投用，各 DCS 和站状态正确。

（12）联系热控人员确认 DEH 系统控制电源已投用，检查 DEH 系统的初始状态正确。

（13）准备好足够的、合格的除盐水，通知化学人员做好加药、取样准备，并确认凝结水精处理系统已恢复至备用状态。

（14）启机前 24h 通知有关单位准备好足够的、合格的二氧化碳。

（15）通知氢站人员准备足够的、合格的氢气。

（16）通知燃料人员准备好足够的燃油，并通知检修人员清理油枪及滤网。

（17）锅炉点火前通知燃料人员向煤仓上煤，煤质符合启动要求。

（18）联系投用补给水系统，投用消防水系统。

（19）通知一期辅助蒸汽汽源已具备投用条件。

（20）联系灰控人员投用除尘器灰斗流化风系统、绝缘子室加热器及振打装置、炉膛冷灰斗水封系统，检查其运行正常，脱硫系统备用。

（21）投入省煤器灰斗系统，检查其运行正常。

（22）检查机组各主保护投用，触发机组跳闸的有关信号已消除。

（23）复位发电机变压器组各继电保护出口。

（24）对各有关系统进行补油、补水、补氢等，如主油箱、密封油箱补油，凝结水储存水箱、定子冷却水箱、闭式冷却水箱补水，发电机补氢，水塔补水等。

（25）如系统进行过充氮保养，则按有关规定对各受热面和容器内的氮气进行排放。

（26）做机组启动前的各项热工及电气保护、联锁等试验并正确好用，将各种保护按规定的要求投入。

二、闭式冷却水系统投用

（1）检查闭式冷却水系统各部状态正常，检查凝结水输送泵正常，具备启动条件，启凝结水输送泵给闭冷水箱注水。

（2）确认闭式冷却水箱水位调节正常，闭式冷却水泵 A、B 已完成充水操作。

（3）投用闭式冷却器 A（或 B）闭式冷却水侧，开启闭式冷却水系统各放空气阀，对系统充分放空气。

（4）检查具备启动条件，启动闭式冷却泵 A（或 B），检查闭式冷却泵运行正常，出口压力正常，水泵与电动机轴承温度正常；将另一台闭式冷却水泵投"自动"状态。

（5）按"闭冷水用户投运操作票"投用闭冷水各用户（投用氢冷器应在发电机温度合格后进行），投运时应充分放空气。

（6）根据闭式冷却水各用户情况可以将闭冷水的冷却水（既开式水泵系统）提前投用。

三、凝汽器注水（使用凝结水输送泵）

（1）确认储水箱水位正常，水质合格。

（2）确认凝汽器具备注水条件，用输送泵给凝汽器注水至 550～750mm 后，投入自动。

（3）如凝汽器水质不合格，启动凝结水泵打再循环，进行系统冲洗。

四、润滑油系统投用

（1）启动排烟风机，调节油箱负压在 500Pa 以上。

（2）启动润滑油泵，轴承压力大于 0.172MPa。

（3）完成油泵联锁试验后，将事故油泵置"自动"位置。

（4）润滑油温调至 27～32℃，投自动。

（5）顶轴油系统启动：开启系统旁路阀；关闭所有节流阀；启动顶轴油泵；逐渐关闭再循环手阀；开启各节流阀，确认顶轴油压力达 14MPa。

五、密封油系统投用

（1）启动氢油分离箱排烟风机运行正常，联锁投入。

（2）开启空侧密封油来油门，密封油系统充油正常。

（3）开启空侧密封油泵再循环门。

（4）启动空侧交流密封油泵，泵出口油压为 0.6～0.7MPa；慢慢全开空侧密封油冷油器入油门，逐渐关闭再循环门，注意主差压阀相应开大，维持差压在 0.084MPa 左右。

（5）启动空侧直流密封油泵，试验正常后，投备用。

（6）用空侧密封油系统向密封油箱补油，投入密封油箱补排油自动，油位保持正常。

（7）开启氢侧密封油泵再循环门。

（8）开启氢侧交流密封油泵，检查油泵运行正常。

（9）慢慢关闭平衡阀信号平衡门，检查平衡阀工作正常，空、氢侧油压差不大于 500Pa。

（10）慢慢全开氢侧冷油器入口门，调整再循环门，保持油泵出口压力应比发电机内气体压力高 0.2MPa。

（11）氢侧直流密封油泵试验正常后，投备用。

（12）开启备用冷却器、过滤器的空气阀。

（13）微开入口阀，向备用密封油冷却器、过滤器充油，空气阀见油后关闭。

（14）开启出口阀。

（15）开启入口阀将备用密封油冷却器、过滤器投入。

（16）关闭原运行冷却器、过滤器入口阀。

六、发电机气体置换（注意汽轮机盘车禁止运行）

（1）确认密封油系统运行正常。

（2）按"发电机气体置换操作票"对发电机进行气体置换操作（置换后氢气纯度要达至 98% 以上。

七、定子冷却水系统投用（发电机内氢压大于 0.2MPa 时即应投入该系统）

（1）开启定子冷却水补水阀及补水电磁阀旁路阀将水箱水位补到正常水位，关闭补水电磁阀旁路，检查定子冷却水泵无异常，定冷水冷却器已投用。

（2）启动定子冷却水泵 A（或 B），确认发电机进水压力、流量正常，将备用泵投入"自动"。

（3）检查过滤器差压、温度调节正常；维持定子冷却水箱水位正常。

（4）调节去离子交换器水量，检查交换器进、出水差压正常。

（5）检查系统及液体检测器，确认系统无漏水现象。

（6）通知化验站化验定子冷却水水质合格。

八、循环水系统投用

（1）开启 1 号（或 2 号）循环水泵出口门。

（2）全开凝汽器水侧出、入口电动门及各放空气门，将系统注水完毕。

（3）通知循环水泵房值班人员，准备启动 1 号（或 2 号）循环水泵。

（4）启动循环水泵润滑水泵，检查循环水泵润滑水压正常。

（5）关闭循环水泵出口门，检查循环水泵启动条件满足后，启动 1 号（或 2 号）循环水泵，确认循环水泵出口蝶阀开启，约 1min 后，循环水泵出口蝶阀开足。

（6）循环水泵房值班员到就地检查循环水泵运行正常。

（7）1 号（或 2 号）循环水泵正常投用后，将 2 号（或 1 号）投入联锁。

（8）检查凝汽器水侧无异常，空气排净后再关闭放空气门。

九、开式水泵系统投用

（1）开式水系统注水完毕，闭式冷却器注水结束，将闭式冷却器开式水侧投用，检查开式水泵已具备投用条件。

（2）启动 A（B）循环开式水泵，确认出口压力为 0.3MPa，将 B（A）循环开式水泵投"联锁"状态。

十、凝结水系统投用

（1）确认凝汽器水位正常，闭式冷却水至凝结水泵电动机轴承冷却水正常。

（2）开启凝水管道注水阀，启动凝结水输送泵向凝水管道注水。

（3）确认凝结水泵启动条件允许后，启动凝结水泵 B，检查凝结水泵运行正常，再循环调节阀自调正常，将另一台凝结水泵置"自动"。

（4）凝结水泵打循环 0.5～1h 后，通知化学取样，水质澄清合格，开启凝结水调节阀向除氧器进水，并适当开启除氧器就地放水阀进行冲洗。

（5）维持除氧器水位正常，系统状态正常。

（6）通知化学定期化验凝结水水质，通知化学根据水质情况投用凝结水精处理系统。

十一、辅助蒸汽系统投用

（1）确认各辅助蒸汽用户已隔离，按"辅助蒸汽母管投运操作票"对辅助蒸气联箱进行送汽操作。

（2）开启辅助蒸汽系统各就地放水阀进行疏水，并注意各疏水阀动作情况。

（3）辅助蒸汽母管压力、温度正常后，可在经过充分疏水、暖管后投用有关用户。

十二、除氧器投用

（1）确认凝汽器、凝结水泵运行正常，将低压加热器水侧注水后，由旁路切至主路运行，除氧器上水至 1300～1400mm 以上。

（2）投入除氧器加热，控制温升率不高于 2℃/min。

（3）以稍快的速度开大辅助蒸汽至除氧器调节阀主路及旁路调节阀，注意除氧器不要产生过大的振动。

（4）逐渐提高除氧器水位，开始时上水速度以不高于 40t/h，以后可逐渐增加流量，上水速度按除氧器上水速度曲线进行。

（5）可设定辅助蒸汽至除氧器供汽压力为 0.2MPa。

（6）为防止除氧器超压的情况发生，除氧器供汽前，必须保持凝结水泵运行。

（7）除氧器给水加热温度以达到锅炉上水要求为准。

（8）对电动给水泵、汽动给水泵进行充水、排气、排污和预热操作，并对机械密封水进行放空气操作。

十三、汽轮机投盘车

（1）向左侧搬动盘车压把，盘动盘车电动机。

（2）啮合正常后，启动盘车电动机。

（3）倾听机组转动部分有无异声。

（4）检查盘车电流并记录大轴偏心度。

十四、锅炉上水

1. 锅炉上水注意事项

（1）检查锅炉本体膨胀指示器应投入，并记录原始值。

（2）锅炉上水一般在点火前 4～6h 进行，水质合格才能上水，给水品质应符合 GB/T 12145—2008《火力发电机组及蒸汽动力设备水汽质量》的规定，并经过除氧处理。

（3）上水前投入水位电视，按规定开启汽水系统所有排空门，开启过热器和再热器系统的所有疏水门，关闭给水管道上的所有放水门及水冷壁下联箱前、后墙放水门，开启省煤器再循环阀。

（4）上水前，炉水循环泵满足"循环泵启动的准备"中各项要求，炉水循环泵电动机腔高压清洗水流量不低于 3.81L/min。

（5）锅炉上水时，注意监视汽包壁温差不大于 50℃上水应平缓，上水时间夏季不少于 2h，冬季不少于 4h。

（6）汽包水位至水位表底部可见高度后，打开后水冷壁疏水阀，排放 15min，待锅水品质合格后关闭水冷壁疏水阀。上水时控制汽包水位，至高水位后，关闭给水阀，上水完毕后，应检查水位有无变化，如水位有升降，应检查给水阀是否关严或是否泄漏。

（7）锅炉上水至汽包水位计＋300mm 处，停止上水，开启省煤器再循环门，汽包水位稳定后，进行炉水循环泵点动排气。

2. 锅炉上水步骤

（1）按"给水泵汽轮机投运操作票"投用 A、B 给水泵汽轮机润滑油系统和油净化系统，确认给水泵具备启动条件。

（2）选择启动一台汽动给水泵前置泵，通过汽动给水泵再循环门开度，使给水流量大于泵的最小允许流量。

（3）开启高压加热器注水门，注水排空后投入高压加热器水侧。

（4）开启给水旁路调节阀前后电动门，通过给水旁路调节阀调节上水流量在 50t/h 左右。

（5）给水主阀前管道排空门及省煤器排空门见连续水流后关闭。

（6）汽包可见水位达到＋300mm 时，关闭给水旁路调节阀，停止上水。

（7）确认各炉水循环泵具备启动条件。

（8）启动 1～3 号炉水循环泵，建立水循环。开启水冷壁后墙下联箱放水门，进行系统冲洗直至水质合格，停止 1、3 号炉水循环泵。

十五、EH 油系统投用

（1）确认油箱油位在高限，油质合格。

（2）油冷却系统及加热器投入"自动"位。

（3）蓄能器截止阀开启。

（4）抗燃油再生装置运行。

（5）油净化系统运行。

（6）低于 20℃禁止启动抗燃油泵。

（7）启动抗燃油泵，向系统供油，逐渐关闭系统旁路截止阀，系统压力维持在 14MPa 左右。

十六、锅炉 A、B、C 三台磨煤机所有的油站投入运行

锅炉 6 台磨煤机、空气预热器、送风机、引风机、一次风机所有油站及冷却系统投入运行。

第四节 点火前的准备

一、锅炉点火前准备

（1）投入左、右侧炉膛烟温探针。

（2）启动火焰检测冷却风机 A（或 B），检查风机运行正常，出口压力大于5.6kPa，将另一台风机置"自动"位。

（3）投入空气预热器导向和支承轴承润滑油冷却水。

（4）投入暖风器系统（风机出口低于15℃投入）。

（5）检查开启主蒸汽管疏水及主蒸汽阀座前、后疏水，并确认汽轮机疏水阀均在开足位置。

（6）通知灰控人员投入炉底水封及水力除灰各系统。

（7）辅助蒸汽至空气预热器吹灰暖管。

（8）投入 B 磨煤机一次风暖风器。

二、锅炉吹扫

（1）锅炉吹扫准备。

1）启动 A、B 空气预热器主电动机，将 A、B 空气预热器辅助电动机投入"自动"。

2）启动一台火焰检测冷却风机，确认冷却风母管压力大于5.6kPa。

3）确认炉膛出口烟气温度探针投入正常。

4）启动引风机、送风机，调节送风量，使总风量为800t/h左右，引风机静叶可投入自动控制方式，炉膛压力保持−150～−50Pa，风箱与炉膛差压为0.4kPa。

5）室外温度低于10℃时，投入送风机暖风器，点火前1h投入 B 磨煤机一次暖风器运行。

6）再热器系统空气门关闭。

（2）确认 BMS 系统吹扫条件满足：

1）任一空气预热器运行。

2）任一侧送风机、引风机运行。

3）燃油速断门关闭。

4）回油速断门开启。

5）所有油角门关闭。

6）两台一次风机全停。

7）磨煤机全停。

8）所有给煤机停止。

9）所有磨煤机出口门全关。

10）摆动燃烧器喷嘴在水平位置。

11）FSSS 电源正常。

12）无火焰检测信号。

13）汽包水位正常。

14）火焰检测系统正常。

15）炉膛压力正常。

16）无 MFT 触发条件。

17）电除尘全部停止。

18）总风量大于 650t/h。

19）锅炉二次风挡板在吹扫位。

（3）在 DCS 画面上按下"吹扫请求"键，开始 5min 计时吹扫。在 5min 计时吹扫过程中，若任一吹扫条件不满足，则中断吹扫；待所有吹扫条件再次满足以后，方可以重新开始吹扫。

（4）5min 计时吹扫完成后，DCS 画面上"吹扫完成"信号建立。MFT 首次跳闸信号自动复置。

（5）吹扫完成后在 30min 内不能点火时，必须重新进行吹扫。在开始炉膛吹扫之前，可开始进行燃油泄漏试验。

第五节　点火、升温、升压

一、锅炉点火

（1）投入炉前燃油系统，进行燃油系统泄漏试验合格。

（2）确认汽包、过热器、再热器系统所有空气门、疏水门开启，过热器出口启动排汽门开启。

（3）投入空气预热器连续吹灰，开启除 B 磨煤机外的一台磨煤机的 2～4 个一次风门。室外温度低于 10℃时，投入一次风机暖风器。启动 A 侧一次风机，另一台投入"自动"，一次风压大于 8kPa。启动一台密封风机，另一台投入"自动"，密封风压为 10～12kPa。选择"少油点火模式"，确认点火条件全部满足后，投用 B 层少油枪，按照对角顺序投入油枪。

（4）锅炉点火后，应就地检查着火情况，确认油枪雾化正常，配风合适，如发现某只油枪无火或漏油，应立即停止该油枪，关闭进油门，消除缺陷后方可重新投入。

（5）点火时，炉膛与风箱差压应维持 0.4kPa 左右，总风量为 800t/h，炉膛负压为 −150～−100Pa，油配风置点火位为 35%～40%。

（6）油枪点火失败后，应间隔 1min 后方可重新投入油枪。

（7）第一支油枪点火 3 次失败时，必须重新通风净化、吹扫炉膛 5min 后方可再次点火。

（8）同一只燃烧器连续数次投不上时，应立即停止，查明原因，严禁继续投试。

（9）锅炉点火不成功，应及时查找原因，不得盲目重复点火，不允许采取不正常的手段进行操作。

二、升温、升压

（1）锅炉点火升压过程中，当 A、C 炉水循环泵吸入口联箱与炉水循环泵壳体温度差达 45℃前，启动第二台炉水循环泵运行，待吸入口联箱与炉水循环泵壳体温度差达 20℃以下时停止。

（2）启动 B 磨煤机，注意油压和负压情况，通知灰控人员，投入省煤器灰斗排灰。

（3）启动磨煤机前要提前控制蒸汽温度，防止磨煤机启动后蒸汽温度快速升高。

（4）磨煤机启动前应控制汽包水位在 -50mm，且保持稳定。磨煤机启动过程中，要严密注意汽包水位的变化，防止汽包水位大幅度波动。

（5）磨煤机启动后先以最小出力运行（20~25t/h），并适当降低油枪出力。以减小磨煤机启动后对炉膛热负荷的冲击幅度。

（6）锅炉点火至起压控制时间在 50min 左右，适当开启 5% 旁路，调节一次风量、给煤量，点火初期控制升压速度 0.03MPa/min，锅水温升率小于 1.5~2℃/min，汽包上、下壁温差小于 40℃，监控炉膛出口烟气温度不得超过 538℃，分隔屏入口蒸汽温度小于 380℃。

（7）汽包压力升至 0.2MPa，关闭汽包、过热器系统空气门。

（8）当汽包压力达 0.3~0.5MPa 时，可冲洗汽包水位计，通知检修人员冲洗表管和热紧螺栓。

（9）汽包压力升至 0.5MPa 时，关闭顶棚过热器入口联箱疏水门。

（10）投入轴封，抽真空和启动轴加风机，抽真空前关闭再热系统空气门。

（11）当主蒸汽压力达 1MPa 时，投入锅炉连续排污，记录锅炉膨胀指示，确认汽包压力升至 1.5MPa，投入旁路系统运行，关闭 5% 旁路及锅炉侧所有过热器疏水门。

（12）排汽装置真空达 -60kPa 以上时，确认真空系统各阀门状态正确后，逐步投入高、低压旁路系统。

（13）汽包压力升至 2.1MPa 或汽包压力高于注水压力时，确认炉水循环泵连续注水已停止，并检查所有注水阀门关闭严密。

（14）主蒸汽压力升至 4MPa 时，空气预热器吹灰器汽源切换至主蒸汽汽源。主蒸汽、再热蒸汽温度达 250℃ 通知检修热紧水压试验门法兰螺栓，开启化学取样、加药门，并通知化学值班人员对汽包进行加药和取样，当主蒸汽压力达 5、10、15MPa 时分别记录锅炉膨胀指示。

（15）主蒸汽压力升至 5.9MPa，主蒸汽温度升至 340℃、再热蒸汽温度上升至 260℃ 时，确认过热器出口 PCV 投入自动。锅炉保持参数稳定，汽轮机准备冲转。

第六节　汽轮机冲转

一、冲转条件

（1）汽轮机已复位，确认 MTV、ETV 复位。

（2）主蒸汽压力为 5.9MPa，温度为 340℃，主汽门前蒸汽过热度不低于 56℃，再热蒸汽温度为 300℃。

（3）检查发电机密封油系统正常。

（4）润滑油系统正常，检查主油箱的油位正常，轴承处油压高于 0.083MPa，顶轴油泵油压达 11.76~14.70MPa，交流润滑油泵的开关应处于"自动"位置，直流事故油泵控制开关在"自动-启动"位置，确定冷油器的冷却水处于工作状态，所有冷油器的出口油温度为 30℃。

（5）盘车装置投入正常，转子偏心不高于原始值 0.02mm。

（6）轴封压力在 0.024MPa 左右。轴封蒸汽冷却器的排气系统正常，低压轴封减温器处于自动状态。

（7）真空破坏阀关闭，凝汽器压力维持在 13kPa 以内。

（8）EH 油压为 13.5～14.5MPa，油温为 37～60℃。

（9）所有汽轮机本体上的疏水阀（包括主汽门、调节汽门、再热主汽门、主汽管、再热主汽管和所有抽汽管道上的疏水阀）开启，各部疏水充分。

（10）按发电机并网前检查卡检查完毕。

二、冲转、升速

（1）进入 DEH 控制主画面"AUTOCTL"，汽轮机挂闸前，DEH 主控画面状态应为正常状态，见表 6-1。

表 6-1　　　　　　　　　　　　DEH 主控画面状态

棒图或文字说明	状态	文字说明
高压主汽门阀位指示	0%阀位	TV1，2
高压调节汽门阀位指示	0%阀位	GV1，2，3，4
再热调节汽门阀位指示	0%阀位	IV1，2，3，4
再热主汽门阀位指示	CLOSED	关闭
主断路器阀位指示	OFFLINE	解列
汽轮机状态	TRIPPED	跳闸
阀门控制方式	SINGLE	单阀
发电机功率控制回路	OFF	切除
主蒸汽压力控制回路	OFF	切除
汽轮机控制方式	MANUAL	手动

（2）通过控制锅炉和汽轮机旁路系统调整蒸汽参数，主蒸汽压力要求为 5.9MPa，主蒸汽温度要求为 340℃，再热蒸汽压力要求为 0.5～1MPa，再热蒸汽温度要求为 300℃左右。

（3）开启高压缸排放阀和高压缸排放阀喷水减温阀至 100%。

（4）在电子间信号屏上按下"挂闸"按钮，挂闸成功后，主控画面显示状态为"汽轮机挂闸"。也可在盘前挂闸，操作如下：点击 DEH 主控制画面"挂闸"，挂闸成功后主控画面显示状态为"汽轮机挂闸"。

（5）在 DEH 主画面的"自动/手动（AUTO/MANU）"上选择"操作员自动"。

（6）确认再热主汽门、高压调节汽门至全开（100%开度）位置。

（7）选择目标值（TARGET），输入目标转速 400r/min，点击"确认"，选择升速率（RATE），输入升速率 150r/min，点击"确认"，点击"执行"，确认转速开始上升。

（8）转速达 200r/min 时，按下 HOLD 按钮，进行保持，确认。检查盘车装置自动脱开；检查设备基架和轴承箱有无漏油。

（9）检查无异常后，按下"执行"按钮继续升速，转速达 400r/min 时，进行摩擦检查。

（10）控制润滑油温在 30℃。

（11）摩擦检查完毕，重新挂闸，择目标值（TARGET），输入目标转速 2000r/min，选择升速率（RATE），输入升速率 $150/min^2$，点击"执行"。

（12）转速达 2000r/min 后，按"冷态、温态、热态、极热态启动曲线"确定暖机时间。当暖机条件满足后，暖机结束。

（13）暖机结束以后以 $300r/min^2$ 的升速率升速到 3000r/min，在达到 2900r/min 时进行主汽门到调节汽门的切换。

（14）在 600～1000r/min 之间，将油温控制在 30～40℃，从 1000r/min 到定速，将润滑油温调节到 49℃以内，升速过程中要控制轴承出口油温为 60～70℃。

（15）阀切换条件：

1）汽轮机以相应的升速率升速到"进汽阀切换转速 2900r/min"。

2）蒸汽室内壁温度至少等于主蒸汽压力下的饱和温度。

（16）切换步骤：

1）打开 DEH 主控画面，当汽轮机转速升至 2900r/min 时，汽轮机停止升速，进入保持状态。DEH 主控画面相应显示"保持（HOLD）"。

2）点击"主汽门/调节汽门切换（TV/GV CHANGE）"按钮，GV 逐渐关闭，信息栏中 TV/GV CHANGEIN PROGRESS 会变亮，当 GV 关闭到一定值时，TV 逐渐打开。

3）当 TV 全开后，切换完成，机组自动向 3000r/min 升速，"TV/GV CHANGE IN PROGRESS"变暗。

4）从 DEH 主控画面监视主汽门和调节汽门行程，观察从主汽门到调节汽门控制的切换过程，汽轮机此时处在调节阀控制之下。

（17）转速达 3000r/min 后，对机组进行详细检查，试转直流润滑油泵，检查油压正常后，停止直流润滑油泵，打到"自动位"。

（18）停运高压密封油备用泵、交流润滑油泵，检查汽轮机油压正常，将其打到"自动位"，确认无异常后准备并网。

三、冷态启动注意事项

（1）暖机过程中，主汽门入口温度可以升高到 430℃，但是温升速率不得超过 55℃/h，保持 2000r/min 超过 150min。

（2）汽轮机在低负荷运行时，要注意监视排汽缸温度，当排汽缸温度达 70℃时检查排汽缸喷水阀应联开，达到 80℃温度时发出排汽缸温度高报警。达到 120℃时应打闸停机。

（3）转子静止时，应避免蒸汽漏入汽缸。

（4）启动过程中，为避免排汽缸温度过高，导致排汽缸过度膨胀，凝汽器应尽可能维持较高的真空。

（5）为避免共振，汽轮机不应在如下速率范围内保持：

1）700～900r/min。

2）1300～1700r/min。

3）2100～2300r/min。

4）2650～2850r/min。

（6）5％负荷暖机期间主蒸汽温升率应尽量稳定，并不得超过83℃/h。进一步加负荷时要确保调节级腔室温升速率最大不超过110℃/h。

（7）胀差正值上升较快时，应停止升温、升压，延长暖机时间，适当降低真空，必要时降低蒸汽压力、蒸汽温度。

（8）启动过程中注意凝汽器、加热器、除氧器水位正常。

（9）锅炉点火初期，汽包壁温低于100℃时禁止投入磨煤机。

（10）少油投入状态，如因火焰检测失去，造成运行磨煤机全部跳闸，抽粉5min后就地观火，确认煤粉被冲淡，炉膛见亮后方可投入大油或磨煤机。

（11）炉前燃油压力高于燃油雾化蒸汽压力0.8MPa时禁止投入油枪。

第七节　机　组　并　网

一、发电机启动前的检查

（1）收回发电机系统的全部工作票，拆除临时地线和各种检修期间的安全措施，恢复常设遮拦及标识牌。

（2）检查与发电机相连接的主变压器、高压厂用变压器、脱硫变压器、励磁变压器完好。

（3）发电机滑环室碳刷接触良好，弹簧压力正常，通风良好。

（4）检查发电机大轴接地碳刷接触良好。

（5）发电机变压器组出口5003Ⅰ甲、5003Ⅱ甲（5004Ⅰ甲、5004Ⅱ甲）隔离开关应在断开位置。

（6）发电机封闭母线及外壳接地完好，封闭母线微正压装置投入正常。

（7）检查各电压互感器、中性点高阻抗接地变压器。

（8）测量发电机、变压器绝缘电阻合格。测量其绝缘电阻值不得低于上次测量结果的1/3～1/5（应考虑环境温度和湿度对绝缘的影响），否则查明原因并消除。测量定子绕组的吸收比R_{60}/R_{15}应大于1.6（测发电机转子绝缘时应断开发电机变压器组保护A屏的转子一点接地保护开关，转子绝缘测试合格后再投入）。

（9）检查励磁系统正常，整流柜交直流开关接触良好。

（10）投入同期装置电源并检查其工作正常；投入发电机变压器组、发电机、变压器保护连接片并检查其工作正常。

（11）发电机系统的电压表、电流表、发电机有功功率表、发电机无功功率表、主变压器温度表等主要仪表投入。

（12）启动前应做发电机变压器组各断路器与隔离开关的合拉试验及联锁试验。

（13）检查机组 UPS 系统、保安电源系统和直流系统正常。

（14）检查发电机氢气纯度在合格范围内，氢压正常。

（15）检查发电机定子冷却水系统正常，定子冷却水水质合格。定子冷却水泵自投启动试验正常。

二、发电机并列规定及注意事项

（1）发电机组的并列应采用自动准同期并列方式。

（2）发电机变压器组 500kV 侧的 5003（5004）开关用于机组并列。

（3）当发电机转速达到额定后还应检查如下设备和参数。

1）轴承油流温度和轴瓦温度是否正常。

2）发电机定子冷却水压力、流量和发电机油水检测装置是否有油、有水。

3）发电机氢压、密封油压是否正常。

4）发电机升压前必须检查启停机连接片、误上电连接片在投入状态；转子一点接地保护及电源 A 屏在投入状态，B 屏在断开状态。

（4）发电机投励磁必须在汽轮机转速达 3000r/min 定速后，合上启励电源开关及 Q5 开关，启动 4 个励磁整流柜内通风风机；启动励磁小间的空调；在励磁开关合上后，如果发电机定子电压没有指示，则应立即断开励磁开关。

（5）运行人员手动加载励磁时，一般采用 AC 方式励磁、升压（AC 方式下电压调节范围为额定电压的 $80\%\sim115\%$）。

（6）并网前升压和并网准备时，禁止跳步、回步。

（7）励磁升压时，定子三相电流 DCS 上显示应为 $10\sim30A$。发电机定子电压为额定值 20 000V 时，应检查转子电流表指示与空载励磁电流 1396A 值相符。

（8）发电机并列后，应详细检查发电机变压器组系统电气参数是否正常，特别注意各部分温度的变化以及冷却装置是否正常工作，冷却介质的参数是否正常。

（9）发电机并列后，应及时调整氢温。

（10）机组并列后，为防止发电机逆功率，机组应自动将发电机负荷增加至 3%额定负荷，否则应手动进行调整达到同样要求，同时应注意调整无功，功率因数一般不应超过 0.95。

（11）机组并列后，应监视发电机定子冷却水、发电机风温及各部分温度变化情况，并检查发电机继电保护、自动装置的工作情况。

三、发电机并列

（一）发电机启励前的准备工作

（1）合上 5003Ⅰ甲、5004Ⅱ甲（5003Ⅱ甲、5004Ⅰ甲）隔离开关，检查发电机变压器组保护断路器 D 屏上对应指示灯亮。

（2）启动主变压器、高压厂用变压器、脱硫变压器冷却风扇。

（3）发电机转速为 3000r/min 时，合上励磁系统启励电源。

（4）氢气纯度大于 98%；机内氢气压力为 0.414MPa。

（5）励磁控制柜：

1）AVR 控制柜各控制电源全部投入（Q5 为 MK 控制电源）。

2）脉冲开关在投入位置、无控制报警。

3）励磁系统整流柜风扇双台启动。

4）无快速熔断器熔断报警。

5）启励电源用电笔检验有电。

6）灭磁开关控制在"远方"位置。

（二）发电机升压并列操作

发电机升压并列操作见表 6-2。

表 6-2　　　　　　　　　发电机升压并列操作

序号	内　　容
1	检查 3 号（或 4 号）发电机变压器组出口 5003 一甲（5004 二甲）刀闸三相在"合闸"位
2	检查 3 号（或 4 号）主变压器冷却风扇投入正常
3	检查 3 号（或 4 号）高压厂用变压器冷却风扇投入正常
4	检查 3 号（或 4 号）脱硫变压器冷却风扇投入正常
5	检查 3 号（或 4 号）主变压器所有保护投入正确
6	检查 3 号（或 4 号）发电机所有保护投入正常正确
7	检查 3 号（或 4 号）高压厂用变压器保护投入正确
8	检查 3 号（或 4 号）脱硫变压器保护投入正确
9	合上 3 号（或 4 号）发电机 5003（5004）开关控制电源开关
10	合上 3 号（或 4 号）发电机灭磁开关控制电源 Q5 开关
11	在 3 号（或 4 号）机 DCS 励磁系统画面中合上灭磁开关
12	检查 3 号（或 4 号）发电机灭磁开关在"合闸"位
13	在 3 号（或 4 号）发电机励磁系统画面控制窗口按下"远方建压"键
14	检查 3 号（或 4 号）发电机出口端电压在 1910V
15	在 3 号（或 4 号）发电机励磁系统画面控制窗口按下"远方增磁"键
16	缓慢把 3 号（或 4 号）发电机出口端电压增至 20 000V
17	检查 3 号（或 4 号）发电机空载励磁电压为 138V
18	检查 3 号（或 4 号）发电机空载励磁电流为 1396A
19	检查 3 号（或 4 号）发电机出口端电压 20 000V
20	检查 3 号（或 4 号）发电机变压器组 DCS 画面无异常报警
21	在 3 号（或 4 号）发电机变压器组 DCS 画面同期装置窗口按下"同期退出"按钮
22	在 3 号（或 4 号）发电机变压器组 DCS 同期装置窗口按下"装置复归"按钮

续表

序号	内　容
23	在 3 号（或 4 号）发电机变压器组 DCS 画面同期装置窗口按下"同期投入"按钮
24	在 3 号（或 4 号）发电机变压器组 DCS 画面同期装置窗口按下"电源投入"按钮
25	调出 3 号（或 4 号）汽轮机 DEH 控制模式画面
26	在 3 号（或 4 号）汽轮机 DEH 控制模式画面窗口中按下"自动同期"按钮
27	检查 3 号（或 4 号）汽轮机 DEH 控制模式窗口"自动同期"显示"IN"
28	调出 3 号（或 4 号）发电机变压器组同期装置 DCS 窗口
29	检查 3 号（或 4 号）主变压器高压侧电压接近于电网电压
30	检查 3 号（或 4 号）主变压器高压侧频率略于电网频率
31	在 3 号（或 4 号）发电机变压器组同期装置窗口按下"DCS 允许"按钮
32	检查 3 号（或 4 号）发电机变压器组 5003（5004）开关在同期点自动合闸
33	在 3 号（或 4 号）发电机变压器组同期装置窗口按下"装置复归"按钮
34	在 3 号（或 4 号）发电机变压器组同期装置窗口按下"同期退出"按钮
35	检查 3 号（或 4 号）发电机变压器组 5003（5004）开关状态显示红色平光
36	检查 3 号（或 4 号）发电机有功显示正常
37	增加 3 号（或 4 号）发电机有功至 20MW

第八节　机组升负荷

一、并网后带初负荷汽轮机侧操作

（1）发电机并列后，全面检查汽轮发电机组运行情况，确认机组一切正常；并注意汽轮机差胀和缸胀的变化情况。

（2）并网后将 A、B 给水泵汽轮机复位，高、低压进汽阀开启预暖。

（3）负荷由 30MW 升至 60MW。

（4）逐步增加 B 磨煤机煤量。

（5）投入低压加热器、高压加热器运行。

（6）进行进汽阀切换。

1）逐渐关小高压旁路阀。

2）检查高压排汽压力高于再热蒸汽压力，开启高压排汽止回阀。

3）逐渐关小高压排汽泄放阀，直至全关，关闭高压排汽泄放减温水阀。

4）逐渐关闭低压旁路调节阀和减温水阀。

（7）当初负荷暖机持续 30min 以上时，初负荷暖机结束；"ATC"显示允许升负荷时，可以 3MW/min 的速率继续升负荷。

二、并网后带初负荷锅炉侧操作

（1）调整燃烧，维持主蒸汽、再热蒸汽压力、温度稳定。

（2）当炉膛出口烟气温度达 535℃时退出烟温探针。

三、负荷由 60MW 升至 150MW

（1）启动 A 磨煤机。

（2）启动一台汽动给水泵。

（3）检查辅助蒸汽供汽封调整门正常，母管压力维持 31kPa。

（4）100～150MW 切换 6kV 厂用电操作见表 6-3。

表 6-3　　　　　　　　　　　　　3 号机厂用电切换

序号	内　容
1	确认 6kV 厂用Ⅲ A 段工作电源进线 3BBA01 开关在"热备用状态"
2	确认 6kV 厂用Ⅲ A 段工作电源进线 3BBA01 开关在远方位
3	确认 6kV 厂用Ⅲ A 段工作电源进线 3BBA01 开关交流监控状态正常
4	确认 6kV 厂用Ⅲ A 段工作电源进线 3BBA01 开关保护装置工作正常
5	确认 6kV 厂用Ⅲ B 段工作电源进线 3BBB01 开关在"热备用状态"
6	确认 6kV 厂用Ⅲ B 段工作电源进线 3BBB01 开关在远方位
7	确认 6kV 厂用Ⅲ B 段工作电源进线 3BBB01 开关交流监控状态正常
8	确认 6kV 厂用Ⅲ B 段工作电源进线 3BBB01 开关保护装置工作正常
9	确认 6kV 厂用Ⅲ A 段工作电源进线 TV 3BBAPT01 手车在工作位
10	确认 6kV 厂用Ⅲ A 段工作电源进线 TV 二次开关三相均在合位
11	确认 6kV 厂用Ⅲ B 段工作电源进线 TV 3BBBPT01 手车在工作位
12	确认 6kV 厂用Ⅲ B 段工作电源进线 TV 二次开关三相均在合位
13	检查 6kV 厂用Ⅲ A 段电源切换装置显示屏无异常报警，运行灯急闪
14	检查 6kV 厂用Ⅲ A 段电源切换装置显示工作灯灭
15	检查 6kV 厂用Ⅲ A 段电源切换装置显示备用灯亮
16	检查 6kV 厂用Ⅲ A 段电源切换装置相角差小于±10°
17	检查 6kV 厂用Ⅲ A 段电源切换装置电压差小于 10V
18	检查 6kV 厂用Ⅲ A 段电源切换装置频率差小于±0.1Hz
19	检查 6kV 厂用Ⅲ B 段电源切换装置显示屏无异常报警，运行灯急闪
20	检查 6kV 厂用Ⅲ B 段电源切换装置显示工作灯灭
21	检查 6kV 厂用Ⅲ B 段电源切换装置显示备用灯亮
22	检查 6kV 厂用Ⅲ B 段电源切换装置相角差小于±10°
23	检查 6kV 厂用Ⅲ B 段电源切换装置相角差小于 10V
24	检查 6kV 厂用Ⅲ B 段电源切换装置相角差小于±0.1Hz
25	检查 DCS 上 6kV 厂用Ⅲ A 段电快切画面无报警
26	在 DCS 上 6kV Ⅲ A 快切窗口按下"远方复归"键
27	在 DCS 上 6kV Ⅲ A 快切窗口按下"并联同时"键
28	在 DCS 上 6kV Ⅲ A 快切窗口按下"手切准备"键

序号	内　容
29	在 DCS 上 6kV Ⅲ A 快切窗口按下"手动切换"键
30	检查 6kV 厂用Ⅲ A 段备用电源进线 3BBB01 开关合闸正常
31	检查 6kV 厂用Ⅲ A 段备用电源进线 3BBB01 开关"红灯"亮
32	检查 6kV 厂用Ⅲ A 段备用电源进线 3BBB06 开关分闸正常
33	检查 6kV 厂用Ⅲ A 段工作电源进线 3BBB06 开关"绿灯"亮
34	检查 6kV 厂用Ⅲ A 段电压显示正常
35	在 DCS 上 6kV Ⅲ A 快切窗口按下"远方复归"键
36	检查 DCS 上 6kV 厂用Ⅲ B 段电快切画面无报警
37	在 DCS 上 6kV Ⅲ B 快切窗口按下"远方复归"键
38	在 DCS 上 6kV Ⅲ B 快切窗口按下"并联同时"键
39	在 DCS 上 6kV Ⅲ B 快切窗口按下"手切准备"键
40	在 DCS 上 6kV Ⅲ B 快切窗口按下"手动切换"键
41	检查 6kV 厂用Ⅲ B 段备用电源进线 3BBB01 开关合闸正常
42	检查 6kV 厂用Ⅲ B 段备用电源进线 3BBB01 开关"红灯"亮
43	检查 6kV 厂用Ⅲ B 段备用电源进线 3BBB31 开关分闸正常
44	检查 6kV 厂用Ⅲ B 段工作电源进线 3BBB31 开关"绿灯"亮
45	检查 6kV 厂用Ⅲ B 段电压显示正常
46	在 DCS 上 6kV 厂用Ⅲ B 段快切窗口按下"远方复归"键
47	检查 6kV 厂用Ⅲ A（Ⅲ B）段切换装置屏显示工作灯亮
48	检查 6kV 厂用Ⅲ A（Ⅲ B）段切换装置屏显示备用灯灭

四、负荷由 150MW 升至 300MW

（1）启动第三套制粉系统。

（2）当负荷升至 200MW 时将除氧器切至四段抽汽供汽，关闭辅助蒸汽至除氧器压力调节阀自动关闭。

（3）启动第二台汽动给水泵，确认两台汽动给水泵运行正常后，将给水调节切换至主路调节，停止电动给水泵。

（4）当主蒸汽压力达 9.8MPa 后，按各压力下的要求进行洗硅，见表 6-4。

表 6-4　　　　　　　　　　　洗　　硅

压力（MPa）	9.8	11.8	14.7	16.7	17.7
SiO_2 含量（mg/L）	3.3	1.28	0.5	0.3	0.2

（5）当负荷升至 300MW 后，停止空气预热器连续吹灰。

五、负荷由 300MW 升至 480MW

（1）启动第四套制粉系统。

（2）锅炉进行一次全面吹灰。当机组负荷增加至 300MW 负荷以上时，可根据机组状况进行进汽方式切换，由单阀切至顺序阀（注意负荷、蒸汽压力的变化）。

1）在 DEH 主画面点击"阀门模式"弹出操作面板。

2）点击"顺序阀"。

3）点击"切换"按钮，发出切换命令，当"顺序阀"显示"IN"，"单阀"显示"OUT"时切换完毕。

4）需停止切回单阀时，可点击"单阀"按钮，点击"切换"按钮，发出切换命令，当"单阀"显示"IN"，"顺序阀"显示"OUT"时切换完毕。

5）检查各调节阀阀位改变正常，注意汽包水位调节正常。

6）注意差胀及汽轮机金属温度的变化。

六、负荷由 480MW 升至 600MW

（1）启动第五套制粉系统，升负荷至 600MW。

（2）当机组负荷为 600MW 时，确认各参数正常，对机组进行全面检查，无异常情况后机组进入正常运行阶段。

七、升负荷期间注意事项

（1）保持参数变化平稳，避免大幅度波动。

（2）调整燃料时，应同步调节一、二次总风量及配风，避免风/煤比例失调。

（3）燃油系统运行中应注意监视运行油枪燃烧正常，系统无漏油。

（4）注意保持空气预热器冷端综合温度不低于70℃。

（5）控制主蒸汽、再热蒸汽温升率，使胀差及高、中压转子应力不超限。

（6）额定负荷后，对机组进行一次全面检查，并进行一次锅炉全面吹灰。

第七章　机组运行调整

第一节　机组控制方式

一、机组主要控制系统

（一）自动发电控制（AGC）

（1）AGC主要由三部分组成。包括电网调度中心的能量管理系统（EMS）、电厂端的远方终端（RTU）和分散控制系统（DCS）的协调控制系统（CCS）、微波通道。

（2）汽轮发电机组的出力由电厂运行人员就地设定时称就地手动控制，由电网调度中心的能量管理系统来实现遥控自动控制时，则称为自动发电控制。

（3）AGC投入的条件：

1）机组的热工自动控制系统必须在自动方式运行，且协调控制系统必须在"协调控制"方式。

2）电网调度中心的能量管理系统、微波通道、电厂端的远方终端RTU必须都在正常工作状态，并能从电网调度中心的能量管理系统的终端CRT上直接改变汽轮机、锅炉协调控制系统中的调度负荷指令。

3）汽轮机、锅炉协调控制系统能直接接收到从能量管理系统下发的要求执行自动发电控制的"请求"和"解除"信号、"调度负荷指令"的模拟量信号。能量管理系统能接收到机组协调控制系统的反馈信号：协调控制方式信号和AGC已投入信号。

4）能量管理系统下达的"调度负荷指令"信号与电厂机组实际出力的绝对偏差必须控制在允许范围以内。

5）机组在协调控制方式下运行，负荷由运行人员设定称就地控制。接受调度负荷指令，直接由电网调度中心控制称远方控制。就地控制和远方控制之间相互切换是双向无扰的。在就地控制时、调度负荷指令自动跟踪机组实发功率。在远方控制时，协调控制系统的手动负荷设定器的输出负荷指令自动跟踪调度负荷指令。

（二）协调控制系统（CCS）

协调控制系统采用"机、炉协调控制"方式，DEH和锅炉主控均接收机组负荷及主蒸汽压力信号指令，自动调整机组负荷及主蒸汽压力。锅炉主控和汽轮机主控同时投入自动的方式即为 CCS 投入方式。

1. CCS 主要功能

（1）控制锅炉的蒸汽温度、蒸汽压力及燃烧率。

（2）改善机组的调节特性，增加机组对负荷变化的适应能力。

（3）主要辅机故障时进行 RUNBACK 处理。

（4）机组运行参数越限或偏差超限时进行负荷增、减闭锁，负荷快速增减以及跟踪等处理。

（5）与 BMS 配合，保证燃烧设备的安全运行。

2. CCS 方式投入的条件

（1）锅炉运行正常，炉膛燃烧稳定。

（2）机组功率、负荷指令、主蒸汽压力、调速级压力、总风量、总燃料量等主重要参数准确可靠，记录清晰。

（3）DEH 系统功能正常，能转入 CCS 控制方式。

（4）给煤机转速、燃料主控、送风量、炉膛负压（以上为必要条件）、炉膛—风箱差压、给水流量、过热蒸汽温度、再热蒸汽温度、除氧器水位等主要自动控制系统已投入运行。

（5）协调控制系统控制方式及各参数设置正确，汽轮机主控、锅炉主控等 M/A 操作站工作正常，跟踪信号正确，无切手动信号。

3. CCS 投入的步骤

（1）给水投入自动。

（2）送引风机投入自动，氧量投入自动。

（3）磨煤机冷风门投入自动。

（4）磨煤机比例溢流阀投入自动。

（5）投入 DEH 请求。

（6）控制模式投入遥控。

（7）汽轮机主控投入自动（此时为汽轮机跟随）。

（8）给煤量投入自动。

（9）燃料主控投入自动。

（10）锅炉主控投入自动。

（11）"选 BF+MW 模式"。

二、锅炉主要控制要求

（一）正常负荷变化率

（1）变压运行时为 2.5%/min。

（2）定压运行时为 3%/min。

（3）正常负荷变化允许持续 5min，然后保持 5~10min。

（4）正常降负荷锅炉出口蒸汽压力高于定值 0.5MPa 时，则闭锁机组负荷下降。

（5）正常升负荷锅炉出口蒸汽压力低于定值 1MPa，则闭锁机组负荷增加。

（二）最大负荷变化率

（1）变压运行时为 3%/min。

（2）定压运行时为 5%/min。

（三）燃烧调节

1. 一次风部分

（1）一次风与燃料量的函数关系按磨煤机厂提供的性能曲线。

（2）一次风道与炉膛压差小于 6350Pa 时进行一次风压低报警。

（3）一次风道与炉膛压差小于 5000Pa 时停磨煤机。

2. 二次风部分

（1）用辅助风挡板来调节大风箱与炉膛的压差，大风箱与炉膛压差的定值与负荷的函数关系参见性能设计曲线。

（2）锅炉负荷小于 35%MCR 时，各层辅助风门全开；待负荷大于 35%MCR 时，从上到下将不投煤粉喷嘴的上下层辅助风门关闭。

（3）燃料风挡板按燃料量的比例进行控制，当该层停止送粉时，立即将该层燃料风挡板关闭。

（4）上部燃尽风挡板，根据负荷来切投，负荷为 50%～75%MCR 时开一层挡板，负荷为 75%～100%MCR 时再开最上层挡板。

（5）当锅炉 MFT 时，将各层辅助风挡板和燃料风挡板全开。

（6）有插入油枪的辅助风挡板，在启动该层油枪时，将该层辅助风挡板关到点火位置，开度约为 35%。

（7）大风箱与炉膛压差大于 2300Pa（230mmH_2O）时报警，并同时将辅助风门挡板和燃料风挡板全开。

（8）在出现内外扰动时，要求保证空气量大于和等于燃烧需求量，不允许有"缺风"的情况，锅炉要求最低风量为锅炉 MCR 工况时风量的 30%。

（四）炉膛负压

（1）炉膛负压小于 -1000Pa（-100mmH_2O）时报警，同时闭锁引风机动叶开度增加、送风机动叶开度减少。

（2）炉膛负压大于 +1000Pa（+100mmH_2O）时报警，同时闭锁引风机动叶开度减少、送风机动叶开度增加。

（3）炉膛负压小于 -2540Pa（-254mmH_2O）锅炉解列。

（4）炉膛负压大于 +3300Pa（+330mmH_2O）锅炉解列。

（五）给水调节

（1）给水调节要求采用全程调节，锅炉负荷小于 10%MCR 时采用单冲量调节，负荷大于 10%MCR 时采用三冲量调节。

（2）给水旁路调节阀作为给水泵在最低转速时的给水调节手段。

（3）控制循环锅炉汽包水位允许变化范围，报警值和停炉值见表 7-1。

表 7-1 锅炉汽包水位允许变化范围

项目	允许变化范围	报警值	停炉值
单位	mm	mm	mm
参数	±50	＋127 －178	＋254 －381

（六）减温水闭锁阀动作条件

（1）当锅炉 MFT 时，将闭锁阀关闭。

（2）锅炉负荷小于 20％MCR 时，将闭锁阀关闭。

（3）当喷水调节阀开度大于 5％时，才能将闭锁阀开启。

第二节 运行监视与调整

一、锅炉运行监视与调整

（一）锅炉运行限额

锅炉运行限额见表 7-2。

表 7-2 锅炉运行限额

项　目	单位	正常值	报警		跳闸值	备　注
			高限	低限		
锅炉蒸发量	t/h	1762	2030			
汽包压力	MPa	＜18.76	19	18		
过热器出口蒸汽压力	MPa	＜17.5	17.7	16.5		
过热器出口蒸汽温度	℃	540（＋5/－10）	546	529		
再热器出口蒸汽压力	MPa	＜3.27	3.57			
再热器出口蒸汽温度	℃	540（＋5/－10）	546	529		
汽包水位	mm	±50	127	－178	＋254/－381	（3s），＋300 跳机
炉膛负压	kPa	－0.10～0.15	0.1	－0.5	＋1.75/－1.75	
水平低温过热器壁温	℃	＜452	452			
过热器分隔屏壁温	℃	＜493	493			
后屏过热器壁温	℃	＜575	575			
末级过热器壁温	℃	＜589	589			
末级再热器壁温	℃	＜617	617			
燃油母管压力	MPa	1.38				
磨煤机出口温度	℃	70～80	100	70	120	
给水温度	℃	272.1				
排烟温度	℃	114				
炉水循环泵出、入口差压	MPa	＞0.12		≤0.12	≤0.07	
火焰检测冷却风压	kPa	＞7			5.6	
一次风母管压力	kPa	10～12				

（二）汽包水位的监视和调整

（1）两台汽动给水泵和一台电动给水泵均可接收 CCS 系统的指令，自动调节汽包水位。

（2）锅炉负荷在 30％以下，给水自动调节系统为单冲量控制；负荷在 30％以上，为三冲量水位控制。

（3）锅炉汽包水位应维持在"0"水位（汽包中心线下 229mm），其变化范围为±50mm。

（4）汽包水位为＋127mm 时发出高报警，为－178mm 时发出低报警。汽包水位为＋254mm 或－381mm 时，MFT 动作。

（5）机组运行期间，运行中的给水泵均应投自动，若发现给水自动失灵应立即切至手动控制，维持汽包水位在正常范围内，值班员应迅速通知热工，尽快处理，汇报值长。

（6）进行水位调节的手/自动切换时，应手动将汽包水位调至"0"位稳定后，再投入给水自动，防止自动调节系统发生大的扰动。

（7）MEH 控制画面中"自动/手动"操作端中投入"自动"是 CCS 投入的前提条件，CCS 投入自动是汽动给水泵转速调节器投入的前提条件，转速调节器投入自动是锅炉总给水自动调节器投入的前提条件。

（8）当汽动给水泵 CCS 遥控切除时，通过给水泵汽轮机转速调节器控制转速无效。此时，应先检查 MEH 控制画面中自动/手动操作端显示自动还是手动，若显示自动，可以通过设定目标转速调节汽动给水泵转速；若显示手动，只能通过控制给水泵汽轮机阀位调节给水泵汽轮机转速。

（9）当给水泵汽轮机高压汽源未参与工作时，若低压调节门开度大于 100％，说明此时给水泵汽轮机低压汽源不能满足目前给水泵汽轮机给定的转速需要，很容易发生给定转速和实际转速偏差大于±500r/min，MEH 控制画面中自动/手动操作端直接切为手动。当发生高压汽源未投入，而高压调节门有开度时，必须迅速设法降低给水泵汽轮机阀位到 100％以下，才能有效控制给水泵汽轮机转速。

（10）给水调节系统投入自动控制前，先将汽包水位调至"0"位稳定后，再投入给水自动，防止自动调节系统发生大的扰动。

（11）两台给水泵并列运行时，应保持其出力一致，防止给水泵出现抢水现象。

（12）给水旁路切换至主路给水的操作，应在给水旁路门开至 80％以上、使用给水泵转速调节水位的前提下进行。切换时先开启主路给水门至全开，然后再关闭给水旁路调节门，操作中应注意保持给水流量及水位稳定。

（13）主路给水切换至旁路给水的操作，应在使用给水泵转速调节水位并且总给水量小于旁路给水管路最大流量 80％（400t/h）的前提下进行。切换时先逐渐开大给水旁路门至全开，然后再关闭主路给水门，操作中应注意保持给水与蒸汽流量的平衡关系，并保持水位稳定。

（14）在主路给水与旁路给水之间切换过程中，将引起锅炉减温水压力及流量的变化，操作中应密切注意监视减温水量的变化情况，并及时调整，避免引起蒸汽温度波动。

（15）启动、停止磨煤机时，注意控制锅炉热负荷的变化速度，并严密监视汽包水位，以防止造成水位大幅波动。

（16）手动调节水位时，注意给水与蒸汽流量的平衡，根据影响水位变化的因素提前作出调整，尽量减少水位波动。并随时注意监视给水泵出口压力与汽包压力的差值不小于1MPa。

（17）机组运行期间，每班应进行一次汽包就地水位计与控制室水位表的校对工作，各水位计指示值偏差应小于30mm。

（18）锅炉运行中遇有下列情况时容易引起水位变化：

1）负荷增、减幅度过快时。

2）安全门动作时。

3）燃料增、减过快时。

4）启动和停止给水泵时。

5）给水自动失灵时。

6）承压部件泄漏时。

7）汽轮机调节汽门、旁路门、过热器及主汽管路疏水门开关时。

（三）再热蒸汽温度调整

（1）锅炉正常运行中，主蒸汽系统一、二级减温水应投入自动控制。再热减温水为事故喷水，一般不做正常调节使用。再热蒸汽温度主要靠摆动燃烧器调节。过热器出口和再热器出口蒸汽温度保持在531～541℃。

（2）蒸汽温度升高时，一般主要采取的调节手段有减小燃烧器摆角、开大减温水（减温水投入自动时可暂时降低蒸汽温度定值）、减少锅炉燃烧率、增加下层燃烧器所对应磨煤机的负荷、减少上层燃烧器的负荷或停止上层燃烧器、降低机组负荷、开大上层辅助风门、关小下层辅助风门等措施。

（3）运行中，主蒸汽、再热蒸汽温度自动调节系统发生故障时，蒸汽温度调节应切为手动控制方式。

（4）启动或停止磨煤机时，应根据该磨煤机对应的燃烧器位置，对蒸汽温度进行提前控制，避免因火焰中心发生变化后，引起蒸汽温度大幅波动。

（5）机组发生故障或运行中蒸汽温度急剧下降，难以控制时，应关闭主蒸汽、再热蒸汽减温水隔绝门。

（6）运行中过热器管壁温度必须控制在报警值以下运行。严禁锅炉金属管壁温度长时间超限运行，金属管壁超温时，应及时采取有效措施使其恢复正常。

（7）启动E、F磨煤机或磨煤机隔层运行时，分隔屏与后屏过热器管壁容易超温，在启动磨煤机前可提前采取措施进行控制，防止该区域受热面超温。

（8）反切风对两侧烟气温度偏差影响较大，该风门开度应随机组负荷的增加而增加，并应随时进行调整。投入下层制粉系统时，可适当关小反切风门，减小其消除旋转作用。

（9）屏式过热器及高温段过热器管壁温度偏差较大时，可用调节反切风开度和两侧减温水量的方法进行控制。改变反切风门开度后，应注意主蒸汽、再热蒸汽两侧的温差变化。

（10）机组启动升负荷过程中，屏式过热器容易出现超温，此阶段应加强对该部分受热面的监视，提前控制、预先调整，同时控制机组升负荷及锅炉增加燃料量的速度，尽量避免超温。锅炉蒸汽或管壁温度接近或达到报警值或发生超温时，应暂时停止升温、升压，停止增加机组负荷和锅炉燃料量。

（11）低温段过热器受热面出现超温，采用适当降低锅炉压力的方法进行处理。

（12）机组负荷低于10％时，不应使用减温水，应采用控制燃烧的方法对蒸汽温度及管壁温度进行调节。当负荷大于10％，但机组负荷较低时，应尽量少用减温水，对壁温及蒸汽温度的控制仍以调整燃烧、改变配风等手段为主。

（13）机组负荷在180～280MW范围内，锅炉屏式过热器区域管壁容易超温，应尽量避免长时间在此负荷下运行。

（14）运行中在减温水调节没有裕度的情况下，应先采取倒下层燃烧器、降低机组负荷等方法，使蒸汽温度调节留有充分的减温水裕量，维持蒸汽温度在正常范围内。

（15）由于受热面积灰或结渣造成蒸汽温度或壁温升高时，应适当增加水冷壁吹灰次数。

（16）手动调节蒸汽温度时，应注意蒸汽温度变化及蒸汽温度调节的规律，避免减温水量大幅度变化。

（17）运行中主蒸汽、再热蒸汽温度急剧变化，自动调节装置无法将蒸汽温度恢复到正常范围时，应查明蒸汽温度变化的原因，并针对引起蒸汽温度变化的因素采取相应的调节措施。

（18）运行中应保证高、低压加热器正常投入，尽量提高给水温度，高压加热器退出运行时，应提前做好安全措施，避免锅炉超温。

（19）锅炉的燃烧稳定是锅炉安全运行的基础，锅炉燃烧不稳定，将会导致蒸汽温度、水位、炉膛负压等一系列参数的波动，因此，要掌握不同煤种风量的配比、不同运行工况下燃烧器的组合、二次风的合理配合、氧量的控制以及异常情况下的调整，提高异常处理的能力。特别是在燃煤较次及煤种变化较大的情况下，还应注意防止锅炉灭火的发生。

（20）当机组发生MFT以及运行中主蒸汽温度急剧下降无法恢复时，过热、再热减温水快关阀强行关闭。

（四）影响烟气温度偏差的因素

一、二次风率配比、燃烧器摆角、过剩空气量、上二次风投运方式、磨煤机投运方式和煤粉细度。

（五）锅炉燃烧调整

（1）正常运行中，送风、引风、一次风及制粉系统控制应投入"自动"。

（2）锅炉运行中，应保持炉前供油速断门在开启位置，燃油系统母管压力保持0.55～2.1MPa，使各层油枪都具备随时投运条件。

（3）锅炉启停、增减负荷、煤种变化、投停制粉系统以及制粉系统故障时，要加强对锅炉运行工况及参数的监视和调整。

（4）低负荷工况下，尽量投中、下层燃烧器。若锅炉负荷低于40％且又必须使用上两层燃烧器时，可投入部分油枪稳燃。

（5）手动调节燃烧时应先增加风量，再增加燃料量。注意保持风粉比例适当。

（6）运行中必须保证至少有两层相邻煤粉燃烧器投运，否则必须投油助燃。

（7）正常运行中，应保证烟气含氧量在3.5％～6％。

（8）运行中加强炉膛负压的监视，当由于煤质次、负荷过低、煤质潮湿等原因造成燃烧不稳、负压波动较大时，应及时采取投油助燃等稳燃措施。

（9）加强锅炉燃烧调整，防止因一次风速过低造成煤粉堵管或风速过高燃烧不稳而造成锅炉灭火。

（10）锅炉正常运行中，应定期就地观察炉内燃烧情况，并核对就地二次风门开度、摆动火嘴摆角与CRT画面上指示一致。

（11）负荷为360MW时，一般保持3台磨煤机运行；360～480MW时，一般保持4台磨煤机运行；480MW以上时，一般保持5台磨煤机运行。

（12）选用磨煤机运行方式时，应考虑减温水的调节裕度，以满足蒸汽温度调节需要。

（13）磨煤机正常运行中，给煤出力控制在40～60t/h之间为宜。

（14）正常运行中，磨煤机出口风温保持在70～80℃（掺烧褐煤时50～70℃，掺烧俄煤50～65℃）。当出口温度低于60℃（掺烧褐煤50℃）时，应检查入口冷风门、热风门、一次风量及磨煤机运行情况，并作相应调整，以防止磨煤机堵煤。出口温度高于90℃（掺烧褐煤75℃，掺烧俄煤65℃）时，应检查冷风调整挡板开度及磨煤机运行情况，以防止磨煤机内着火，否则投入磨煤机消防蒸汽。

（15）调整磨煤机一次风量时，操作应平稳，避免对燃烧产生过大的扰动。

（16）正常运行中磨煤机出口温度和入口风量均应投入"自动"控制方式。

（17）锅炉正常运行中，应保证排烟温度不超过125℃。

（18）锅炉正常运行中，应定期观测炉膛出口处两侧烟气温度应不超过30℃。四角切圆燃烧可能造成炉膛出口两侧烟气温度偏差。

（19）锅炉正常运行中，应定期就地观察炉内煤粉燃烧情况，观察各一次风喷口出粉正常，火焰应呈金黄色（看火时应注意安全，并戴防护眼镜）。定期核对就地二次风门开度与LCD上指示是否一致。

（六）炉膛负压的调整

（1）炉膛负压由引风机静叶进行调节。

（2）设定值为－150Pa，正常情况下引风机静叶应投入自动。

（3）小于－500Pa时报警，同时闭锁引风机开度的增加和送风量的减小。

（4）炉膛负压大于±500Pa时报警，炉膛负压小于－3300Pa或大于2540Pa时，锅炉MFT动作。

（5）炉膛负压出现较大幅度波动时，及时查找原因并予以消除，必要时，将引风自动退出，进行手动调节。

二、汽轮机正常运行监视及调整

（一）蒸汽压力、蒸汽温度

（1）主蒸汽额定压力为 16.7MPa，在 1 年的运行周期中，平均压力不超过额定压力 105%，最大连续运行值允许初压不大于额定压力的 110%，异常情况下，瞬间压力波动峰值不得超过额定压力的 30%，其累计时间在 1 年周期中不超过 12h。

（2）主蒸汽、再热蒸汽额定温度为 537℃，在一年的运行周期中平均温度不超过额定温度。在此条件下初温不应超过额定温度 8℃，异常情况下，蒸汽温度不得超过额定温度 14℃，一年运行期累计不超过 400h。瞬间温度波动不得超过额定温度 28℃，持续时间不大于 15min，一年内累计时间不超过 80h。主蒸汽、再热蒸汽温度超过 552℃连续运行 15min 或超过 566℃时，打闸停机。

（3）主蒸汽、再热蒸汽温差额定负荷正常在 ±28℃，再热最低不低于 42℃，启动和低负荷不超过 83℃。

（4）运行中再热蒸汽压力随负荷变化而变化。

（5）汽轮机无蒸汽运行不允许超过 1min。

（二）汽轮机负荷变化限制

（1）机组以定-滑-定或定压运行方式中的一种方式运行。以定-滑-定方式运行时，滑压运行的范围按 50%～90% 额定负荷。

（2）甩负荷后，如果汽轮机在空载流量下运行，冷段再热压力 10min 内必须降至 0.824MPa。允许空负荷运行的时间不大于 10min。

（3）负荷变化过程中，注意各调节汽门开度与指令相同，否则停止负荷升降，避免由于汽门卡涩造成负荷骤变。

（4）机组的允许负荷变化率见表 7-3。

表 7-3　　　　　　　　　　机组的允许负荷变化率

机组负荷	负荷变化率（%/min，BMCR）
最小负荷调整	5%～10%
负荷突变	小于 25%

（三）油系统

（1）正常时，主油泵入口压力为 0.068～0.3MPa，出口油压为 2.2～2.6MPa。

（2）正常时，润滑油压力为 0.1～0.18MPa。

（3）EH 油正常压力为 14.0MPa，11.2MPa 压力低报警（启备用泵），8.5MPa 跳闸，16.2MPa 压力高报警。系统运行时最高油温为 57～60℃，系统运行时工作油温为 30～60℃。17MPa 安全门动作。

（4）正常时，顶轴油泵出口油压为 5～15MPa。

（5）正常时，高压密封油备用泵出口油压为 0.83～0.9MPa。

（6）润滑油压下降到 0.035MPa 时，隔膜阀开启。

（7）主油箱油位＋466.7mm 高报警，＋700mm 高油位停机，－200mm 低报警，－300mm 低油位停机（以正常油位 0 为标准）。

（8）正常时，冷油器出口油温为 40～49℃。

（9）推力瓦温 99℃报警，107℃跳闸。

（10）汽轮机支持轴承金属温度 107℃报警，113℃跳闸。

（11）发电机支持轴承金属温度 99℃报警，107℃跳闸。

（12）轴承回油温度 77℃报警。

（13）正常时，EH 油高压蓄能器氮气压力为 9.4～9.8MPa。

（14）正常时，EH 油低压蓄能器氮气压力为 0.35～0.4MPa。

（四）汽轮机 TSI（汽轮机监视系统）

（1）高压胀差为＋10.3mm、－4.5mm 时报警；＋11.1mm、－5.1mm 时跳闸。低压胀差为＋23.7mm、－0.76mm 时报警；＋24.5mm、－1.52mm 时跳闸。

（2）转子偏心为 0.075mm 报警。

（3）轴振动正常运行时小于 0.05mm，0.125mm 报警，0.25mm 跳闸。

（4）OPC 动作转速为 3090r/min。

（5）轴向位移为±0.9mm 报警，±1.0mm 跳闸。

（6）电超速动作转速为 3300r/min。

三、电气正常运行监视及调整

（一）电气正常运行监视

发电机运行监视见表 7-4。

表 7-4　　　　　　　　　　　　　发电机运行监视

序号	项目名称	单位	额定值	正常值	报警值	跳闸值	备　注
发电机机内氢压	氢气压力高	MPa	0.4	0.38～0.42	0.43		
	氢气压力低	MPa			0.385		
	氢气供给压力低	MPa			0.35		按出力曲线
	进风温度高	℃	45	44～46	48		
	进风温度高	℃			42		超低报警值为 30
	氢气纯度低	%	98	95～98	100		
	氢气纯度高	%			95	90	
氢冷器	进水压力高	MPa	0.25～0.35	0.25～0.35	0.36		氢、水压差保持 0.05
	进水压力低	MPa			0.20		
	进水流量	m³/h	240	230～250	正常值 75%	正常值 30%	延时 3min 跳机（断水保护）
	进水温度高	℃	38	25～38	38	44	
	进水温度低	℃			25	20	

序号	项目名称	单位	额定值	正常值	报警值	跳闸值	备　注
定子绕组	总进水温度高	℃	45～50	45～50	60		
	总进水温度低	℃			40		
	总进水温度	℃	69～75	69～75	85	90	
	线棒层间温度	℃	90		90		
	同层线棒出水温差	K	<8		8	12	
	总进水压力高	MPa	0.25～0.35	0.25～0.35	0.36		
	总进水压力低	MPa			0.2		
	总进水流量	m³/h	90	87～93	66%	52%	延时31s跳机（断水保护）
	A泵停运	MPa		0.6～0.7	0.14		
	B泵停运	MPa		0.6～0.7	0.14		
	进水滤网差压高	MPa		0.02～0.04	0.06		
	补水流量低	l/min			15.14		
	水箱水位高	mm		500～550	650		
	水箱水位低	mm			450		
	水箱压力高	MPa		0～0.01	0.04		
	绕组水流量低	t/h		90±3	60±2		
	绕组水流量超低	t/h		90±3	45±2		
	绕组水压差高	MPa			+0.035		
	交换柱出水电导高	μS/cm		0.1～0.2	0.5		
	绕组进水电导高	μS/cm		1.0～1.5	5		
	绕组进水电导超高	μS/cm			9.5		
	氢水压差低	MPa		<0.05	<0.035		
铁芯	铁芯温度	℃	<80	70～100	120	130	
	铁芯端部构件温度	℃	<80	70～100	120	130	
汽轮机、励磁机端轴承	进油温度高	℃	45～50	45～50	50		
	进油温度低	℃			40		
	出油温度高	℃	<70	<70	70		
	进油压力高	kPa	80～100	80～100	100		
	进油压力低	kPa			80		
	进油流量低	L/min	700		700		
	轴瓦金属温度	℃	<80		90	100	
集电环处轴承	进油温度高	℃	45～50	45～50			
	进油温度低	℃					
	出油温度高	℃	<70	<70	70		
	进油压力高	kPa	50～80	50～80	80		
	进油压力低	kPa			50		
	进油流量低	L/min	15		15		
	轴瓦金属温度	℃	<80		90	100	

续表

序号	项目名称	单位	额定值	正常值	报警值	跳闸值	备　注
汽轮机、励磁机端油密封	氢油差压低	MPa		0.084	0.035		
	空侧密封油泵停运	MPa		6～7	0.035		
	汽轮机备用油压低	MPa		0.85～1.05	0.6		
	氢侧密封油泵停运	MPa			0.035		
	空侧密封油备用泵停运	MPa			0.035		
	进油温度高	℃	40～45	40～45	50		
	进油温度低	℃			40		
	汽轮机端磁机消泡箱液位高		OFF	OFF	ON		
	励磁机端消泡箱液位高		OFF	OFF	ON		
机内漏水漏油	励磁机端冷却器前端漏			OFF	ON		
	励磁机端冷却器后端漏			OFF	ON		
	汽轮机端冷却器前端漏			OFF	ON		
	汽轮机端冷却器后端漏			OFF	ON		
	机座汽轮机端漏水漏油			OFF	ON		
	出线盒漏水、漏油			OFF	ON		
	TA 中性点罩漏水			OFF	ON		

（二）发电机定子电压的监视

（1）发电机运行电压的变动范围在额定电压的±5%（即 19～21kV）以内，而功率因数为额定值 0.85 时，其额定容量不变。

（2）发电机出口电压大于 105%额定值时，应限制 U/f 值小于 1.05，要特别注意发电机各部温度，及时调整无功出力，调整无效时，汇报省调度中心调整。

（3）发电机出口电压小于 19kV 时，先增加发电机出口电压，如调整无效，汇报省调调整。

（4）发电机定子电压在 -5%（19kV）时，其定子电流不超额定电流的 +5%。

（5）发电机电压在 +5%（21kV）时，其定子电流不能高于额定电流的 -5%。在正常情况下发电机转子电压、电流不允许超额定值运行。

（三）发电机转子参数监视

（1）发电机转子能承受短时过电压运行数值，每年不能超过 2 次，时间间隔不得少于 30min。

（2）发电机转子绕组过电压限值见表 7-5。

表 7-5　　　　　发电机转子绕组过电压限值

时间（s）	10	36	60	120
励磁电压/额定励磁电压（%）	208	146	125	112

（3）正常运行中发电机不允许过负荷运行，事故情况下，发电机转子绕组能承受的短时过电流计算公式为

$$(I_2/I_N) \cdot t \leqslant 33.75\text{s}$$

式中　I_2——转子过电流；

　　　I_N——转子额定电流；

　　　t——持续时间，使用范围为 $10\sim120\text{s}$。

（四）发电机定子参数监视

（1）从额定工况下的稳定温度起始，能承受 1.5 倍额定定子电流下运行至少 30s 及 1.3 倍额定定子电流下运行至少 60s。

（2）发电机短时过负荷能力见表 7-6。

表 7-6　　　　　　　　发电机短时过负荷能力

时间（s）	10	30	60	120
电枢电流（%）	226	154	130	116

（五）发电机频率的监督

（1）发电机频率偏离额定值±2%时能连续输出额定功率。当频率偏差大于上述频率值时，允许运行时间见表 7-7。

表 7-7　　　　　　　　偏频运行时间限值

运行方式	频率范围（Hz）	最大累计或持续时间	
		寿命期累计时间（min）	每次持续时间（s）
异常	51.0～51.5	30	30
正常	49.0～51.0	连续运行	
异常	48.9～49.0	300	300
	47.5～48.0	60	60

（2）要特别注意，电压升高同时频率降低工况可导致发电机和变压器过磁通量，电压减低同时频率升高工况可导致发电机旋转部件所承受应力增大。这些因素将引起发电机温升增高和寿命的缩短，应尽快减低负荷或限制这些工况的运行。因此，当发电机在额定功率因数，电压偏离额定±5%，频率偏离额定值+3%～5%时，输出功率和允许运行的时间不许超出规定，见表 7-8。

表 7-8　　　　　　　　偏频运行输出功率和运行时间限值

项　目	参　数					
电压（kV）	19	20	21	19	20	21
频率（Hz）	47.5	47.5	47.5	51.5	51.5	51.5
有功（MW）	585	535	465	600	600	600
定子铁芯温升（K）	27.48	27.05	27.52	26.34	26.86	29.95
转子绕组最高温升（K）	82.74	82.93	83.81	62.99	65.99	74.02
每次允许运行时间（min）	1	1	1	0.5	0.5	0.5
寿命期内累计（次）	60	60	60	30	30	30

（3）低频率运行时，要注意调整出口电压，使$U/f \leqslant 1.05$。

（六）发电机功率因数的监督

为保持发电机的静态稳定，发电机功率因数一般在迟相 0.85 运行，经调度允许后可以进相运行。当进相运行时，其励磁调节装置的运行方式必须在自动方式，发电机超前功率因数为 0.95。正常发电机功角为 $30°\sim45°$，进相时最大功角不得大于 $53°$。

（七）发电机负荷的监督

（1）发电机并网后，负荷不得低于 6MW，有功负荷的增长速度按汽轮机要求或规定进行。

（2）发电机正常运行中，按调度下达的预计负荷曲线及要求，经济、合理地分配机组有功及无功负荷。

（3）正常运行中机组各参数不允许超过额定值。

（4）发电机定子电压低于额定值的 95% 时，定子电流不得超过额定值的 105%。

（5）在事故中发电机短时过负荷按厂家给出的曲线掌握，事故过负荷每年不超过两次，时间间隔不少于 30min。

（八）发电机进相运行

（1）3 号发电机按表 7-9 确定的最大进相深度运行。

表 7-9　　　　　　　　　3 号发电机最大进相深度

有功功率（MW）	600	480	360	240	0
低励动作值（Mvar）	−51.247	−67.289	−83.332	−99.374	−131.460
最大允许深度（Mvar）	−48.247	−64.289	−80.330	−96.374	−128.460

（2）发电机定子电压不低于 18.8kV（额定电压 20kV 的 94%）。

（3）发电机定子电流不大于 20 377A（额定电流）。

（4）发电机功角不超过 70°。

（5）6kV 厂用相电压不低于 3.326kV（额定相电压 3.464kV 的 96%）。

（6）380V 厂用线电压不低于 365V（额定线电压 380V 的 96%）。

（7）500kV 母线电压不低于 525kV（额定电压 500kV 的 105%）。

（8）发电机各部温度现在与正常运行相同。

（9）4 号发电机按表 7-10 确定的最大进相深度运行。

表 7-10　　　　　　　　　4 号发电机最大进相深度

有功功率（MW）	600	480	360	240	0
低励动作值（Mvar）	−51.203	−67.365	−83.301	−99.257	−131.306
最大允许深度（Mvar）	−48.124	−64.365	−80.351	−96.257	−128.306

（10）机组在进相运行时应通知全厂外围各站点检查各电压等级的母线电压不低于最低限值。

（11）发电机在正常运行时功率因数应保持在迟相 0.85，一般不应超过 0.95。3 号（或 4 号）机组在负荷低谷时段时应保持高功率因数（0.99~1）运行或根据调度要求进相运行。

（12）机组在进相运行时，如果低励限制报警信号来，应立即增加无功消除报警。

（13）发电机进相运行时励磁调节器应在自动励磁方式下运行，减少发电机无功至进相运行时，应从零开始平稳、缓慢进行，并注意监视发电机出口电压、6kV 母线电压、380V 母线电压。发现异常时应立即进行处理，并将此汇报省调度中心调度值班员。

（14）机组进相运行时，注意监视各辅机的电流不超过额定电流。

（15）机组深度进相运行时，不允许启动 6kV 大容量辅机，以防止 380V 的辅机因低电压而跳闸，必要时可以增加无功后再启动。

（16）发电机进相运行时，若发现有失稳趋势应立即增加无功，必要时可适当降低有功进行处理。

（17）发电机进相运行时，氢压宜保证在额定压力下运行，发电机冷却效果最好。

（18）发电机进相运行期间，应检查发电机定子冷却水压力、流量是否正常。

（19）进相运行时，运行人员要加强对发电机定子、转子电流及端部铁芯温度进行监视。

（20）发电机进相运行期间，应注意发电机各部温度不超过必要的规定，见表 7-11。

表 7-11　　　　　　　　发电机进相运行各部温度规定

项　目	单位	数　值	项　目	单位	数　值
定子绕组温度	℃	≤90	定子定冷水进出水温差	℃	≤35
铁芯端部	℃	≤120	发电机入口氢温	℃	30～46
铜屏蔽温度	℃	≤120	发电机出口氢温	℃	≤75
绕组出水温度	℃	≤85	发电机氢压	MPa	0.28～0.32
定子定冷水进水温度	℃	40～50			

（21）机组在接到省调度员要求进相运行时，应检查下列项目后进行。

1）励磁系统在自动方式，且没有异常信号，低励限制功能正常。

2）汽轮机调节系统灵活、无卡涩。

3）发电机定子绕组及铁芯测温点的测温元件工作正常。

4）发电机功角仪运行正常。

5）发电机进相运行期间，发电机失磁保护正常投入。

第八章　机组滑参数停机

第一节　机组停运前的准备及操作

一、机组停运前的准备

（1）试投锅炉各油枪正常。

（2）检查辅助蒸汽至除氧器和轴封母管处于热备用。

（3）锅炉全面吹灰一次。

（4）试启交流润滑油泵、直流油泵、顶轴油泵、高压密封油泵、盘车电动机正常。

（5）停炉7天以上，应将原煤仓烧空。

（6）空试汽轮机盘车电动机正常。

（7）辅助蒸汽母管切至邻机或启动锅炉。

（8）通知各岗位人员对所管辖系统及设备进行全面检查，统计缺陷，做好停机前的准备。

（9）通知化学、输煤、除灰、脱硫等外围系统做好停机前的准备。

（10）停机前，各给煤机皮带应将煤排空。

（11）值长根据停机时间，对B磨煤机原煤斗上高品质煤，控制B磨煤机原煤斗内煤位，停机时将B磨煤机原煤斗烧空。

（12）若机组运行时燃用褐煤，停机前2班完成煤斗内褐煤置换，停机后煤斗内不允许有褐煤存留。

（13）若停机时间超过15天，值长根据停机时间，协调生产燃料部控制原煤斗煤位，停机时将所有原煤斗烧空。

（14）停机用煤采用优质统配煤单独上。

二、减负荷操作方法及步骤

（一）减负荷操作方法

（1）由"负荷和/或蒸汽状态变化时间推荐值"图表，可得到推荐的减负荷时间，并确定负荷变化率，将变化率转换成每分钟兆瓦数。

（2）把上面得到的数值输入到DEH系统中。

（3）把要求的负荷输入到DEH系统中，使机组负荷降到上述负荷值。

（4）如果在ATC下进行减负荷。按ATC按钮，使机组的整个减负荷过程由ATC

方式控制。如果不采用 ATC 方式，如果在"AUTO"方式下，则按"GO"按钮。此时，机组负荷以选定的负荷变化率使负荷下降。

（5）如果在负荷变化期间，需要一段时间的负荷保持，则按下"GO/HOLD"按钮，选择"HOLD"，这时负荷停止变化，如果要继续变化负荷，再按选择"GO"，则负荷就以预定的负荷率变化。

（6）当"参考值"和"目标值"相等时，负荷变化结束。

（二）减负荷操作步骤

（1）降负荷至 510MW 以下时，锅炉以 0.2MPa/min 的速度滑压。

（2）负荷降至 480MW 时，停止 E 磨煤机运行。

（3）负荷降至 360MW 时，停止 D 磨煤机运行。

（4）负荷降至 300MW 时，进行以下操作：

1）启动电动给水泵，正常后，停止一台汽动给水泵运行。

2）如果燃烧不稳，投入小油枪进行稳燃。

3）投入空气预热器连续吹灰。

（5）负荷降至 240MW 时，进行以下操作：

1）停止 C 磨煤机运行。

2）确认主蒸汽压力为 9.8MPa、主蒸汽温度为 480℃。

（6）负荷降至 180MW，逐渐减少第二台汽动给水泵出力，停止汽动给水泵运行。

（7）负荷降至 120MW 时，确认：

1）高压主汽门后疏水门全部开启。

2）注意轴封供汽切为辅助蒸汽供给，如蒸汽温度较低，则投入冷段再热蒸汽。

3）根据锅炉需要，投入高、低压旁路，在破坏真空前必须停止。

4）检查除氧器汽源倒为辅助汽源且压力正常。

5）停止 B 磨煤机运行。

6）进行 6kV 厂用电切换操作（以 3 号机切换厂用电为例），见表 8-1。

表 8-1　　　　　　　　　　　3 号机切换厂用电

序号	内　容
1	确认 6kV 厂用ⅢA 段备用电源进线 3BBA06 开关在"热备用状态"
2	确认 6kV 厂用ⅢA 段备用电源进线 3BBA06 开关在远方位
3	确认 6kV 厂用ⅢA 段备用电源进线 3BBA06 开关交流监控状态正常
4	确认 6kV 厂用ⅢA 段备用电源进线 3BBA06 开关保护装置工作正常
5	确认 6kV 厂用ⅢB 段备用电源进线 3BBB31 开关在"热备用状态"
6	确认 6kV 厂用ⅢB 段备用电源进线 3BBB31 开关在远方位
7	确认 6kV 厂用ⅢB 段备用电源进线 3BBB31 开关交流监控状态正常
8	确认 6kV 厂用ⅢB 段备用电源进线 3BBB31 开关保护装置工作正常

序号	内　容
9	确认 6kV 厂用ⅢA 段备用电源进线 TV 3BBAPT06 手车在工作位
10	确认 6kV 厂用ⅢA 段备用电源进线 TV 二次开关三相均在合位
11	确认 6kV 厂用ⅢB 段备用电源进线 TV 3BBBPT31 手车在工作位
12	确认 6kV 厂用ⅢB 段备用电源进线 TV 二次开关三相均在合位
13	检查 6kV 厂用ⅢA 段电源切换装置显示屏无异常报警，运行灯急闪
14	检查 6kV 厂用ⅢA 段电源切换装置显示备用灯灭
15	检查 6kV 厂用ⅢA 段电源切换装置显示工作灯亮
16	检查 6kV 厂用ⅢA 段电源切换装置相角差小于±10°
17	检查 6kV 厂用ⅢA 段电源切换装置电压差小于 10V
18	检查 6kV 厂用ⅢA 段电源切换装置频率差小于±0.1Hz
19	检查 6kV 厂用ⅢB 段电源切换装置显示屏无异常报警，运行灯急闪
20	检查 6kV 厂用ⅢB 段电源切换装置显示备用灯灭
21	检查 6kV 厂用ⅢB 段电源切换装置显示工作灯亮
22	检查 6kV 厂用ⅢB 段电源切换装置相角差小于±10°
23	检查 6kV 厂用ⅢB 段电源切换装置相角差小于 10V
24	检查 6kV 厂用ⅢB 段电源切换装置相角差小于±0.1Hz
25	检查 DCS 上 6kV 厂用ⅢA 段电快切画面无报警
26	在 DCS 上 6kVⅢA 快切窗口按下"远方复归"键
27	在 DCS 上 6kVⅢA 快切窗口按下"并联同时"键
28	在 DCS 上 6kVⅢA 快切窗口按下"手切准备"键
29	在 DCS 上 6kVⅢA 快切窗口按下"手动切换"键
30	检查 6kV 厂用ⅢA 段备用电源进线 3BBB06 开关合闸正常
31	检查 6kV 厂用ⅢA 段备用电源进线 3BBB06 开关"红灯"亮
32	检查 6kV 厂用ⅢA 段备用电源进线 3BBB01 开关分闸正常
33	检查 6kV 厂用ⅢA 段工作电源进线 3BBB01 开关"绿灯"亮
34	检查 6kV 厂用ⅢA 段电压显示正常
35	在 DCS 上 6kVⅢA 快切窗口按下"远方复归"键
36	检查 DCS 上 6kV 厂用ⅢB 段电快切画面无报警
37	在 DCS 上 6kVⅢB 快切窗口按下"远方复归"键
38	在 DCS 上 6kVⅢB 快切窗口按下"并联同时"键
39	在 DCS 上 6kVⅢB 快切窗口按下"手切准备"键
40	在 DCS 上 6kVⅢB 快切窗口按下"手动切换"键
41	检查 6kV 厂用ⅢB 段备用电源进线 3BBB31 开关合闸正常
42	检查 6kV 厂用ⅢB 段备用电源进线 3BBB31 开关"红灯"亮
43	检查 6kV 厂用ⅢB 段备用电源进线 3BBB01 开关分闸正常
44	检查 6kV 厂用ⅢB 段工作电源进线 3BBB01 开关"绿灯"亮

续表

序号	内 容
45	检查 6kV 厂用ⅢB 段电压显示正常
46	在 DCS 上 6kV 厂用ⅢB 段快切窗口按下"远方复归"键
47	检查 6kV 厂用ⅢA（ⅢB）段切换装置屏显示工作灯灭
48	检查 6kV 厂用ⅢA（ⅢB）段切换装置屏显示备用灯亮

（8）负荷降至 90MW 或低压缸排汽温度大于 70℃ 时，确认低压缸喷水门自动打开。

（9）高压加热器随机滑停或由高到低切除，低压加热器应随机滑停。

（三）发电机解列

（1）降发电机有功负荷至低限，无功负荷近于零。

（2）汽轮机打闸，逆功率保护动作联跳发电机。

（3）检查发电机出口断路器和发电机励磁开关跳闸。

（4）汽轮机主汽门、再热汽门及调节汽门关闭、转速下降。

（5）检查 MFT 动作。

第二节　滑参数停机注意事项

一、正常停机注意事项

（1）降负荷过程中应严格控制主蒸汽温度及再热蒸汽温度，以满足汽轮机的要求。

（2）注意蒸汽温度、汽压力下降平稳，蒸汽过热度大于 56℃，满足要求。

（3）汽包压力大于 3.5MPa 时，锅炉降压速度严禁大于 0.75MPa/min；汽包压力小于 3.5MPa 时，锅炉降压速度严禁大于 0.375MPa/min。

（4）注意汽缸上、下温差在合格范围。

（5）注意轴封母管压力、温度正常。

（6）注意胀差、膨胀、振动变化，发现异常，停止降负荷，查明原因。待正常后再降负荷。

（7）注意调节系统有无卡涩现象。

（8）负荷在 30MW 以下不得长时间停留。

（9）注意内冷水温度不要下降过多，保持在合格范围内。

（10）采用汽轮机先打闸后解列方式时，当发电机不能跳闸时，应用紧急手动按钮将机组解列。

二、汽轮机滑停中注意事项

（1）严格控制降温、降压速度，温降率小于 1.5℃/min，至少有 56℃ 过热度。

（2）保持主蒸汽、再热蒸汽温差在合格范围。

（3）严密监视汽缸温度变化，金属降温率小于 1.5℃/min，控制汽缸上、下温差及内、外温差合格。

（4）保证首级蒸汽温度不低于首级金属温度 30℃，高排温度不低于 10℃过热度。

（5）主蒸汽、再热蒸汽温度 10min 内下降 50℃时，应立即停机。

（6）滑停过程中，如机组出现异常振动时，应立即停止降温、降压，查明原因。严格监视高中压胀差的变化，变化过快时减慢降温速度。当高、中压差胀负值接近报警值时，停止滑停。

（7）注意高压轴封蒸汽与金属温度匹配。

（8）在滑停中，通知化学随时化验凝结水。

（9）其余注意事项同正常停机。

第三节　滑参数停机后的注意事项

一、停机后盘车规定

（1）当盘车电流较正常值大、摆动或有异音时，应查明原因并及时进行处理。当汽封摩擦严重时，将转子高点置于最高位置，关闭汽缸疏水，保持上、下缸温差，监视转子弯曲度，当确认转子弯曲度正常后，再手动盘车 180°。当正常盘车盘不动时，严禁用吊车强行盘车。

（2）停机后因盘车故障暂时停止盘车时，应监视转子弯曲度的变化，当弯曲度较大时，应采用手动盘车 180°，待盘车正常后及时投入连续盘车。

（3）若因检修工作需要临时停运连续盘车，必须经总工批准，并参照下列规定执行。

调节级后高压缸内壁金属温度：300℃以上，停止时间不超过 10min；200～300℃，停止时间不超过 30min；170℃以下，可以正常停止。

二、停机后的操作

（一）汽轮机停运后的操作

（1）打闸以后，确认机组转速下降，检查高中压主汽门、调节汽门、高压排汽止回门、抽汽止回门关闭，泄放阀开启。

（2）转速降至 2500r/min 以下时，检查润滑油压力正常，密封油差压正常。

（3）检查惰走情况，倾听各部声音。

（4）将主冷油器油温调整定值改为 40℃。

（5）1900r/min 时检查顶轴油泵自启。

（6）转速低于 600r/min，且排汽缸排汽温度小于 70℃时，检查低压缸喷水自动关闭。

（7）转速降至 200r/min，停止氢气冷却器运行。

（8）当凝汽器真空到零时，停止向汽轮机轴封供汽，停止轴封加热器风机。

（9）转速到零，检查盘车自动投入，否则应手动投入盘车。检查、记录顶轴油压正常，盘车电动机电流及摆动值和转子偏心度，记录惰走时间。

（10）盘车期间，倾听汽轮机声音，监视汽缸膨胀均匀缩回，维持润滑油温为

27～35℃。

（11）注意除氧器压力、温度，不需加热时，关闭辅助汽源隔绝门。

（12）做好防止汽轮机进冷汽、冷水的措施，检查以下阀门状态：

1）关闭1～6段抽汽电动门。

2）关闭轴封两路汽源门。

3）关闭轴封减温水门。

（13）高压缸温度低于170℃时，方可停止盘车，盘车停止后，停止顶轴油泵。

（14）停运后，如发电机内有氢气，应保持密封油系统运行，维持油氢差压合格。

（15）只有当发电机内置换为空气且压力为零，盘车停止后，方可停止密封油系统运行。

（16）密封油和润滑油停运后，停止排烟机运行。

（17）汽轮机低压缸排汽温度低于50℃时，可以停止循环水。

（18）当所有闭式冷却水用户均停用后，可停止闭式冷却水泵。

（二）停炉后的操作

（1）机组解列后，确认MFT光字牌亮，确认炉膛熄火。

（2）关闭各角油枪手动门，开启燃油再循环阀。

（3）保留1台炉水循环泵运行。

（4）用给水泵继续向汽包上水至最高水位，严格监视汽包壁温差不超过40℃。

（5）停止所有给水泵运行，打开省煤器再循环阀。

（6）保持30%额定风量，对炉膛进行5min的吹扫。

（7）停止送风机、引风机运行，关闭所有风烟挡板。

（8）停炉正常冷却时，停炉2h后打开烟风系统各挡板及引风机静叶、本体各部检查孔及看火孔，进行自然通风。

（9）停炉后4h，可启动一台引风机通风冷却，但应至少有一台炉水循环泵在运行。

（10）若需带压放水，汽包压力0.8MPa时，停止炉水循环泵，进行带压放水。但应保持其低温冷却水系统继续运行，放水后，对锅炉主要膨胀点进行一次检查，并记录膨胀值。

（11）汽包压力降至0.5MPa时，打开锅炉本体疏水门。

（12）汽包压力降至0.2MPa时，打开锅炉本体空气门。

（13）如不放水，当锅水温度低于150℃时，停止第三台炉水循环泵运行。

（14）当空气预热器进口烟气温度低于125℃时，可停止两台空气预热器运行。

（15）当炉膛温度低于80℃时，可停止探头冷却风机。

（16）从锅炉熄火开始，每个1h记录一次汽包壁温度及上、下壁和内、外壁温差，当任意两点温差大于40℃时，应减缓锅炉冷却速度。

（17）冬季停炉要做好防冻措施，严防冻坏设备。

（18）在锅炉压力尚未降到大气压力和辅机电动机未切断电源时，不得停止对锅炉机组及其辅助设备的监视。

（19）如需锅炉快冷，按以下步骤进行：

1）停炉后，锅炉保持汽包水位为 100～300mm，炉水循环泵继续运行。

2）各疏水门、空气门关闭。

3）维持一侧引风机、送风机运行，根据汽包壁温差的变化，调整引风机、送风机出力，汽包壁温差小于 40℃ 时，可保持 600～700t/h 的通风量，进行通风冷却，以 0.5℃/min 的速率降温。

4）汽包压力大于 3.5MPa 时，锅炉降压速度严禁大于 0.75MPa/min；汽包压力小于 3.5MPa 时，锅炉降压速度严禁大于 0.375MPa/min。

5）如果汽包壁温差接近 40℃ 且继续增大时，应减小通风量。

6）如果汽包壁温差大于 40℃，则应停止全部引风机、送风机，关闭风烟系统各挡板，停止锅炉通风。

7）汽包压力为 0.5MPa 时，开启炉侧本体疏水门。

8）汽包压力为 0.2MPa 时，开启锅炉各空气门。

9）快冷过程中，每 30min 记录一次汽包壁温、汽包壁温差和汽包水位、压力。

10）汽包压力降至零，最高点壁温为 100～120℃ 时，停止炉水循环泵，锅炉放水。

11）炉膛出口烟气温度低于 50℃ 时，停止送风机、引风机运行，锅炉快冷结束。

（三）停机后电气系统操作

（1）检查汽轮机转速且发电机有功功率、定子三相电压、定子三相电流为零；转子电压为零、转子电流为零。

（2）检查发电机出口断路器 5003（5004）、灭磁开关在断开位置，断开出口断路器控制直流电源。

（3）停用振荡解列装置三个连接片。

（4）拉出高压厂用变压器低压侧进线开关至试验位，断开控制直流电源。

（5）检查灭磁开关分闸绿灯亮，断开灭磁开关控制直流电压 Q5；停用四个整流柜通风风机；停用励磁小间空调。

（6）断开双电源段上启励电源开关至检修位。

（7）断开 500kV 母线 5003Ⅰ甲（5003Ⅱ甲）、5004Ⅱ甲（5004Ⅰ甲）隔离开关并断开该隔离开关的控制直流电源。

（8）机组打闸 40min 后，停用主变压器、高压厂用变压器、脱硫变压器冷却装置。

三、机组停运后的保养

（一）锅炉停运后的保养

1. 锅炉保养原则

锅炉停运后，不论是备用还是检修均应认真执行防腐工作。

（1）锅炉设备作短期备用，承压部件又无检修工作，并且准备随时启动时，大都采用"加热充压法"进行保养。

（2）运行设备大修、小修或超过十天备用时，一般采用"带压放水余热烘干"法进行保养。

（3）运行设备转为一个月以上的较长时间备用时，应采取"联氨和氨溶液法"进行保养，如锅炉承压部件比较严密，可采用"充氮法"进行保养。

（4）冷炉不应转为"干式防腐"，不得已时，必须点火升压至额定压力的30%后再降压，采用"余热烘干法"进行保养。

2. 锅炉保养方法

（1）水压试验后准备运行期间。

1）水压试验后，所有不能放水部分应充入含有10mg/kg氨和200mg/kg联氨的除盐水或凝结水，该溶液的pH值约为10。通过主蒸汽减温器经过热器使其溢入汽包、省煤器和水冷壁。

2）通过汽包、过热器及再热器系统的充氮门进行充氮，并升压到0.0343MPa。

（2）化学清洗后准备运行期间。

1）将含有10mg/kg氨和200mg/kg联氨的除盐水或冷凝水充入过热器、再热器、给水加热器水侧、连接管道、省煤器和水冷壁。

2）用氮气充满过热器、给水加热器汽侧和汽包，保持0.0343MPa氮气压力。

（3）短期停炉（4天以内）。

1）维持与正常运行时相同的氨和联氨浓度。

2）对过热器和汽包充入氮气，并保持压力为0.0343MPa。

3）用氮气充满给水加热器汽侧。

（4）如果停炉进行局部维修时。

1）将需要检修的部分放水和排空气。

2）尽可能在0.0343MPa氮气压力下将锅炉其余部分隔绝。

3）如果过热器和再热器中不能充氮保护时，应充满锅水加以保护。

4）如果停炉检修时，锅炉无法采用湿法或干法充氮保护时，可在停炉前以NH_3-N_2H_4钝化方式，使管壁形成保护膜来保护锅炉管道。

（5）长期停炉（4天以上）的保护，可采用干法保护，也可以采用湿法保护。

（6）湿法保护。

1）锅炉水侧保护：随着锅炉停炉冷却，将汽包水位上到高水位，关闭疏水门及取样门。当锅水温度降至150℃以下时，通过加药泵注入N_2H_4及NH_3。此时应保留一台锅水循环泵运行，使药液与锅水均匀混合。锅水中应含有10mg/kg氨和200mg/kg联氨，锅水pH值应接近10。当汽包压力降至0.172MPa时，打开汽包充氮门，维持汽包内氮气压力为0.0343MPa。

2）过热器、再热器的保护：当汽包压力降至0.172MPa时，打开过热器、再热器充水门，用含有10mg/kg氨和200mg/kg联氨的除盐水或凝结水充入过热器和再热器，这些溶液的pH值应接近10，当水从空气门溢流后关闭空气门，停止上水。向过热器、再热器充氮，并维持氮气压力为0.0343MPa。

（7）干法保护。干法保护即充氮保护水、汽侧受热面，其方法如下：

1）当汽包压力降至0.172MPa时，打开充氮门，维持氮气压力为0.0343MPa，打开汽包和过热器充氮门，向汽包和过热器充氮，以便排水。

2）打开水冷壁下联箱放水、排污门、省煤器放水门进行放水。应控制放水门，使锅炉压力不小于0.1MPa。当汽包无水时，开省煤器充氮门。

3）水冷壁、省煤器的水放净后，关闭各放水门，维持汽包、省煤器、过热器内氮气压力为0.0343MPa。

4）当再热器压力降至0.172MPa后，打开再热器充氮门，向再热器充氮。当再热器温度低于100℃时，维持再热器内氮气压力为0.0343MPa表压。

5）定期化验氮气纯度，注意氮气压力，保证各充氮系统氮气压力都维持在0.0343MPa。

（8）锅炉检修期间的保护。可按短期停炉检修的相同方法进行保护，即在可进行干法、湿法保护的部分采取干法、湿法保护。不能用干法、湿法保护的时候，可用在停炉前NH_3-N_2H_4钝化法在管壁形成保护膜，以减轻在检修期间的腐蚀。

（9）余热烘干法。

停炉后采用排汽降压方式降压，在降压过程中严格控制降压速度。

20压力降低至0.5MPa，开启所有排污门、疏水门及给水管道放水门进行放水，当压力降至0.2~0.5MPa时，开启上部所有空气门，放水时要迅速，防止蒸汽在过热器和再热器内凝结，在放水过程中要严格监视汽包各点壁温，任意两点温差不得大于40℃。利用锅炉余热烘干受热面，烘干期间每一小时从汽、水取样门或空气门取样测定湿度，当湿度低于70%或等于环境相对湿度时，关闭所有放水门和排气门，如炉温降至105℃，炉内空气湿度仍未达标，锅炉应重新点火继续烘干，烘干时不得超过两只油枪。

（二）汽轮机停运后的保养

1．停机在一周内的保养原则

（1）放尽除氧器、凝汽器热水井中的存水。

（2）放尽高、低压加热器汽侧的余水。

（3）隔绝一切可能进入汽轮机内部的汽水阀门。

（4）所有抽汽管道、主蒸汽、再热蒸汽及汽轮机本体疏水全部开启。

2．汽轮机停运一周以上的保养原则

（1）执行上述1~4条措施。

（2）高、低压加热器汽、水侧及除氧器充N_2干保养。

（3）长期停运的设备应放尽设备及系统内积水。

（4）冬季机组停运后，应做好设备防冻措施。

（三）发电机停机后的保养

（1）发电机停运后，发电机定子冷却水系统连续运行，应监视发电机露点温度值，防止发电机内水汽凝结、结露。

（2）发电机排氢时，氢压低于定子冷却水压前必须先停运发电机定子冷却水系统，当发电机内充满空气时，要可靠隔绝供氢管道并挂误动牌。

（3）停运期间，若发电机内仍充有氢气时，应进行常规维护监视，保证机内正常的氢气纯度、露点、密封油、氢油差压、定子冷却水温度与氢温、氢冷却器入口水压等。

（4）氢气露点在－20～－5℃，氢气温度在25～45℃。

（5）应定期检查氢气纯度，氢气纯度正常维持在不小于96%。

（6）氢气压力必须大于定子冷却水压力0.035MPa以上。

（7）发电机定子冷却水的导电率应维持在0.1～0.4μS/cm范围内，pH值在7～9范围内运行。

（8）停机后，定子冷却水系统停运时，应放尽系统中的存水，防止冻裂定子冷却水设备。

（9）停机后，投入发电机封闭母线微正压加热装置。

（10）若机组由冷备用转检修状态，应测量发电机的定子绝缘电阻和转子绝缘电阻值并记录在绝缘登记本内备查。

（11）发电机停机后需检修排氢时，在置换前应将氢湿度表的进、出口门关闭，防止进入空气影响表计的准确度，在发电机系统充完氢气后再打开该表的出、入口门。

（12）发电机置换为空气后，在检修过程中应将来氢管路与发电机可靠隔绝。

（13）发电机停机后可停止氢冷却器运行。

（14）发电机为空气时，应停止氢干燥器运行，待充氢前，恢复氢干燥器运行，使氢干燥器与发电机一同进行氢气置换。

四、机组停运后的防冻措施

（1）每年十月中旬，进行一次炉体全面防冻检查。特别是引风机、送风机和一次风机的油系统电加热装置必须做投运试验，确保能适时投运。

（2）辅助蒸汽系统处于备用状态。

（3）所有蒸汽、电伴热装置可靠投入。把伴热装置运行情况、伴热蒸汽供汽联箱压力和伴热电缆端部温度检查作为正常巡检项目，并在室外气温较低时适当增加巡检次数。

（4）停炉后，应检查关闭所有风门挡板。

（5）停炉后锅炉放水时必须采用热炉放水，放水时要严格掌握放水参数。确保所有管路水放尽。并联系热控和化学人员对各仪表管和化学取样表管进行放水。放水结束后要开启炉零米前、后水冷壁下联箱放水管路放水门，开启过热器、再热器减温水管路放水门，开启汽包水位计放水门。

（6）停炉时间较长，停炉前要尽量将原煤仓烧空，防止原煤仓冻结。

（7）停炉后，要加强对炉水循环泵电动机温度的监视和检查，确保电动机腔体温度大于5℃，如停炉时间较长，且锅水温度降至60℃以下时应开启炉水循环泵底部放水门，将炉水循环泵电动机内积水放尽。

（8）停炉后，炉水循环泵高压注水系统必须放水。

（9）检查所有蒸汽伴热可靠投入，疏水器全部投入。每班检查表管伴热装置正常投入。

（10）所有门窗保持关闭状态，采暖系统正常投运，各处暖气温度正常，采暖系统疏水回收装置可靠投入，当发现部分暖气温度较低时要尽快联系有关人员处理。

（11）投入所有采暖伴热系统，必要时增加临时采暖设备。

（12）投运所有冷却水系统，检修时应将冷却器内的冷却水放尽，以免冻裂冷却器。

（13）冷灰斗水封水适当开大，保持溢流，以免冻结。

（14）对机侧室外可能会造成冻结的设备与系统，应采用放水或定期启动的方法来防冻。

（15）冬季机组停运后应尽可能采用干式保养。采用湿保养时，应定期启动炉水循环泵。

第九章　事　故　处　理

事故处理的原则如下：

（1）事故发生时，应按"保人身、保电网、保设备"的原则进行处理。

（2）事故发生时的处理要点如下：

1）根据仪表显示及设备的异常现象判断事故确已发生。

2）迅速处理事故，解除对人身、电网及设备的威胁，防止事故蔓延。

3）必要时应立即解列或停用发生事故的设备，确保非事故设备正常运行。

4）迅速查清原因，消除事故根源。

（3）故障发生时，应在值长的统一指挥下正确处理事故。

（4）值长的命令除对人身和设备有危害的外均应坚决执行。

（5）在交接班期间发生故障时，应停止交接班，由交班者处理，接班者可在交班者同意下协助处理，事故处理告一段落后再进行交接班。

（6）事故处理完毕，应将所观察到的现象、事故发展的过程和对应时间及采取的处理措施等进行详细的记录，并将事故发生及处理过程中的有关数据记录、收集备齐，以备故障分析。

第一节　锅　炉　事　故　处　理

一、锅炉紧急停运的条件

（1）达到 MFT 动作条件之一，而 MFT 拒动或该条件解除时。

（2）蒸汽管道破裂，无法解列切除，不能维持正常运行或威胁人身设备安全时。

（3）水冷壁、过热器、再热器、省煤器严重泄漏或爆破，不能维持主参数（水位、蒸汽温度、蒸汽压力、炉膛压力）正常运行时。

（4）所有水位计损坏，无法监视汽包水位时。

（5）锅炉尾部烟道发生再燃烧，经处理无效，使排烟温度不正常升高到 250℃，有烧坏空气预热器危险时。

（6）再热蒸汽中断时。

（7）炉膛内部或烟道内发生爆炸时。

（8）锅炉压力超过安全门（含 PCV 阀）动作压力而安全门拒动，同时手动 EBV 阀

（电磁泄放阀）又无法打开时。

（9）安全门动作经处理仍不回座，蒸汽温度、压力下降到汽轮机不允许值时。

（10）过热器减温水调节阀失效和减温水总门关闭时。

（11）锅炉房发生火灾，直接威胁锅炉安全运行时。

二、锅炉申请停炉条件

（1）炉内承压受热面因各种原因漏泄时。

（2）高压汽水管道、法兰、阀门漏泄无法隔离时。

（3）单台空气预热器故障，短时间内无法恢复时。

（4）两台除尘器停运短时间内无法恢复时。

（5）控制气源失去，短时间内无法恢复时。

（6）锅炉给水、锅水、蒸汽品质严重低于标准，经调整无法恢复时。

（7）锅炉严重结焦，经多方面处理难以维持正常运行时。

（8）烟道积灰、炉膛及预热器漏风，电除尘及引风机积灰等原因，经采取措施无法维持炉膛正常负压时。

（9）锅炉汽温和受热面壁温严重超温，经多方面调整无法降低时。

（10）除灰系统故障，短时间不能消除，灰渣堆积超过落灰斗时。

（11）吹灰系统故障，无法正常吹灰时。

（12）安全门起跳后不回座，经降负荷，降压力调整仍不能回座。

三、锅炉 MFT

（一）MFT 动作条件

锅炉达到任意主保护条件之一，MFT 动作。

（二）MFT 动作后的现象

（1）MFT 声光报警。

（2）火焰电视无火焰显示。

（3）蒸汽温度、蒸汽压力急剧降低。

（4）汽轮机跳闸，发电机解列。

（5）所有运行制粉系统跳闸，一次风机、密封风机跳闸。

（6）燃油系统来、回油快关阀关闭，所有油枪角阀及吹扫蒸汽阀关闭。

（7）减温水电动、气动总门，各气动分门及电动分门关闭。

（三）MFT 动作后的处理

（1）MFT 动作时，自动进行下列动作，否则，应立即手动操作：

1）所有油枪跳闸阀关闭，来油、回油快关阀跳闸关闭。

2）所有一次风机全停。

3）所有磨煤机、给煤机、密封风机跳闸，对磨煤机充惰。

（2）汽轮机及发电机跳闸。

（3）若在吹灰阶段，确认吹灰已终止，吹灰器应退出，否则按紧急按钮终止吹灰。

（4）脱硫系统跳闸。

（5）减温水总门及截止门强关。

（6）保持 30％通风，进行锅炉吹扫。

（7）控制过热器压力在允许的范围内。

1）若汽包安全门，过热器安全门已起座，待各安全门均回座后，用主蒸汽对空排汽门控制过热器压力。

2）若高、低压旁路已投运，应确认控制正常，否则应手动控制，保持主蒸汽压力稳定，当高压旁路阀接近关闭时，用主蒸汽对空排汽门控制主蒸汽压力，停用高、低压旁路。

3）若承压部件爆破引起紧急停炉，MFT 动作后立即关闭至辅助蒸汽母管、至吹灰器的供汽门。关闭汽包排污门、事故放水门和进药门，必要时还应关闭至汽轮机轴封供汽门，关闭汽水取样门，尽一切可能减缓锅炉压力的下降。

（8）控制汽包水位：

1）若给水泵在运行并且汽包水位可见时，立即关闭给水主阀，用 30％给水调节阀维持汽包水位在 200mm 左右，打开省煤器再循环门。

2）若全部给水泵在运行但无法确定水位值是多少时，立即停运全部给水泵，关闭给水主阀和给水旁路调节阀，并按锅炉缺水或满水的相关规定进行处理。

3）若全部给水泵均已跳闸，立即关闭给水主阀和给水旁路调节阀。必要时还应关闭其隔绝门，防止倒流而扩大事故。

（9）控制炉膛压力。

1）检查炉膛压力在允许的范围内，否则立即手动调整，尽量使炉膛压力正常，同时逐步将送风量降至 30％满负荷风量，尽量使炉膛压力正常。

2）若所有引风机、送风机均已跳闸，立即确认自然通风工况是否正常，否则手动建立自然通风。

（10）若遇尾部烟道再燃烧时，立即按其相应的规定进行处理。

（11）检查火焰检测冷却风机运行正常，否则立即启动备用火焰检测冷却风机。

四、水冷壁管损坏

（一）现象

（1）锅炉泄漏检测装置报警。

（2）有显著的响声。汽包水位迅速下降，锅炉给水流量明显大于蒸汽流量。

（3）严重时炉膛压力变正，自检查孔、门、炉墙不严密处喷出烟气或蒸汽。特别严重时炉膛正压保护动作。

（4）正压保护动作。

（5）引风机入口静叶自动开大，引风机电流增大。

（6）蒸汽压力、给水压力下降。

（7）炉内燃烧不稳定，甚至造成灭火。

（8）蒸汽温度偏差增大。

（二）原因

（1）汽水品质长期不合格，使管子结垢、腐蚀，运行中过热损坏。

（2）管材制造、焊接不合格。

（3）燃烧器附近的水冷壁管被煤粉磨损。

（4）吹灰器卡在工作位置，管子被吹漏。

（5）燃烧调整不当，火焰偏斜，使受热面局部过热。

（6）个别水冷壁管被异物堵塞。

（7）膨胀不匀，管子被拉坏。

（8）长期超温运行或受外力破坏。

（三）处理方法

（1）汇报值长，机组可切至"机跟炉"控制方式。

（2）尽快确定损坏部位。

（3）经加大给水量，能够维持汽包水位时，应降低机组负荷及主蒸汽压力。同时，加强对故障点的监视，保持燃烧稳定，并做好停炉准备。

（4）若水冷壁管损坏严重，造成锅炉灭火或加强进水后仍不能维持正常水位或影响到邻炉的正常运行时，应立即停炉。停炉后继续加强进水，汽包水位仍不能回升时，则应停止对锅炉进水，停炉后省煤器再循环门不得打开。

（5）停止一切对外供汽，关闭连续排污门。

（6）若水冷壁管严重泄漏，使炉膛正压保护动作或锅炉灭火，且主蒸汽压力急剧下降时，不得重新点火。

（7）停炉后汽包水位不能维持时，停止炉水循环泵，保留其低压冷却水运行。

（8）停止电除尘。

（9）停炉后应保留 1 台引风机、送风机运行，加强通风冷却，汽包上、下壁温差超过 40℃时，停止通风。

（10）其他按正常停炉后的操作进行。

五、过热器管损坏

（一）现象

（1）锅炉泄漏检测装置报警。

（2）打开过热器附近检查孔时，能听到炉内有尖锐的泄漏声音。

（3）严重时，过热器附近的检查孔有蒸汽和炉烟喷出。

（4）严重时，炉膛负压减小或变正，引风机入口静叶自动开大，引风机电流增大。

（5）过热器损坏侧烟气温度降低，过热蒸汽温度及过热器管壁温度发生异常变化。

（6）蒸汽流量不正常的小于给水流量。

（7）过热器发生爆破时，水位先上升而后下降。

（二）原因

（1）蒸汽品质不良，管内结垢，引起超温爆管。

（2）过热器管壁超温。

（3）飞灰磨损。

（4）被吹灰器吹损。

（5）材质不合格或施工质量不良。

（6）严重超压。

（三）处理方法

（1）尽快确定损坏部位、同时汇报值长，申请停炉。

（2）停炉前可申请适当降低锅炉主蒸汽压力，并保持其他参数正常，加强水位、蒸汽温度调节。

（3）如蒸汽温度超过标准，可倒换磨煤机运行方式，降低负荷，调整燃烧及两侧温差，使蒸汽温度及壁温在正常范围。对泄漏部位加强监视，注意发展情况。

（4）如果蒸汽温度或管壁温度严重超标，经采取措施不能恢复时，应停止锅炉运行。

（5）停止电除尘。

（6）停炉后应保留一台引风机、送风机运行，加强通风冷却，汽包上、下壁温差超过 40℃时，停止通风。

（7）其他按正常停炉后的操作进行。

六、再热器管损坏

（一）现象

（1）打开再热器附近检查孔时，能听到炉内有泄漏声。

（2）严重时，再热器附近的检查孔有蒸汽和炉烟喷出。

（3）损坏侧再热器后烟气温度下降，再热蒸汽温度及壁温发生异常变化。

（4）严重时，主蒸汽流量增加，再热蒸汽压力下降。

（5）引风机入口静叶自动开大，引风机电流增大。

（二）原因

（1）蒸汽品质不合格，管内结垢。

（2）飞灰磨损或吹灰器吹损管子。

（3）运行中再热器长期超温或短期严重过热。

（三）处理方法

参照"过热器管损坏"进行处理。

七、省煤器管损坏

（一）现象

（1）锅炉泄漏检测装置报警。

（2）给水流量不正常地大于蒸汽流量，严重时汽包水位迅速下降。

（3）省煤器和空气预热器后的烟气温度降低或两侧烟温差增大。

（4）省煤器灰斗内有湿灰。

（5）引风机入口静叶开大，引风机电流增大。

（6）省煤器烟道内有异常响声，从不严密处向外冒汽或漏水，严重时省煤器下部灰斗漏水。

（二）原因

（1）省煤器管磨损严重。

（2）省煤器管材质或施工质量不良。

（3）吹灰器吹损省煤器管。

（4）省煤器再循环使用不合理。

（三）处理方法

参照"水冷壁管损坏"，停炉后严禁开启省煤器再循环门。

八、空气预热器、尾部烟道着火

（一）现象

（1）空气预热器处或尾部烟道负压波动。

（2）空气预热器出口风温不正常升高，排烟温度不正常升高。

（3）严重时，自烟道人孔及引风机轴封不严密处冒烟和火星，甚至设备烧红。

（二）原因

（1）煤粉过粗，燃烧不完全。

（2）锅炉灭火后，吹扫不彻底。

（3）锅炉长期超负荷或低负荷运行。

（4）燃油雾化不良，油滴沉积在受热面上。

（5）长期煤油混燃。

（三）处理方法

（1）排烟温度升高时，立即采取调整燃烧和受热面吹灰等措施，使烟气温度降低。

（2）省煤器、空气预热器等处发生再燃烧，或排烟温度上升至 250℃时应紧急停炉。停引风机、送风机，关闭各烟风挡板。

（3）严密关闭各风烟挡板，使系统处于密闭状态，严禁通风。

（4）确认无火后，可启动一台引风机进行彻底通风，待烟气温度及各部分受热面温度正常后，重新点火。

九、锅炉汽包水位异常

（一）现象

（1）汽包水位异常报警。

（2）就地水位计及 CRT 都显示汽包水位异常。

（3）严重满水时，蒸汽温度急剧下降，甚至发生水冲击。

（4）严重缺水时，蒸汽温度升高，蒸汽压力降低。

（二）原因

（1）给水调节装置失灵。

（2）水位调节系统测量装置故障，造成给水调节装置调整异常。

（3）主蒸汽压力骤变，造成水位波动。

（4）事故放水阀误开。

（三）处理方法

（1）如果给水调节装置失灵，将给水"自动"倒为"手动"调整水位。

（2）若水位指示不正确，应校对水位。

（3）检查相关阀门位置正确。

（4）若水位是由压力突变引起的，应采取措施稳定燃烧。

（5）确认汽包水位大于＋250mm 或汽包水位达－300mm 时，锅炉 MFT 未动作时紧急停炉。

（6）锅炉满水处理："MFT"动作，按紧急停炉处理；停止上水，开省煤器再循环门，全开过热器、再热器和主蒸汽管道疏水；加强放水，注意汽包水位；其余按紧急停机步骤执行；水位恢复正常后，重新启动。

（7）锅炉缺水处理：MFT 动作或手按 MFT 按钮机组紧急停运处理；停止一切放水、排污工作；缺水严重时，严禁上水，停止炉水循环泵运行，紧急停炉；若水冷壁、省煤器和给水管道爆破，则停止上水，关闭省煤器再循环门。

十、锅炉尾部烟道二次燃烧

（一）现象

（1）锅炉尾部烟道着火点以后各点烟气温度不正常地升高，预热器出口风温和省煤器出口水温相应上升。

（2）严重时，尾部烟道负压剧烈波动，烟囱冒黑烟，烟气含氧量降低。

（3）若空预器处发生二次燃烧时，空气预热器外壳发热、空预器电流波动加大，严重时空预器可能因变形而发生卡涩跳闸。同时，从空预器检查窗观察，预热器内有燃烧现象。

（二）原因

（1）燃烧调整不当，煤粉过粗或燃烧恶化，使未燃尽的煤粉进入烟道，或者锅炉灭火后，吹扫不彻底。

（2）油燃烧器燃烧不良或配风不当，使未燃尽的炭黑和油滴沉积在烟道受热面上。

（3）锅炉启动和停炉的时间过长，吹灰不及时，使空预器蓄热板上沉积油垢。

（4）煤油混燃时间太长，炉膛温度低，燃烧不完全，造成大量可燃物在烟道内燃烧。

（三）处理方法

（1）尾部烟气温度不正常升高时应立即查清原因。特别应检查锅炉尾部烟道是否发生二次燃烧，同时对该受热面进行吹灰。

（2）经采取措施无效，烟气温度继续不断升高并已确认尾部烟道发生二次燃烧时，应立即紧急停炉，并投入消防系统进行灭火。

（3）紧急停止引风机、送风机、一次风机运行。

（4）严密关闭空气预热器出、入口空气挡板及烟气挡板，关闭引风机出、入口挡板，送风机出口挡板，隔绝空气。

(5) 空气预热器继续运行，必要时保持锅炉连续少量进水，以冷却省煤器。但应注意上水时，省煤器再循环门应关闭。水位高时可使用连续排污进行放水。

(6) 停炉后应迅速查明燃烧部位，必要时可打开人孔，用灭火器材进行灭火。

(7) 尾部烟道各段温度正常后，启动引风机、送风机，以 30%MCR 的总风量通风 10min 后，停止风机，进行检查。

(8) 确认设备未遭到破坏、清除可燃物质后，可以重新启动锅炉。

十一、一次风机性能下降

（一）现象

(1) 一次风机电流下降，一次风压力降低。

(2) 炉膛燃烧减弱，主蒸汽压力下降。

（二）原因

(1) 风机吸入口堵塞。

(2) 风机内部吸入异物。

(3) 风机内部故障。

(4) 风机电动机出力降低。

（三）处理方法

(1) 解除故障一次风机自动，加大正常一次风机出力，注意运行风机不超电流，调整一次风压至正常。

(2) 维持炉膛负压、氧量、蒸汽温度、水位等参数正常。

(3) 及时将故障一次风机停运。

(4) 手动打跳部分磨煤机，并降负荷至 50%～60%额定负荷。

(5) 燃烧不稳时，投油稳燃。

(6) 就地检查 A 一次风机外观情况。

十二、送风机轴承温度高

（一）现象

风机轴承温度升高。

（二）原因

(1) 油脂劣化。

(2) 轴承磨损。

(3) 油系统故障。

（三）处理方法

(1) 增加运行送风机出力，降低故障送风机出力，操作时注意防止风机喘振现象发生。密切监视故障风机轴承温度变化。

(2) 就地检查故障风机轴承润滑油压、油窗油位、油量、冷却水系统是否正常。若有异常应及时调整。

(3) 就地实测故障风机轴承温度，证实轴承温度确实升高。

(4) 密切监视送风机轴承温度变化，若轴承温度已达到报警值且继续升高，应快速转移风机出力。

（5）手动打跳部分磨煤机，并降负荷至 50%～60% 额定负荷。

（6）燃烧不稳时投油稳然。

（7）维持炉膛负压、氧量、蒸汽温度、水位等参数正常。

（8）若轴承温度继续升高至保护动作值风机应跳闸，否则手动将风机停运。

十三、送风机轴承振动大

（一）现象

（1）送风机轴承振动升高。

（2）送风机出力有所降低。

（3）送风机电流摆动。

（4）送风机轴承温度上升。

（二）原因

（1）送风机轴承损坏。

（2）送风机内部结构损坏。

（3）地脚螺栓松动。

（4）送风机电动机振动大。

（5）送风机发生喘振等。

（三）处理方法

（1）手动增加正常送风机出力，降低故障送风机出力，操作时注意防止风机喘振现象发生，密切监视故障风机轴承温度变化。

（2）就地检查故障风机轴承润滑油压、油窗油位、油量是否正常，风机是否发生喘振等。若有异常应及时调整。

（3）就地实测故障风机轴承振动，证实轴承振动确实升高。

（4）密切监视送风机轴承振动变化，若轴承振动已达到报警值且继续升高，应快速转移风机出力，若已判断风机轴承磨损，立即打跳风机。

（5）手动打跳部分磨煤机，并降负荷至 50%～60% 额定负荷。

（6）燃烧不稳时投油稳然。

（7）维持炉膛负压、氧量、蒸汽温度、水位等参数正常。

（8）若轴承振动继续升高至保护动作值风机应跳闸，否则手动将风机停运。

十四、PCV 阀误动

（一）现象

（1）PCV 阀关反馈消失。

（2）主蒸汽压力下降。

（3）机组负荷下降。

（4）汽包水位升高。

（二）原因

（1）运行人员误开。

（2）PCV 阀整压力比设计值偏低。

（3）控制回路故障。

（三）处理方法

（1）立即将 PCV 阀切至退出，PCV 阀关闭无效。

（2）立即解除有关自动及协调，机组降负荷，降低压力。

（3）控制降压速度，并密切监视汽包上、下壁温差不大于 40℃。

（4）调整燃烧，负荷过低燃烧不稳时应投油稳然。

（5）维持炉膛负压、氧量、蒸汽温度、水位等参数正常。

（6）汇报值长，联系检修及热工处理。

（7）注意对再热器受热面壁温的监视，不允许超温。注意对两侧蒸汽温度偏差的调整。

（8）若运行中无法处理，应申请停炉。

十五、炉水循环泵跳闸，备用炉水循环泵启不来

（一）现象

（1）炉水循环泵运行反馈消失。

（2）炉水循环泵电流为 0。

（3）汽包水位上升。

（二）原因

（1）运行炉水循环泵保护动作。

（2）运行炉水循环泵电气故障。

（3）运行炉水循环泵就地事故按钮被误按下。

（4）备用炉水循环泵开关电气故障。

（5）备用炉水循环泵启动条件不满足。

（三）处理方法

（1）检查炉水循环泵有关联锁动作正常，否则手动操作。

（2）检查运行炉水循环泵参数，如电流、差压、电动机腔室温度正常。

（3）手动自上而下打跳部分磨煤机，并降负荷至 60％额定负荷。

（4）立即解汽包水位自动，调整汽包水位正常。

（5）注意控制炉膛负压、蒸汽温度正常。

（6）燃烧不稳时，投油稳然。

十六、送风机动叶卡涩

（一）现象

（1）锅炉炉膛压力负向增大。

（2）故障送风机电流下降。

（3）故障送风机风量下降。

（4）故障送风机动叶全关。

（5）氧量下降。

（6）总风量下降。

（二）原因

（1）风机动叶轴承损坏。

（2）动叶传动臂附件故障。

（3）液压油系统的溢流阀失效。

（4）液压油缸不能正常动作。

（5）液压油油质劣化。

（三）处理方法

（1）立即调整炉膛负压至正常。

（2）手动试开故障送风机动叶，试开无效。

（3）立即增加对侧送风机出力至最大，维持燃烧所需氧量，防止过电流。

（4）立即停止部分制粉系统，燃烧不稳投油稳燃。

（5）迅速将机组负荷降至50%～60%额定负荷。

（6）停止故障送风机运行。

（7）调整汽包水位、蒸汽温度、氧量、炉膛压力等参数在正常范围以内。

十七、水冷壁积灰

（一）现象

（1）主、再热蒸汽温度上升。

（2）过热器、再热器壁温升高。

（3）各段烟气温度升高。

（4）锅水温度下降。

（二）原因

（1）燃用易结焦煤种。

（2）吹灰不及时。

（3）炉内火焰偏斜，冲刷水冷壁，导致积灰结焦。

（三）处理方法

（1）立即投入炉膛短杆吹灰。

（2）调整蒸汽温度、壁温正常。

（3）调整炉膛负压正常。

（4）若吹灰无效，适当降负荷，并申请停炉处理。

十八、汽水共腾

（一）现象

（1）汽包水位大幅波动。

（2）给水泵转速的上下波动。

（3）主蒸汽温度逐渐下降。

（二）原因

（1）锅水品质太差。

（2）负荷增加和压力降低过快。

（3）炉水加药过多。

（三）处理方法

（1）适当降低负荷，调整蒸汽温度、负压、氧量均正常。

（2）给水改为手动调整，根据水位表，水位高低信号，参照汽水流量，保持水位在较低值运行。校对就地和远方水位指示。

（3）全开连续排污、定期排污、事故放水加强换水。

（4）蒸汽温度下降较快，开启蒸汽管道疏水，根据主蒸汽温度下降速度减负荷。

（5）通知化学加强锅水分析，改变加药数量，改善锅水质量。锅水品质未合格前，不允许增加负荷。

（6）若汽轮机发生水冲击，主蒸汽温度10min内下降50℃，应立即破坏真空紧急停机。

十九、一次风机动叶卡涩

（一）现象

（1）炉膛压力负向增大。

（2）一次风机电流降低。

（3）一次风压下降。

（4）一次风机动叶反馈指示到零。

（二）原因

（1）风机动叶轴承损坏。

（2）动叶传动臂附件故障。

（3）液压油系统的溢流阀失效。

（4）液压油缸不能正常动作。

（5）液压油油质劣化。

（三）处理方法

（1）立即调整一次风机出力至最大，维持母管一次风压，防止运行一次风机过电流。

（2）手动试开A一次风机动叶，试开无效。

（3）手动自上而下打跳部分磨煤机，并降负荷至50%～60%额定负荷。

（4）燃烧不稳时投油稳燃。

（5）调整炉膛负压至正常。

（6）停止故障一次风机运行。

二十、一次风机喘振

（一）现象

（1）一次风机动叶开度增大。

（2）故障一次风机电流周期性摆动。

（3）故障一次风机出、入口风压周期性摆动。

（4）就地故障一次风机有周期性异音。

（5）故障一次风机轴承振动值周期性变化。

（6）一次风压周期性摆动。

（二）原因

（1）烟风道积灰堵塞或烟风道挡板开度不足引起系统阻力过大。

（2）两风机并列运行时导叶开度偏差过大使开度小的风机落入喘振区运行。

（3）风机长期在低出力下运转。

（4）风机入口风道阻力增大。

（三）处理方法

（1）自上而下打跳、停止部分磨煤机，并降负荷至 $50\%\sim60\%$ 额定负荷。

（2）根据燃烧情况，投油稳燃。

（3）立即解除一次风机自动，手动减小电流较大风机导叶的开度，使其和电流较小风机快速并列。

（4）调整炉膛负压、汽包水位、蒸汽温度、氧量、炉膛压力等参数在正常范围以内。

（5）一次风机喘振，应尽快恢复一次风压正常，防止制粉系统堵管。

（6）当电流较小的风机电流突然回升时，表明此风机已经并入该系统可以正常工作，此时，手动将两风机电流调平并稳定工作一段时间后，将两风机投入自动。

二十一、引风机喘振

（一）现象

（1）引风机动叶开度增大。

（2）故障引次风机电流周期性摆动。

（3）炉膛负压周期性摆动。

（4）就地故障引风机有周期性异音。

（5）故障引风机轴承振动值周期性变化。

（二）原因

（1）烟风道积灰堵塞或烟风道挡板开度不足引起系统阻力过大。

（2）两风机并列运行时导叶开度偏差过大使开度小的风机落入喘振区运行。

（3）风机长期在低出力下运转。

（4）风机入口风道阻力增大。

（三）处理方法

（1）自上而下打跳、停止部分磨煤机，并降负荷至 $50\%\sim60\%$ 额定负荷。

（2）根据燃烧情况，投油稳燃。

（3）立即解除引风机自动，手动减小电流较大风机导叶的开度，使其和电流较小风机快速并列。

（4）调整炉膛负压、汽包水位、蒸汽温度、氧量、炉膛压力等参数在正常范围以内。

(5) 当电流较小的风机电流突然回升，表明此风机已经并入该系统可以正常工作，此时手动将两风机电流调平并稳定工作一段时间后，将两风机投入自动。

二十二、磨煤机润滑油泵跳闸

(一) 现象

(1) 报警栏显示"磨煤机跳闸"报警。

(2) 磨煤机跳闸首出为"稀油站油分配器入口油压低低"，稀油站高速泵已停止。

(3) 炉膛负压下降。

(4) 炉膛氧量上升。

(5) 主蒸汽压力下降。

(6) 负荷下降。

(二) 原因

(1) 润滑油泵动力电源失去。

(2) 润滑油泵或电动机保护动作。

(3) 润滑油泵发生机械卡涩，开关过载跳闸。

(4) 润滑油箱油位低于下限。

(三) 处理方法

(1) 增加其他磨煤机给煤量，根据运行磨煤机最大出力确定所带负荷。

(2) 检查跳闸磨煤机有关风门等是否联动，否则手动操作。

(3) 维持汽包水位、蒸汽温度正常。

(4) 立即启动备用磨煤机运行。

(5) 燃烧不稳，投油稳燃。

二十三、磨煤机液压油泵跳闸

(一) 现象

(1) 报警栏显示"磨煤机跳闸"报警。

(2) 磨煤机跳闸首出为"液压油泵跳闸"，液压油泵已停止。

(3) 炉膛负压下降。

(4) 炉膛氧量上升。

(5) 主蒸汽压力下降。

(6) 负荷下降。

(二) 原因

(1) 液压油泵动力电源失去。

(2) 液压油泵或电动机保护动作。

(3) 液压油泵发生机械卡涩，开关过载跳闸。

(4) 液压油箱油位低于下限。

(三) 处理方法

(1) 增加其他磨煤机给煤量，根据运行磨煤机最大出力确定所带负荷。

(2) 检查跳闸磨煤机有关风门是否联动，否则手动操作。

（3）维持汽包水位、蒸汽温度正常。

（4）立即启动备用磨煤机运行。

（5）燃烧不稳，投油稳燃。

二十四、给煤机入口堵煤

（一）现象

（1）报警栏显示"给煤机入口堵煤"报警。

（2）煤机煤量显示 0。

（3）给煤机及磨煤机电流下降。

（4）磨煤机出口温度升高。

（5）氧量上升。

（6）主蒸汽压力下降。

（7）负荷下降。

（二）原因

（1）煤质太湿太黏，导致在煤斗或落煤管挂壁堵煤。

（2）冬季，来煤中有大冻块堵住给煤机入口。

（3）给煤机入口门开度不足，造成堵煤。

（4）煤斗长期停运，导致煤板结堵煤。

（三）处理方法

（1）调整磨煤机冷、热风开度，控制磨煤机出口温度。如磨内温度无法控制或长时间不下煤可停止磨煤机运行（磨煤机出口温度超 100℃时联锁跳闸）。

（2）增加其他磨煤机煤量。

（3）若负荷过低，燃烧不稳时投油稳燃。

（4）启动备用制粉系统，逐渐恢复原负荷工况。

（5）开启振动或就地敲打落煤筒判断原因。

（6）检查原煤仓煤位，确定是否煤斗煤位过低或已烧空，否则联系输煤上煤。

二十五、磨煤机润滑油冷却水中断

（一）现象

磨煤机润滑油温缓慢上涨。

（二）原因

（1）闭式冷却水中断。

（2）润滑油冷却水手门误关。

（三）处理方法

（1）就地检查 A 磨煤机润滑油温实际是否过高，冷却水手门是否开启，未开启，手动开启。

（2）若磨煤机润滑油温超限，降低磨煤机出力，联系检修是否能在线处理。

（3）若不能在线处理或润滑油温接近跳闸值，启动备用制粉系统，停止该磨煤机。

二十六、给煤机控制失灵

（一）现象

（1）给煤机电流摆动。

（2）给煤机煤量摆动。

（3）给煤机给煤指令与实际煤量偏差。

（4）氧量摆动。

（二）原因

（1）给煤机动力电源失电。

（2）给煤机控制电源失电。

（3）给煤机转速控制器故障。

（三）处理方法

（1）降低故障给煤机煤量，增加其他给煤机煤量。

（2）调整磨煤机冷、热风门开度，控制分离器温度在正常值，若分离器温度超限，及时投入磨煤机消防蒸汽。

（3）若负荷过低燃烧不稳时投油稳燃。

（4）启动备用制粉系统，停止故障制粉系统，逐渐恢复原负荷工况。

二十七、送风机液压油泵跳闸

（一）现象

报警栏显示"送风机润滑油泵跳闸"报警。

（二）原因

（1）液压油泵动力电源失去。

（2）液压油泵或电动机保护动作。

（3）液压油泵发生机械卡涩，开关过载跳闸。

（4）液压油箱油位低于下限。

（三）处理方法

（1）检查备用送风机润滑油泵应联启，否则手动启动。

（2）派巡检就地检查送风机润滑油泵运行是否正常。

（3）若备用油泵无法启动，立即停止送风机运行，同时倒负荷至另台风机。

（4）若送风机轴承温度升高过快或到达跳闸值，应立即打跳送风机运行。

（5）送风机动叶若无法操作，应在关闭送风机出口挡板后，停止送风机运行，防止倒风。

二十八、引风机电动机油站跳闸

（一）现象

（1）报警栏显示"引风机电动机油泵跳闸"报警。

（2）"引风机电动机油站重故障"。

（3）引风机跳闸。

（4）炉膛负压正向增大。

（5）氧量下降。

（二）原因

（1）电动机油站动力电源失去。

（2）液压油箱油位低于下限。

（三）处理方法

按"引风机跳闸"处理。

二十九、一次风机电动机油站跳闸

（一）现象

（1）报警栏显示"一次风机电动机油泵跳闸"报警。

（2）"一次风机电动机油站重故障"。

（3）一次风机跳闸。

（4）炉膛负压负向增大。

（5）氧量上升。

（6）主蒸汽压力下降。

（7）负荷下降。

（二）原因

（1）电动机油站动力电源失去。

（2）液压油箱油位低于下限。

（三）处理方法

按"一次风机跳闸"处理。

三十、引风机冷却风机跳闸，备用风机无法启动

（一）现象

报警栏显示"引风机冷却风机跳闸"报警。

（二）原因

（1）冷却风机电源失去。

（2）冷却风机机械卡涩，过载跳闸。

（3）备用风机电源故障无法启动。

（三）处理方法

（1）检查备用引风机冷却风机应联启，否则手动启动。

（2）备用引风机冷却风机无法启动。

（3）严密监视引风机轴承温度，同时倒负荷至对侧。

（4）自上而下停止制粉系统运行，负荷减至50%～60%额定负荷运行。

（5）燃烧不稳，投油稳燃。

（6）若引风机轴承温度上涨至跳闸值，检查引风机跳闸，若未跳，手动打跳。

三十一、送风机跳闸

（一）现象

（1）报警栏显示"送风机跳闸"报警。

（2）送风机电流为 0。

（3）负压负向增大。

（4）氧量降低。

（5）总风量下降。

（二）原因

（1）电动机故障，电气保护动作。

（2）送风机热工保护动作。

（3）送风机机械故障。

（4）吸风机跳闸联锁跳闸。

（5）误动事故按钮。

（三）处理方法

（1）检查辅机有关联锁、风门有关联锁动作正常，否则手动操作。

（2）立即解除送风自动，加大运行送风机出力，调整氧量至正常。

（3）控制炉膛负压、蒸汽温度、汽包水位正常。

（4）打跳部分磨煤机，降负荷至 50％～60％额定负荷，对跳闸磨煤机进行惰性处理。

（5）燃烧不稳时投油稳然。

（6）注意监视运行送风机不超额定电流或根据运行送风机出力带负荷，并加强对运行风机的检查。

（7）检查送风机的跳闸原因。

三十二、引风机跳闸

（一）现象

（1）报警栏显示"引风机跳闸报警"。

（2）引风机电流为 0。

（3）负压正向增大。

（4）氧量降低。

（5）总风量下降。

（二）原因

（1）电动机故障，电气保护动作。

（2）引风机热工保护动作。

（3）引风机机械故障。

（4）误动事故按钮。

（三）处理方法

（1）检查辅机有关联锁、风门有关联锁动作正常，否则手动操作。

（2）立即解除引风自动，加大运行引风机出力，调整负压至正常。

（3）控制炉膛负压、蒸汽温度、汽包水位正常。

（4）打跳部分磨煤机，降负荷至 50％～60％额定负荷，对跳闸磨煤机进行惰性处理。

（5）燃烧不稳时投油稳然。

（6）注意监视运行引风机不超额定电流或根据运行引风机出力带负荷，并加强对运行风机的检查。

（7）检查引风机的跳闸原因。

三十三、空气预热器主电动机跳闸，辅助电动机未能联启

（一）现象

（1）报警栏显示"空气预热器主电动机跳闸报警"。

（2）报警栏显示"空气预热器主电动机电流为0。

（3）报警栏显示"空气预热器转速低报警"。

（4）氧量降低。

（5）总风量下降。

（二）原因

（1）电动机故障，电气保护动作。

（2）空气预热器机械故障。

（3）误动事故按钮。

（4）辅助电动机电源故障。

（三）处理方法

（1）立即手动启动空气预热器辅助电动机运行，无效。

（2）启动空气预热器主电动机运行，无效。

（3）空气预热器跳闸，检查送风机、引风机、一次风机跳闸，否则手动打跳同侧风机运行。

（4）备用风机出力加至最大。

（5）停止部分磨煤机运行，负荷调整至50%～60%额定负荷运行。

（6）燃烧不稳，及时投油。

（7）检查空气预热器空气侧及烟气侧出、入口挡板关闭。

（8）立即派人就地手动盘转空气预热器运行。

（9）加强蒸汽温度、烟气温度及运行风机电流的监视。

三十四、一次风机跳闸

（一）现象

（1）报警栏显示"一次风机跳闸报警"。

（2）一次风机电流为0。

（3）负压负向增大。

（4）氧量降低。

（5）总风量下降。

（二）原因

（1）电动机故障，电气保护动作。

（2）一次风机热工保护动作。

（3）一次风机机械故障。

（4）误动事故按钮。

（三）处理方法

（1）检查辅机有关联锁、风门有关联锁动作正常，否则手动操作。

（2）立即解除一次风自动，加大运行引风机出力，调整负压至正常。

（3）控制炉膛负压、蒸汽温度、汽包水位正常。

（4）打跳部分磨煤机，降负荷至 50％～60％额定负荷，对跳闸磨煤机进行惰性处理。

（5）燃烧不稳时投油稳燃。

（6）注意监视运行一次风机不超额定电流或根据运行一次风机出力带负荷，并加强对运行风机的检查。

（7）检查一次风机的跳闸原因。

三十五、给煤机跳闸

（一）现象

（1）给煤机运行反馈消失。

（2）给煤机电流为 0。

（3）给煤量为 0。

（4）磨煤机分离器温度上升。

（5）分离器压力下降。

（6）主蒸汽压力下降。

（7）氧量上升。

（8）负荷下降。

（二）原因

（1）电动机故障，电动保护动作。

（2）给煤机热工保护动作。

（3）给煤机机械故障。

（4）误动事故按钮。

（三）处理方法

（1）检查就地外观及开关，无问题的情况下可强启一次给煤机。

（2）若启动不成功，通知检修处理。

（3）增加其他磨煤机煤量。

（4）负荷过低燃烧不稳时投油稳燃。

（5）及时启动备用磨煤机运行。

（6）若给煤机短时间无法处理，停止故障给煤机对应的磨煤机运行。

三十六、磨煤机跳闸

（一）现象

（1）磨煤机运行反馈消失。

（2）磨煤机电流为 0。

（3）给煤机联跳。

（4）磨煤机 PC 门、热风挡板关闭。

（5）总煤量下降。

（6）主蒸汽压力下降。

（7）氧量上升。

（8）负荷下降。

（二）原因

（1）电动机故障，电气保护动作。

（2）磨煤机热工保护动作。

（3）磨煤机机械故障。

（4）误动事故按钮。

（三）处理方法

（1）增加其他磨煤机煤量。

（2）负荷过低燃烧不稳时投油稳燃。

（3）及时启动备用磨煤机运行。

（4）检查故障磨煤机连锁动作正常。

（5）对跳闸磨煤机进行充惰。

（6）检查磨煤机跳闸原因。

三十七、空气预热器着火

（一）现象

（1）空气预热器出口烟气温度升高。

（2）排烟温度升高。

（3）热一次、二次风温升高。

（4）炉膛压力波动。

（5）氧量下降。

（6）空气预热器电流摆动大。

（7）空气预热器火灾报警。

（二）原因

（1）油枪雾化不好，燃油时间过长。

（2）炉膛负压过大，使未燃尽的油、煤进入空气预热器。

（3）燃烧不完全，大量可燃物在空气预热器积存。

（4）锅炉启、停时对炉膛、烟道通风不彻底。

（5）空气预热器吹灰不及时。

（三）处理方法

（1）空气预热器出口烟气温度不正常升高时，应增大空气量、减小烟气量。

（2）投入尾部烟道及空气预热器吹灰。

（3）严密监视空气预热器出口烟气温度，若发现出口烟气温度上升至 200℃以上，停运对应的风机，保持空气预热器的转动，迅速降低机组负荷至 50%。

（4）严密关闭着火空气预热器的风、烟道挡板。

（5）空气预热器燃烧严重时，投入水冲洗进行灭火，灭火期间，保持空气预热器运转，严禁打开空气预热器人孔门观察。

（6）确认空气预热器内火被熄灭后，停止喷淋装置运行，用吹灰器对空气预热器充分进行吹扫，检查空气预热器未损坏后，方可将其投运。

（7）若紧急停炉后，经灭火再燃烧消除，低于 60°后联系检修检查受热面后，才允许启动风机通风。

三十八、磨煤机着火

（一）现象

（1）磨煤机出口温度升高。

（2）冷风门开度自动开大。

（3）磨分离器压力大幅摆动。

（4）氧量下降。

（二）原因

（1）磨煤机出口温度太高。

（2）外来易燃杂物进入磨煤机。

（3）在磨煤机底部或进风口沉积了过多的石子煤或煤粉造成自燃。

（4）在磨碗上面的区域内积粉过多，造成自燃。

（5）停磨时未及时吹扫或吹扫不彻底。

（6）原煤水分过低，挥发分过高。

（三）处理方法

（1）加大给煤量、调整开大冷风、减小热风、投入消防蒸汽。

（2）立即派人就地检查、确认磨煤机着火。

（3）增大其他磨煤机煤量。

（4）打跳磨煤机，给煤机联跳。

（5）确认磨煤机入口快关挡板、出口快关挡板、给煤机出口挡板关闭，关闭磨煤机密封风门，将着火磨煤机与外部隔绝。

（6）燃烧不稳，投油稳燃。

（7）启动备用磨煤机运行。

（8）磨煤机内部温度未下降，着火确认未扑灭，禁止开启排渣门或人孔门。

三十九、过热器减温水调节门全关

（一）现象

（1）减温水流量下降。

（2）减温水调节门开度为 0。

（3）故障减温水之后壁温、蒸汽温度快速升高。

（二）原因

（1）失去操作气源。

（2）气缸漏气。

（3）阀杆脱落。

（4）热工电磁阀误关。

（三）处理方法

（1）对该侧蒸汽温度及壁温进行调整。

（2）对各段受热面壁温的监视，不允许超温。

（3）就地检查并试用手摇该调节门。

（4）根据蒸汽温度、壁温情况进行带负荷。

（5）燃烧不稳及时投油。

（6）通知检修进行处理。

（7）若无法处理，申请停炉。

（8）若蒸汽温度过高或过低、蒸汽温度在 10min 内下降 50℃，停机。

第二节　汽　轮　机　事　故　处　理

一、汽轮机破坏真空紧急停机的条件及操作步骤

（一）汽轮机破坏真空紧急停机的条件

汽轮机在下列情况下，应破坏真空紧急停机：

（1）轴向位移突然增大，超过 ± 1.0mm，保护拒动。

（2）汽轮机转速上升到危急遮断器应动作转速而未动作。

（3）机组某一轴振动达 0.25mm 保护拒动。

（4）机组润滑油压低至 0.035MPa，保护拒动。推力轴承回油温度达 77℃。

（5）推力轴承温度升至 107℃、支持轴承温度升至 113℃。

（6）主油箱油位下降至 −300mm，补油无效。

（7）汽轮机进冷汽、冷水，发生水冲击，上、下缸温差达到 56℃。

（8）汽轮机断叶片或内部有明显的金属撞击声。

（9）汽轮机轴封磨损严重，并冒火花。

（10）机组油系统着火无法扑灭并严重威胁机组安全。

（11）低压排汽缸温度达到 120℃。

（12）厂用电消失。

（二）汽轮机破坏真空紧急停机的操作步骤

（1）手动按下"紧急停机"按钮或就地手拉汽轮机跳闸手柄，确认发电机解列，厂用电切换正常，检查各主汽门、调节汽门、各段抽汽止回门、抽汽电动门均关闭，高压缸泄放阀开启，机组负荷到零，转速下降。

（2）检查交流润滑油泵联启，否则手启。

（3）停运真空泵、开启真空破坏门，关闭至排汽装置所有疏水，控制排汽缸温度小于 80℃。

（4）转速达 2100r/min 时，检查顶轴油泵自启，否则手动启动顶轴油泵。

（5）检查轴封压力、轴封温度正常。

（6）注意低压缸排汽温度、排汽装置水箱水位、除氧器水位的变化。

（7）检查机组情况，倾听汽轮机转动部分声音，当内部有明显的金属撞击声或转子惰走时间明显缩短时，严禁立即再次启动机组。

（8）真空到零，停运轴封供汽。

（9）转速至零，立即投入盘车，记录转子惰走时间、偏心度，盘车电动机电流、缸温等。

（10）停机过程中应注意机组振动、轴向位移、差胀、润滑油压、油温、密封油差压正常。

（11）完成停机的其他操作。

（12）冬季如尖峰、基本热网加热器投运，机组跳闸后确认尖峰、基本热网供汽电动门、止回门自动关闭。

二、汽轮机不破坏真空紧急停机的条件及操作步骤

（一）汽轮机不破坏真空紧急停机的条件

汽轮机在下列情况下，应不破坏真空紧急停机：

（1）主蒸汽、再热蒸汽管道、高压给水管道破裂，无法运行时。

（2）DEH 工作失常，汽轮机不能控制转速和负荷。

（3）EH 油泵和 EH 油系统故障危及机组安全运行时，EH 油压小于或等于 8.5MPa 保护拒动。

（4）凝汽器真空为 20.3kPa 保护未动，虽然减负荷到零仍不能恢复。

（5）主蒸汽、再热蒸汽参数上升至 566℃ 且超过 15min 不下降或 10min 内急剧下降 50℃。

（6）主蒸汽压力异常升高至 21.67MPa。

（7）运行中、高压缸排汽温度升高至 427℃。

（8）汽轮机胀差达极限，高中压缸达 ＋11.1mm 或 －5.1mm，低压缸达 ＋24.5mm，－1.52mm，保护拒动。

（9）低压缸排汽温度高于 120℃，处理无效。

（10）发电机定子绕组冷却水中断，30s 仍不能恢复。

（二）不破坏真空故障停机的操作步骤

（1）手动按下"紧急停机"按钮或就地手拉汽轮机跳闸手柄，确认发电机解列，检查主调节汽门、各段抽汽止回门均关闭，高压缸通风阀开启，机组负荷到零，转速下降。

（2）手启交流润滑油泵，高压密封油泵。

（3）检查高、低压旁路和主蒸汽管道疏水门自动开启，注意主蒸汽压力，及时关闭高、低压旁路。

（4）检查低压缸喷水减温阀投自动，否则手动控制其开度，维持排汽缸温度小于80℃。

（5）检查轴封压力、轴封温度正常。

（6）检查辅助蒸汽汽源已切换。

（7）转速为2100r/min时，检查顶轴油泵自启，否则手动启动顶轴油泵。

（8）真空到零，停运轴封供汽。

（9）转速到零，检查盘车自动投入正常。若自投不成功，应手动投入，记录转子惰走时间、偏心度、盘车电动机电流、缸温等。

（10）停机过程中应注意机组的振动、轴移、差胀、润滑油压、油温、密封油氢差压正常。

（11）完成停机的其他操作。

三、汽轮机申请停机条件

（1）蒸汽温度、蒸汽压力变动超过规定值，而在短时间内无法恢复正常时。

（2）主蒸汽管道或其他管道破裂，无法再运行时。

（3）DEH控制系统和配汽机构故障时。

（4）辅机故障无法再维持汽轮机正常运行时。

（5）因油系统故障，无法保持必须的油压与油位时。

（6）汽水品质严重超标，经处理仍达不到要求时。

四、汽动给水泵紧急打闸条件

（1）汽动给水泵组突然发生强烈振动或金属撞击声。

（2）转速高至5270r/min而危急遮断器未启动。

（3）发生严重水冲击而又无法消除。

（4）轴端汽封冒火花。

（5）轴承断油或回油温度超过75℃。

（6）油系统着火而又来不及扑灭时。

（7）油箱油位突然下降到标准油位以下150mm，无法恢复时。

（8）润滑油压降至0.08MPa时，低油压保护不动作。

（9）高压主蒸汽管或其他管道爆破。

（10）轴向位移值达0.90mm时，轴向位移保护装置不动作。

（11）排汽真空低于47.7kPa（356mmHg柱）时，低真空保护装置不动作。

（12）轴承乌金温度达到90℃时。

（13）轴承冒烟时。

（14）一台油泵故障，另一台油泵不能自启动时。

（15）汽轮机转速波动不能控制锅炉水位时。

五、汽轮机水冲击

（一）现象

（1）主蒸汽或再热蒸汽温度指示急剧下降。

（2）主汽门、调节汽门门杆及阀门密封圈等处冒白汽。

（3）主蒸汽、抽汽管道有汽水冲击声。

（4）机组振动增大，轴向位移增大、推力瓦块温度升高，胀差往负方向变化。

（5）调节汽门开度不变，负荷下降。

（二）原因

（1）汽包满水使蒸汽带水。

（2）加热器、除氧器满水。

（3）轴封供汽温度调节失灵，使冷气、冷水进入汽轮机轴封部位。

（4）主、再热蒸汽及高压旁路系统减温水调整不当。

（5）主、再热蒸汽管道、汽轮机本体疏水不畅。

（三）处理方法

（1）发现汽轮机进水时，应立即破坏真空打闸停机。

（2）确认汽轮机全部疏水门应自动打开，否则手动打开。

（3）打闸停机后，应严密监视推力轴承金属温度、回油温度、轴向位移、上下缸温差、高低胀差、振动变化，并详细记录惰走时间，倾听机组内部声音。

（4）如果加热器严重漏水，应迅速关闭抽汽止回门、电动门，开启抽汽疏水门。

（5）汽轮机紧急停机后，必须连续盘车 6h 以上，汽轮机再启动时，上、下缸温差必须小于 42℃，转子偏心度不大于原始值 0.02mm，启动中采用低升速率。汽缸变形后的启动，要保持 18h 以上的盘车。

六、汽轮机发电机组振动大

（一）现象

（1）振动仪指示振动增大。

（2）DEH 显示振动增大，振动高报警。

（二）原因

（1）动、静摩擦或大轴弯曲。

（2）转子质量不平衡或汽轮机断叶片或汽轮机内部部件损坏、脱落。

（3）汽轮机进冷汽、冷水，造成汽缸变形。

（4）中心不正或联轴器松动。

（5）轴承工作不正常或轴承座松动。

（6）滑销系统卡涩造成膨胀不均。

（7）因发电机磁场不平衡或风叶脱落等原因造成机组振动。

（三）处理方法

（1）汽轮机启动冲转及升速过程中如振动异常增大，按下列原则处理：

1）汽轮机冲转后在轴系一阶临界转速以下，轴承振动增大时不可降速暖机。

2）汽轮机冲转后，当转速小于 600r/min，偏心度大于 0.076mm 时，应打闸停机，转速降到零后投入盘车，待偏心度小于 0.076mm 后，方可重新启动。

3）在升速过程中，任何转速下，当振动达到 0.25mm 时，应立即打闸停机。禁止采用降速暖机或强行升速的方法消除振动。

（2）正常运行中振动异常增大时，应先采取降低负荷的办法，降低振动值直至振动稳定减小为止，重新升负荷时应特别注意振动变化，若振动继续增大时禁止升负荷。若振动大于 0.25mm 时应立即打闸停机。

（3）正常运行中因断叶片振动异常增大，并听到汽轮机内部有金属摩擦声时，不论振动有何变化，应破坏真空紧急停机，并禁止重新启动。

七、轴向位移增大

（一）现象

（1）"轴向位移大"报警。

（2）轴向位移值增大。

（3）推力轴承温度异常升高，回油温度升高。

（二）原因

（1）汽轮机负荷或蒸汽流量骤变。

（2）推力轴承断油或磨损。

（3）汽轮机水冲击。叶片严重结垢，脱落。

（4）凝汽器真空变化。高、低压调节汽门不正常关闭引起单侧进汽。

（5）发电机转子串动。

（三）处理方法

（1）检查推力轴承温度、回油温度、胀差、振动等变化情况。

（2）负荷与蒸汽流量骤变应迅速稳定负荷并调整蒸汽参数至正常值。

（3）采取措施轴向位移仍不能恢复应立即减负荷。

（4）轴向推力增大，且推力轴承内部及汽轮机内部有摩擦声或机组剧烈振动时应按紧急停机处理。

（5）轴向位移增大至保护值不小于 1mm 或不大于 −1mm 时，停机保护未动应立即破坏真空停机。

八、真空下降

（一）现象

（1）真空指示降低。

（2）汽轮机低压缸排汽温度显示上升。

（3）"真空低"声光报警。

（4）相同负荷下蒸汽流量增加，调节级压力升高。

（二）原因

（1）循环水系统故障。

（2）轴封系统故障。

（3）凝结水系统故障。

（4）凝汽器真空系统故障。

（5）补水系统故障。

（6）大量疏水进入凝汽器。

（7）低压旁路误开。

（三）处理方法

（1）发现真空降低时，应迅速核对真空显示值并核对低压缸排汽温度变化，只有在凝汽器压力升高同时排汽温度相应升高时，才可判断为真空真正降低。真空降低时，应迅速查找原因，设法恢复真空，并立即启动备用真空泵。

（2）轴封系统故障时的处理方法。

1）检查轴封母管压力是否正常，若压力低、检查轴封两路汽源和溢流阀是否正常，及时调整轴封母管压力至正常值。因某种原因造成轴封汽中断时，如凝汽器压力急剧上升，则应立即停机；如压力升高缓慢、则应采取相应措施恢复轴封汽。否则，减负荷停机，控制气压失去时，应维持轴封汽母管压力正常。轴封汽失去时应注意监视汽轮机负胀差不得超过限额值。

2）若轴封风机故障跳闸或轴加负压低，则应启动备有风机，检查轴加多级型水封是否破坏；若两台轴封风机均不能运行且不能短时间恢复时，则应立即减负荷运行，关闭轴封加热器疏水门。

3）如果轴封加热器严重泄漏，不能维持轴封系统运行时，汇报值长，申请停机。

（3）检查凝汽器水位及凝结水泵密封是否正常，凝汽器水位高时及时排水，凝结水泵工作失常时倒换备用泵运行。

（4）检查真空破坏门是否误开，误开应立即关闭。

（5）检查真空泵工作是否正常、各气动门开关位置是否正确；检查真空泵汽水分离器水位是否正常，水位高时放水，水温高时开大水冷器冷却水门。

（6）检查低压旁路是否关闭。

（7）检查低压缸大气薄膜是否破损。

（8）若采取措施无效，凝汽器压力仍继续上升时汇报值长，根据真空情况减负荷。

（9）真空降低及减负荷过程中，应注意监视以下各项：

1）真空降低时，要特别注意监视低压缸的振动情况，发现机组振动比原先明显增大时，应采用降负荷的办法来消除振动；如减负荷无效且振动继续增大时，当轴振大于0.25mm 时，应立即故障停机。

2）真空降低过程中，应注意监视低压缸排汽温度，当排汽温度达 70℃时，低压缸喷水阀应自动打开，否则应手动打开；如排汽温度大于 120℃应手动故障停机。

（10）除盐水故障时，如排汽装置补水时除盐水管道未充满水，应关闭补水门。

（11）运行真空泵故障应开启备用真空泵。

（12）凝汽器压力上升至 20.3kPa 时，真空低保护动作、停机，保护未动时应汇报值长故障停机，必要时关闭高、低压旁路及主、再热蒸汽管道的疏水。

九、EH（高压抗燃油）系统故障（系统漏油、运行 EH 油泵跳闸、备用泵无法启动）

（一）现象

（1）EH 油压显示下降，报警栏显示"EH 油压低"报警。

（2）"EH油箱油位低"声光报警，油箱油位指示下降。

（3）EH油温显示升高。

（二）原因

（1）运行EH油泵故障。

（2）EH油系统泄漏。

（3）EH油系统泄载阀或过压阀故障。

（4）EH油泵滤网差压大。

（5）冷油器内漏。

（6）EH油箱油位过低。

（7）阀门伺服阀漏量大。

（三）处理方法

（1）EH油压降至11.2MPa时，备用泵应自动启动，否则手动启动。

（2）检查运行泵若故障，启备用泵，停运行泵检修。

（3）检查EH油泵滤网差压大时，应倒泵，清洗滤网。

（4）就地检查泄载阀和过压阀定值是否正确。

（5）检查EH油系统有无泄漏。

（6）确认冷油器内漏时，应切换冷油器运行。

（7）油箱油位低时，应补油至正常油位。

（8）若因伺服阀故障引起应检查更换伺服阀。

（9）EH油压降至8.5MPa时，机组自动脱扣，否则手动停机。

十、低压缸末级断叶片

（一）现象

（1）机组振动突然增大或摆动。

（2）汽轮机内或凝汽器内产生突然声响。

（3）凝汽器液位不正常升高。

（4）真空下降。

（二）原因

（1）低频运行时间长发生共振。

（2）汽轮机发生水冲击。

（3）汽轮机过负荷。

（4）制造安装不合格。

（三）处理方法

（1）振动未达到保护跳闸值，立即汇报值长，申请快速降负荷。

（2）立即将进汽方式切换至全周进汽。

（3）就地检查汽轮机内是否有金属撞击声，通知检修进行故障确认。

（4）经减负荷、切换进汽方式振动无下降趋势，汇报值长并执行故障停机。

（5）如就地能听到清晰的金属摩擦声，应立即破坏真空紧急停机。

（6）如振动直接达到保护跳闸值，保护未动作，立即手打汽轮机。

（7）立即停止真空泵联锁，停止真空泵，打开真空破坏门，进行其他紧急停机的操作。

（8）停机过程中就地听音、测振，密切监视各参数的变化。

（9）注意记录惰走时间。

（10）开启凝汽器启动放水，控制凝汽器水位。

（11）通过交替开关循环水水室出、入口门，对循环水破损管束进行隔离。

（12）汇报值长，通知检修进行故障的处理。

十一、汽轮机轴承温度升高

（一）现象

（1）DCS 及 DEH 轴承金属温度指示升高。

（2）就地轴承回油温度升高。

（3）轴承温度高报警

（二）原因

（1）润滑油温升高或润滑油压降低，轴承缺油或断油。

（2）轴承本身损坏或油质不合格。

（3）轴承内有杂物或进、出口油管堵塞。

（4）轴承动、静部分摩擦。

（5）轴封漏汽过大。

（6）机组过负荷。

（三）处理方法

（1）轴承温度升高时应检查轴承回油温度及润滑油压、润滑油温、轴封压力是否正常。

（2）若润滑油温升高，应立即查明油温升高的原因，并进行调整。

（3）若润滑油压下降或轴承内有杂物，轴承进、出油管堵应汇报值长，启动交流润滑油泵运行，并查明原因进行处理。

（4）轴封压力升高、轴封漏汽大应查明原因，并进行调整。

（5）必要时可启动交、直流油泵及顶轴油泵运行。

（6）轴承回油温度达到 77℃应汇报值长减负荷。

（7）推力轴承金属温度达到 107℃，应破坏真空紧急停机。

（8）任一支撑轴承金属温度达到 113℃时应破坏真空紧急停机。

十二、汽轮机严重超速

（一）现象

（1）机组突然甩负荷至零，发电机解列。

（2）DEH 盘指示转速上升至危急保安器动作值并继续上升。

（3）汽轮机发出不正常声音。

（4）主油泵出口压力及润滑油压上升。

（二）原因

（1）发电机甩负荷到零，汽轮机调节系统工作不正常。

（2）发电机解列后高中压主汽门、调节汽门及各抽汽止回门卡涩或关闭不到位。

（三）处理方法

（1）立即破坏真空紧急停机，确认高、中压自动主汽门、调节汽门及各抽汽止回门均关闭严密。

（2）倾听机组内部声音，记录转子惰走时间。

（3）对机组进行全面检查，查明超速原因，待机组故障消除并确认设备正常后方可重新启动，并应校验危急保安器及各超速保护装置动作正常后方可并网带负荷。

（4）重新启动过程中应对机组振动、内部声音、轴承温度、轴向位移等进行重点检查监视，发现异常应停止启动。

十三、密封油空侧交流油泵跳闸，空侧直流油泵无法启动

（一）现象

（1）密封油空侧交流油泵跳闸。

（2）氢油差压降低。

（3）氢压降低。

（二）处理方法

（1）就地检查氢侧密封油压力正常。

（2）手动启动直流密封油泵，无效。

（3）手动强启空侧交流油泵无效。

（4）立即开启备用密封油油源手门，投入备用氢油压差阀，调节氢油差压在规定值。

（5）若备用油源故障，密封油系统无法继续运行，应立即打跳发电机运行。

（6）对氢气系统进行紧急排氢。

（7）联系检修人员准备二氧化碳瓶。

（8）氢压降至规定值，立即进行置换。

十四、低压加热器正常疏水调节门卡

（一）现象

（1）低压加热器水位上升。

（2）正常疏水调节门指令与反馈不符。

（二）原因

（1）气缸气源失去或气压低。

（2）阀杆与操作机构分离。

（3）调节门结垢。

（4）调节门被异物卡住。

（三）处理方法

（1）切疏水调节门至手动，手动调整无效。

(2) 检查某低压加热器危急疏水门开启，用危急疏水门暂时维持水位。

(3) 检查疏水扩容器减温水气动门开启，疏扩温度不超限。

(4) 隔离某低压加热器正常疏水调节门，注意并调整其他各低压加热器水位正常。

(5) 汇报值长，通知检修处理。

十五、循环水泵跳闸，备用泵未联启

（一）现象

(1)"循环水泵跳闸"报警。

(2) 真空快速下降。

(3) 凝汽器水位下降。

(4) 机组负荷下降。

(5) 循环水压力下降。

（二）原因

(1) 运行循环水泵保护动作。

(2) 运行循环水泵电气故障。

(3) 运行循环水泵就地事故按钮被误按下。

(4) 备用循环水泵开关电气故障。

(5) 备用循环水泵启动条件不满足。

（三）处理方法

(1) 启动备用循环水泵无效，启动跳闸循环水泵无效。

(2) 立即启动备用真空泵运行。

(3) 投入油枪正常后打跳磨煤机运行。

(4) 机组快速减负荷。

(5) 若临机循环水泵可以运行，启动临机循环水系统，投入循环水排污，维持最低负荷运行。

(6) 当减负荷无效，真空值依然无法维持时，申请停机。

(7) 密切监视排汽缸温度不超限。

(8) 通知检修处理。

十六、运行凝结水泵跳闸，备用泵不联启

（一）现象

(1)"凝结水泵跳闸"报警。

(2) 凝结水压力下降。

(3) 凝结水流量下降。

(4) 除氧器液位下降。

(5) 凝汽器液位上升。

（二）原因

(1) 运行凝结水泵保护动作。

(2) 运行凝结水泵电气故障。

（3）运行凝结水泵就地事故按钮被误按下。

（4）备用凝结水泵开关电气故障。

（5）备用凝结水泵启动条件不满足。

（三）处理方法

（1）手启启动备用凝结水泵无效。

（2）检查跳闸凝泵若无明显损坏，跳闸前无电流冲击，就地无保护报警信号，可强行再启动一次。

（3）若两台凝结水泵都启动失败，快速降低负荷，使用凝结水输送泵为除氧器上水。

（4）维持除氧器水位稳定，除氧器水位无法维持时，汇报值长，请求停机。

（5）汇报值长，联系检修处理。

十七、超速保护误动作

（一）现象

（1）汽轮机跳闸，首出为汽轮机超速。

（2）MFT 动作。

（3）发电机逆功率动作跳闸。

（二）原因

（1）热工人员误整定。

（2）超速试验时闭锁没成功。

（3）转速测量装置故障。

（三）处理方法

（1）按照汽轮机跳闸程序处理，保证机组正常停运。

（2）若逆功率未动作，手动打跳发电机。

（3）检查发现汽轮机转速正常。

（4）汽轮机、锅炉、电气侧按照停机后检查项目进行检查。

（5）联系检修检查汽轮机超速保护。

（6）确定为汽轮机超速保护误动作。

（7）检查汽轮机正常时可重新启动机组。

十八、除氧器水位主调节门卡

（一）现象

（1）除氧器水位下降。

（2）凝结水压力上升。

（3）凝结水流量下降。

（4）除氧器主调节门指令和反馈不符。

（二）原因

（1）气缸气源失去或气压低。

（2）阀杆与操作机构分离。

（3）调节门结垢。

（4）调节门被异物卡住。

（三）处理方法

（1）确认除氧器进水主调节门卡。

（2）立即用除氧器水位调节旁路门调整除氧器水位正常。

（3）将除氧器上水由主路逐渐倒至旁路，并根据旁路出力控制机组负荷。

（4）隔离除氧器主调节门，通知检修处理。

（5）注意维持除氧器、凝汽器水位、压力正常。汇报值长。

十九、低压凝汽器真空破坏门误开

（一）现象

（1）机组负荷下降。

（2）低压侧真空急剧下降。

（3）排汽温度升高。

（4）真空破坏门关反馈消失。

（二）原因

（1）运行人员误发开指令。

（2）在开关处误分闸。

（3）就地被误动。

（4）电气人员误接线。

（三）处理方法

（1）检查真空破坏门误开，手动关闭。

（2）根据真空下降速度，锅炉快速减负荷。

（3）减负荷过程中，应注意汽轮机振动等参数正常。

（4）应注意排汽缸喷水工况，及时投入。

（5）机组负荷减至最低，汽轮机真空下降至跳闸值时，保护应动作跳机，否则立即打闸停机。

二十、凝汽器循环水泄漏

（一）现象

（1）凝汽器水位上升。

（2）凝结水电导率上升。

（3）泄漏部位出口循环水压力下降。

（4）泄漏部位后循环水温度升高。

（二）原因

（1）安装工艺不合格。

（2）铜管材质不合格。

（3）铜管接口松弛。

（4）凝汽器振动导致铜管断裂。

（5）低压缸叶片断裂，打坏铜管。

（三）处理方法

（1）要求锅炉开启定期排污、连期排污，加强排污。

（2）适当开启凝汽器补水门和启动放水门，以降低凝结水硬度，注意调整除氧器、凝汽器水位正常。

（3）汇报值长，根据凝汽器真空，接带负荷。

（4）对泄漏部位循环水进行隔离。

（5）关闭该部位抽真空电动门。

（6）关闭泄漏侧循环水入口门，并关闭其侧出口门。

二十一、运行定子冷却水泵跳闸，备用定子冷却水泵未联启

（一）现象

（1）"定子冷却水泵跳闸"报警。

（2）"定子冷却水流量低"报警。

（3）定子冷却水压力下降。

（4）发电机定子线棒温度升高。

（二）原因

（1）运行定子冷却水泵保护动作。

（2）运行定子冷却水泵电气故障。

（3）运行定子冷却水泵就地事故按钮被误按下。

（4）备用定子冷却水泵开关电气故障。

（5）备用定子冷却水泵启动条件不满足。

（三）处理方法

（1）立即手动启动备用定子冷却水泵无效，启动跳闸定子冷却水泵无效。

（2）记录定子冷却水中断时间。

（3）30s后，检查发电机断水保护动作，若未动作，手动打跳发电机。

（4）汽轮机、锅炉、发电机按停机检查项目检查。

（5）通知检修处理。

二十二、密封油冷却水调节门卡

（一）现象

（1）密封油油温上涨。

（2）密封油冷却水调节门指令与反馈不符。

（二）原因

（1）气缸气源失去或气压低。

（2）阀杆与操作机构分离。

（3）调节门结垢。

（4）调节门被异物卡住。

（三）处理方法

(1) 手动开启调节门无效。

(2) 立即派人到就地检查密封油冷却水系统。

(3) 手动开启空侧密封油冷油器冷却水旁路手动门，调节油温。

(4) 注意监视氢油压差变化、空侧密封油温度变化趋势。

(5) 通知检修检查处理，并汇报值长。

二十三、汽动给水泵汽蚀

（一）现象

(1) 汽包水位下降。

(2) 故障汽动给水泵流量摆动且下降。

(3) 故障汽动给水泵出口压力摆动且下降。

(4) 故障汽动给水泵前置泵电流摆动。

(5) 除氧器液位上升。

（二）原因

(1) 除氧器水位低。

(2) 除氧器入口门开度过小。

(3) 汽动给水泵启动后，出口门和再循环门长时间没开启。

（三）处理方法

(1) 启动电动给水泵运行，并检查电动给水泵启动正常。

(2) 立即停止故障汽动给水泵运行，关闭故障汽动给水泵出口电动门，开启再循环。

(3) 快速增加电动给水泵出力，将汽包水位调整在正常范围内。

(4) 若汽包水位无法维持，可适当降低机组负荷。

(5) 通知相关检修人员检查故障汽动给水泵。

二十四、润滑油母管泄漏

（一）现象

(1) 润滑油压下降。

(2) 主油箱油位下降。

(3) 各瓦温度上升。

（二）原因

(1) 安装工艺不合格，受长期应力损坏。

(2) 管道材质不合格。

(3) 受外力撞击损坏。

（三）处理方法

(1) 通过检查润滑油系统各阀门及管路，确认故障位置，判断是否可以隔离。

(2) 立即联系检修堵漏，同时对润滑油箱进行补油。

(3) 若无法隔离，做好机组停运准备。

(4) 汽轮机润滑油压降至 0.08MPa，检查汽轮机润滑油泵自启动。

(5) 润滑油母管油压降至 0.076MPa 时，事故油泵自启动。

(6) 补油措施无效或机组任一参数达停机值时，立即执行故障停机，其余按故障停机处理。

(7) 停机后，若润滑油压无法维持，应对机组进行闷缸处理。

(8) 待润滑油系统可以运行后，对汽轮机进行手动盘车，检查各瓦是否存在异常，是否可以正常启动。

二十五、推力瓦轴承磨损

（一）现象

(1) 轴向位移上升。

(2) 推力瓦温度上升。

(3) 机组振动增大。

（二）原因

(1) 润滑油油质不合格。

(2) 轴向推力过大。

(3) 安装工艺不合格。

(4) 轴承材质不合格。

（三）处理方法

(1) 对机组进行降负荷处理。

(2) 密切注意监视轴向位移、胀差、推力瓦温度。若推力瓦温度升至规定值或推力轴承回油温度超过规定值，立即在硬手操盘上按"紧急跳闸"按钮或就地手拍危急保安器。

(3) 检查发电机已解列，高、中压自动主汽门、调节汽门、抽气止回门、高压缸排汽止回门应关闭，汽轮机转速开始下降。

(4) 解除真空泵联锁，停真空泵，开启真空破坏门。

(5) 倾听机组内部声音，注意惰走时间，做好记录。

(6) 汇报值长，通知检修处理。

二十六、给水泵汽轮机前置泵跳闸

（一）现象

(1) "给水泵汽轮机前置泵跳闸"报警。

(2) "汽动给水泵跳闸"报警。

(3) 给水流量下降。

(4) 汽包水位下降。

（二）原因

(1) 前置泵保护动作。

(2) 前置泵电气故障。

(3) 前置泵就地事故按钮被误按下。

（三）处理方法

（1）检查电动给水泵是否联动，若未联动立即手动抢合电动给水泵，逐渐加勺管，提高给水流量。

（2）注意汽包水位情况，应立即手动将机组负荷降至 80% 额定负荷。

（3）检查跳闸汽动给水泵出口门关闭，再循环开启，转速下降，汽源门关闭。

（4）检查电动给水泵运行正常。

（5）记录给水泵汽轮机惰走时间，并检查给水泵汽轮机参数及盘车投入正常。

（6）通知检修处理。

二十七、循环水厂房外泄漏

（一）现象

（1）机组负荷下降。

（2）真空下降。

（3）排汽温度升高。

（4）循环水压力降低。

（5）循环水水塔水位持续降低。

（6）厂房外发现漏点。

（二）原因

（1）安装工艺不合格，受长期应力损坏。

（2）管道材质不合格。

（3）受外力撞击损坏。

（三）处理方法

（1）检查循环水流量及压力，否则启动备用循环水泵。

（2）若机组真空继续下降，应根据相应真空值降负荷。

（3）排气缸温度高应投入低压缸喷水。

（4）若负荷已降至最低，真空无法恢复，申请停机。

（5）汽轮机真空下降至跳闸值时，保护应动作跳机，否则立即打闸停机。

（6）停机后保证循环水继续运行，控制排汽缸温度不高。

二十八、中压主汽门卡涩

（一）现象

（1）负荷下降较快。

（2）再热蒸汽压力升高。

（3）中压主汽门反馈为 0。

（二）原因

（1）蒸汽品质不合格，结垢卡涩。

（2）EH 油压低。

（3）伺服阀故障。

（4）油动机故障。

（5）阀杆与油动机连接脱落。

（三）处理方法

（1）检查阀门状态画面，中压主汽门开度反馈为关位。

（2）快减负荷，必要时投油稳燃。

（3）注意再热蒸汽压力、温度稳定，防止超压。

（4）就地对低压缸加强听音检查。

（5）严密监视汽轮机振动、轴向位移等参数在正常范围内。

二十九、汽轮机轴承磨损

（一）现象

（1）轴瓦回油温度不正常升高。

（2）轴承温度不正常升高。

（3）汽轮机振动增大。

（二）处理方法

（1）立即派巡检就地检查，进行测温、测振，并确认事故为某轴瓦轴承磨损。

（2）立即汇报值长，降负荷，检查该瓦的润滑油管路有无异常，并严密监视该瓦回油温度、轴承温度，做好紧急停机准备。

（3）若该瓦回油温度或轴瓦金属温度上升至规定值或轴承振动超过规定值，立即在硬手操盘上按"紧急跳闸"按钮或就地手拍危急保安器。

（4）检查发电机已解列（否则手动解列），高、中压自动主汽门、调节汽门、抽气止回门、高排止回门应联动关闭，汽轮机转速开始下降。

（5）解除真空泵联锁，停真空泵，开启真空破坏门。

（6）倾听机组内部声音，记录惰走时间，测量大轴弯曲值，做好记录。

（7）汇报值长，通知检修处理。

三十、汽轮机冷油器温度调节阀卡涩

（一）现象

（1）润滑油温上升。

（2）温度调节阀开度与反馈不一致。

（3）各瓦回油温度及轴承温度上升。

（二）处理方法

（1）经就地确认汽轮机冷油器温度调节阀卡涩。

（2）就地调整汽轮机冷油器温度调节阀旁路门，保证油温正常。

（3）隔离汽轮机冷油器温度调节阀，通知检修处理。

（4）若过程中，轴瓦回油温度达 77℃、支持轴承温度达 113℃、推力轴承温度达 107℃等，立即打闸停机。

三十一、高压加热器泄漏

（一）现象

（1）高压加热器水位升高。

（2）高压加热器水位报警。

（3）疏水温度降低。

（4）正常疏水调节门开大。

（5）危急疏水调节门开大。

（二）处理方法

（1）调整各高压加热器水位。

（2）注意监视给水压力、流量和运行给水泵电流，调整汽包水位正常。

（3）检查疏水扩容器减温水门是否开启，疏扩温度不超限。

（4）高压加热器水位无法维持，降负荷至规定值，立即手动解列高压加热器。

（5）立即关闭一、二、三段抽汽电动门及止回门，检查一、二、三段抽汽电动门前、止回门后疏水气动门开启。

（6）关闭高压加热器水侧入口三通阀，给水通过旁路导引除氧器，关闭高压加热器出口门。

（7）注意调节，维持汽包、除氧器水位正常。

（8）维持负荷不超过规定，检查监视段不超压，锅炉侧注意管壁温度不能超过规定值。

三十二、高压调节汽门卡涩

（一）现象

（1）负荷下降。

（2）主蒸汽压力上升较快。

（3）故障调节汽门反馈与指令不符。

（二）处理

（1）申请快减负荷，必要时投油稳燃。

（2）汽轮机侧进汽方式立即切至单阀进汽，机组快速滑压。

（3）注意调整汽包水位正常。

（4）进汽方式切换过程中，监视其他调节汽门开启情况。

（5）根据主蒸汽压力上升情况，决定减燃烧速度。

（6）密切监视汽轮机振动等其他参数。

（7）通知检修处理。

三十三、低压加热器泄漏

（一）现象

（1）低压加热器水位升高。

（2）低压加热器水位报警。

（3）疏水温度降低。

（4）正常疏水调节门开大。

（5）危急疏水调节门开大。

（6）上一级加热器正常疏水调节门关闭。

(二) 处理方法

(1) 注意监视凝结水压力、流量和运行凝结水泵电流,调整除氧器水位正常。

(2) 该低压加热器水位无法维持,立即手动解列该低压加热器。

(3) 关闭该低压加热器抽汽电动门、止回门,其电动门前、止回门后疏水气动门开启。

(4) 开启该低压加热器旁路门,进、出口门关闭。

(5) 维持负荷不超过规定值,检查监视段不超压,注意调节蒸汽温度不超过规定值。

(6) 注意疏水扩容器温度不超限,投入该侧疏扩减温水。

第三节 电气事故处理

一、发电机紧急停止条件

(1) 发电机内部冒烟、冒火或发电机内部氢气爆炸。

(2) 主变压器或高压厂用变压器、脱硫变压器、励磁变压器着火。

(3) 发电机出口断路器着火。

(4) 发电机、主变压器、高压厂用变压器、励磁变压器或励磁系统故障,保护装置拒动。

(5) 发电机内氢气纯度迅速下降并低于90%以下。

(6) 发电机电流互感器冒烟、着火、爆炸。

(7) 发电机出口断路器以外发生长时间短路,定子电流表指向最大,电压严重降低,发电机后备保护拒动。

(8) 定子线棒温差达14℃或定子引水管出水温差达12℃,任一定子槽内层间测温元件温度超过90℃或出水温度超过85℃。

(9) 发电机、主变压器、高压厂用变压器、脱硫变压器、励磁变压器无保护运行。

二、发电机申请停机条件

(1) 发电机由于某种原因造成无主保护运行(因工作需要短时停一套保护并能很快恢复,并有相应措施的情况除外)。

(2) 发电机层间温度大于90℃或线棒出水温度大于85℃,确认测温元件无误时。

(3) 转子匝间短路严重,转子电流达到额定值,无功仍然很小时。

(4) 发电机铁芯温度大于120℃,确认测温元件无误时。

(5) 发电机定子线棒出水温差大于12℃或线棒层间温差大于14℃,确认测温元件无误时。

三、厂用电中断

(一) 现象

(1) 锅炉MFT,汽轮机跳闸,发电机跳闸。

(2) DCS画面上所有6kV母线低电压报警,各段母线电压表指示下降至零。

（3）所有运行的交流电动机停止转动，备用电动机未联动，部分电动门、挡板无法操作，各母线电流表指示到零。

（4）正常交流照明熄灭，事故照明灯亮，控制室变暗。

（5）各直流设备联动。

（二）原因

（1）机组或电力系统故障，同时启动备用变压器故障或在停运状态。

（2）供电中的备用厂用电源故障。

（3）发电机跳闸，备用电源自投未成功。

（4）500kV系统故障，机组甩负荷。

（三）处理方法

1. 电气侧处理要点

（1）确认发电机跳闸后，应确认6kV厂用工作和备用电源开关、机组出口开关和灭磁开关已自动跳开，否则手动分闸。

（2）迅速确认柴油发电机自启动成功，保安段电源自动恢复；否则，手动启动柴油发电机，并恢复保安段电源。

（3）迅速检查备用电源是否自投，若备用电源无故障发生，并且厂用母线无故障信号发出，低电压保护动作时，确认6kV母线上相关电动机均跳闸后，可强送一次，抢送正常后，汇报值长；若备用电源有故障信号发出时，必须汇报有关领导，故障消除后经有关人员通知方可试送。

（4）厂用电中断后，除根据情况必须的操作外（如断开母线上未掉闸开关），一般维持设备的原状。

（5）"UPS电源故障"报警信号发出，确认UPS电源自动切换由直流220V供电，UPS输出不应间断。

（6）保安段电源恢复以后，确认UPS系统恢复正常运行方式，确认或恢复直流220V系统已向直流母线充电，并严格监视并限制直流负荷与电压，以防蓄电池过放电与充电器过负荷，同时恢复110V直流系统充电器的正常运行。

（7）在恢复厂用电之前，应对已启动或动作的保护进行复归，对相应设备电源开关状态进行检查和记录，以防来电后自启动和便于厂用电系统的恢复。

2. 汽轮机侧处理要点

（1）汽轮机跳闸后，立即确认汽轮机、给水泵汽轮机直流润滑油泵、发电机空/氢侧直流密封油泵均已启动，否则可手动多次强合，直至启动，检查汽轮机润滑油压、油/氢差压正常；发电机直流密封油泵启动不成功、密封油失去，应立即紧急排氢。

（2）检查确认汽轮机高中压主汽门、调节汽门、高压排汽止回门、各段抽汽止回门已关闭，高压缸通风阀开启，机组转速下降。

（3）厂用电中断导致本机失去循环水，立即将至邻机循环水联络门开至20％左右，检查失电机组凝汽器排汽温度正常。

（4）视循环水恢复情况进行相应处理。如循环水失去无法恢复，汽轮机跳闸后进行闷缸处理，有关疏水阀关闭。手动开启凝汽器真空破坏门，检查关闭可能倒入汽轮机本体的所有汽水阀门。

（5）汽轮机惰走期间，应注意倾听机组各部分声音正常，汽轮机的高、低压缸差胀、振动、轴向位移、偏心度应正常，并确认各轴承回油温度下降。严密监视润滑油温度。并注意比较惰走时间。真空到零后停供轴封蒸汽。

（6）保安电源恢复后，启动汽轮机氢密封备用油泵、交流润滑油泵、顶轴油泵、空侧交流密封油泵、氢侧交流密封油泵、给水泵汽轮机交流油泵，停直流油泵；汽轮机转速至零投入盘车运行，如在投盘车前转子已静止，记录停止时间，翻转转子180°，后停留同等时间后投入连续盘车，记录偏心、相位，直到偏心值在原始偏心率±0.02mm范围内，满足启动要求后才允许启动。

3. 锅炉侧处理要点

（1）确认锅炉MFT动作正常，各油枪角阀、燃油（包括少油）跳闸阀、回油跳闸阀自动关闭。

（2）空气预热器无法转动应手动盘车。

（3）应严密监视仪用压缩空气压力。

（4）在保安电源恢复后，应确认火焰检测冷却风机自启动，否则应手动启动。

（5）在保安电源恢复后，应及时启动送风机、引风机、一次风机、磨煤机、空气预热器油站。恢复空气预热器辅助电动机运行。

4. 外围岗位处理要点

通知外围岗位进行厂用电失去的相应处理。

5. 机组恢复注意事项

（1）厂用电应逐级恢复，恢复前应复归各跳闸设备，解除备用设备联锁；恢复后应全面检查厂用电系统，投入必要的设备联锁保护。

（2）确认仪用空气系统、辅助蒸汽系统等公用系统正常，做好机组启动准备。

（3）汽轮机直流事故油泵、发电机空/氢侧直流密封油泵、给水泵汽轮机直流事故油泵停运后应置于"AUTO"方式。

（4）厂用电恢复后，启动工业水系统及闭式水系统，尽快投运闭式水泵，恢复闭式水系统运行。

（5）低压缸排汽温度小于50℃后，方可投入循环水系统。

（6）启动循环水系统，恢复开式冷却水系统正常运行。

（7）投运凝结水系统前，若凝结水温度较高则对凝汽器进行换水。换水期间注意凝结水补水箱水位。

（8）发电机氢气冷却器、闭式水热交换器投运前应进行注水、放气。若发电机未排氢，可投运发电机定子冷却水系统。

（9）循环水系统投运后恢复高、中压疏水至凝汽器的一次隔离阀。

四、6kV厂用A（或B）段母线失电处理

（1）当6kV厂用A（或B）段母线工作电源开关跳闸，备用电源开关自投成功时：

1）检查 6kV 厂用母线电压指示应正常，复归 DCS 及音响信号，闭锁该段母线快切装置。

2）检查保护动作情况，通知设备部电气继保人员共同确认后复归。

3）查明故障原因，将跳闸开关拉至"检修"位置，做好措施，待检修人员对跳闸开关处理好后，恢复失压母线正常运行方式。

4）如属保护误动跳闸时，在继保人员查明误动原因并复归后，恢复正常运行方式。

（2）当 6kV 厂用 A（或 B）段母线工作电源开关跳闸，备用电源开关自投不成功时：

确认 6kV 厂用母线工作电源开关跳闸，备用电源自投不成功，立即检查在无"6kVA（或 B）段备用分支零序保护动作"信号时，应手动强合 6kV 厂用 A（或 B）段备用电源开关一次。

（3）当 6kV 厂用 A（或 B）段母线失压，工作电源开关未跳开，致使备用电源开关自投不成功时：

1）立即手动拉开工作电源开关，检查快切装置动作，备用电源开关应联投成功。不成功则手合 6kV 厂用 A（或 B）段备用电源开关一次。

2）若备用电源开关强送电一次不成功，严禁再向母线送电，汇报值长，通知外围相关专业 6kV 母线半段已失压，如 6kV 动力负荷跳闸，按照锅炉 RB（辅机故障快速减负荷）动作或预案方法处理。

3）发现 380V 汽轮机、锅炉、公用段母线其中一段失压时，应确认其工作电源开关确已断开，手动合上母线联络开关，向失压母线送电。

4）检查 380V 保安 MCC 母线备用电源开关应联合，母线电压正常，否则，检查柴油发电机已启动，向失压保安 MCC 母线送电。

5）对于其他失电的 380V 母线，在先拉开该段低压厂用变压器高、低压侧开关后，合上母线联络开关，倒至邻机对应 380V 母线运行。

6）对故障 6kV 厂用母线及其回路进行仔细检查，确认有明显故障点，做好隔离措施，通知检修对故障设备进行处理。对母线测绝缘合格后，恢复母线的正常运行方式。

7）若检查无明显故障点，则拉开故障母线上所有负荷开关，对母线测绝缘合格后，用备用电源开关对故障母线试送电，试送成功后，逐个向停电负荷送电，之前应对每个负荷侧绝缘合格。

8）当 6kV 母线上某负荷开关合闸时，6kV 母线备用电源开关又跳闸，则应将该负荷开关停电转检修，直接对 6kV 母线恢复送电。

经过上述处理后，仍不能恢复失压 6kV 母线运行时，机组如不能维持运行，发电机将解列停机，按值长令执行。

五、发电机各部分的温度超过允许值

（一）现象

发电机温度测点报警，指示超过允许值。

（二）原因

（1）定子三相电流不平衡。

（2）冷却水压力流量、温度不正常。

（3）发电机风路堵塞或空气冷却器断水，水温过高引起风温不正常。

（4）长期过负荷。

（三）处理方法

（1）降低发电机负荷使温度低于最高允许值。

（2）检查定子三相电流是否平衡，发电机有无局部过热现象。

（3）检查发电机各部温度指示情况，联系热控确认测点是否正常，分析指示有无异常。

（4）检查发电机冷却水流量、压力是否正常，温度有无异常升高。

（5）检查发电机氢压是否正常、氢温有无异常升高。

（6）如温度不能恢复，应汇报值长，减负荷申请停机，同时停止励磁系统。

（7）当定子线棒最高与最低温度间的温差达 8℃ 或定子线棒引水管出水温差达 8℃ 时，应查明原因并加强监视。

（8）当定子线棒温差达 14℃ 或定子引水管出水温差达 12℃、任一定子槽内层间测温元件温度超过 90℃ 或出水温度超过 85℃ 时，确认测点正常后应立即解列发电机；进行反冲洗及有关检查处理。

六、发电机非全相运行

（一）现象

（1）当发电机出口断路器非全相运行时，发电机发出"负序""断路器三相位置不一致"信号，有功负荷下降。

（2）若两相跳闸，发电机的三相电流表指示为零，发电机与系统失步。表计摆动，机组产生振动和噪声。

（3）若一相跳闸，则跳闸相电流表指示为零，其他两相电流表可能增大。

（二）原因

（1）发生单相接地故障，而重合闸保护未投。

（2）发电机出口断路器某相卡涩。

（3）发电机出口断路器控制回路故障。

（4）发电机出口断路器某相 SF_6 压力低，闭锁开关动作。

（5）发电机出口断路器某相压缩空气压力低，闭锁开关动作。

（三）处理方法

（1）在开机或运行时发电机发生非全相运行，当发电机非全相保护未动作时，应在盘上手打一次发电机变压器组出口断路器。若断不开，应降低有功、无功负荷（有功为零、无功近于零），在就地汇控柜手动断开发电机变压器组出口断路器。

（2）若就地手动断不开时，应由上一级断路器断开，使发电机退出运行。

（3）在发电机非全相运行时，禁止断开灭磁开关，以免发电机从系统吸收无功负荷，使负序电流增加，如灭磁开关跳闸，在确认发电机非全相运行时，且励磁调节器整定于相应的空载额定电压时，可重新合上灭磁开关。调整负荷使定子电流尽可能小，以减轻负序电流对转子表面的损伤。

（4）如非全相保护动作跳闸，应迅速进行全面检查，判明故障性质，通知检修处理。

（5）若保护未动作或其他原因，非全相运行超过发电机负序电流允许水平，再次启动前，必须全面进行检查无问题后，经总工程师批准后方可并列。

七、发电机失磁

（一）现象

（1）励磁电流表指示到零或在零点摆动，励磁电压表指示到零或在零点摆动。

（2）无功功率表指示为负值。

（3）有功功率、定子电压表指示降低，定子电流表指示大幅度升高，并可能摆动。

（4）失磁保护动作信号发出。

（二）原因

（1）发电机转子绕组故障。

（2）励磁系统故障。

（3）自动灭磁开关误跳闸及回路发生故障。

（三）处理方法

（1）若失磁保护动作停机而主开关拒动，应立即解列发电机。

（2）部分失磁（灭磁开关未掉）应立即增磁，恢复正常。

（3）如伴随励磁变压器故障信号，则严禁合灭磁开关恢复励磁。

（4）对励磁回路进行检查，消除故障后重新升压并列发电机。

八、发电机振荡或失去同步

（一）现象

（1）发电机、变压器、线路有功功率、线路无功功率、电流发生周期性摆动。

（2）发电机、母线、线路电压周期性波动，严重时可能越限。

（3）系统、发电机频率周期性波动。

（4）发电机组发出有节奏的鸣声。

（5）发电机励磁系统电流、电压在正常值附近小幅波动。

（二）原因

（1）大容量机组突然跳闸。

（2）系统发生短路故障。

（3）发电机励磁系统故障引起发电机失磁，使发电机电势剧降。

（4）发电机电势过低或功率因数过高。

（5）系统电压过低。

（三）处理方法

（1）发现机组振荡应立即报告电网值班调度员，服从电网调度的统一指挥。

（2）退出发电机组的 AGC、AVC（发电厂无功电压远方自动控制）功能。

（3）检查机组的 PSS 功能投入且工作正常。

（4）判别是发电机组振荡还是系统振荡。

（5）如果发电机组的振荡与系统振荡合拍，表计摆动方向一致，则说明是系统振荡。发生系统振荡时应作如下处理：

1）在保持发电机、母线、线路电压、电流不超限的情况下，尽量增加发电机的无功功率，保证发电机组与系统的同步运行。

2）在增加无功功率后，系统振荡未明显衰减时，应根据系统频率，申请电网调度，适当增加或减少发电机组的有功功率，改变当前运行工况，在频率不能确定时，应降低发电机组的有功功率，禁止在发电机组频率高的情况下减少发电机组的无功功率或增加发电机组的有功功率，防止造成发电机组与系统失去同步。

3）在振荡期间，如果机组调节系统发生异常，应立即将机组调节系统切至"手动"运行，由专人进行监控。

（6）如果发电机组的振荡周期比系统的振荡周期超前或滞后，则应判断为发电机组振荡，发生发电机组振荡时应作如下处理：

1）加发电机无功功率，必要时在发电机电流、电压允许的条件下应将发电机无功功率加至最大。

2）在增加发电机无功功率后仍不能消除振荡，应减少发电机组的有功功率，保持发电机组与系统的同步运行。

九、系统异步振荡

（一）现象

（1）发电机、线路有功功率、线路无功功率、电流发生剧烈摆动。

（2）发电机、220kV（500kV）母线、6kV 母线、线路电压大幅度波动。

（3）发电机组、变压器发出周期性强烈的轰鸣声、撞击声和剧烈振动。

（4）发电机、系统频率发生大幅度的变化。

（5）全厂照明忽明忽暗。

（6）厂用电源系统有可能进行切换。

（7）厂用辅机电动机有可能掉闸。

（二）原因

（1）负荷突变。

（2）两电源之间输出线路和变压器的切除。

（3）大容量机组突然跳闸。

（4）系统突然发生短路故障等。

（5）系统发生短路故障。

（三）处理方法

（1）发现机组振荡应立即报告电网值班调度员，服从电网调度的统一指挥。

（2）退出发电机组的 AGC、AVC 功能。

（3）检查机组的 PSS 功能投入且工作正常。

（4）判别是发电机组失步还是系统失步。

（5）如果发电机组的振荡与系统振荡合拍，表计摆动方向一致，则说明是系统失步。发生系统失步时应作如下处理：

1）在保持发电机、母线、线路电压、电流不超限的情况下，尽量增加发电机的无功功率，保证发电机组与系统的同步运行。

2）在增加无功功率后，系统失步振荡未明显衰减时，应根据系统频率，申请电网调度，适当增加或减少发电机组的有功功率，改变当前运行工况，在频率不能确定时，应降低发电机组的有功功率，禁止在发电机组频率高的情况下减少发电机组的无功功率或增加发电机组的有功功率，防止造成发电机组与系统失去同步。

3）在系统失步运行发生系统解列时应根据系统频率、电压调整发电机的有功功率、无功功率，保证解列系统的稳定运行。

4）如果系统失步振荡时间过长，应申请调度将运行中的发电机逐台解列，直至系统振荡消除。

5）在系统失步振荡运行期间，应加强监视厂用电系统，保证厂用电系统的安全运行，必要时应将厂用电系统切换至备用电源供电。

（6）如果发电机组的振荡周期较系统的振荡周期超前或滞后，则应判断为发电机组与系统失步。发生发电机组失步时应作如下处理：

1）立即增加发电机无功功率，必要时在发电机电流、电压允许的条件下应增加发电机无功功率，将发电机组拉入同步运行。

2）如果在增加发电机无功功率后仍不能消除振荡，应减少发电机组的有功功率，将发电机无功功率加至最大，将发电机组拉入同步运行。

（7）如果进行上述处理后，仍不能将发电机拉入同步，则应将发电机组从系统解列。

（8）在发电机失步运行期间，为保证厂用电系统的安全运行，应将厂用电系统切换至备用电源运行。

（9）对发生失步运行的发电机组，应进行电气试验和零起升压试验无问题后方可将发电机组与系统并列。

（10）当系统或发电机组失步振荡造成发电机组、系统解列，厂用电源消失时，应迅速检查保安电源的自投情况，确保保安电源系统的安全稳定运行。

十、电压回路断线

（一）现象

（1）有电压回路断线信号。（带保护的 TV）

（2）电压表、功率表指示异常。（带仪表的 TV）

（3）TV 高压熔断器熔断，可能有接地信号出现。（Y/Y/△TV）

（二）原因

（1）高压熔断器熔断。

（2）电压互感器二次空气断路器跳闸。

（三）处理方法

（1）记录时间，以用做丢失电量计算的依据。

（2）停用断线 TV 相关保护和自动装置（失磁保护、过电压保护、逆功率保护、过励磁、失步保护）。

（3）若高压熔断器熔断，应对 TV 进行检查，检查没问题后更换熔断器。

（4）若二次侧小空气开关跳闸，查无明显故障试合一次。

1）试合成功，恢复停运保护及自动装置。

2）试合不成功，通知检修检查处理。

十一、电流互感器二次回路断线

（一）现象

（1）"TA 断线闭锁"信号。

（2）测量回路断线时，所带的电流表、有功功率表、无功功率表指示降低或为零，电能表计量出现差额。

（3）电流互感器有声音，严重时冒烟、着火，有放电声。

（二）原因

（1）电流互感器二次空气断路器跳闸。

（2）电流互感器着火。

（三）处理

（1）若保护回路断线，立即停用保护。

（2）冒烟着火时，应按紧急停用规定执行。

十二、转子一点接地（轻微）

（一）现象

（1）报警画面显示"发电机变压器组故障"报警。

（2）DCS 电气报警画面显示"发电机转子一点接地"。

（3）发变组保护 A、B 屏显示"发电机转子一点接地"。

（二）原因

（1）工作人员在励磁回路上工作时，因不慎误碰或其他原因引起转子接地。

（2）转子滑环、槽及槽口、端部、引线等部位绝缘损坏引起转子接地。

（3）长期运行绝缘老化。

（4）鼠类等小动物窜入励磁回路引起转子接地。

（5）定子进出水支路绝缘引水管破裂漏水，引起转子接地。

（6）励磁回路脏污，引起转子接地。

（三）处理方法

（1）派巡检去就地检查励磁回路有无明显接地现象。

（2）倒换整流柜确定故障点，并通知检修进行检查吹扫。

（3）判断发电机的转子绕组发生一点接地性质，如系稳定性的金属接地，应立即停机处理。

（4）确认稳定性一点接地，汇报值长，配合继电人员投入励磁两点接地保护。

（5）励磁两点接地保护投入后，励磁回路不得进行任何工作，并应尽快请示调度停机处理。

(6) 加强监视发电机励磁电压、电流及励磁回路绝缘电阻的变化并做好记录。

十三、转子一点接地（严重）

（一）现象

（1）发电机变压器组跳闸。

（2）发电机变压器组画面显示"发电机变压器组保护动作""转子接地保护"。

（3）就地微机保护屏显示"转子接地保护"。

（二）原因

（1）工作人员在励磁回路上工作时，因不慎误碰或其他原因引起转子接地。

（2）转子滑环、槽及槽口、端部、引线等部位绝缘损坏引起转子接地。

（3）长期运行绝缘老化。

（4）鼠类等小动物窜入励磁回路引起转子接地。

（5）定子进出水支路绝缘引水管破裂漏水，引起转子接地。

（6）励磁回路脏污，引起转子接地。

（三）处理

（1）汽轮机、锅炉、电气按停机检查处理。

（2）检查是否存在保护误动现象。

（3）经查明继电保护正常动作，对发电机变压器组进行绝缘测试。

（4）将发电机变压器组转检修，通知检修人员处理。

十四、发电机转子绕组匝间短路

（一）现象

（1）短路匝数较少时（小于 20%），和正常运行情况相比，在相应的无功输出下，励磁电流相应增大。

（2）短路匝数较多时（大于 20%），在相应的无功输出时，励磁电压降低或为零，发电机"失磁""励磁故障"保护可能动作，机组可能发生较大振动。

（二）原因

（1）设计不够合理。

（2）制造质量不良。

（3）绝缘破损。

（三）处理方法

（1）如转子短路匝数较少，应减少励磁电流，使发电机振动和励磁电流限制在允许范围内。同时汇报值长，申请尽快安排停机处理。

（2）如短路匝数较多，应申请紧急停机处理。

十五、发电机定子接地

（一）现象

（1）警报响。

（2）发电机变压器组出口断路器跳闸、励磁开关跳闸、6kV 厂用 3BBA/3BBB 段电源进线开关跳闸。

（二）原因

（1）设计不够合理。

（2）制造质量不良。

（3）绝缘破损。

（三）处理方法

（1）定子接地保护动作，按发电机故障跳闸处理。

（2）对封闭母线及发电机电压互感器、电流互感器、中性点接地变压器进行外观检查，有无接地现象。

（3）检查发电机中性点接地开关是否有人误动、TV一次熔断器是否熔断。

（4）如外部检查未发现故障点，应视为发电机定子绕组接地，停机后测量发电机定子绝缘电阻。

（5）如绝缘良好，确认为保护误动，联系检修处理保护装置。

（6）保护正常后，应经总工程师批准，重新对发电机进行零起升压。

（7）发电机三相负荷不平衡处理方法：

1）检查指示或仪表用电压互感器回路是否故障。

2）当负序电流超过8％的额定电流，应减少发电机励磁。

3）监视氢温及转子发热、振动情况，当温度及振动不正常升高，不平衡电流继续增大时，应紧急停机。

十六、6kV 母线 TV 断线

（一）现象

（1）6kV母线"电压回路断线"报警，DCS指示断线相电压到零，非断线相电压不变。

（2）若TV二次回路断线，二次开口三角绕组没有电压输出。

（3）若TV一次熔断器熔断，三相TV二次小开关指示均在合闸位；母线电压表指示各相电压不平衡，"6kV母线接地"可能报警。

（二）原因

（1）TV一次熔断器熔断。

（2）TV二次小开关跳闸。

（三）处理方法

（1）退出该段6kV母线快切装置，退出该段6kV母线上所有电动机低电压保护。

（2）若为TV二次小开关三相跳闸，手动合一次，若合上即跳，在查明原因前不应再合。

（3）若为TV一次熔断器熔断，确认系统无接地故障后，将TV停电，更换熔断的熔断器，再将TV一、二次送电。

（4）TV送电正常后，投入6kV母线快切装置，投入6kV母线上所有电动机低电压保护。

（5）若TV一次熔断器再次熔断，则应将TV停电，通知检修处理。

（6）分别记录 TV 断线信号发出的时间和恢复的时间，核对 TV 断线时段该段母线负荷电量。

（7）处理过程中，要正确使用安全工器具及个人防护用具。

十七、500kV 一母线故障

（一）现象

发电机跳闸。

（二）原因

（1）500kV 一母线发生故障，保护正常动作。

（2）保护故障，误动作。

（三）处理方法

（1）检查 3 号主变压器跳闸。

（2）检查 5010 联络断路器、5051 断路器跳闸（若七云乙线及联变接入Ⅰ母线，则检查 5001、5052 断路器跳闸）。

（3）停用母差保护、排除非故障原因并确认该母线上所有断路器均已跳闸后，汇报调度选择合适的电源并提高其保护灵敏度后对停电母线进行试送，试送成功后，逐一送出停电线路。

（4）母差保护动作后，故障母线上留有未跳断路器时，应自行拉开该断路器。

（5）找到故障点隔离完毕后，应迅速对故障母线上的各元件进行检查，确认无故障后，冷倒至运行母线并恢复送电（与系统联络线要经同期并列或合环）。

（6）母线 TV 跳闸或熔丝熔断、表计指示失灵等情况，更换熔断器后重新投入母线运行。

十八、发电机定子接地 5%（发信）

（一）现象

（1）集控光字牌显示"发电机变压器组故障"报警。

（2）DCS 报警画面显示"发电机定子接地"报警。

（3）就地微机保护装置屏显示"发电机定子基波接地"报警。

（二）原因

（1）设计不够合理。

（2）制造质量不良。

（3）绝缘破损。

（三）处理方法

（1）机组未跳闸，联系保护班检查是否为保护装置误发信号。

（2）检查发电机变压器组画面定子三相电流是否均衡，且每相定子电流不应超过额定值。

（3）保护班汇报保护装置发信正确。

（4）判断发电机定子接地，立即汇报值长。

（5）控制发电机出力，发电机相电流超过规定值。

（6）派巡检及保护班人员就地检查是否有发电机变压器组接地现象，以及发电机运行状态。

（7）如检查发电机内部有明显的接地象征或发电机温度急剧上升，应立即解列发电机。

（8）经检查一旦确认发电机已接地，应立即汇报值长，申请停机。

（9）如原因不明，无明显故障点及电气系统参数正常，允许发电机接地运行30min，如接地信号不消失，申请停机检查。

十九、发电机过负荷（延时发信）

（一）现象

（1）集控光字牌显示"发电机变压器组故障"报警。

（2）DCS报警画面显示"发电机过负荷"报警。

（3）就地微机保护装置屏处检查液晶屏显示"定子对称过负荷"报警。

（二）原因

（1）系统发生短路故障。

（2）发电机失步运行。

（3）成群电动机启动和强行励磁等情况下。

（4）汽轮机过负荷。

（三）处理方法

（1）检查发电机定子三相电流超过额定值。

（2）降低机组有无功功率。

（3）检查发电机转子电流在额定值内，当发生转子电流超限或过励限制器动作时，应适当减少无功功率，以限制转子电流。

（4）发电机过负荷期间应加强对发电机各部分温度，主变压器绕组温度及上层油温进行监视。

（5）发电机过负荷期间应检查发电机的功率因数及电压不超过允许值。

（6）发电机过负荷运行结束，定子、转子电流降至额定值以下后，应派巡检及检修人员对发电机的励磁系统、励磁变压器及封闭母线进行检查。

二十、发电机过负荷（反时限跳闸）

（一）现象

（1）发电机变压器组跳闸。

（2）DCS发电机变压器组画面显示"发电机变压器组保护动作"。

（3）"定子反时限过负荷跳闸"。

（4）就地微机保护屏显示"定子反时限过负荷跳闸"。

（二）原因

（1）系统发生短路故障。

（2）发电机失步运行。

（3）成群电动机启动和强行励磁等情况下。

（4）汽轮机过负荷。

（三）处理方法

（1）汽轮机、锅炉、电气按停机检查处理。

（2）检查是否存在保护误动现象。

（3）经查明继电保护正常动作，对发电机变压器组进行绝缘测试。

（4）将发电机变压器组转检修，通知检修人员处理。

二十一、发电机不对称过负荷

（一）现象

（1）集控光字牌显示"发电机变压器组故障"报警。

（2）DCS 报警画面显示"定子负序过负荷"报警。

（3）就地微机保护显示"定子负序过负荷"报警。

（二）原因

（1）系统发生短路故障。

（2）发电机失步运行。

（3）运行中发电机发生非全相。

（三）处理方法

（1）调整发电机有无功出力，控制任一相定子电流不超过额定值。

（2）监视定子三相不平衡电流偏差不大于 8%。

（3）派巡检及检修共同检查发电机变压器组系统是否存在轻微接地现象。

（4）如非系统负荷不平衡导致发电机不对称过负荷，且检查发现发电机变压器组系统内存在接地现象，申请停机处理。

二十二、励磁变压器两相短路

（一）现象

（1）发电机变压器组跳闸。

（2）发电机变压器组保护屏显示"失磁保护动作"。

（二）原因

（1）励磁变压器落入异物。

（2）励磁变压器淋水。

（三）处理方法

（1）汽轮机、锅炉、电气按停机检查处理。

（2）检查是否存在保护误动现象。

（3）经查明继电保护正常动作，对发电机变压器组进行绝缘测试。

（4）将发电机变压器组转检修，通知检修人员处理。

二十三、发电机出口断路器甩负荷

（一）现象

发电机变压器组跳闸。

（二）原因

（1）保护误动作。

（2）发电机出口线路发生故障，保护正常动作。

（三）处理方法

（1）汽轮机、锅炉、电气按停机检查处理。

（2）检查发电机主开关跳闸原因，原因查明且试验正常后机组方可重新启动并网。

二十四、主变压器某相通风工作电源 A 跳闸，B 失电

（一）现象

（1）报警画面显示"主变压器某相冷却系统故障"。

（2）报警画面显示"主变压器某相冷却系统电源失去"。

（二）原因

（1）电源开关故障。

（2）电动机接地故障导致电源开关跳闸。

（3）风扇或电机机械卡涩导致电源开关过载跳闸。

（三）处理方法

（1）就地投入备用电源无效、投入工作电源无效。

（2）通知电气检修。

（3）密切监视主变压器上层油温。

（4）如果冷却器电源不能立即恢复，应立即降低有功功率、无功功率，并继续密切监视主变压器上层油温，不得超过规定值。

（5）对于主变压器冷却器全停保护投跳闸的机组，如达到保护动作值，而保护未正确动作，应立即将发电机解列。

二十五、主变压器单相接地

（一）现象

（1）发电机变压器组跳闸。

（2）主变压器故障相显示"零序"报警。

（二）原因

（1）异物导致主变压器单相接地。

（2）主变压器套管油位低或缺油，导致单相放电接地。

（3）主变压器套管脏污，发生污闪接地。

（三）处理方法

（1）汽轮机、锅炉、电气按停机检查处理。

（2）检查是否存在保护误动现象。

（3）经查明继电保护正常动作，对发电机变压器组进行绝缘测试。

（4）将发电机变压器组转检修，通知检修人员处理。

二十六、主变压器轻瓦斯保护动作

（一）现象

主变压器"轻瓦斯"光子牌信号。

（二）原因

（1）保护误动作。

（2）保护回路故障误发信号。

（3）主变压器内部发生故障。

（三）处理方法

（1）迅速检查变压器外部有无漏油、油位是否过低、油温是否升高、气体继电器是否有故障。

（2）就地检查主变压器气体继电器、变压器油色、油位，冷却系统等。

（3）通知检修提取气体继电器气体及油样进行分析，以确认变压器故障程度。

（4）检查记录气体检测装置指示值。

（5）加强对变压器进行就地检查，注意变压器电流及声音的变化，如有异常应立即汇报。

（6）加强检查，根据气体分析情况，确认轻气体动作原因。

（7）如变压器内部故障、变压器排出气体属于可燃性，汇报值长联系调度，申请停运发电机变压器组、主变压器转检修。

（8）如变压器排出气体属于非可燃性，则放气后复归信号，通知检修查找原因。

（9）运行中轻瓦斯信号每次发出时间逐渐缩短，应汇报上级，同时做好跳闸准备。

二十七、主变压器压力释放保护动作

（一）现象

（1）发电机变压器组跳闸。

（2）主变压器显示"压力释放"报警。

（二）原因

（1）保护误动作。

（2）主变压器内部发生故障。

（三）处理方法

（1）汽轮机、锅炉、电气按停机检查处理。

（2）检查是否存在保护误动现象。

（3）经查明继电保护正常动作，对发电机变压器组进行绝缘检测。

（4）将发电机变压器组转检修，通知检修人员处理。

（5）联系检修确认保护动作正确。

（6）检查主变压器外观无异常。

（7）做主变压器检修措施，复归报警及各开关把手，联系检修检查压力释放阀动作原因。

二十八、高厂变压器轻瓦斯保护动作

（一）现象

显示高压厂用变压器"轻瓦斯"光字报警信号。

（二）原因

（1）保护误动作。

（2）保护回路故障误发信号。

（3）主变压器内部发生故障。

（三）处理方法

（1）在就地站检查高压厂用变压器（气体继电器、变压器油色、油位，冷却系统等）。

（2）通知化学取样，分析气体性质。

（3）与"主变压器轻瓦斯"处理相同。

二十九、发电机匝间保护动作

（一）现象

（1）发电机变压器组跳闸。

（2）光字报警"发电机匝间保护动作"信号发出。

（二）原因

（1）设计不够合理。

（2）制造质量不良。

（3）绝缘破损。

（三）处理方法

（1）汽轮机、锅炉、电气按停机检查处理。

（2）检查是否存在保护误动现象。

（3）经查明继电保护正常动作，对发变组进行绝缘测试。

（4）将发电机变压器组转检修，通知检修人员处理。

三十、直流系统接地

（一）现象

显示"直流系统接地"报警。

（二）原因

（1）直流系统受潮接地。

（2）直流线路绝缘破损接地。

（三）处理方法

（1）根据直流系统绝缘监察判断接地极别及性质。

（2）分别进行直流母线开关拉合查找，确定接地支路。

（3）进行分路负荷开关拉合，查找至具体设备和回路（如操作或合闸回路）。

（4）查找时注意专业间联系，对电气开关、保护以及辅机控制失灵做好事故预想，重要负荷应汇报值长及调度。

（5）找到后，通知检修消除故障后重新投入运行。

三十一、汽轮机变压器单相接地

（一）现象

（1）故障汽轮机变压器跳闸。

（2）显示相应侧负荷跳闸报警。

（3）故障侧显示"零序"报警。

（二）原因

（1）异物导致汽轮机变单相接地。

（2）汽轮机变压器淋水。

（三）处理方法

（1）相关辅机跳闸，备用辅机联启。

（2）主变压器、高压厂用变压器、高压公用变压器冷却器电源 1 故障，UPSA 综合报警。

（3）确认汽轮机变压器母线失电。

（4）检查相关辅机联启正常，复位跳闸辅机。

（5）检查保安 A 段电源自切正常。

（6）确认 UPS A 段电源自切正常。

（7）隔离故障母线，联系检修处理。

三十二、汽轮机变压器相间短路

（一）现象

（1）故障汽轮机变压器跳闸。

（2）显示相应侧负荷跳闸报警。

（3）故障侧显示"负序"报警。

（二）原因

（1）异物导致汽轮机变相间短路。

（2）汽轮机变压器淋水。

（3）相间绝缘破损。

（三）处理方法

（1）相关辅机跳闸，备用辅机联启。

（2）主变压器、高压厂用变压器、高压公用变压器冷却器电源 1 故障，UPS A 综合报警。

（3）确认汽轮机变压器母线失电。

（4）检查相关辅机联启正常，复位跳闸辅机。

（5）检查保安 A 段电源自切正常。

（6）确认 UPS A 段电源自切正常。

（7）隔离故障母线，联系检修处理。

附录 A 相应压力下对应的饱和温度

相应压力下对应的饱和温度见表 A.1。

表 A.1 相应压力下对应的饱和温度

p（MPa）	t（℃）	p（MPa）	t（℃）	p（MPa）	t（℃）	p（MPa）	t（℃）
0.001 0	6.982	0.021	61.15	0.70	164.96	3.6	244.16
0.001 5	13.034	0.022	62.16	0.80	170.42	3.7	245.75
0.002 0	17.511	0.023	63.14	0.90	175.36	3.8	247.31
0.002 5	21.094	0.024	64.08	1.0	179.88	3.9	248.84
0.003 0	24.098	0.025	64.99	1.1	184.06	4.0	250.33
0.003 5	26.692	0.026	65.87	1.2	187.96	4.5	257.41
0.004 0	28.981	0.027	66.72	1.3	191.60	5.0	263.92
0.004 5	31.034	0.028	67.55	1.4	195.04	5.5	269.94
0.005 0	32.90	0.029	68.35	1.5	198.28	6.0	275.56
0.005 5	34.60	0.030	69.12	1.6	201.37	6.5	280.83
0.006 0	36.18	0.040	75.89	1.7	204.30	7.0	285.80
0.006 5	37.65	0.050	81.35	1.8	207.10	7.5	290.51
0.007 0	39.02	0.060	85.95	1.9	209.79	8.0	294.98
0.007 5	40.32	0.070	89.96	2.0	212.37	8.5	299.24
0.008 0	41.53	0.080	93.51	2.1	214.85	9.0	303.31
0.008 5	42.69	0.090	96.71	2.2	217.24	9.5	307.22
0.009 0	43.79	0.1	99.63	2.3	219.54	10.0	310.96
0.009 5	44.83	0.12	104.81	2.4	221.78	11.0	318.04
0.010	45.83	0.14	109.32	2.5	223.94	12.0	324.64
0.011	47.71	0.16	113.32	2.6	226.03	13.0	330.81
0.012	49.45	0.18	116.93	2.7	228.06	14.0	336.63
0.013	51.06	0.20	120.23	2.8	230.04	15.0	342.12
0.014	52.58	0.25	127.43	2.9	231.96	16.0	347.32
0.015	54.0	0.30	133.54	3.0	233.84	17.0	352.26
0.016	55.34	0.35	138.88	3.1	235.66	18.0	356.96
0.017	56.62	0.40	143.62	3.2	237.44	19.0	361.44
0.018	57.83	0.45	147.92	3.3	239.18	20.0	365.71
0.019	58.98	0.50	151.85	3.4	240.88	21.0	369.79
0.020	60.09	0.60	158.84	3.5	242.54	22.0	373.68

附录 B　相　关　曲　线

初负荷暖机曲线如图 B.1 所示，负荷或蒸汽状态变化时间推荐曲线如图 B.2 所示，冷态启动汽机入口状态曲线如图 B.3 所示，冷态启动曲线如图 B.4 所示，主汽阀进汽试验时的负荷推荐值如图 B.5 所示，冷态启动转子加热曲线如图 B.6 所示，启动蒸汽参数曲线如图 B.7 所示，定压变负荷推荐曲线如图 B.8 所示，滑压变压负荷推荐曲线如图 B.9 所示，主蒸汽变化曲线如图 B.10 所示，主、再热蒸汽温度偏差曲线如图 B.11所示，紧急破坏真空惰走曲线如图 B.12 所示，正常惰走曲线如图 B.13 所示，炉膛差压曲线如图 B.14 所示，喷水量与负荷关系曲线如图 B.15 所示，再热温度与负荷关系曲线如图 B.16 所示，过热蒸汽温度与负荷关系曲线如图 B.17 所示，发电机允许的空载过励磁曲线如图 B.18 所示，发电机失磁异步运行曲线如图 B.19 所示，发电机短时断水减负荷运行曲线如图 B.20 所示。

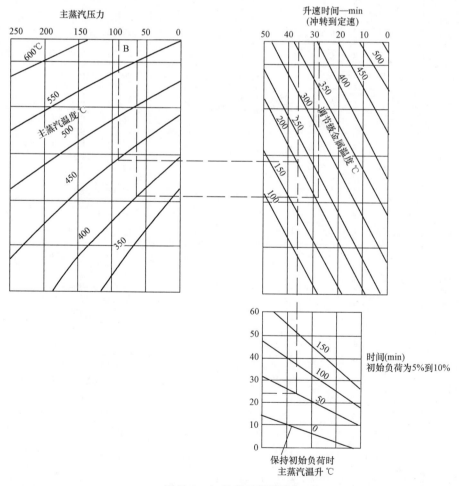

图 B.1　初负荷暖机曲线

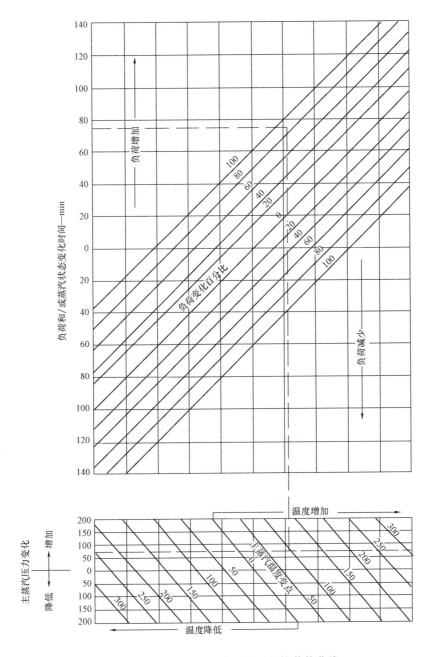

图 B.2 负荷和/或蒸汽状态变化时间推荐值曲线

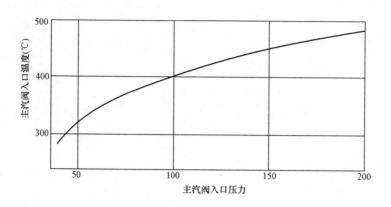

图 B.3　冷态启动汽机入口状态曲线

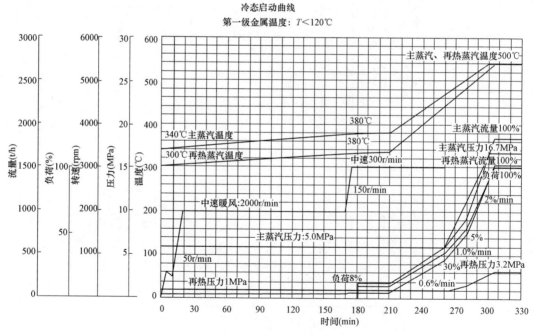

图 B.4　冷态启动曲线

注：启动参数未考虑锅炉影响。

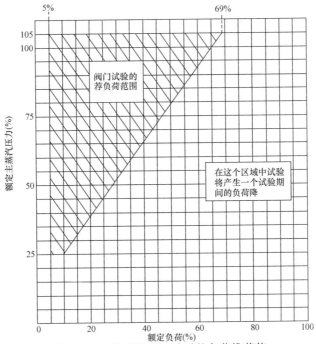

图 B.5　主汽阀进汽试验时的负荷推荐值

注：进行进汽阀试验时，调节阀必须在单阀控制方式下运行。

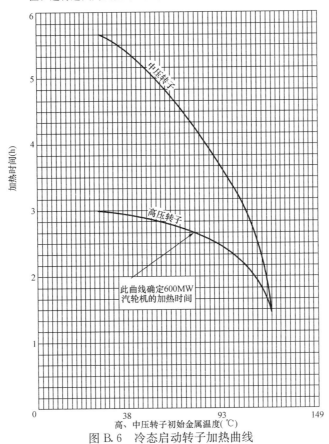

图 B.6　冷态启动转子加热曲线

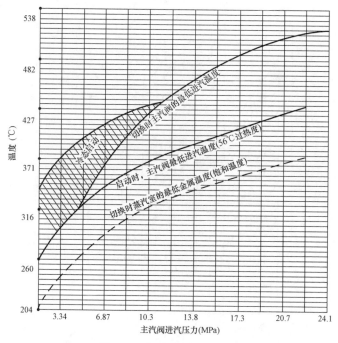

图 B.7　启动蒸汽参数曲线

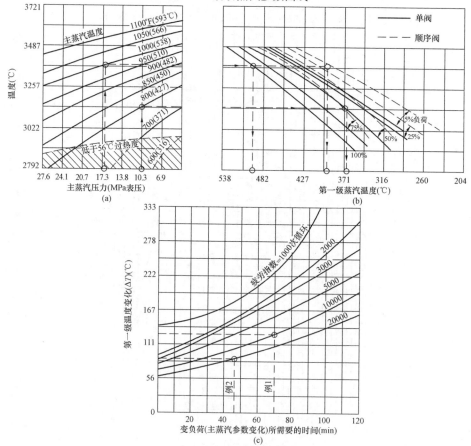

图 B.8　定压变负荷推荐曲线

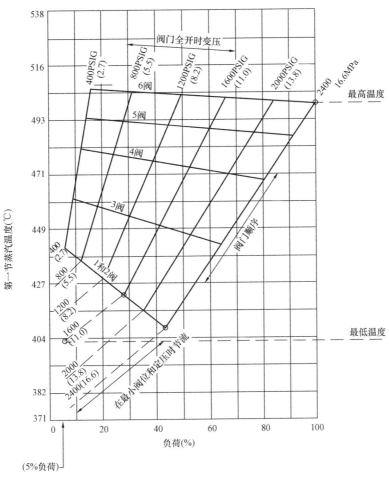

图 B.9 滑压变负荷推荐曲线

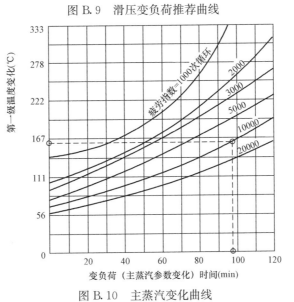

图 B.10 主蒸汽变化曲线

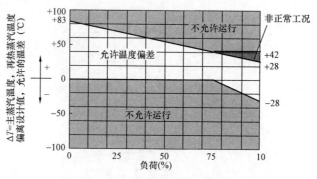

图 B.11　主、再热蒸汽温度偏差曲线

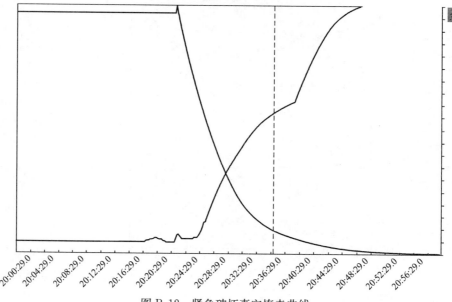

图 B.12　紧急破坏真空惰走曲线

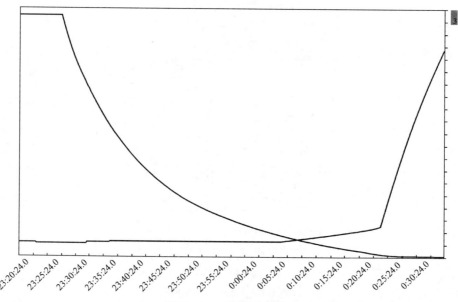

图 B.13　正常惰走曲线

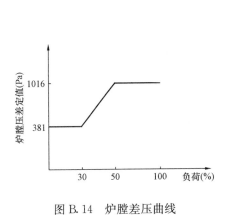

图 B.14 炉膛差压曲线

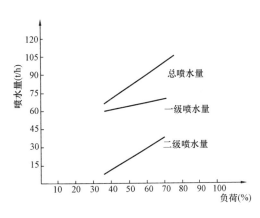

图 B.15 喷水量与负荷关系曲线

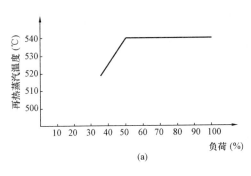

(a)

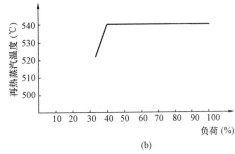

(b)

图 B.16 再热温度与负荷关系曲线

（a）再热蒸汽温度与负荷的关系曲线（定压）；（b）再热蒸汽温度与负荷的关系曲线（滑压）

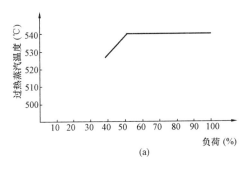

(a)

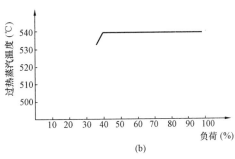

(b)

图 B.17 过热蒸汽温度与负荷关系曲线

（a）过热蒸汽温度与负荷的关系曲线（定压）；（b）过热蒸汽温度与负荷的关系曲线（滑压）

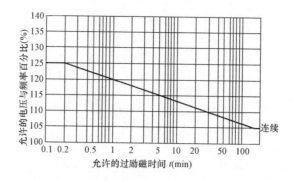

图 B.18　发电机允许的空载过励磁曲线

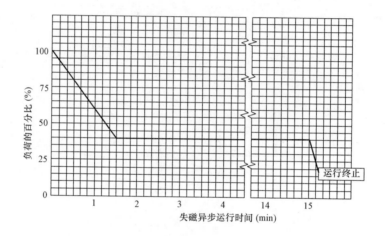

图 B.19　发电机失磁导步运行曲线

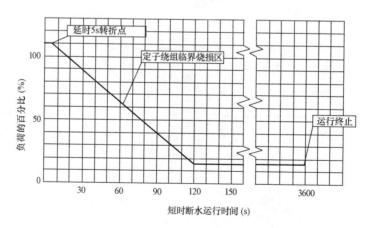

图 B.20　发电机短时断水减负运行曲线

参 考 文 献

［1］　谭欣星．600MW 火电机组系列培训教材　第一分册　单元机组集控运行．北京：中国电力出版社，2009．

［2］　汪淑奇，文炼红，杨继明．600MW 火电机组系列培训教材　第二分册（上）　单元机组设备运行　锅炉设备与运行．北京：中国电力出版社，2009．

［3］　汪淑奇，文炼红，杨继明．600MW 火电机组系列培训教材　第二分册（中）　单元机组设备运行　汽轮机设备与运行．北京：中国电力出版社，2009．

［4］　汪淑奇，文炼红，杨继明．600MW 火电机组系列培训教材　第二分册（下）　单元机组设备运行　电气设备与运行．北京：中国电力出版社，2009．

［5］　陈庚．单元机组集控运行．北京：中国电力出版社，2001．

［6］　成刚．火力发电职业技能培训教材　发电厂集控运行．北京：中国电力出版社，2008．

［7］　韩爱莲．火力发电职业技能培训教材　电气设备运行．北京：中国电力出版社，2008．

［8］　王国清．火力发电职业技能培训教材　汽轮机设备运行．北京：中国电力出版社，2008．

［9］　白国亮．火力发电职业技能培训教材　锅炉设备运行．北京：中国电力出版社，2008．

［10］　国家电力公司华东公司．发电厂集控运行技术问答．北京：中国电力出版社，2003．